有限马尔可夫链的统计计算

向绪言　邓迎春　著

科学出版社

北　京

内 容 简 介

本书介绍近些年来关于马尔可夫链的统计推断的一些研究新结果：可逆马尔可夫链和不可逆平稳 D-马尔可夫链统计计算理论，使用的方法是我们建立的马尔可夫链反演法.

第 1 章介绍本书需要的一些预备知识. 第 2 章介绍马尔可夫链的击中分布和禁忌速率，主要是击中分布的微分性质、矩性质及对称函数性质有关的约束方程，以及马尔可夫链反演法. 第 3 章和第 4 章分别研究连续时间和离散时间有限状态可逆马尔可夫链的统计计算理论，总结性地给出了关于充分性、必要性和充分必要性的主要结论. 第 5 章以连续时间有限状态空间为例研究不可逆平稳 D-马尔可夫链的统计计算理论. 第 6 章讲述各种类型马尔可夫链的统计计算算法、数值例子，以及在计算神经科学、经济领域等的实际应用. 第 7 章从统计的角度介绍基本的模型选择方法.

本书可供相关科学技术工作者，高等院校概率论与数理统计、统计学专业教师，高年级学生和研究生，理工科、金融和经济管理等相关专业的师生阅读参考.

图书在版编目(CIP)数据

有限马尔可夫链的统计计算/向绪言，邓迎春著. —北京：科学出版社，2022.12

ISBN 978-7-03-071703-0

Ⅰ.①有… Ⅱ.①向… ②邓… Ⅲ.①马尔柯夫链 Ⅳ.①O211.62

中国版本图书馆 CIP 数据核字(2022)第 032952 号

责任编辑：李 欣 贾晓瑞 / 责任校对：杨聪敏
责任印制：吴兆东 / 封面设计：无极书装

科学出版社 出版
北京东黄城根北街 16 号
邮政编码：100717
http://www.sciencep.com

北京建宏印刷有限公司 印刷
科学出版社发行 各地新华书店经销

*

2022 年 12 月第 一 版 开本：720 × 1000 1/16
2024 年 1 月第二次印刷 印张：19
字数：380 000

定价：158.00 元

序

随着在自然科学、医学、经济、市场以及人文科学各领域中, 观测手段的飞速进步, 对于各种大数据的采集及研究也迅速发展起来, 取得了丰硕的成果. 特别是, 利用大数据的观测, 对于许多复杂系统的研究, 出现了许多新的学习算法, 以及分析尝试, 推动了这些领域的快速发展.

通过观测认识具有随机性的复杂系统的动态性质, 即随机动力学的统计问题, 是近年来利用大数据研究复杂系统中值得重视的一个新动向. 这些研究的基本数学模型, 大多为马尔可夫 (Markov) 过程, 例如: 马尔可夫链、OU (Ornstein-Uhlenbeck) 过程、扩散过程, 或泊松 (Poisson) 点过程等等. 而有限状态时间齐次马尔可夫链是其中最简单最常用的数学模型. 大多数情况下, 系统可以粗略地近似为时间齐次马尔可夫链, 甚至是有限状态空间的时间齐次马尔可夫链.

一个离散时间齐次马尔可夫链的随机动力学, 可以由它的一步转移概率矩阵

$$P = (p_{ij})$$

来描述. 由观测数据进行它的统计, 就是通过观测数据得到 P. 传统上, 得到 P 的方法就是沿马尔可夫链的轨道, 统计它处于每个状态 i 的频数, 以及从状态 i 出发下一步处于状态 j 的频数, 两者的比值就是 p_{ij} 的估计量. 然而, 观测到马尔可夫链的较长时间的轨道, 并非易事. 很多时候, 只能观测到何时系统处于某些状态的行为, 而系统不在这些状态 (处于其他状态) 时的行为是观测不到的.

至于有限状态空间的连续时间齐次马尔可夫链, 就是通过观测数据统计获得生成元矩阵

$$Q = (q_{ij}),$$

则需先估计它在每个状态 i 的逗留时长分布, 以求得 $q_i \equiv -q_{ii}$, 再按上述解决离散时间马尔可夫链的方法, 求得嵌入链的转移概率 q_{ij}/q_i, 从而得到 $Q = (q_{ij})$ 的估计, 对其观测的要求就更难以达到.

不过, 在很多情况下, 尽管只能观测到系统处于部分状态的行为, 如果已知系统各状态之间转移的拓扑关系 (即可以把马尔可夫链看成是在某一个图上的状态之间运动的), 我们仍然能够得到 P 或 Q 的相合估计. 这就为随机过程的统计提出了一个新的思路.

P 或 Q 正是马尔可夫链的生成元, 在马尔可夫链理论研究中, 生成元是理论研究的起点, 通常假定为已知的. 在已知生成元基础上, 理论研究获得马尔可夫链的诸多性质. 但是, 在实际应用中生成元的获得, 通常是通过实际的观测数据统计地获得, 然而这方面的研究还不多. 该书正是专门研究如何通过观测数据统计地获得马尔可夫链的生成元.

首次通过上述系统处于部分状态行为的观测来估计马尔可夫链的, 是神经科学家 Colquhoun 等, 他们在离子通道的一系列研究中[31,33,34], 将一个离子通道的运动, 用一个在图上的连续时间马尔可夫链来描述, 该图由离子通道的 "开放" 原理得到 (详见本书第 254 页). 对于这个马尔可夫链的观测, 只能看到什么时间系统处于代表 "开放" 的那些状态, 而系统怎样地处于其他状态并转移, 人们是观测不到的. 他们提出了通过 "开放" 状态的观测数据, 用极大似然方法估计出马尔可夫链的转移速率. 于是, 就提出了一个理论问题: 这里有两种可能, 其一, 只是由于情况简单, 马尔可夫链的生成元可以由部分状态的逗留情况决定 (或甚至只能近似地决定); 其二, 在一个图上的马尔可夫链, 生成元 (p_{ij}) 或 (q_{ij}) 的分量之间具有很强的联系, 以至部分状态的逗留情况根本就决定了系统的所有统计性质. 二者哪一个正确? 如果后者成立, 要从观测来了解马尔可夫链的全部统计性质, 我们需要的观测就可大大简化. 换言之, 对一个图上的只有部分观测的马尔可夫链 (它的状态分为可观测状态和不可观测状态两类), 我们是否可以从系统处于可观测状态的时间区间 (开放时间和关闭时间间隔的区间序列) 来认识整个马氏链的随机动力学? 如果可以, 我们称这些只有部分观测的马尔可夫链是可观测判定的.

该书就相当广泛类型的图上的只有部分观测的马尔可夫链给出了可观测判定性, 并进而提供了通过观测数据估计其生成元的方法. 这不仅解决了这类系统的观测和统计分析的根本问题, 而且显示了: 状态空间的拓扑结构对随机过程的动力学统计分布提供了很多信息, 这些信息的利用, 可以大大提高实验观测的效率及可实现性. 该书的理论结果还有进一步一般化和推广的可能 (例如更一般的马尔可夫过程), 它们也不失为一类随机过程的新问题.

我相信, 该书会使复杂系统的大数据分析者与利用者得到有益的启发和借鉴, 也为随机过程的统计分析提出了新思路与新问题, 因而该书为有关的应用研究领域和随机过程统计分析理论研究提供了有意义的参考.

钱敏平

2021 年 12 月于北京大学

前　　言

　　近些年来, 马尔可夫链在理论和应用上都发展迅速, 特别是其应用已经广泛深入到自然科学、工程技术、经济管理, 乃至经济社会的各个领域. 关于马尔可夫链理论的著作或教材已很丰富, 但侧重于应用的相对较少. 另一方面, 关于统计学的理论著作和教材已很多, 但关于随机过程统计的书籍也非常少, 针对某类随机过程统计的书籍就更少了. 本书考虑一类特殊随机过程的统计——有限马尔可夫链的统计, 专门讨论状态空间有限的马尔可夫链的统计计算问题, 分为统计和计算两部分, 使用的方法是我们建立的马尔可夫链反演法, 总体上属于随机过程的统计推断, 又不同于通常的统计推断, 侧重于计算部分. 这正是当前随机过程统计领域所缺少的书籍.

　　马尔可夫链的经典理论研究中, 通常假定其 "生成元" (离散时间情形为转移概率矩阵; 连续时间情形为转移速率矩阵, 也称 Q-矩阵) 是已知的, 在此基础上, 展开马尔可夫链的性质研究. 但是, 马尔可夫链的生成元是如何获得的? 却鲜有研究和探讨, 这个问题在实际中更显得重要, 它是利用马尔可夫链模型进行系统分析、预测和控制等应用的重要前置问题, 本书研究如何获得马尔可夫链的生成元. 生成元的获得, 只能从实际应用中通过观测获得, 即先取得一些观测数据, 然后用统计和概率方法获得.

　　在实际问题中, 如果一个系统作随机的演变, 而且这个演变遵循马尔可夫链规律, 我们称这个实际中客观存在的马尔可夫链为潜在马尔可夫链. 一般来说, 马尔可夫链的生成元就确定 (决定) 了该马尔可夫链. 例如, 对于有限状态空间的连续时间马尔可夫链, 其转移速率矩阵 Q 和转移概率矩阵 $P(t)$ 相互唯一地决定. 因此, 要确认一个马尔可夫链, 就等于要确认其生成元, 故获得生成元的问题又可以称为马尔可夫链的确认问题. 又由于我们是通过对潜在马尔可夫链的观测数据, 用概率统计方法计算出马尔可夫链的生成元, 因此, 本书研究的问题又称为马尔可夫链的统计计算. 本书着重研究状态有限的马尔可夫链, 故定名为有限马尔可夫链的统计计算. 本书中的马尔可夫链通常是指有限状态空间马尔可夫链.

　　为了获得潜在马尔可夫链的生成元, 我们建立了马尔可夫链反演法. 马尔可夫链反演法的框架是: 第一步, 把生成元视为已知, 在此基础上, 从理论上研究马尔可夫链的某些性质, 获得生成元应该满足的一些约束方程. 这些方程中, 包含潜在马尔可夫链的一些统计量. 第二步, 对潜在马尔可夫链进行观测, 获得必要的观测数据: 击中时序列和逗留时序列. 第三步, 用统计方法对约束条件中的统计量进行统计推断和估计, 通过计算获得其估计值. 第四步, 用这些估计值代替约束方程中的统计量, 然后求解约束方程, 从而计算得到潜在马尔可夫链的生成元.

更为现实的问题是, 在实际的观测中, 虽然知道随机系统遵循某个潜在马尔可夫链的规律演变, 但通常无法观测到链中所有状态之间的运动转移情况, 很可能只能观测到某一两个状态的转移情况. 例如, 可能观测到马尔可夫链停留 (逗留) 在某个状态上的逗留时序列数据, 以及从该状态转移到 (击中) 另一个状态的击中时序列数据. 当然, 根据这些数据, 统计上不难估计出上述击中分布和逗留分布.

马尔可夫链的统计计算问题, 正是创新性地将经典的理论研究反演过来, 通过对马尔可夫链中少数状态的观测数据, 用统计方法及概率方法计算出潜在马尔可夫链的生成元. 本书的重点放在马尔可夫链反演法的第一步和第四步: 第一步主要是把生成元视为已知, 正面研究马尔可夫链中某些状态击中时的有关分布性质, 主要包括击中分布的微分性质、矩性质及对称函数性质; 第四步主要是深入挖掘这些击中分布与生成元之间的约束关系, 找到逆向求解生成元的有效约束方程及计算算法, 这也是重中之重. 简单来说, (一个) 经典的研究是已知生成元, 求出某些击中分布等概率性质; 而反演法的研究是已知某些击中分布, 计算出生成元.

这是一个由部分观测数据来统计推断整体 (马尔可夫链) 信息的问题, 不需要对每个状态都进行观察, 有点像黑匣子问题 (现实中许多状态之间的转移也确实无法被观测到). 这也是马尔可夫链经典研究的"逆"问题, 在实际中经常碰到并且很有意义. 例如, 计算神经科学中离子通道门控状态之间的转移, 经济学中诸如商品折旧、产品市场占有率, 网页之间的跳转, 物流和交通网络站点之间的转移情况, 等等, 都能够描述为连续或离散时间马尔可夫链的状态转移. 所以, 若利用该方法, 只需要观测一些关键状态的到达时间和离开时间, 或到达次数或频率, 就可以统计确认潜在的马尔可夫链的全部信息. 本书研究的问题正是基于现实应用中无法观察所有状态的转移数据这一客观事实, 因此, 这正是现代统计与数据分析所需要的, 也正好是马尔可夫链理论和应用研究衔接中的一段空白, 也可以说是随机过程统计的一个空白.

本书建立了可逆马尔可夫链的统计计算的理论体系, 并推广到不可逆平稳马尔可夫链情形. 给出了一些算法和数值例子, 还给出了马尔可夫链的统计计算在神经科学和经济领域的应用. 本书内容主要是作者研究团队的成果.

第 1 章介绍本书需要的一些预备知识, 包括禁忌速率概念及其基本性质.

第 2 章介绍可逆马尔可夫链的击中分布和禁忌速率, 主要是击中分布的微分性质、矩性质及对称函数性质有关的约束方程, 以及马尔可夫链反演法框架. 其中最重要的一类性质是击中分布的微分性质, 用禁忌速率深入挖掘了击中分布与生成元之间的潜在约束关系, 能够清晰明了地写出相应的显式表达. 例如, 单个状态的击中分布在零时刻的 n 阶导数等于从该状态出发经过 n 步首次回到该状态的禁忌速率流.

第 3 章和第 4 章分别研究连续时间和离散时间有限状态空间可逆马尔可夫链的统计计算理论, 既有具体的统计计算, 包括生灭链 (线形)、星形分枝链、星形链、树形链等无环的拓扑类型, 环形链、有环链等有环的拓扑类型, 以及一般马尔可夫链的统计计算, 又总结性地给出了关于充分性、必要性和充分必要性的主要结论, 形成了较完善的系统理论.

给出了关于充分性的一般性结论: 对于无环链, 其生成元可通过所有叶子状态的观测统计计算确认; 对于有环链, 其生成元可通过每个环中任意两相邻状态和所有叶子状态的观测统计计算确认.

给出了有环链关于必要性的一般性结论, 两相邻状态的观测是确认一个环或子环的必要条件.

特别, 对于环形链, 给出了关于充分必要性的结论: 通过环中 (任意) 两相邻状态的观测是确认其生成元的充分必要条件.

以上结论可以称得上是令人惊讶的! 例如, 对任意有限状态的生灭链和星形链, 只需通过一个状态的观测统计计算就可被确认! 对任意有限状态的环形链和蝌蚪图形链 (一个环和一条边的组合), 只需通过两个 (相邻) 状态的观测统计计算就可被确认! 对任意有限状态的星形分枝链, 只需通过各分枝的叶子状态的观测统计计算就可被确认! 等等.

第 5 章以连续时间有限状态空间为例, 将可逆马尔可夫链的统计计算问题推广到不可逆平稳马尔可夫链情形. 探讨了适用马尔可夫链反演方法的平稳马尔可夫链或其速率矩阵满足的条件, 提出了 $\mathcal{D}$-马尔可夫链的概念 (要求观测任意单个状态时, 其速率矩阵中不被观测状态分块矩阵可对角化), 给出了对应于可逆条件下击中分布的微分性质, 并主要研究了环形链、单环和双环的 $\mathcal{D}$-马尔可夫链的反演法统计计算问题, 在给出了环或子环中环流计算方法的基础上, 总结性地给出了关于充分性、必要性和充分必要性的主要结论 (主要结论大致类似于可逆马尔可夫链情形, 但考虑的对象是 $\mathcal{D}$-马尔可夫链). 至于马尔可夫链或其速率矩阵满足什么条件时是 $\mathcal{D}$-马尔可夫链, 仍是复杂的开问题.

第 6 章讲述各种类型马尔可夫链的统计计算算法、数值例子, 以及在计算神经科学、经济领域等的实际应用背景和具体应用.

第 7 章从统计的角度介绍基本的模型选择方法, 马尔可夫链模型的选择: 如何确定潜在马尔可夫链的类型和结构, 以及该方法引起的误差传播问题, 可以证明马尔可夫链反演法基本不会扩大击中分布估计引起的误差.

在理论上, 一般的随机过程参数统计方法, 包括连续时间马尔可夫链的统计, 直接用极大似然方法, 即纯用统计方法, 未充分考虑潜在马尔可夫链拓扑结构有关的先验信息, 即未充分利用其概率性质, 因而受许多条件的限制. 本书的马尔可夫链反演法, 将统计方法和概率方法相结合: 考虑到被观测的少数状态的击中分布类型是混合几何分布或混合指数分布, 通过观测到的部分数据, 利用已有的方法可以很好地估计出来; 再充分利用生成元与潜在马尔可夫链的结构关系等先验信息, 可以给出具体的计算方法, 即提出了禁忌速率的概念 (类似于离散时间的禁忌概率), 将击中分布与生成元建立联系, 给出系列约束关系, 挖掘出隐藏的算法, 一个一个地计算出转移速率或概率. 因此, 该方法充分挖掘和利用了相关数据的先验信息, 将实际应用问题细分成两部分, 第一部分是由数据统计得出相应击中时的概率函数, 第二部分是直接的计算. 尽管第一部分也涉及参数估计问题, 但与直接用极大似然方法比较, 不需要用到击中时和逗留时的二元分布, 相对更简单且更精确. 由于混合指数密度函数拟合等有较好的解决方法, 建立在较精确的击中分布估计基础上, 利用马尔可夫链反演法计算得到的结果更精确, 它不会扩大击中分布估计引起的误差; 针对各种经典的马尔可夫模型, 给出了具体的算法, 可程序化.

在写作上, 本书将马尔可夫链反演法相关理论、方法与具体的统计、计算、示例及实际应用有机地结合在一起, 并将所涉及的马尔可夫链和统计基本知识进行介绍, 有助于读者系统地阅读, 可读性强. 特别是第 6 章集中给出了各种马尔可夫链模型的统计计算算法、数值例子和真实领域的应用, 其中许多展示了非常详细的统计计算算法和具体的统计计算过程, 方便读者直接借鉴应用, 亦可据此自行编制相应的计算程序或简单地利用 Excel 表格实现.

为了让读者从宏观上把握和理解马尔可夫链反演计算思想, 在对一些具体模型进行统计计算时, 引入了衍生链及 "剪切" 手法, 给出了演绎证明梗概.

我们诚挚地感谢钱敏平教授, 她启迪了我们对马尔可夫链统计计算理论的兴趣, 以及在一些证明思想上的处理技巧. 我们要特别感谢杨向群教授, 他以非常的耐心, 反复阅读了原稿并提出了许多改进意见. 研究生付海琴、卢艺、李琰, 本科生向贝琳等在书稿的写作、编辑、整理上做出了贡献. 作者谨致衷心的谢意. 感谢国家自然科学基金面上项目 "马氏链的统计确认与受马氏链调控的风险模型研究" (11671132)、湖南师范大学 "计算与随机数学" 教育部重点实验室、湖南文理学院白马湖优秀出版物出版资助及团队成员的贡献.

限于笔者水平, 书中的不妥之处在所难免, 我们衷心地恳请读者批评指正.

向绪言　邓迎春

2021 年 9 月于常德市白马湖

目　　录

第 1 章 预 备 知 识

本书用 $(\cdots)$ 表示行向量, $[\cdots]$ 表示列向量, $\mathrm{diag}(\cdots)$ 表示对角矩阵, $\top$ 表示矩阵的转置, I 表示单位矩阵, $\mathbf{1}$ 表示元素都是 1 的列向量, $\mathbf{0}$ 是零矩阵 (向量), 其维数由上下文确定; A_i 表示矩阵 A 的第 i 列; $N^+ = \{0, 1, 2, \cdots\}$ 为非负整数集; $R = (-\infty, +\infty)$ 为实数集, $R^+ = [0, +\infty)$ 为非负实数集, $\bar{R} = [-\infty, +\infty]$ 为广义实数集, $\mathcal{B}(R)$ 为实数 Borel 集全体; 对任意 $E \subset R$, 记 $\mathcal{B}(E) = E \cap \mathcal{B}(R)$; R^n 为 n 维实数空间, $\mathcal{B}(R^n)$ 为 R^n 中 Borel 集全体. $\varnothing$ 表示空集, 约定: $\inf \varnothing = +\infty$.

1.1 概率空间与随机变量

定义 1.1.1 设 $\Omega = (\omega)$ 是一非空集合, 其中的元素称为 "点", 用 ω 表示. 设 $\mathcal{F}$ 是 Ω 中的某些子集所组成的集合, 如果 $\mathcal{F}$ 具有下列性质, 就称它是 Ω 上的一个 σ **代数**:

(1) $\Omega \in \mathcal{F}$;

(2) 如 $A \in \mathcal{F}$, 则余集 $\overline{A} = \Omega - A \in \mathcal{F}$;

(3) 如 $A_n \in \mathcal{F}$, $n = 1, 2, \cdots$, 则 $\bigcup\limits_{n=1}^{\infty} A_n \in \mathcal{F}$.

定义 1.1.2 定义在 σ 代数 $\mathcal{F}$ 上的集函数 P 称为**概率**, 如果 P 满足下列条件:

1° 对任意 $A \in \mathcal{F}$, 有 $P(A) \geqslant 0$;

2° $P(\Omega) = 1$;

3° 如 $A_n \in \mathcal{F}, n = 1, 2, \cdots, A_n A_m = \varnothing, n \neq m$, 则

$$P\left(\bigcup_{n=1}^{\infty} A_n\right) = \sum_{n=1}^{\infty} P(A_n).$$

称三元总体 $(\Omega, \mathcal{F}, P)$ 为 **概率空间**, 并称 Ω 中的点 ω 为**基本事件**, Ω 为**基本事件空间**, $\mathcal{F}$ 中的集 A 为 **事件**, $P(A)$ 称为事件 A 的 **概率**.

例 1.1.1 设 $\Omega = \{1, 2, \cdots, n\}, \mathcal{F}$ 是 Ω 中一切子集组成的集合, 对任意的 $A \subset \Omega$, $P(A) = k/n$, 其中 k 为 A 中所含点的个数.

例 1.1.2　设 $\Omega = (0, 1, 2, \cdots)$, 即一切非负整数的集, $\mathcal{F}$ 为 Ω 中一切子集的集, $P(A) = \sum\limits_{k \in A} \dfrac{\lambda^k}{k!} e^{-\lambda}$, 其中 $\lambda > 0$ 为某常数.

例 1.1.3　设 $\Omega = [0, 1]$, 即 0 与 1 之间一切实数的集, $\mathcal{F}$ 为 Ω 中一切 Borel 集所成的 σ 代数, $P(A)$ 等于 A 的 Lebesgue 测度.

这三个例中的 $(\Omega, \mathcal{F}, P)$ 都是概率空间.

容易推知, 概率具有单调性: 若 $A, B \in \mathcal{F}$, 且 $A \subset B$, 则 $P(A) \leqslant P(B)$.

有时, 需设概率空间 $(\Omega, \mathcal{F}, P)$ 或概率 P 为**完全**的. 所谓**完全**是指: 如果 $A \in \mathcal{F}$ 且 $P(A) = 0$, 则对 $\forall B \subset A$, 有 $B \in \mathcal{F}$, 由概率的单调性, 此时必然有 $P(B) = 0$. 这就是说, 对完全概率 P, 概率为 0 的事件 A 的子集 B 也是事件, 且概率为 0. 以后无特别说明时, 总设此条件满足.

定义 1.1.3　设 $X(\omega)$ 是定义域为 Ω 取值 $\bar{R}$ 函数, 如果对任意实数 x, 有

$$\{\omega : X(\omega) \leqslant x\} \in \mathcal{F}, \tag{1.1.1}$$

称 $X(\omega)$ 是一**随机变量**, 简记为随机变量 X.

随机变量的统计规律可用分布函数来描述, 下面给出分布函数的定义与性质.

定义 1.1.4　设 $(\Omega, \mathcal{F}, P)$ 是概率空间, $X = X(\omega)$ 是一随机变量, 称

$$F(x) = P\{\omega : X(\omega) \leqslant x\}, \quad -\infty < x < +\infty$$

为随机变量 X 的**分布函数**.

以后无特别说明时, 我们总设 $X(\omega)$ 取 $\pm\infty$ 为值的概率为 0, 并简单地称 $X(\omega)$ 为实值随机变量, 因此分布函数 $F(x)$ 具有下列性质:

(1) $F(x)$ 具有单调性, 即若 $x_1 < x_2$, 则 $F(x_1) \leqslant F(x_2)$;

(2) $F(-\infty) = \lim\limits_{x \to -\infty} F(x) = 0, F(+\infty) = \lim\limits_{x \to +\infty} F(x) = 1$;

(3) $F(x)$ 是右连续的, 即 $F(x + 0) = F(x)$.

如果定义在 $R = (-\infty, +\infty)$ 上的实值函数 $F(x)$ 具有上述三个性质 (分别称为单调性、有界性、右连续性), 称此函数 $F(x)$ 为**分布函数**.

熟知, 有两类典型的随机变量和分布函数. 一类是离散型的, 随机变量 X 取值可数集 $A = \{a_1, a_2, \cdots\}$, 记

$$p(x) = \begin{cases} \mathrm{P}\{x = a_i\}, & x = a_i \in A, \\ 0, & x \notin A. \end{cases}$$

其分布函数为 $F(x) = \sum\limits_{a_i \leqslant x} p(a_i)$. 另一类是连续型的, 即存在非负函数 $p(x)$, 使得

$$F(x) = \int_{-\infty}^{x} p(t)dt,$$

$p(x)$ 称为密度函数. 统称两类 $p(x)$ 为分布函数的**概率函数**. 如果分布函数 $F(x)$ 含有参数或参数向量 Θ, 记其概率函数为 $p(x, \Theta)$ 或 $p(x|\Theta)$.

可以证明, 对于任何分布函数 $F(x)$, 必存在一个概率空间 $(\Omega, \mathcal{F}, P)$, 以及定义在其上的随机变量 X, 使得 X 的分布函数是 $F(x)$.

定义在同一概率空间 $(\Omega, \mathcal{F}, P)$ 上的 n 个随机变量 $X_1(\omega), \cdots, X_n(\omega)$ 构成一个 n **维随机向量** $X(\omega)$:

$$X(\omega) = (X_1(\omega), \cdots, X_n(\omega)), \tag{1.1.2}$$

并称 n 个元 $(\lambda_1, \cdots, \lambda_n) \in R^n$ 的函数

$$F(\lambda_1, \cdots, \lambda_n) = P\{X_1(\omega) \leqslant \lambda_1, \cdots, X_n(\omega) \leqslant \lambda_n\} \tag{1.1.3}$$

为 $X(\omega)$ 的 n **维分布函数**. 由 (1.1.3) 可见 $F(\lambda_1, \cdots, \lambda_n)$ 具有下列性质:

(a) 对每个 λ_j 是不下降的右连续函数;

(b) $\lim\limits_{\lambda_j \to -\infty} F(\lambda_1, \cdots, \lambda_n) = 0 \ (j = 1, \cdots, n)$,

$$\lim_{\lambda_1, \cdots, \lambda_n \to +\infty} F(\lambda_1, \cdots, \lambda_n) = 1; \tag{1.1.4}$$

(c) 如果 $\lambda_j < \mu_j \ (j = 1, \cdots, n)$, 则

$$F(\mu_1, \cdots, \mu_n) - \sum_{j=1}^{n} F(\mu_1, \cdots, \mu_{j-1}, \lambda_j, \mu_{j+1}, \cdots, \mu_n)$$

$$+ \sum_{j,k=1}^{n} F(\mu_1, \cdots, \mu_{j-1}, \lambda_j, \mu_{j+1}, \cdots, \mu_{k-1}, \lambda_k, \mu_{k+1}, \cdots, \mu_n)$$

$$- \cdots + (-1)^n F(\lambda_1, \cdots, \lambda_n) \geqslant 0. \tag{1.1.5}$$

(当 $n = 2$ 时此条件的直观意义最明显. 一般地, (1.1.3) 式右方是 $X(\omega)$ 取值于 R^n 中长方体内的概率, 故它大于或等于 0; 此长方体是 $(\lambda_1, \mu_1] \times (\lambda_2, \mu_2] \times \cdots \times (\lambda_n, \mu_n]$, 即是由 R^n 中如下的点所成的集, 它的第 j 个坐标位于 $(\lambda_j, \mu_j]$ 之中, $j = 1, \cdots, n$).

现在可以脱离随机变量来定义分布函数. 称任一具有性质 (a)—(c) 的 n 元函数 $F(\lambda_1, \cdots, \lambda_n) \ (\lambda_j \in R, j = 1, \cdots, n)$ 为 n **元分布函数**. 由测度论知, $F(\lambda_1, \cdots, \lambda_n)$ 在 $\mathcal{B}(R^n)$ 上产生一概率测度 $F(A)$:

$$F(A) = \int_A dF(\lambda_1, \cdots, \lambda_n), \quad A \in \mathcal{B}(R^n), \tag{1.1.6}$$

称 $F(A) \ (A \in \mathcal{B}(R^n))$ 为由 $F(\lambda_1, \cdots, \lambda_n)$ 所产生的 n **维分布**.

可以证明, 对 n 元分布函数 $F(\lambda_1, \cdots, \lambda_n)$, 必存在概率空间 $(\Omega, \mathcal{F}, P)$ 及定义在其上的 n 元随机向量 $X = (X_1, \cdots, X_n)$, 使得 F 是 $X(\omega)$ 的分布函数, 即 (1.1.3) 式成立.

1.2 几种常用分布

常见的分布有二项分布、泊松分布、均匀分布、正态分布、几何分布、指数分布等, 下面分别就本书涉及的几何分布、指数分布以及衍生的混合几何分布与混合指数分布进行简要介绍.

1.2.1 几何分布与指数分布

定义 1.2.1 称随机变量 X 服从参数为 p 的**几何分布**, 如果 X 取正整数值, 且满足

$$P(X = k) = (1-p)^{k-1}p, \quad k = 1, 2, \cdots, \tag{1.2.7}$$

其中, $0 < p < 1$. 记为 $X \sim \text{Ge}(p)$.

例如, 在伯努利试验中, 记每次试验中事件 A 发生的概率为 p, 事件 A 首次出现时的试验次数为 X, 则 $X \sim \text{Ge}(p)$.

显然, 若随机变量 $X \sim \text{Ge}(p)$, 则有

$$\begin{cases} E(X) = \dfrac{1}{p}, \\ \text{Var}(X) = \dfrac{1-p}{p^2}. \end{cases}$$

定理 1.2.1 (几何分布的无记忆性) 设 $X \sim \text{Ge}(p)$, 则对任意正整数 m, n,

$$P(X > m + n | X > m) = P(X > n). \tag{1.2.8}$$

定义 1.2.2 称 X 服从参数 λ 的**指数分布**, 若随机变量 X 的密度函数为

$$p(x) = \begin{cases} \lambda e^{-\lambda x}, & x \geqslant 0, \\ 0, & x < 0, \end{cases}$$

其中, 参数 $\lambda > 0$. 记作 $X \sim \text{Exp}(\lambda)$.

指数分布的分布函数为

$$F(x) = \begin{cases} 1 - e^{-\lambda x}, & x \geqslant 0, \\ 0, & x < 0. \end{cases}$$

定理 1.2.2 (指数分布的无记忆性) 设 $X \sim \mathrm{Exp}(\lambda)$, 则对任意 $s, t > 0$,

$$P(X > s + t | X > s) = P(X > t). \tag{1.2.9}$$

显然, 若随机变量 $X \sim \mathrm{Exp}(\lambda)$, 则有

$$\begin{cases} E(X) = \dfrac{1}{\lambda}, \\ \mathrm{Var}(X) = \dfrac{1}{\lambda^2}. \end{cases}$$

1.2.2 混合几何分布与混合指数分布

在数据分析中, 经常会碰到一些复杂数据, 这些数据表现出不同的性质, 此时单一地用某个分布来进行数据分析或拟合, 将无法满足需求. 例如, 对于单个总体的寿命试验数据进行分析的统计方法已经发展得非常成熟. 但是, 在应用中经常会发现设备存在早期失效的个体. 也就是说, 进行一个寿命试验, 前期的失效率是很高的. 但是, 随着时间的增加, 失效率将保持稳定或者继续增加. 当然, 这和产品的失效机制有关. 从实际的角度来看, 工程师会把这些产品的失效归结为不同的失效机制. 从统计的角度来看, 可以认为这一些产品来自于不同的两个或多个子总体.

于是, 混合分布被作为一种新的统计模型提出, 它用于描述各种不同的分布按照一定的比例混合而成的总体. 混合分布模型最早由克拉克 (P. K. Clark) 提出, [109,122] 等对其进行了发展, 从而奠定了理论基础. [45] 介绍了混合几何分布, 并应用于平稳队列系统的忙周期分布; [66] 研究了几何分布与负二项分布的 (有限项) 混合及其拟合; 等等.

卜由定义混合分布模型, 再给出混合几何分布与混合指数分布的定义.

定义 1.2.3 (混合分布模型) 设有 n 个概率函数 $p_i(x|\Theta_i)$, $i = 1, \cdots, n$, 其中每个 Θ_i 为实数参数 (或参数向量). 设非负实数 λ_i 满足 $\sum\limits_{i=1}^{n} \lambda_i = 1$. 令

$$p(x|\overline{\Theta}) = \sum_{i=1}^{n} \lambda_i p_i(x|\Theta_i), \tag{1.2.10}$$

则 $p(x|\overline{\Theta})$ 也是概率函数, 其中 $\overline{\Theta} = (\Theta_i, \cdots, \Theta_n)$. 称 $p(x|\overline{\Theta})$ 代表的分布为 n-**混合分布**, 其参数为 $(\lambda_1, \cdots, \lambda_n; \Theta_1, \cdots, \Theta_n)$.

混合分布的随机变量 X 可如下产生. 构造 $n + 1$ 个相互独立的随机变量 $X_1, \cdots, X_n, N$, 其中 X_i 的概率函数为 $p_i(x|\Theta_i)$, 且 N 的分布律为

$$P(N = i) = \lambda_i, \quad i = 1, \cdots, n,$$

则 X_N 具有 n-混合分布, 其参数为 $(\lambda_1, \cdots, \lambda_n; \Theta_1, \cdots, \Theta_n)$.

混合分布的一种特殊情形是混合几何分布, 它是寿命数据的一种分析模型.

定义 1.2.4 称 X 服从 n-**混合几何分布**, 如果随机变量 X 的概率函数为

$$f(x|\Theta) = \sum_{i=1}^{n} \lambda_i p_i (1-p_i)^{x-1}, \quad x = 1, 2, \cdots, \tag{1.2.11}$$

其中, $\lambda_i, p_i \in (0,1)$ $(i = 1, 2, \cdots, n)$ 为混合参数, 且 $\sum\limits_{i=1}^{n} \lambda_i = 1$. 记为 $X \sim$ $\mathrm{MGe}(\lambda_1, \cdots, \lambda_n; p_1, \cdots, p_n)$.

混合几何分布中, λ_i 表示第 i 个成分在混合分布中所占的比重, p_i 表示分布中第 i 个几何总体的参数; 亦可用 $\Theta = (\lambda_i, p_i)_{i=1,\cdots,n}$ 表示整个总体中的参数.

显然, 若随机变量 $X \sim \mathrm{MGe}(\lambda_1, \cdots, \lambda_n; p_1, \cdots, p_n)$, 则有

$$\begin{cases} E(X) = \sum\limits_{i=1}^{n} \dfrac{\lambda_i}{p_i}, \\ E(X^2) = \sum\limits_{i=1}^{n} \dfrac{\lambda_i(2-p_i)}{p_i^2}. \end{cases}$$

混合指数分布也是寿命数据中广泛使用的一种非常重要的统计分析模型, 它广泛应用于可靠性分析、故障诊断、生物医学统计、生存分析等领域.

混合分布的另一种特殊情形是混合指数分布.

定义 1.2.5 称 X 服从 n-**混合指数分布**, 若随机变量 X 的概率函数为

$$f(x|\Theta) = \sum_{i=1}^{n} \lambda_i \alpha_i e^{-\alpha_i x}, \quad t > 0, \tag{1.2.12}$$

其中, $\lambda_i > 0, \alpha_i > 0$ $(i = 1, 2, \cdots, n)$ 为混合参数, 且 $\sum\limits_{i=1}^{n} \lambda_i = 1$. 记为 $X \sim$ $\mathrm{MExp}(\lambda_1, \cdots, \lambda_n; \alpha_1, \cdots, \alpha_n)$.

在混合指数分布中, λ_i 表示第 i 个成分在混合分布中所占的比重, α_i 表示分布中第 i 个指数总体的参数; 亦可用 $\Theta = (\lambda_i, \alpha_i)_{i=1,\cdots,n}$ 表示整个总体中的参数.

显然, 若随机变量 $X \sim \mathrm{MExp}(\lambda_1, \cdots, \lambda_n; \alpha_1, \cdots, \alpha_n)$, 则有

$$\begin{cases} E(X) = \sum\limits_{i=1}^{n} \dfrac{\lambda_i}{\alpha_i}, \\ E(X^2) = \sum\limits_{i=1}^{n} \dfrac{2\lambda_i}{\alpha_i^2}. \end{cases}$$

一些分布是混合指数分布的特殊情形, 例如, 帕累托 (Pareto) 分布和伯尔 (Burr) 分布.

混合指数分布更具一般性, 可能为数据提供更好的拟合, 同时仍然能提供适当的光滑度.

1.3 几种常用的参数估计

所谓参数估计, 就是在总体分布类型已知的前提下, 用样本统计量去估计总体的未知参数 (或参数的函数). 参数估计有两种基本形式: 点估计与区间估计. 这里介绍点估计中的两种主要方法: 矩估计法和极大似然法, 以及一种求解极大似然估计的 EM 算法.

1.3.1 矩估计

矩估计 (moment estimation) 是最古老的一种参数估计方法, 是由英国统计学家皮尔逊 (K. Pearson) 于 1894 年提出的. 它虽然古老, 但目前仍常用. 在实际问题中, 矩估计法简单方便且应用广泛.

矩估计的一般原则是: 用样本矩作为总体矩的估计, 若不够良好, 再作适当调整.

下面给出矩估计的定义.

定义 1.3.1 总体 X 的分布函数为 $F(x; \theta)$, 其中 $\theta = (\theta_1, \theta_2, \cdots, \theta_r) \in \Theta$ 是未知参数或参数向量, $X_1, X_2, \cdots, X_n$ 是样本.

(a) 假定总体 X 的 r 阶原点矩 $\mu_j = E(X^j)$ $(1 \leqslant j \leqslant r)$ 均存在, 于是每个 μ_j $(1 \leqslant j \leqslant r)$ 是 $\theta_1, \theta_2, \cdots, \theta_r$ 的函数, 记为

$$
\begin{cases}
\mu_1 = f_1(\theta_1, \theta_2, \cdots, \theta_r), \\
\mu_2 = f_2(\theta_1, \theta_2, \cdots, \theta_r), \\
\cdots\cdots \\
\mu_r = f_r(\theta_1, \theta_2, \cdots, \theta_r).
\end{cases} \tag{1.3.13}
$$

(b) 如果方程组 (1.3.13) 有解, 则 $\theta_1, \theta_2, \cdots, \theta_r$ 是 $\mu_1, \mu_2, \cdots, \mu_r$ 的函数, 即

$$
\theta_j = h_j(\mu_1, \mu_2, \cdots, \mu_r), \quad 1 \leqslant j \leqslant r.
$$

(c) 用样本矩 A_j 代表总体原点矩 μ_j 得

$$
\theta_j = h_j(A_1, A_2, \cdots, A_r), \quad 1 \leqslant j \leqslant r.
$$

其中 $A_j = \dfrac{1}{n} \sum\limits_{i=1}^{n} X_i^j$ $(1 \leqslant j \leqslant r)$.

(d) 因每个 A_j 是 $X_1, X_2, \cdots, X_n$ 的函数, 故 $\hat{\theta}_j$ 是 $X_1, X_2, \cdots, X_n$ 的函数

$$\hat{\theta}_j = \hat{\theta}_j(X_1, X_2, \cdots, X_n).$$

称 $\hat{\theta}_j = \hat{\theta}_j(X_1, X_2, \cdots, X_n)$ 为诸参数 θ_j $(1 \leqslant j \leqslant r)$ 的**矩估计**; 称 $\hat{\theta}_j = \hat{\theta}_j(x_1, x_2, \cdots, x_n)$ 为诸参数 θ_j $(1 \leqslant j \leqslant r)$ 的**矩估计值**.

进一步, 如果要估计 $\theta_1, \cdots, \theta_k$ 的函数 $\eta = g(\theta_1, \theta_2, \cdots, \theta_k)$, 则可直接得到 η 的矩估计:

$$\hat{\eta} = g(\hat{\theta}_1, \hat{\theta}_2, \cdots, \hat{\theta}_k).$$

当 $k = 1$ 时, 可以从样本均值出发对未知参数进行估计; 如果 $k = 2$, 可以由一阶、二阶原点矩 (或二阶中心距) 出发估计未知参数.

下面以指数分布为例进行说明.

例 1.3.1   设总体 $X \sim \text{Exp}(\lambda)$, $X_1, X_2, \cdots, X_n$ 是样本, $x_1, x_2, \cdots, x_n$ 是样本的一组观察值, 则总体矩为 $EX = \dfrac{1}{\lambda}$, 样本均值为 $\overline{X} = \dfrac{1}{n} \sum\limits_{i=1}^{n} X_i$, 令

$$\overline{X} = EX = \frac{1}{\lambda},$$

故 λ 的矩估计为

$$\hat{\lambda} = \frac{1}{\overline{X}}. \tag{1.3.14}$$

λ 的矩估计值为

$$\hat{\lambda} = \frac{1}{\overline{x}} = n \Big/ \sum_{i=1}^{n} x_i. \tag{1.3.15}$$

又由于 $\text{Var}(X) = \dfrac{1}{\lambda^2}$, 则 $\lambda = \dfrac{1}{\sqrt{\text{Var}(X)}}$, 因此, λ 的矩估计也可以取为

$$\hat{\lambda_1} = 1/S, \tag{1.3.16}$$

其中, $S = \sqrt{\dfrac{1}{n-1} \sum\limits_{i=1}^{n} (X_i - \overline{X})^2}$ 为样本标准差. 同时, 由式 (1.3.14) 和 (1.3.16) 可知矩估计可能不唯一, 此时通常应采用低阶矩来给出未知参数的估计, 因为低阶矩在计算简便的同时也能降低误差.

1.3.2   极大似然估计

极大似然估计最早由德国数学家高斯 (C. F. Gauss) 在 1821 年提出, 后由英国统计学家费希尔 (R. A. Fisher) 进行了完善并得到了广泛的应用, 故该方法常归功于费希尔.

极大似然估计的直观想法是: 对于一个随机试验, 假设它有若干个可能的结果, 记为 $A, B, C, \cdots$, 如果在一次试验中, 出现了结果 A, 那么有理由认为试验条件对结果 A 的出现似乎当然是最有利的, 也就是说结果 A 出现的概率 $P(A)$ 较大, 所以以极大似然估计的目标就是要选取这样的参数估计值, 使本次试验中产生的样本在总体中出现的可能性为最大.

下面给出极大似然估计的定义.

定义 1.3.2 设总体 X 的概率函数为 $p(x; \theta), \theta \in \Theta$, 其中 θ 是一个未知参数或多个未知参数组成的参数向量, Θ 是参数空间, 假定 $x_1, x_2, \cdots, x_n$ 是来自该总体的样本 $X_1, X_2, \cdots, X_n$ 的一组观察值, 将样本的联合概率函数看成 θ 的函数, 用 $L(\theta; x_1, x_2, \cdots, x_n)$ 表示, 简记为

$$L(\theta) = L(\theta; x_1, x_2, \cdots, x_n) = \prod_{i=1}^{n} p(x_i; \theta),$$

称 $L(\theta)$ 为样本的**似然函数**, $\ln L(\theta)$ 为样本的**对数似然函数**.

如果某统计量 $\hat{\theta} = \hat{\theta}(x_1, x_2, \cdots, x_n)$ 满足

$$L(\hat{\theta}) = \arg\max_{\theta \in \Theta} L(\theta),$$

或

$$L(\hat{\theta}) = \arg\max_{\theta \in \Theta} \ln L(\theta),$$

称 $\hat{\theta} = \hat{\theta}_j(X_1, X_2, \cdots, X_n)$ 为 θ 的**极大似然估计** (maximum likelihood estimation, MLE). 称 $\hat{\theta}_j = \hat{\theta}_j(x_1, x_2, \cdots, x_n)$ 为参数 θ 的极大似然估计值.

下面仍以指数分布为例进行说明.

例 1.3.2 设总体 $X \sim \mathrm{Exp}(\lambda)$, $X_1, X_2, \cdots, X_n$ 是样本, $x_1, x_2, \cdots, x_n$ 是样本的一组观察值, 则其似然函数为

$$L(\lambda) = L(\lambda; x_1, x_2, \cdots, x_n) = \prod_{i=1}^{n} \lambda e^{-\lambda x_i} = \lambda^n e^{-\lambda \sum\limits_{i=1}^{n} x_i},$$

令

$$\frac{\ln L(\lambda)}{d\lambda} = \sum_{i=1}^{n} x_i - \frac{n}{\lambda} = 0,$$

故 λ 的矩估计值为

$$\hat{\lambda} = \frac{1}{\overline{x}} = n \Big/ \sum_{i=1}^{n} x_i. \tag{1.3.17}$$

λ 的矩估计为

$$\hat{\lambda} = \frac{1}{\overline{X}}. \tag{1.3.18}$$

1.3.3　EM 算法

EM(expectation maximization) 算法是一种求解极大似然估计的常用方法, 特别是在不完全数据 (数据有删失或截断) 情形下. 假设 $\mathcal{X}$ 是某分布总体的样本数据, 此时 $\mathcal{X}$ 是不完全数据. 不妨设其完全数据集为 $\mathcal{Z} = (\mathcal{X}, \mathcal{Y})$, 联合概率函数为

$$p(z|\Theta) = p(x, y|\Theta) = p(y|x, \Theta)p(x|\Theta),$$

其似然函数为 $L(\Theta|\mathcal{Z}) = L(\Theta|\mathcal{X}, \mathcal{Y}) = p(\mathcal{X}, \mathcal{Y}|\Theta)$, 称为完全数据似然, 它是一个随机变量.

EM 算法通过下面两步迭代计算进行求解:

E-步: 在给定的样本数据 $\mathcal{X}$ 和当前的参数估计 $\Theta^{(i)}$ 情况下, 对未知数据 $\mathcal{Y}$ 求数学期望,

$$Q(\Theta, \Theta^{(i)}) = E_{\mathcal{Y}}[\ln p(\mathcal{X}, \mathcal{Y}|\Theta)|\mathcal{X}, \Theta^{(i)}].$$

M-步: 将上述数学期望最大化,

$$\Theta^{(i+1)} = \arg\max_{\Theta} Q(\Theta, \Theta^{(i)}).$$

1.3.4　混合几何分布与混合指数分布的估计

在利用混合分布模型进行数据拟合时, 需准确估算出模型中的未知参数, 而在混合分布的参数估计中, 常规的矩估计法、极大似然估计法显得比较困难. EM 算法是近年发展很快且应用很广的一种估计混合分布的方法, 许多学者运用 EM 算法对各种不同的分布组成的混合分布进行了参数估计.

首先介绍混合分布的 EM 算法.

假设 m-混合参数模型的概率函数为

$$p(x|\Theta) = \sum_{i=1}^{m} \lambda_i p_i(x|\theta_i),$$

其中, $\Theta = (\lambda_1, \cdots, \lambda_m, \theta_1, \cdots, \theta_m)$ 为其参数, 它满足 $\sum_{i=1}^{m} \lambda_i = 1$; $p_i(x|\theta_i)$ 为第 i 个概率函数.

给定样本容量为 n 的一组样本观测值 $(x_1, \cdots, x_n)$, 其对数似然函数为

$$L(\Theta) = \sum_{i=1}^{n} \ln\left(\sum_{j=1}^{m} \lambda_j p_j(x_i|\theta_j)\right),$$

若当前估计为 $\Theta^{(c)}$, 由贝叶斯定理可得:

其 E-步为

$$Q(\Theta, \Theta^{(c)}) = \sum_{i=1}^{n} \left(\sum_{j=1}^{m} \widehat{\omega}_{i,j} \ln \lambda_j \right) + \sum_{i=1}^{n} \left(\sum_{j=1}^{m} \widehat{\omega}_{i,j} \ln p_j(x_i|\theta_j) \right), \qquad (1.3.19)$$

其中, $\widehat{\omega}_{i,j} = \dfrac{\lambda_j^{(c)} p_j(x_i|\theta_j^{(c)})}{\sum\limits_{j=1}^{m} \lambda_j^{(c)} p_j(x_i|\theta_j^{(c)})}.$

M-步为

$$\widehat{\lambda}_j = \frac{1}{n} \sum_{i=1}^{n} \widehat{\omega}_{i,j}, \quad j = 1, \cdots, m, \qquad (1.3.20)$$

$$\widehat{\theta} = \arg\max_{\theta} \sum_{i=1}^{n} \left(\sum_{j=1}^{m} \widehat{\omega}_{i,j} \ln p_j(x_i|\theta_j) \right), \qquad (1.3.21)$$

其中, $\theta = (\theta_1, \cdots, \theta_m)$.

其次, 对于混合几何分布, 其参数估计问题的研究相对较少. 例如, [86] 给出了 2-混合几何分布的矩估计, [87] 应用 EM 算法来估计 2-混合几何分布中的未知参数, 得到了参数估计的迭代公式, 并利用 Matlab 软件进行了数据模拟, 从而说明了该估计方法的可行性. 事实上, 对于一般的 m-混合几何分布 $(m > 2)$, 包括权值在内共有 $2m - 1$ 个待估参数, 用矩估计比较困难, 因为其前 $2m - 1$ 阶总体矩与样本矩组成的非线性方程组是非常复杂的.

下面以 [86] 中的 2-混合几何分布的矩估计为例进行说明.

例 1.3.3　设随机变量 X 服从如下的 2-混合几何分布

$$f(x|\lambda, p_1, p_2) = \lambda p_1 (1 - p_1)^{x-1} + (1 - \lambda) p_2 (1 - p_2)^{x-1}, \quad x = 1, 2, \cdots, \qquad (1.3.22)$$

其中, λ 为第 1 个成分在混合分布中所占的比重; $p_1, p_2 \in (0, 1)$ 为参数.

则总体的前三阶矩为

$$\begin{cases} E(X) = \lambda \dfrac{1}{p_1} + (1 - \lambda) \dfrac{1}{p_2}, \\[2mm] E(X^2) = \lambda \dfrac{2 - p_1}{p_1^2} + (1 - \lambda) \dfrac{2 - p_2}{p_2^2}, \\[2mm] E(X^3) = \lambda \left[\dfrac{6(1 - p_1)^2}{p_1^3} + \dfrac{6(1 - p_1)}{p_1^2} + \dfrac{1}{p_1} \right] \\[3mm] \qquad\quad + (1 - \lambda) \left[\dfrac{6(1 - p_2)^2}{p_2^3} + \dfrac{6(1 - p_2)}{p_2^2} + \dfrac{1}{p_2} \right]. \end{cases} \qquad (1.3.23)$$

需要用样本的前三阶矩替换 (1.3.23) 中总体的前三阶矩求出 λ, p_1, p_2 的估计, 显然不容易, 更别说 3 个以上混合情形 (总体的 k 阶矩本身就特别复杂).

最后, 对于混合指数分布, 理论上也可用矩估计进行, 但同样面临复杂的问题.

例 1.3.4 对于定义 1.2.5 中所述的 n-混合指数分布总体 X

$$\begin{cases} E(X) = \sum_{i=1}^{m} \dfrac{\lambda_i}{\alpha_i}, \\[2mm] E(X^2) = \sum_{i=1}^{m} \dfrac{2\lambda_i}{\alpha_i^2}, \\[2mm] E(X^3) = \sum_{i=1}^{m} \dfrac{6\lambda_i}{\alpha_i^3}, \\[2mm] \cdots\cdots \\[2mm] E(X^{2m-1}) = \sum_{i=1}^{m} \dfrac{(2m-1)!\lambda_i}{\alpha_i^{2m-1}}. \end{cases} \tag{1.3.24}$$

显然, 通过上述方程组求解得到 $\lambda_i, \alpha_i \ (i = 1, \cdots, m)$ 的估计是困难的.

混合指数分布的参数估计问题得到了大量的研究. 例如, [85] 分别在完全数据场合、I-型截尾和 II-型截尾场合下, 应用 EM 算法来估计 2-混合指数分布的参数. [78] 对混合指数分布的估计发展到了极致, 它将混合指数分布应用于模型损失, 给出了用混合指数分布拟合损失数据的算法, 该算法可以是有限项或无穷多项指数的混合.

幸运的是, 已有一系列适用混合指数密度拟合数据的计算机程序, 例如对离子通道和金融保险等领域观测数据的拟合程序[36,60,71,72,78], 特别是 [78] 提供的算法能够通过数据拟合效果最优来实现自动匹配混合指数项的项数.

1.4 马尔可夫链

定义 1.4.1 设集合 $T \subset R$, 如果对每个 $t \in T$, 有一随机变量 $X_t(\omega)$ 与它对应, 称

$$X(\omega) = \{X_t(\omega), t \in T\} \tag{1.4.25}$$

为**随机过程**, 或简称**过程**. 有时也记为 $\{X(t, \omega), t \in T\}$, 或 $\{X_t, t \in T\}$, 或 $\{X(t), t \in T\}$, 或 $\{X(t, \cdot), t \in T\}$, 或 $X(\omega)$, 或 X.

通常, T 是时间集合, 例如, $T = R^+$, $T = N^+$, $T = [a, b]$, $T = \{1, 2, \cdots\}$.

X_t 不一定取遍 R 中所有实数值, 因而存在一个适当的集合 $S \subset R$, 使得

$$P(X_t \in S) = 1, \quad \forall t \in T.$$

例如, S 可以是有限集 $\{0, 1, \cdots, N\}$, 可数无限集 $\{0, 1, 2, \cdots\}$, 区间 $T = [a, b]$, 甚至就是 R. 此时 S 中的点称为随机过程的**状态**, S 称为随机过程的**状态空间**.

对于随机过程 $X = \{X_t, t \in T\}$, 每个 X_t 是取值于 S 的随机变量, 而随机变量 X_t 是概率空间 $(\Omega, \mathcal{F}, P)$ 中 Ω 到 S 的映射, 因此, 对每个 $\omega \in \Omega$, 数 $X_t(\omega) \in S$, 从而, 固定 $\omega \in \Omega$ 时, $X(\omega) = \{X_t(\omega), t \in T\}$ 是定义域为 T, 取值于 S 的数值函数 (无随机性). 这个函数称为随机过程 X 的**轨道**, 或 ω-轨道.

定义 1.4.2 设 $X = \{X_t(\omega), t \in T\}$ 是定义于概率空间 $(\Omega, \mathcal{F}, P)$ 上的随机过程, 其状态空间 S 是离散的可数集 (有限, 或可数无限且有离散拓扑). 若对任意 $t_1 < t_2 < \cdots < t_{n+1} \in T$, $i_1, \cdots, i_{n+1} \in S$, 有

$$P(X_{t_{n+1}} = i_{n+1} | X_{t_1} = i_1, \cdots, X_{t_n} = i_n) = P(X_{t_{n+1}} = i_{n+1} | X_{t_n} = i_n). \quad (1.4.26)$$

只要上述条件概率有意义, 即 $P(X_{t_1} = i_1, \cdots, X_{t_n} = i_n) > 0$. 称 X 为**马尔可夫链**, 性质 (1.4.26) 称为**马尔可夫性** (简称**马氏性**).

如果取指标集 $T = R^+$, 称 X 为连续时间马尔可夫链; 如果取指标集 $T = N^+$, 称 X 为离散时间马尔可夫链. 本书中, 恒假定 $T = R^+$ 或 $T = N^+$.

马尔可夫性就是通常所说的**无后效性**或**无记忆性**. 如果把 t_n 视为现在时间, $t_1, \cdots, t_{n-1}$ 就是过去时间, t_{n+1} 就是将来时间, 马尔可夫性意味着: 已知随机过程过去的状况和现在的状况, 要预测随机过程将来的状况, 过去的状况不起作用, 只依赖于过程现在的状况. 简单地说, 已知过程的 "现在", 其 "将来" 只与 "现在" 有关, 而与 "过去" 无关. 因此, 对于马尔可夫链来说, 重要的是链从现在的状态转移到将来状态的转移概率, 即 (1.4.26) 式右方概率.

马尔可夫性的直观解释如下: 设想有一随机运动的质点, 在 t 时质点的位置记为 X_t, 把时刻 t_n 看成 "现在", 从而 t_{n+1} 属于 "将来", 而 $t_1, \cdots, t_{n-1}$ 都属于 "过去". 于是 (1.4.26) 式表示: 在已知过去 "$X_{t_1} = i_1, \cdots, X_{t_{n-1}} = i_{n-1}$" 及现在 "$X_{t_n} = i_n$" 的条件下, 要预测将来的事件 "$X_{t_{n+1}} = i_{n+1}$", 只依赖于现在发生的事件 "$X_{t_n} = i_n$". 简单地说, 在已知 "现在" 的条件下: "将来" 与 "过去" 是独立的.

定义 1.4.3 设 $X = \{X_t, t \in T\}$ 是马尔可夫链, 其状态空间为可数集 $S = N^+$, 对 $s \leqslant t \in T$ 及 $i, j \in S$, 称

$$P_{ij}(s, t) \equiv P\{X_t = j | X_s = i\} \quad (1.4.27)$$

为马尔可夫链 X 在 s 时处于状态 i, 在 t 时转移到状态 j 的**转移概率**.

对于转移概率 $P_{ij}(s, t)$, 有著名的**查普曼-柯尔莫哥洛夫方程** (Chapman-

Kolmogorov, C-K) 方程, 即对 $\forall 0 \leqslant s \leqslant u \leqslant t$,

$$p_{ij}(s,t) = \sum_{k \in S} p_{ik}(s,u)p_{kj}(u,t).$$

记 $\mu_i = P(X_0 = i), i \in S$, 称 $\mu = (\mu_i, i \in S)$ 为马尔可夫链的**初始分布**.

一个马尔可夫过程的统计特性完全由它的初始分布与转移概率决定. 对于马尔可夫链, 重要的是它的状态转移规律. 因此, 对于两个马尔可夫链, 只要它们的转移概率是相同的, 就可以认同它们是同一个马尔可夫链, 即使它们两个可以定义在不同的概率空间上, 甚至有不同的初始分布.

定义 1.4.4 若两个马尔可夫链 $X = \{X_t, t \in T\}$ 和 $Y = \{Y_t, t \in T\}$ (可以定义在不同的概率空间上), 有相同的转移概率, 就视 X 与 Y 为同一马尔可夫链, 称 X 与 Y 是一个马尔可夫链.

定义 1.4.5 马尔可夫链 $X = \{X_t(\omega), t \in T\}$ 的状态空间为 S, 如果链的转移概率 $p_{ij}(s,t)$ 只与时间差 $t - s$ 有关, 而与时间 s 和 t 大小无关, 即对 $\forall s, t \in T$, $\forall i, j \in S$,

$$p_{ij}(t) = P\{X_{s+t} = j | X_s = i\} \tag{1.4.28}$$

与 s 无关, 称马尔可夫链 $X = \{X_t, t \in T\}$ 是 (时间) **齐次**的或**时齐**的. $p_{ij}(t)$ 是从状态 i 出发经 t 时间后转移到状态 j 的概率. 矩阵 $P(t) = [p_{ij}(t)]_{S \times S}$ 称为马尔可夫链 $X = \{X_t, t \in T\}$ 的**转移矩阵**.

性质 1.4.1 转移矩阵 $P(t)$ 满足下列性质:

(a) $0 \leqslant p_{ij}(t) \leqslant 1, \forall t \in T, i, j \in S.$ \hfill (1.4.29)

(b) $p_{ij}(0) = \delta_{ij}, \forall i, j \in S.$ \hfill (1.4.30)

(c) $P(t)\mathbf{1} = \mathbf{1}.$ \hfill (1.4.31)

(d) $P(s + t) = P(s)P(t), \forall s, t \in T,$ \hfill (1.4.32)

其中 $\delta_{ii} = 1, \delta_{ij} = 0 \ (i \neq j)$.

式 (1.4.31) 为齐次马尔可夫链的查普曼-柯尔莫哥洛夫方程, 即对 $\forall i, j \in S$ 和 $\forall s, t \in T$, $p_{ij}(t)$ 满足

$$p_{ij}(s + t) = \sum_{k \in S} p_{ik}(s)p_{kj}(t).$$

今后, 马尔可夫链均指齐次马尔可夫链.

定义 1.4.6 设马尔可夫链 $X = \{X_t, t \in T\}$ 有状态空间 S, 对 $O \subset S$, $C = S - O$, 称 $\tau = \inf\{t > 0, X_t \in O\}$ (相应地, $\sigma = \inf\{t > 0, X_t \notin O\}$) 为**状态子集 O 的击中时** (相应地, **逗留时**), 也称为 C 的逗留时 (相应地, 击中时).

特别, 对 $i \in S$, 称 $\tau = \inf\{t > 0, X_t = i\}$ (相应地, $\sigma = \inf\{t > 0, X_t \neq i\}$) 为单个**状态** i **的击中时** (相应地, **逗留时**).

定义 1.4.7 设马尔可夫链 $X = \{X_t, t \in T\}$ 有状态空间 S, 转移矩阵 $P(t) = [p_{ij}(t)]$, 如果存在 $0 < t \in T$, 使 $p_{ij}(t) > 0$, 称 i **可达** j, 记为 $i \rightsquigarrow j$. 约定 $i \rightsquigarrow i$, 如果 $i \rightsquigarrow j$ 且 $j \rightsquigarrow i$, 称 i 和 j 是**互通**的. 如果 S 中所有状态都是互通的, 即对 $\forall i, j \in S$, 有 i 和 j 互通, 称马尔可夫链 X 是**不可约**的.

定义 1.4.8 设马尔可夫链 $X = \{X_t, t \in T\}$ 有状态空间 S, 称 $i \in S$ 是**常返**的, 如果 $P\{$存在 $t_1 < t_2 < \cdots \in T$, 使 $X_{t_1} = X_{t_2} = \cdots = i | X_0 = i\} = 1$. 称 $i \in S$ 是**正常返**的, 如果 $i \in S$ 常返, 且数学期望 $E[\tau_i | X_0 = i] < \infty$, 其中 τ_i 为状态 i 的击中时.

定义 1.4.9 称马尔可夫链 $X = \{X_t, t \in T\}$ 是**平稳**的, 如果对任意的 $i \in S$,

$$P\{X_t = i\} \equiv \mu_i$$

与 $t \geqslant 0$ 无关. 称概率分布 $\{\mu_i, i \in S\}$ 为 X 的**平稳分布**.

下面利用有限维分布定义可逆性.

定义 1.4.10 (可逆性) 马尔可夫链 $X = \{X_t, t \in T\}$ 称为**可逆**的, 如果对任意的 $0 \leqslant t_1 \leqslant t_2 \leqslant \cdots \leqslant t_n \in T$, 总有

$$t_k^- \equiv t_1 + t_n - t_k \in T \quad (k = 1, 2, \cdots, n), \tag{1.4.33}$$

而且 $(X_{t_1}, X_{t_2}, \cdots, X_{t_n})$ 与 $(X_{t_1^-}, X_{t_2^-}, \cdots, X_{t_n^-})$ 具有相同的概率分布.

马尔可夫链的可逆性是指过程的统计规律在时间倒逆下的不变性. 可逆性是相对较强的要求, 如果将可逆性略加推广, 就得到对称性的概念 (本书不做介绍, 参见 [27]). 平稳性则是更加宽泛的概念, 是指过程的统计规律与起始时刻无关. 后面将对离散时间和连续时间马尔可夫链分别介绍.

1.5 离散时间马尔可夫链的生成元

定义 1.5.1 当 $T = N^+$ 时, 马尔可夫链 $X = \{X_n, n \in N^+\}$ 称为**离散时间马尔可夫链**. 此时, (1.4.28) 式成为

$$p_{ij}(n) = P\{X_n = j | X_0 = i\}, \quad n = 0, 1, 2, \cdots. \tag{1.5.34}$$

称为马尔可夫链 X 从状态 i 出发, 经 n 步转移到状态 j 的概率, 简称 n **步转移概率**. 称矩阵 $P(n) \equiv [p_{ij}(n)]_{S \times S}$ 为马尔可夫链 X 的 n **步转移概率矩阵**.

当 $n = 1$ 时, 简记 $P(1) = P$, 称 P 为马尔可夫链 $\{X_n, n \in N^+\}$ 的**一步转移概率矩阵**, 一般简称为**转移矩阵**. 不妨设 $S = N^+$, 则

$$
P = (p_{ij}) = \begin{pmatrix} p_{00} & p_{01} & p_{02} & \cdots \\ p_{10} & p_{11} & p_{12} & \cdots \\ p_{20} & p_{21} & p_{22} & \cdots \\ \vdots & \vdots & \vdots & \ddots \end{pmatrix}.
$$

性质 1.5.1　转移矩阵具有下列性质:

　(a) $0 \leqslant p_{ij} \leqslant 1$. $\hspace{6cm}$ (1.5.35)

　(b) $P\mathbf{1} = \mathbf{1}$. $\hspace{6.5cm}$ (1.5.36)

　(c) $P(n + m) = P(n)P(m)$, $\forall n, m \in N^+$. $\hspace{2.5cm}$ (1.5.37)

(1.5.37) 式为离散时间齐次马尔可夫链的查普曼-柯尔莫哥洛夫方程, 即对 $\forall i, j \in S$ 和 $\forall n, m \in N^+$, 有

$$
p_{ij}(n + m) = \sum_{k \in S} p_{ik}(n) p_{kj}(m).
$$

由 (1.5.37) 可得

$$
P(n) = [P(1)]^n = P^n,
$$

即马尔可夫链的 n 步转移概率可以通过一步转移概率来表达.

定义 1.5.2　设 $X = \{X_n, n \in N^+\}$ 是离散时间马尔可夫链, 状态空间为 S, 称转移矩阵 $P = (p_{ij})_{S \times S}$ 为马尔可夫链 X 的**生成元**.

1.5.1　平稳分布与可逆性

定义 1.5.3　对于离散时间马尔可夫链 $\{X_n, n \in N^+\}$, 状态空间为 S, 转移概率为 $P = (p_{ij})$, 设 $\hat{\pi} = \{\pi_i, i \in S\}$ (π_i 不全为零) 满足

$$
\pi_i = \sum_{j \in S} \pi_j p_{ji}, \quad \pi_i \geqslant 0 \quad (\forall i \in S), \hspace{2cm} (1.5.38)
$$

或矩阵形式

$$
\hat{\pi} P = \hat{\pi}, \hspace{5cm} (1.5.39)
$$

称 $\hat{\pi} = \{\pi_i, i \in S\}$ 是 $P = (p_{ij})$ 的一个**不变测度**. 又若满足

$$
\sum_{i \in S} \pi_i = 1, \hspace{5cm} (1.5.40)
$$

或矩阵形式

$$\hat{\pi}\mathbf{1} = 1, \tag{1.5.41}$$

称之为**不变概率分布**.

命题 1.5.1 设离散时间马尔可夫链 $\{X_n, n \in N^+\}$ 有状态空间 S, 转移概率为 $P = (p_{ij})$, 初始分布为 $\hat{\pi} = \{\pi_i, i \in S\}$ $(\pi_i \equiv \mathrm{P}\{X_0 = i\})$, 则 X 是**平稳**的, 当且仅当其初始分布 $\hat{\pi}$ 是不变概率分布.

定义 1.5.4 对于离散时间马尔可夫链 $\{X_n, n \in N^+\}$, 状态空间为 S, 转移概率为 $P = (p_{ij})$, 称概率分布 $\hat{\pi} = \{\pi_i, i \in S\}$ 为马尔可夫链的**平稳分布**, 若它满足式 (1.5.38) 或其矩阵形式 (1.5.39).

可见, 若马尔可夫链的初始分布 $\{\pi_i, i \in S\}$ 是不变概率分布, 则 X_1 的分布将是

$$\mathrm{P}\{X_1 = i\} = \sum_{j \in S} \mathrm{P}\{X_1 = i \mid X_0 = j\} \cdot \mathrm{P}\{X_0 = j\} = \sum_{j \in S} \pi_j p_{ji} = \pi_i,$$

这与 X_0 的分布是相同的. 依次递推, $X_0, X_1, X_2, \cdots$ 将有同样的分布, 这也是称 $\{\pi_i, i \in S\}$ 为平稳分布的原因.

下面给出离散时间马尔可夫链可逆性的定义.

定义 1.5.5 对于离散时间马尔可夫链 $X = \{X_n, n \in N^+\}$, 其状态空间为 S, 转移矩阵为 $P = (p_{ij})$, 称 X 是**可逆**的, 如果对任意的 $n \geqslant 0, m \geqslant 1, k \geqslant 1$ 及任意的 $i_0, i_1, \cdots, i_k \in S$, 都有

$$\mathrm{P}\{X_n = i_0, X_{n+m} = i_1, \cdots, X_{n+km} = i_k\}$$
$$= \mathrm{P}\{X_n = i_k, X_{n+m} = i_{k-1}, \cdots, X_{n+km} = i_0\}. \tag{1.5.42}$$

由式 (1.5.42), 对任意的 $0 \leqslant n < m$ 及任意的 $i, j \in S$, 都有

$$\mathrm{P}\{X_n = i, X_m = j\} = \mathrm{P}\{X_n = j, X_m = i\}. \tag{1.5.43}$$

在式 (1.5.43) 中, 取 $n = 0$, 并将两端对 j 求和, 便有

$$\mathrm{P}\{X_0 = i\} = \mathrm{P}\{X_m = i\} = \pi_i.$$

由 m 的任意性可知, 若马尔可夫链可逆, 那么其初始分布 $\{\pi_i, i \in S\}$ 必是平稳分布.

在式 (1.5.43) 中, 取 $m = n + 1$, 有

$$\mathrm{P}\{X_n = i\} \cdot \mathrm{P}\{X_{n+1} = j \mid X_n = i\} = \mathrm{P}\{X_n = j\} \cdot \mathrm{P}\{X_{n+1} = i \mid X_n = j\},$$

即

$$\pi_i p_{ij} = \pi_j p_{ji}, \quad \forall i,j \in S. \tag{1.5.44}$$

由此, 可以给出离散时间马尔可夫链可逆的等价定义.

定义 1.5.6　称转移矩阵为 $P = (p_{ij})$ 的离散时间马尔可夫链 $X = \{X_n, n \in N^+\}$ 是**可逆**的, 若它存在概率分布 $\{\pi_i, i \in S\}$ 满足式 (1.5.44).

1.5.2　禁忌概率

定义 1.5.7　设 $X = \{X_n, n \in N^+\}$ 为概率空间 $(\Omega, \mathcal{F}, P)$ 上的马尔可夫链, $S = \{0, 1, 2, \cdots\}$ 为状态空间, $(p_{ij})_{S \times S}$ 为转移概率矩阵, 对 $H \subset S$ 和 $n \in N^+$, 令

$$_H p_{ij}^{(0)} \equiv \delta_{ij},$$

$$_H p_{ij}^{(n)} \equiv P\{X_n = j, X_1, \cdots, X_{n-1} \notin H | X_0 = i\}$$

$$= \sum_{k_1, \cdots, k_{n-1} \notin H} p_{ik_1} p_{k_1 k_2} \cdots p_{k_{n-1} j}, \quad i, j \in S,$$

称 $_H p_{ij}^{(n)}$ 为从状态 i 出发, 不经过 H 中的状态, 于第 n 步到达 j **禁忌概率**, 也可记为从状态 i 经 n 步到 j 且回避 H 的禁忌概率; 称 H 为**禁忌集**, 且 H 可为空集 (即无禁忌).

禁忌概率满足下面的查普曼-柯尔莫哥洛夫方程.

性质 1.5.2　对给定的 $m = 0, 1, \cdots, n$,

$$_H p_{ij}^{(n)} = \sum_{k \notin H} {}_H p_{ik}^{(m)} \, {}_H p_{kj}^{(n-m)}. \tag{1.5.45}$$

为了后面表达需要, 给出如下定义.

定义 1.5.8　设离散时间马尔可夫链 $X = \{X_n, n \in N^+\}$ 有状态空间 S, 对于给定的 $i, j \in S$, 称 i **直接可达** j, 如果 $p_{ij} > 0$, 记为 $i \to j$; 称 i **可达** j, 记为 $i \rightsquigarrow j$, 如果存在 $j_1, j_2, \cdots, j_{n-1} \in S$, 使得

$$i \to j_1 \to j_2 \to \cdots \to j_{n-1} \to j.$$

称 $L(i, j; n) \equiv (i, j_1, \cdots, j_{n-1}, j)$ 为从状态 i 经过 n 步转移到达状态 j 的一条**路径**, 这里, 转移步数 n 表示路径长度. 如果 $i \to j$ 且 $j \to i$, 称 i 与 j **直接互通**, 记为 $i \leftrightarrow j$.

对于可逆马尔可夫链来说, $i \to j$ 意味着 $i \leftrightarrow j$.

1.6 连续时间马尔可夫链的生成元

定义 1.6.1 当 $T = R^+$ 时, 马尔可夫链 $X = \{X_t, t \geqslant 0\}$ 称为**连续时间马尔可夫链**.

称满足条件

$$\lim_{t \downarrow 0} P(t) = I \tag{1.6.46}$$

的转移矩阵 $P(t)$ 为**标准的**, (1.6.46) 称为标准性条件, 即对 $\forall i, j \in S$, 有

$$\lim_{t \downarrow 0} P_{ij}(t) = \delta_{ij}.$$

以后, 恒假定马尔可夫链的转移概率满足上述标准性条件.

1.6.1 Q-过程及轨道性质

定义 1.6.2 方阵 $A = (a_{ij})_{S \times S}$ 称为**速率矩阵**, 如果满足条件:

$$0 \leqslant a_{ij} < +\infty \quad (i \neq j),$$
$$0 \leqslant a_i \equiv -a_{ii} \leqslant +\infty,$$
$$\sum_{j \neq i} a_{ij} \leqslant a_i.$$

定义 1.6.3 称速率矩阵 $A = (a_{ij})_{S \times S}$ 是**稳定**的, 如果对 $\forall i \in S$,

$$a_i < +\infty.$$

称速率矩阵 $A = (a_{ij})_{S \times S}$ 是**保守**的, 如果对 $\forall i \in S$,

$$\sum_{j \neq i} a_{ij} = -a_{ii} = a_i < +\infty.$$

命题 1.6.1 设连续时间马尔可夫链 $X = \{X_t, t \geqslant 0\}$ 的转移矩阵 $P(t)$ 满足标准性条件 (1.6.46), 则

$$\lim_{t \downarrow 0} \frac{p_{ii}(t) - 1}{t} \tag{1.6.47}$$

存在, 但可能无限; 而

$$\lim_{t \downarrow 0} \frac{p_{ij}(t)}{t} \tag{1.6.48}$$

存在, 且有限. 故转移概率 $p_{ij}(t)$ 在 $t = 0$ 点存在导数 $p'_{ij}(0+)$, 即对 $\forall i, j \in S$,

$$p'_{ij}(0+) = \lim_{t \downarrow 0} \frac{p_{ij}(t) - p_{ij}(0)}{t}. \tag{1.6.49}$$

记 $q_{ij} = p'_{ij}(0+)$, 则矩阵 $Q = (q_{ij})_{S \times S}$ 是速率矩阵, 称 Q 为马尔可夫链 X 的速率矩阵, 也称 Q-矩阵.

也就是说, 对一个马尔可夫链, 矩阵 $Q = [p'_{ij}(0+)]$ 是一个速率矩阵, 称为此马尔可夫链的 Q-矩阵.

定义 1.6.4 设 $X = \{X_t, t \geqslant 0\}$ 是连续时间马尔可夫链, 状态空间为 S, 速率矩阵为 $Q = (q_{ij})_{S \times S}$, 称速率矩阵 Q 为马尔可夫链 X 的**生成元**.

定义 1.6.5 给定某个速率矩阵 Q, 如果有马尔可夫链满足 (1.6.49) 式, 称此马尔可夫链是以 Q 为速率矩阵的 Q-过程.

给定一个稳定的速率矩阵 Q, 其 Q-过程一定存在, 但并不一定唯一. 如果把具有相同的转移矩阵的 Q-过程等同起来, 则是一一对应的, 参见 [147] 中的讨论.

如果马尔可夫链的状态空间有限, 则速率矩阵 Q 保守, 而且唯一地确定转移概率 $P(t)$, 矩阵形式为

$$P(t) = e^{Qt} = \sum_{k=0}^{\infty} \frac{t^k}{k!} Q^k, \quad t \geqslant 0.$$

命题 1.6.2 对于有限状态马尔可夫链, 它的速率矩阵 Q 一定稳定, 而且保守, 满足

$$P(t) = e^{Qt}, \tag{1.6.50}$$

$$P'(t) = P(t)Q, \tag{1.6.51}$$

$$P'(t) = QP(t), \tag{1.6.52}$$

其中, 式 (1.6.51) 称为**柯尔莫哥洛夫前进方程**, 式 (1.6.52) 称为**柯尔莫哥洛夫后退方程**.

命题 1.6.3 设 $X = \{X_t, t \geqslant 0\}$ 是连续时间马尔可夫链, 状态空间有限, 其速率矩阵 $Q = (q_{ij})$ 稳定, 则存在马尔可夫链 $\widetilde{X} = \{\widetilde{X}_t, t \geqslant 0\}$, 它与 X 有相同的转移矩阵, 而且 $\widetilde{X}$ 的轨道是右连续的, 即对一切 $\omega \in \Omega$, 有

$$\lim_{t \downarrow s} \widetilde{X}_t(\omega) = \widetilde{X}_s(\omega), \quad \forall s \geqslant 0.$$

本书中, 总假定有限马尔可夫链的轨道是右连续的.

下面由轨道右连续性给出速率矩阵元素的概率意义.

定理 1.6.1 (速率矩阵元素的概率意义) 设马尔可夫链 $X = \{X_t, t \geq 0\}$ 的速率矩阵 $Q = (q_{ij})$ 稳定且轨道右连续, 则有

(1) $P(\sigma > t | X_0 = i) = e^{-q_i t}$;

(2) $P(X_\sigma = j, \sigma \leq s | X_0 = i) = (1 - e^{-sq_i}) \dfrac{q_{ij}}{q_i}, j \neq i$ 且 $q_i \neq 0$;

(3) $P(X_\sigma = j | X_0 = i) = \dfrac{q_{ij}}{q_i}, j \neq i$ 且 $q_i \neq 0$;

(4) 当 $q_i > 0$ 时, 在 $X_0 = i$ $(\forall i)$ 条件下, σ 与 X_σ 独立,

其中 $\sigma = \{t > 0 : X_t \neq i\}$, 当 $X_0 = i$ 时, σ 就是 X 首次离开 i 的时间, 即状态 i 的逗留时.

定理说明, 当 $q_i > 0$ 时, 在 $X_0 = i$ 条件下, σ 服从指数分布, 参数为 q_i, 且 X 首次离开 i 后立即跳到 j 的概率为 q_{ij}/q_i.

1.6.2 平稳分布与可逆性

定义 1.6.6 设 $X = \{X_t, t \geq 0\}$ 是连续时间马尔可夫链, 其状态空间为 $S = N^+$, 转移矩阵为 $P(t) = [p_{ij}(t)]$, $\hat{\mu} = \{\mu_i, i \in S\}$ 为 X 的一个概率分布, 如果

$$\mu_j = \sum_{k \in S} \mu_k p_{kj}(t), \quad \forall t \geq 0, \tag{1.6.53}$$

或矩阵形式

$$\hat{\mu} = \hat{\mu} P(t), \quad \forall t \geq 0, \tag{1.6.54}$$

称 $\hat{\mu} \equiv \{\mu_j, j \in S\}$ 为马尔可夫链 X 的**平稳分布**.

命题 1.6.4 设连续时间马尔可夫链 $X = \{X_t, t \geq 0\}$ 的转移矩阵为 $P(t) = [p_{ij}(t)]$, 平稳分布为 $\hat{\mu}$ 且初始分布为 $\hat{\mu}$, 则马尔可夫链 X 是平稳的.

命题 1.6.5 对于连续时间不可约马尔可夫链, 如果是正常返的, 那么它一定存在平稳分布, 即上述 $\hat{\mu} \equiv \{\mu_j, j \in S\}$ 一定存在, 它是下列方程组的唯一非负解.

$$\hat{\mu} Q = \mathbf{0}, \tag{1.6.55}$$

$$\hat{\mu} \mathbf{1} = 1. \tag{1.6.56}$$

命题 1.6.6 若 Q-过程唯一且不可约 ($P(t)$ 的状态互通) 时, 则

$P(t)$ 正常返 $\Longleftrightarrow$ $\hat{\mu} Q = 0$ 有概率测度解 $\Longleftrightarrow$ $P(t)$ 有平稳分布 $\hat{\mu}$.

命题 1.6.7 若 $X = \{X_t, t \geq 0\}$ 是以 $P(t)$ 为转移矩阵的连续时间马尔可夫链, 则 X **可逆**当且仅当它是平稳的, 且满足

$$\mu_i p_{ij}(t) = \mu_j p_{ji}(t), \quad \forall i, j \in S, t \geq 0, \tag{1.6.57}$$

其中, S 为其状态空间, $\hat{\mu} = \{\mu_i, i \in S\}$ 是 X 的初始分布, 也是 X 的平稳分布.

在物理上, 称满足 (1.6.57) 式的马尔可夫链为**细致平衡**的, 意思是经过任何时间 t, 对任意一对状态 (i,j), 从 i 流入 j 的**概率流** $\mu_i p_{ij}(t)$ 与从 j 流入 i 的概率流 $\mu_j p_{ji}(t)$ 相等.

命题 1.6.8　若 $X = \{X_t, t \geqslant 0\}$ 是有限状态 Q-过程, 则 X 可逆当且仅当

$$\mu_i q_{ij} = \mu_j q_{ji}, \quad \forall i, j \in S, \tag{1.6.58}$$

其中, S 为其状态空间, $Q = (q_{ij})$ 为其速率矩阵, $\widehat{\mu} = \{\mu_i, i \in S\}$ 是 X 的初始分布, 也是 X 的平稳分布.

相应地, 称 $\mu_i q_{ij}$ 为从 i 流入 j 的**速率流**, 称 $\sum\limits_{j \neq i} \mu_j q_{ji}$ 为**流入** i **的速率流**, 称 $\sum\limits_{j \neq i} \mu_i q_{ij}$ 为**流出** i **的速率流**.

对于有限状态连续时间马尔可夫链, 其速率矩阵与转移矩阵 $P(t)$ 是相互唯一决定的. 可逆性就对应到物理上的细致平衡条件, 即满足式 (1.6.57) 或式 (1.6.58).

事实上, 现实中一些系统是遵循细致平衡原理或微观可逆性的, 至少在离子通道门控机制应用中, 可逆性的假设在许多情况下是合理的, 参见 [112]. 在具体应用中, 如何判断系统是否满足可逆性条件呢? [101,105] 等研究表明可逆性可通过是否存在净环流来判断; 另外, 作为一个例子, 对于只有三个状态的马尔可夫链系统, [2,73] 提出了一个利用两个状态之间轨迹的粗粒度信息 (coarsegrained information) 来判断其可逆性的标准.

1.6.3　禁忌概率与禁忌速率

定义 1.6.7 [27]　设 $X = \{X_t, t \geqslant 0\}$ 是连续时间马尔可夫链, S 为状态空间, $P(t) = [p_{ij}(t)]_{S \times S}$ 为转移概率矩阵, 对 $H \subset S$ 和 $t \geqslant 0$, 令

$$_H p_{ij}^{(0)} \equiv \delta_{ij},$$

$$_H p_{ij}(t) \equiv P\{X_t = j, X_u \notin H, 0 < u < t \in T | X_0 = i\}, \quad i, j \in S,$$

称 $_H p_{ij}{}^{(t)}$ 为从状态 i 出发, 不经过 H 中的状态, t 时刻到达 j **禁忌概率**; 称 H 为**禁忌集**, 且 H 可为空集 (即无禁忌).

禁忌概率满足下面的查普曼-柯尔莫哥洛夫方程.

性质 1.6.1　对给定的 $s, t \geqslant 0$,

$$_H p_{ij}(s + t) = \sum_{k \notin H} {}_H p_{ik}(s) \, {}_H p_{kj}(t). \tag{1.6.59}$$

基于马尔可夫链禁忌概率理论, 为了后续深入刻画击中时分布的性质及研究结果表达的简单化和可视化, 进一步引入禁忌速率的概念.

类似于离散时间马尔可夫链禁忌概率 [27,146], 可定义相应的禁忌速率如下.

定义 1.6.8 [137]　设 $X = \{X_t, t \geqslant 0\}$ 是连续时间马尔可夫链, S 为状态空间, $Q = (q_{ij})_{S \times S}$ 为速率矩阵, 对于 $H \subset S$ 和 $n \in N^+$, 令

$$
_H\bar{q}_{ij}^{(n)} \equiv \sum_{k_1, \cdots, k_{n-1} \notin H} q_{ik_1} q_{k_1 k_2} \cdots q_{k_{n-1}j}, \quad i, j \in S, \tag{1.6.60}
$$

其中

$$
_H\bar{q}_{ij}^{(0)} = \delta_{ij} = \begin{cases} 1, & i = j, \\ 0, & i \neq j, \end{cases}
$$

$$
_H\bar{q}_{ii}^{(1)} = \begin{cases} q_{ii}, & i \notin H, \\ 0, & i \in H, \end{cases}
$$

$$
_H\bar{q}_{ij}^{(1)} = \begin{cases} q_{ij}, & i \notin H \quad \text{或} \quad j \notin H, \\ 0, & i \in H \quad \text{且} \quad j \in H. \end{cases}
$$

称 $_H\bar{q}_{ij}^{(n)}$ 为从状态 i 出发, 不经过 H, 于第 n 步到达状态 j 的**禁忌速率**.

相应地, $_H\bar{q}_{ii}^{(n)}$ 表示从状态 i 出发, 不经过 H, 于第 n 步回到状态 i 的禁忌速率.

类似于转移概率和禁忌概率, 禁忌速率也满足如下的查普曼-柯尔莫哥洛夫方程 (C-K 方程).

性质 1.6.2 (C-K 方程)　对给定的 $m = 0, 1, \cdots, n$,

$$
_H\bar{q}_{ij}^{(n)} = \sum_{k \notin H} {_H\bar{q}_{ik}^{(m)}} \, {_H\bar{q}_{kj}^{(n-m)}}. \tag{1.6.61}
$$

为了更好地理解后续的求解过程, 进一步探索 $_{\{i\}}\bar{q}_{jj}^{(n)}$ 的表达式.

定义 1.6.9　设 $X = \{X_t, t \geqslant 0\}$ 是连续时间马尔可夫链, 状态空间为 S, 对于给定的 $i, j \in S$, 称 i **直接可达** j, 如果 $q_{ij} > 0$, 记为 $i \to j$; 称 i **可达** j, 记为 $i \rightsquigarrow j$, 如果存在 $j_1, j_2, \cdots, j_{n-1} \in S$, 使得

$$
i \to j_1 \to j_2 \to \cdots \to j_{n-1} \to j.
$$

称 $L(i, j; n) \equiv (i, j_1, \cdots, j_{n-1}, j)$ 为从状态 i 经过 n 步转移到达状态 j 的一条**路径**, 这里, 转移步数 n 表示**路径长度**. 如果 $i \to j$ 且 $j \to i$, 称 i 与 j **直接互通**, 记为 $i \leftrightarrow j$. 有时, 为了标明两个状态之间的转移速率大小或画图等因素的需要, 在图形中也用 "$i \rightleftharpoons j$" 或 "$i \rightleftarrows j$" 表示.

对于可逆马尔可夫链来说, $i \to j$ 意味着 $i \leftrightarrow j$.

$_H\bar{q}_{jj}^{(n)}$ 从 j 出发, 不经过 H, 于第 n 步转移后再要回到 j, 一般情况下, 它最多只能到达距离它 $n/2$ 步的状态, 因此, 对于给定 $j \in S, n \in N^+$ 及互不相同的

$j, j_1, \cdots, j_m \notin H\left(1 \leqslant m \leqslant \left[\dfrac{n}{2}\right]\right)$, 用禁忌速率 $_H\overline{q}_{jj}^{(n)}(j \leftrightarrow j_1 \leftrightarrow \cdots \leftrightarrow j_m)$ 表示从状态 j 出发, 沿着路径 $L(j, j_m; m) = (j, j_1, \cdots, j_m)$, 最远到达 j_m, 然后回到状态 j 的速率.

性质 1.6.3　令 $\overline{q}(j_1, j_2, \cdots, j_k) = q_{j_1, j_2} q_{j_2, j_3} \cdots q_{j_{k-1}, j_k} q_{j_k, j_{k-1}} \cdots q_{j_3, j_2} q_{j_2, j_1}$ (下同), 下列等式成立.

$$
_{\{i\}}\overline{q}_{jj}^{(2k+1)}(j \leftrightarrow j_1 \leftrightarrow \cdots \leftrightarrow j_k) = \left(\mathbf{q_{j_k}} + 2 \sum_{s \in \{j, j_1, \cdots, j_{k-1}\}} q_s\right) \overline{q}(j, j_1, \cdots, j_k)
$$
$$
+ _{\{i\}}\overline{q}_{jj}^{(2k+1)}(j \leftrightarrow j_1 \leftrightarrow \cdots \leftrightarrow j_{k-1}),
$$
$$
_{\{i\}}\overline{q}_{jj}^{(2k+2)}(j \leftrightarrow j_1 \leftrightarrow \cdots \leftrightarrow j_{k+1}) = q_{j_k, j_{k+1}} \mathbf{q_{j_{k+1}, j_k}} \overline{q}(j, j_1, \cdots, j_k)
$$
$$
+ _{\{i\}}\overline{q}_{jj}^{(2k+2)}(j \leftrightarrow j_1 \leftrightarrow \cdots \leftrightarrow j_k). \tag{1.6.62}
$$

其中第一个公式左端表示从状态 j 出发沿路径 $(j, j_1, \cdots, j_k)$ 经 $2k+1$ 步后又回到状态 j, 期间不经过状态 i 的禁忌速率. 此时有两种可能出现的情况, 呈现在公式右端: 第一种情况是马尔可夫链能够到达的最远状态为 j_k, 即从状态 j 出发, 每次均经过不同的状态于第 k 步到达 j_k, 下一步仍转到 j_k, 再经 k 步原路返回到 j; 第二种情况是过程马尔可夫链到达的最远状态不超过 j_{k-1}, 即可能到达的状态为 $j_m \ (m = 1, 2, \cdots, k-1)$, 中途可能多次到达其中某些状态.

同理, 其中第二个公式左端表示从状态 j 出发沿路径 $(j, j_1, \cdots, j_k, j_{k+1})$ 经 $2k+2$ 步后又回到状态 j, 其间不经过状态 i 的禁忌速率. 此时有两种可能出现的情况, 呈现在公式右端: 第一种情况是马尔可夫链能够到达的最远状态为 j_{k+1}, 即从状态 j 出发, 每次均经过不同的状态于第 k 步到达 j_k, 下一步转到 j_{k+1}, 再经 $k+1$ 步原路返回到 j; 第二种情况是马尔可夫链到达的最远状态不超过 j_k, 即可能到达的状态为 $j_m \ (m = 1, 2, \cdots, k)$, 中途可能多次到达其中某些状态.

每个公式中粗体字的量是可能到达的离状态 j 最远状态有关的转移速率 (新的未知量).

今后, 本书中关于 "最远" 一词, 均按上述理解.

1.7　马尔可夫链的拓扑结构

为了充分利用潜在马尔可夫链的拓扑结构信息, 本节对马尔可夫链的拓扑结构进行分类介绍. 考虑到实际应用, 本书考虑有限状态的马尔可夫链, 以后均指有限状态的马尔可夫链, 且不可约. 因此, 这里所说的模型均是连通的.

由于马尔可夫链的具体结构多种多样, 无法一一列举, 需要分类讨论. 又结合马尔可夫链统计计算理论, 根据是否包含环将其分为两大类: 有环和无环. 无环的链是指不包含任何一个环的马尔可夫链, 也称为树形马尔可夫链, 包括星形、线形、星形分枝、层次模型等规则结构. 有环的链是指至少有一个环的马尔可夫链.

有环的链又分为环形链、单环链、双环链、多环链. 环形链是指有且仅有一个环的马尔可夫链; 单环链是指由一个环和无环的子链组成的马尔可夫链; 双环链是指含有两个环的马尔可夫链, 可能仅有两个环, 也可能是两个环与无环的子链组成的; 多环链是指含有两个以上环的马尔可夫链.

本书将首先讨论无环链的统计计算问题, 并先将星形、线形、星形分枝、层次模型等规则结构单列讨论, 然后再讨论其他无环的树形结构.

树形马尔可夫链是星形和线形结构的一种重要的延伸, 也代表了两类拓扑中的其中一类. 树形的结构有很多种, 无法一一详尽其证明和算法. 按照沃尔夫数学世界 (Wolfram Math World) 提供的各种规则的树形结构, 包括香蕉树、交叉图、H 图、E 图、叉图、蜘蛛图以及爆竹图等形状, 其中, 交叉图、H 图、E 图、叉图、蜘蛛图 (图 1.7.1) 等均可看作是星形分枝马尔可夫链, 不再一一赘述其统计计算过程和算法. 本书 3.5 节就三种有代表性的规则结构 (双星形、香蕉树、爆竹图, 见图 3.5.9—图 3.5.11) 进行讨论, 给出有关充分性的结论和算法. 尽管树形链中的一些还未在现实系统中得到应用, 但是有必要讨论出具有一般性的结论. 不失一般性, 主要以完全二叉树为例进行证明和展示.

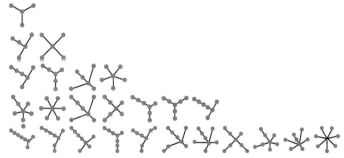

图 1.7.1　蜘蛛图形马尔可夫链示意图 (来自 Wolfram Math World)

对于一个具有顶点 $v_1, v_2, \cdots, v_m$ 的图上的马尔可夫链, 其生成元为 $P = (p_{ij})$ 或 $Q = (q_{ij})$, 状态空间由顶点 $\{v_1, v_2, \cdots, v_m\}$ 组成. 若顶点 v_i 和 v_j 直接互通, 即 $p_{ij}p_{ji} > 0$ (或 $q_{ij}q_{ji} > 0$), 则称两顶点之间的连接为**一条边**, 记为 $\{v_i, v_j\}$ 或 (v_i, v_j). 例如, 从状态 i 经过 n 步转移到达状态 j 的一条路径 $L(i, j; n) \equiv (i, j_1, \cdots, j_{n-1}, j)$ 也是一条边. 对于连续时间马尔可夫链, q_{ij}/q_i 表示马尔可夫链在 i 状态的条件下, 从 v_i 到 v_j 的转移概率.

　　对于有环的链, 环形链是特例, 也是研究的关键, 将首先被重点单列讨论, 然后讨论单环链和双环链.

　　有代表性的单环链包括蝌蚪图、潘图和爪子图等. 蝌蚪图 (tadpole graph) 是指一个环和一条边的组合, 用 $T_{n,k}$ 表示环中有 n 个状态、一条边上有 k 个状态的蝌蚪图, 见图 1.7.2; 潘图 (pan graph) 是指一个环和一个叶子的组合, 用 $T_{n,1}$ 环中有 n 个状态的潘图, 也称为 n-潘图, 见图 3.7.13; 爪子图 (paw graph) 是特指环中只有 3 个状态的潘图, 即 3-潘图, 也是 $T_{3,1}$ 蝌蚪图, 见图 3.7.14.

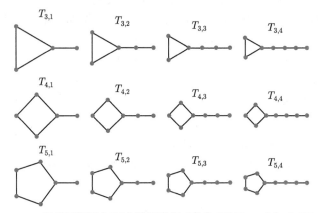

图 1.7.2　蝌蚪图形马尔可夫链示意图 (来自 Wolfram Math World)

　　有代表性的双环链包括哑铃型、"8" 字型、"日" 字型. 哑铃型是指由一条边连接两个环的双环形链, 见图 3.7.18. "8" 字型是指两个环共一个顶点的双环链, 形如 "8" 字, 见图 3.7.19. "日" 字型是指两个环共一条边的双环链, 形如 "日" 字, 见图 3.7.20. 由双环链的讨论可推广至多环链, 只是计算上更加复杂.

　　树中的顶点称为**节点**. 位于树顶部的节点称为**根节点**. 节点的上层节点称为该节点的**父节点**. 节点的下层节点称为该节点的**孩子**. 同一父节点的孩子称为**兄弟**. 同一层的父节点不同的节点称为**堂兄弟**. 从根到某节点所经分支上的所有节点称为该节点的**祖先**. 以某节点为根的子树中的任一节点称为该节点的**后代**. 从根节点到树中某节点所经路径上的分支数称为该节点的**层次或水平**. 树中节点的最大层次数称为**树的深度**. 由树中某节点和它的后代构成的树称为**子树**. 若与状态 i 直接可达的状态数为 n, 称 n 为状态 i 的**节点度数**, 记为 $\deg(i) = n$. 若 $\deg(i) = 1$, 称状态 i 为**叶子**状态. 若 $\deg(i) > 2$, 称状态 i 为**分支点**状态.

　　二叉树 (binary tree) 是指树中节点的度不大于 2 的树, 它是一种最简单且最重要的树. 满二叉树是指二叉树的节点要么是叶子节点, 要么它有两个子节点, 即如果一个二叉树的层数为 n, 且节点总数是 $2^n - 1$, 则它就是满二叉树.

第 2 章　可逆马尔可夫链的击中分布及反演法框架

2.1　连续时间可逆马尔可夫链的击中分布及性质

设 $\{X_t, t \geqslant 0\}$ 是连续时间不可约平稳马尔可夫链, $S = \{0, 1, \cdots, M\}$ 为状态空间, 速率矩阵为 $Q = (q_{ij})_{S \times S}$, 且 $\widetilde{\pi} = (\pi_0, \pi_1, \cdots, \pi_M)$ 是其平稳分布, 满足

$$\begin{aligned} \widetilde{\pi}\mathbf{1} &= 1, \\ \widetilde{\pi}Q &= \mathbf{0}. \end{aligned} \tag{2.1.1}$$

如果其潜在的马尔可夫链是可逆的, 则其平稳分布满足[15, 27, 70, 102]

$$\pi_i q_{ij} = \pi_j q_{ji}, \quad \forall i, j \in S. \tag{2.1.2}$$

记 $\Pi \equiv \mathrm{diag}(\pi_0, \pi_1, \cdots, \pi_M)$, 则它具有如下的矩阵形式

$$\Pi^{1/2} Q \Pi^{-1/2} = (\Pi^{1/2} Q \Pi^{-1/2})^\top. \tag{2.1.3}$$

如果不特别说明, 本章及下一章所说的马尔可夫链通常指有限状态空间上的连续时间可逆马尔可夫链, 且初始分布是其平稳分布.

这里, 借鉴离子通道中的应用 (见第 7 章介绍), 按其导电性大小将状态空间划分成 $r + s \geqslant 1$ 类 (代表 $r + s \geqslant 1$ 个呈现的可观测状态类, 这种可观测状态也称为开状态, 否则称为关状态), 即 $S = \mathcal{C} \cup \mathcal{O}_1 \cup \mathcal{O}_2 \cup \cdots \cup \mathcal{O}_s$, 其中, $\mathcal{C}$ 代表不可观测的关状态类, 即导电性为零; $\mathcal{O}_1 = \{1, 2, \cdots, r\}$ 分别代表 r 个不同的可观测到的非零导电类; $\mathcal{O}_i$ $(i = 2, \cdots, s)$ 代表其他观测到的有共同非零导电性的类.

在实际应用中, 需要考虑观测开状态集 $\mathcal{O} = \mathcal{O}_1 \cup \mathcal{O}_2 \cup \cdots \cup \mathcal{O}_s$ 的一个合适的子集 O, 使得 $\mathcal{O}_k \subseteq O$ 或 $\mathcal{O}_k \cap O = \varnothing$ $(k = 2, \cdots, s)$. 该条件是为了保证可从通道记录等数据中获得状态集 O 的逗留和击中时序列, 从而拟合得到其逗留和击中时分布, 也可称为**可区分性条件**. 记 $C = S - O$, 则将速率矩阵可以写成分块矩阵形式

$$Q = \begin{pmatrix} Q_{oo} & Q_{oc} \\ Q_{co} & Q_{cc} \end{pmatrix}. \tag{2.1.4}$$

为了方便, 分别称 Q_{oo} 和 Q_{cc} 为**观测状态分块矩阵**和**不观测状态分块矩阵**. 于是, 平稳分布可相应地记为 $\widetilde{\pi} = (\widetilde{\pi}_o, \widetilde{\pi}_c)$.

2.1.1　击中时分布

设 $\tau = \inf\{t > 0, X_t \in O\}$ (相应地, $\sigma = \inf\{t > 0, X_t \notin O\}$) 为状态子集 O 的击中时 (相应地, 逗留时).

令 P 是使马尔可夫链 $\{X_t, t \geqslant 0\}$ 具有初始分布 $\{\pi_0, \pi_1, \cdots, \pi_M\}$ 和速率矩阵 Q 的概率测度, P^c (或 P^o) 是 P 限制在 C (或 O) 上的概率测度. 令 $N = \|C\|$, 为了记号简便, 不妨令 $C \equiv \{1, 2, \cdots, N\}$, $\Pi_c \equiv \mathrm{diag}(\pi_1, \pi_2, \cdots, \pi_N)$.

在实向量空间 R^N 中, 定义内积

$$(X, Y)_{\Pi_c} = \sum_{i=1}^{N} \pi_i x_i y_i, \quad \forall X, Y \in R^N.$$

易证 Q_{cc} 是内积空间 $(\cdot, \cdot)_{\Pi_c}$ (参见 [23,139]) 的对称线性转移矩阵.

因为 Q_{cc} 是非奇异的, 所以 Q_{cc} 有 N 个负的实特征值 (记为 $-\alpha_1, -\alpha_2, \cdots, -\alpha_N, \alpha_i > 0$) 和关于内积空间 $(\cdot, \cdot)_{\Pi_c}$ 的正交特征向量 (记为 $\epsilon_1, \epsilon_2, \cdots, \epsilon_N$), 见 [3,148], 其中 $\epsilon_i = [\epsilon_{1i}, \cdots, \epsilon_{Ni}]$ $(i = 1, 2, \cdots, N)$, 即对 $\forall i, j \in S$,

$$Q_{cc}\epsilon_i = -\alpha_i \epsilon_i, \quad (\epsilon_i, \epsilon_j)_{\Pi_c} = \sum_{k=1}^{N} \epsilon_{ki} \epsilon_{kj} \pi_k = \delta_{ij}. \tag{2.1.5}$$

通过在 $(\cdot, \cdot)_{\Pi_c}$ 下的对称参数化, 可将 Q_{cc} 进行对角化处理, 相应的正交矩阵为 $E = (\epsilon_1, \cdots, \epsilon_N)$. 令 $W = E^{-1}$, $A = \mathrm{diag}(\alpha_1, \alpha_2, \cdots, \alpha_N)$. 由 (2.1.5) 式知

$$Q_{cc} = -W^{-1}AW, \quad W^\top W = \Pi_c, \quad WQ_{cc} = -AW, \quad \Pi Q_{cc} = -W^\top AW. \tag{2.1.6}$$

其击中时分布满足如下定理[136,143].

定理 2.1.1　O 的击中时 τ (相应地, C 的逗留时) 服从 N-混合指数分布, 即其概率密度函数 (PDF) 为

$$f_\tau(t) = (\tilde{\pi}_c \mathbf{1})^{-1} (W\mathbf{1})^\top A e^{-At} W\mathbf{1} = \sum_{i=1}^{N} \gamma_i e^{-\alpha_i t}, \quad t > 0,$$

其中, $-Q_{cc}$ 的特征值 α_i 为其指数参数, $\omega_i = \gamma_i / \alpha_i = (\tilde{\pi}_c \mathbf{1})^{-1} (W\mathbf{1})_i^\top (W\mathbf{1})_i$ 是各指数密度的权值. 记为 $\tau \sim \mathrm{MExp}(\omega_1, \cdots, \omega_N; \alpha_1, \cdots, \alpha_N)$.

证明　对 $t \geqslant 0$, 令 $P^c(t) = (p_{ij}^c(t))$, 其中, $\forall i, j \in C$,

$$p_{ij}^c(t) = P\{X_t = j, X_k \in C, 0 \leqslant k \leqslant t | X_0 = i\}. \tag{2.1.7}$$

故满足微分方程

$$\frac{dP^c(t)}{dt} = P^c(t)Q_{cc}.$$

因此,

$$P^c(t) \equiv e^{Q_{cc}t} \equiv \sum_{n=0}^{\infty} \frac{t^n}{n!} Q_{cc}^n \quad (t \geqslant 0).$$

则

$$P(\tau > t) = \sum_{i \in C} P(\tau > t | X_0 = i) P^c(X_0 = i) = \sum_{i \in C} \frac{\pi_i}{1 - \pi^*} \sum_{j \in C} p_{ij}^c(t), \quad (2.1.8)$$

其中, $\pi^* = \sum_{i \in O} \pi_i$.

多次利用式 (2.1.6), 可得

$$\begin{aligned} P(\tau > t) &= \sum_{i=1}^{N} P(\tau > t | X_0 = i) P^c(X_0 = i) \\ &= \left(1 - \sum_{k \in O} \pi_k\right)^{-1} \sum_{i=1}^{N} \pi_i \sum_{j=1}^{N} p_{ij}^c(t) \\ &= \left(\sum_{k \in C} \pi_k\right)^{-1} \sum_{i=1}^{N} \pi_i (P^c(t)\mathbf{1})_i \\ &= (\widetilde{\pi}_c \mathbf{1})^{-1} \sum_{i=1}^{N} \pi_i (e^{Q_{cc}t}\mathbf{1})_i \\ &= (\widetilde{\pi}_c \mathbf{1})^{-1} \sum_{i=1}^{N} \pi_i (e^{-W^{-1}AWt}\mathbf{1})_i \\ &= (\widetilde{\pi}_c \mathbf{1})^{-1} \mathbf{1}^\top \Pi_c W^{-1} e^{-At} W\mathbf{1} \\ &= (\widetilde{\pi}_c \mathbf{1})^{-1} \mathbf{1}^\top W^\top e^{-At} W\mathbf{1} \\ &= (\widetilde{\pi}_c \mathbf{1})^{-1} (W\mathbf{1})^\top e^{-At} W\mathbf{1}. \end{aligned}$$

所以

$$f_\tau(t) = (\widetilde{\pi}_c \mathbf{1})^{-1} (W\mathbf{1})^\top A e^{-At} W\mathbf{1} = (\widetilde{\pi}_c \mathbf{1})^{-1} \sum_{i=1}^{N} (W\mathbf{1})_i^\top (W\mathbf{1})_i \alpha_i e^{-\alpha_i t}.$$

定理得证.

推论 2.1.1 单个状态 i 的逗留时 $\sigma \sim \text{Exp}(q_i)$, 即 PDF 为

$$f_\sigma(t) = q_i e^{-q_i t}, \quad t > 0.$$

2.1.2 禁忌速率刻画击中分布的微分性质

令 $F(t) = \int_{-\infty}^{t} f_\tau(x)dx$, 表示击中时 τ 的分布函数. 两边微分可得

$$\frac{dF(t)}{dt} = f_\tau(t) = \sum_{i=1}^{N} \gamma_i e^{-\alpha_i t}.$$

两边再次微分可得

$$\frac{d^2 F(t)}{dt^2} = \frac{df_\tau(t)}{dt} = -\sum_{i=1}^{N} \gamma_i \alpha_i e^{-\alpha_i t}.$$

由此可得

$$\frac{d^n F(t)}{dt^n} = (-1)^{n+1} \sum_{i=1}^{N} \gamma_i \alpha_i^{n-1} e^{-\alpha_i t}. \tag{2.1.9}$$

令 $\beta = [\beta_1, \beta_2, \cdots, \beta_N] \equiv W\mathbf{1}$. 对 $n \geqslant 1$, 令

$$d_n = \sum_{i=1}^{N} \gamma_i \alpha_i^{n-1} = \sum_{i=1}^{N} \omega_i \alpha_i^n,$$

$$c_n = \sum_{i=1}^{N} \beta_i^2 \alpha_i^n = \beta^\top A^n \beta = (\tilde{\pi}_c \mathbf{1}) d_n = (1 - \tilde{\pi}_o \mathbf{1}) d_n. \tag{2.1.10}$$

则 $(-1)^{n+1} d_n = \left. \dfrac{d^n F(t)}{dt^n} \right|_{t=0}$ 是 O 的击中时分布函数在零时刻的 n 阶微分.

由推论 2.1.1和 (2.1.10) 式, 可得关于击中时微分性质的定理.

为表达方便, 本书采用与 d_n 仅相差一个常数倍的已知量, 即 $c_n \equiv \tilde{\pi}_c \mathbf{1} d_n$ 来代替 d_n, 给出击中时分布在零时刻的各阶微分与生成元之间的一类最重要的约束关系, 简称关于 O 的 (击中分布) 微分关系.

定理 2.1.2　关于 O 的如下微分关系成立

$$c_n = (-1)^n \mathbf{1}^\top \Pi_c Q_{cc}^n \mathbf{1} = (-1)^n \sum_{i \in C} \pi_i \sum_{j \in C} (Q_{cc}^n)_{ij}. \tag{2.1.11}$$

证明　由式 (2.1.6) 知, $WQ_{cc} = -AW$, 所以 $A^2 W = -AWQ_{cc}$, 从而 $W^\top A^2 W = -W^\top AWQ_{cc} = (-1)^2 \Pi_c Q_{cc}^2$, 以此类推, $W^\top A^n W = (-1)^n \Pi_c Q_{cc}^n$. 再由定理 2.1.1知, $\gamma_i = (\tilde{\pi}_c \mathbf{1})^{-1} (W\mathbf{1})_i^\top (W\mathbf{1})_i \alpha_i$, $1 \leqslant i \leqslant N$, 因此, 由 (2.1.10) 式得, 对 $n \geqslant 1$,

$$d_n = \sum_{i=1}^{N} (\tilde{\pi}_c \mathbf{1})^{-1} (W\mathbf{1})_i^\top (W\mathbf{1})_i \alpha_i^n$$

$$= (\widetilde{\pi}_c \mathbf{1})^{-1} \mathbf{1}^\top W^\top A^n W \mathbf{1}$$

$$= (\widetilde{\pi}_c \mathbf{1})^{-1} (-1)^n \mathbf{1}^\top \Pi_c Q_{cc}^n \mathbf{1}$$

$$= (\widetilde{\pi}_c \mathbf{1})^{-1} (-1)^n \sum_{i=1}^{N} \pi_i \sum_{j=1}^{N} (Q_{cc}^n)_{ij}.$$

这蕴涵了定理的结论.

上述定理中间矩阵表达式虽然简洁, 但无法直接呈现其实际的构成 (除了下面给出的前面几个简单的), 因此, 还需进行深入剖析.

当 $n = 1, 2, 3$ 时的约束方程是最常用到的, 可较容易地给出其具体表达式. 特别, 当 $n = 1$ 时给出所有流入 (或流出) O 的速率流的表达式:

$$\text{所有流入 (或流出) } O \text{ 的速率流} = \sum_{k \in C} \pi_k \sum_{i=1}^{N} \gamma_i. \tag{2.1.12}$$

推论 2.1.2 下列方程成立

$$c_1 = \sum_{j \in C} \pi_j \sum_{i \in O} q_{ji},$$

$$c_2 = \sum_{j \in C} \pi_j \left(\sum_{i \in O} q_{ji} \right)^2, \tag{2.1.13}$$

$$c_3 = - \sum_{s \in C} \sum_{j \in C} \pi_s q_{sj} \left(\sum_{l \in O} q_{sl} \sum_{i \in O} q_{ji} \right).$$

证明 由 (2.1.6) 式有

$$W_i^\top W_j = \begin{cases} \pi_i, & i = j, \\ 0, & i \neq j. \end{cases} \tag{2.1.14}$$

$$\pi_i q_{ij} = -W_i^\top A W_j, \quad i, j \in C. \tag{2.1.15}$$

又因为 $AW\mathbf{1} = -WQ_{cc}\mathbf{1} = \sum\limits_{j \in C} W_j \sum\limits_{i \in O} q_{ji}$. 所以

$$c_1 = (W\mathbf{1})^\top A(W\mathbf{1}) = \mathbf{1}^\top W^\top (AW\mathbf{1}) = \sum_{s \in C} W_s^\top \left(\sum_{j \in C} W_j \sum_{i \in O} q_{ji} \right)$$

$$= \sum_{s\in C}\sum_{j\in C}\left(\sum_{i\in O}q_{ji}\right)W_s^\top W_j = \sum_{j\in C}\pi_j\sum_{i\in O}q_{ji}.$$

$$c_2 = (W\mathbf{1})^\top A^2(W\mathbf{1}) = (AW\mathbf{1})^\top(AW\mathbf{1})$$

$$= \left(\sum_{s\in C}W_s^\top\sum_{l\in O}q_{sl}\right)\left(\sum_{j\in C}W_j\sum_{i\in O}q_{ji}\right)$$

$$= \sum_{s\in C}\sum_{j\in C}\left(\sum_{l\in O}q_{sl}\right)\left(\sum_{i\in O}q_{ji}\right)W_s^\top W_j = \sum_{j\in C}\pi_j\left(\sum_{i\in O}q_{ji}\right)^2.$$

$$c_3 = (W\mathbf{1})^\top A^3(W\mathbf{1}) = (AW\mathbf{1})^\top A(AW\mathbf{1})$$

$$= \left(\sum_{s\in C}W_s^\top\sum_{l\in O}q_{sl}\right)A\left(\sum_{j\in C}W_j\sum_{i\in O}q_{ji}\right)$$

$$= \sum_{s\in C}\sum_{j\in C}\left(\sum_{l\in O}q_{sl}\right)\left(\sum_{i\in O}q_{ji}\right)W_s^\top A W_j$$

$$= -\sum_{s\in C}\sum_{j\in C}\pi_s q_{sj}\left(\sum_{l\in O}q_{sl}\sum_{i\in O}q_{ji}\right).$$

证毕.

推论 2.1.3　设单个状态 i 的平均逗留时为 $E\sigma$, 则 q_i 和 π_i 可由下式得出

$$q_i = 1/E\sigma, \quad \pi_i = d_1/(q_i + d_1) = c_1 E\sigma. \tag{2.1.16}$$

证明　首先, $q_i = 1/E\sigma$ 是推论 2.1.1 的直接结果. 其次, 由推论 2.1.2 得

$$c_1 = \sum_{j\neq i}\pi_j q_{ji} = \sum_{j\neq i}\pi_i q_{ij} = \pi_i q_i,$$

而

$$c_1 = (1 - \pi_i)d_1,$$

故可求出

$$\pi_i = d_1/(q_i + d_1) = c_1 E\sigma. \tag{2.1.17}$$

推论 2.1.3 表明, 基于单个状态 i 的观测统计, 首先由其逗留时和击中时 PDF 求出 q_i, π_i 和 d_n $(n \geqslant 1)$, 然后求出 c_n $(n \geqslant 1)$, 它等于 d_n 乘以一个已知的常数 $1 - \pi_i$. 一般而言, 观测状态集 O 时, 通过 O 中每个状态 i $(i \in O)$ 的观测可

求出 π_i $(i \in O)$, 从而可求出常数 $\pi_c^{\top} \mathbf{1} (= 1 - \pi_o^{\top} \mathbf{1})$, 并由 O 的击中时 PDF 求出相应的 c_n $(n \geqslant 1)$. 也就是说, 总可以通过 O 的逗留时和击中时 PDF 求出相应的 c_n $(n \geqslant 1)$. 即, 一旦通过 O 的观测数据拟合得到其击中时 PDF, 相应的 c_n $(n \geqslant 1)$ 就相当于已知常数了.

实际应用中, 可通过处理观测数据得到击中时序列和逗留时序列, 再根据混合指数密度的拟合方法及已广泛使用的计算机程序[36,60,71,72,78] 得到对应的 PDF.

因此, 作出如下说明.

说明 2.1.1 本书中说到 "**通过 ×× 状态的观测 ······**" 就是指 "**通过 ×× 状态的逗留时和击中时的 PDF······**".

下面, 借助禁忌速率进行深入剖析.

首先, 由定理 2.1.2 可得

推论 2.1.4 关于 O 的微分关系可用禁忌速率表达成, 对 $n \geqslant 1$,

$$c_n = (-1)^n \sum_{i \in C} \pi_i \sum_{j \in C} (Q_{cc}^n)_{ij} = (-1)^n \sum_{i \in C} \pi_i \sum_{j \in C} {}_o\overline{q}_{ij}^{(n)}. \tag{2.1.18}$$

另一个替代的表达如下.

推论 2.1.5 关于 O 的微分关系可用禁忌速率表达成, 对 $n \geqslant 1$,

$$c_n = (-1)^{n+1} \sum_{j \in O} \sum_{i \in C} \pi_i \, {}_o\overline{q}_{ij}^{(n)}. \tag{2.1.19}$$

证明 只需证明, 对给定的 $i \in C$,

$$\sum_{j \in C} {}_o\overline{q}_{ij}^{(n)} = - \sum_{j \in O} {}_o\overline{q}_{ij}^{(n)}. \tag{2.1.20}$$

下面用数学归纳法进行证明.

当 $n = 1$ 时, 由速率矩阵的保守性 $\sum_{j \in S} q_{ij} = \sum_{j \in C} q_{ij} + \sum_{j \in O} q_{ij} = 0$ 可得

$$\sum_{j \in C} {}_o\overline{q}_{ij}^{(1)} = \sum_{j \in C} q_{ij} = - \sum_{j \in O} q_{ij} = - \sum_{j \in O} {}_o\overline{q}_{ij}^{(1)}. \tag{2.1.21}$$

因此, 归纳假设对 $n = 1$ 成立.

假设 $n = m$ 时, (2.1.20) 式成立, 即

$$\sum_{j \in C} {}_o\overline{q}_{ij}^{(m)} = - \sum_{j \in O} {}_o\overline{q}_{ij}^{(m)}. \tag{2.1.22}$$

那么, 当 $n = m+1$ 时, 由 C-K 方程 (1.6.61) 和归纳假设可得

$$\sum_{j\in C} {}_O\overline{q}_{ij}^{(m+1)} = \sum_{j\in C}\sum_{k\in C} {}_O\overline{q}_{ik}^{(1)}\, {}_O\overline{q}_{kj}^{(m)} = \sum_{k\in C} q_{ik}\sum_{j\in C} {}_O\overline{q}_{kj}^{(m)}$$

$$= -\sum_{k\in C} q_{ik}\sum_{j\in O} {}_O\overline{q}_{kj}^{(m)} = -\sum_{j\in O}\sum_{k\in C} {}_O\overline{q}_{ik}^{(1)}\, {}_O\overline{q}_{kj}^{(m)}$$

$$= -\sum_{j\in O} {}_O\overline{q}_{ij}^{(m+1)}. \tag{2.1.23}$$

表明 $n = m+1$ 也成立. 证毕.

定理 2.1.3　关于 O 的微分关系可用禁忌速率表达成

$$c_n = (-1)^{n+1}\sum_{j\in O}\sum_{i\in C}\pi_i\, {}_O\overline{q}_{ij}^{(n)} = (-1)^{n+1}\sum_{j\in O}\pi_j\sum_{i\in C} {}_O\overline{q}_{ji}^{(n)}. \tag{2.1.24}$$

证明　由推论 2.1.5 知, 只需证明, 对任意 $n\geqslant 1$ 和 $i\in C, j\in O$, 下式成立.

$$\pi_i\, {}_O\overline{q}_{ij}^{(n)} = \pi_j\, {}_O\overline{q}_{ji}^{(n)}. \tag{2.1.25}$$

下面用数学归纳法进行证明.

当 $n = 1$ 时, 由可逆性, (2.1.25) 式显然成立.

假设 $n = m$ 时, (2.1.25) 式成立, 即

$$\pi_i\, {}_O\overline{q}_{ij}^{(m)} = \pi_j\, {}_O\overline{q}_{ji}^{(m)}. \tag{2.1.26}$$

那么, 当 $n = m+1$ 时, 由归纳假设、C-K 方程 (1.6.61) 和可逆性, 可得

$$\pi_i\, {}_O\overline{q}_{ij}^{(m+1)} = \pi_i\sum_{k\in C} {}_O\overline{q}_{ik}^{(1)}\, {}_O\overline{q}_{kj}^{(m)} = \sum_{k\in C}\pi_i q_{ik}\, {}_O\overline{q}_{kj}^{(m)}$$

$$= \sum_{k\in C} q_{ki}\pi_k\, {}_O\overline{q}_{kj}^{(m)} = \sum_{k\in C}\pi_j\, {}_O\overline{q}_{jk}^{(m)}\, {}_O\overline{q}_{ki}^{(1)}$$

$$= \pi_j\, {}_O\overline{q}_{ji}^{(m+1)}. \tag{2.1.27}$$

因此, 归纳假设对 $n = m+1$ 也成立.

定理证毕.

特别地, 若 $O = \{i\}$, 可得出更加清晰的可视化表达.

推论 2.1.6　关于 i 的微分关系, 可用禁忌速率解码为: 对 $n\geqslant 1$,

$$c_n = (-1)^n\sum_{k\neq i}\pi_k\sum_{j\neq i} {}_{\{i\}}\overline{q}_{kj}^{(n)} = (-1)^{n+1}\pi_i\sum_{j\neq i} {}_{\{i\}}\overline{q}_{ij}^{(n)}. \tag{2.1.28}$$

推论 2.1.7 关于 i 的微分关系, 可用禁忌速率解码为: 对 $n \geqslant 2$,

$$c_n = (-1)^{n+1} \pi_i \sum_{j \neq i} {}_{\{i\}} \bar{q}_{ij}^{(n)} = (-1)^n \pi_i \, {}_{\{i\}} \bar{q}_{ii}^{(n)}. \tag{2.1.29}$$

证明 只需证明, 对 $n \geqslant 2$,

$$\sum_{j \neq i} {}_{\{i\}} \bar{q}_{ij}^{(n)} = - \, {}_{\{i\}} \bar{q}_{ii}^{(n)}. \tag{2.1.30}$$

事实上, 由 C-K 方程 (1.6.61) 和速率矩阵的保守性, 可得

$$\begin{aligned}
\sum_{j \neq i} {}_{\{i\}} \bar{q}_{ij}^{(n)} &= \sum_{j \neq i} \sum_{k \neq i} {}_{\{i\}} \bar{q}_{ik}^{(n-1)} {}_{\{i\}} \bar{q}_{kj}^{(1)} = \sum_{j \neq i} \sum_{k \neq i} {}_{\{i\}} \bar{q}_{ik}^{(n-1)} q_{kj} \\
&= \sum_{k \neq i} {}_{\{i\}} \bar{q}_{ik}^{(n-1)} \sum_{j \neq i} q_{kj} = \sum_{k \neq i} {}_{\{i\}} \bar{q}_{ik}^{(n-1)} (-q_{ki}) \\
&= - \sum_{k \neq i} {}_{\{i\}} \bar{q}_{ik}^{(n-1)} {}_{\{i\}} \bar{q}_{ki}^{(1)} = - \, {}_{\{i\}} \bar{q}_{ii}^{(n)}. \tag{2.1.31}
\end{aligned}$$

得证.

更特别地, 若状态 i 不属于任何一个环 (或属于含有 m 个状态的环[1]), 那么定理 2.1.3 为

定理 2.1.4 如果状态 i 不属于任何一个环 (或属于含有 m 个状态的环), 那么关于 i 的微分关系, 可以用禁忌速率解码为: 对 $n > 2$ (或 $2 < n < m$),

$$c_1 = \pi_i \sum_{j \neq i} {}_{\{i\}} \bar{q}_{ij}^{(1)} = \sum_{j \neq i} \pi_i q_{ij} = \sum_{j \neq i} \pi_j q_{ji},$$

$$c_2 = \pi_i \, {}_{\{i\}} \bar{q}_{ii}^{(2)} = \sum_{j \neq i} \pi_i q_{ij} q_{ji} = \sum_{j \neq i} \pi_j (q_{ji})^2,$$

$$c_3 = \pi_i \, {}_{\{i\}} \bar{q}_{ii}^{(3)} = \sum_{j \neq i} \pi_i q_{ij} \, {}_{\{i\}} \bar{q}_{jj}^{(1)} q_{ji} = \sum_{j \neq i} \pi_i q_{ij} q_j q_{ji} = \sum_{j \neq i} \pi_j (q_{ji})^2 q_j,$$

$$c_4 = \pi_i \, {}_{\{i\}} \bar{q}_{ii}^{(4)} = \sum_{j \neq i} \pi_i q_{ij} \, {}_{\{i\}} \bar{q}_{jj}^{(2)} q_{ji}$$

$$= \sum_{j \neq i} \pi_i q_{ij} \left[\sum_{k \neq i} q_{jk} q_{kj} \right] q_{ji} = \sum_{j \neq i} \pi_j (q_{ji})^2 \left[\sum_{k \neq i} q_{jk} q_{kj} \right],$$

$$c_n = \pi_i \, {}_{\{i\}} \bar{q}_{ii}^{(n)} = \sum_{j \neq i} \pi_i q_{ij} \, {}_{\{i\}} \bar{q}_{jj}^{(n-2)} q_{ji} = \sum_{j \neq i} \pi_j (q_{ji})^2 \, {}_{\{i\}} \bar{q}_{jj}^{(n-2)}. \tag{2.1.32}$$

---

[1] 若属于多个环, 则 m 表示状态数最少的, 下同.

第一个方程右边就是所有流出 (或流入) 状态 i 的速率流. 为了记号简洁, 可去掉 c_n 右边的系数 $(-1)^n$, 只需让 $q_{kk} = q_k$ 保证 $c_n \geqslant 0$ 即可.

证明　根据推论 2.1.7 和 C-K 方程 (1.6.61), 对 $n \geqslant 2$ (或 $2 \leqslant n < m$), 有

$$c_n = (-1)^n \pi_i \, {}_{\{i\}} \overline{q}_{ii}^{(n)} = (-1)^n \sum_{j \neq i} \pi_i q_{ij} \, {}_{\{i\}} \overline{q}_{jj}^{(n-2)} q_{ji}. \tag{2.1.33}$$

然后, 由可逆性 $\pi_i q_{ij} = \pi_j q_{ji}$, 可得

$$c_n = (-1)^n \pi_i \, {}_{\{i\}} \overline{q}_{ii}^{(n)} = (-1)^n \sum_{j \neq i} \pi_i q_{ij} \, {}_{\{i\}} \overline{q}_{jj}^{(n-2)} q_{ji} = (-1)^n \sum_{j \neq i} \pi_j (q_{ji})^2 \, {}_{\{i\}} \overline{q}_{jj}^{(n-2)}. \tag{2.1.34}$$

定理得证.

定理 2.1.4 所述的转移解码了 Q_{cc} 和 c_n 之间的信息, 使得大部分的转移都可由 c_n 求解出. 特别是, (2.1.32) 式中的前 4 个意味着单个状态 i 观测的 c_n 具有更加简洁明晰和可视化的表达形式, 能够快速写出来. 因此, 禁忌速率刻画击中分布的此微分性质是最重要和最强有力的马尔可夫链统计计算工具.

2.1.3　击中分布的矩性质

由击中分布的矩性质可得出击中分布与速率矩阵之间的另一类约束关系. 令 $e_n = \widetilde{\pi}_c \mathbf{1}/(n!) \sum_{i \in C} \gamma_i \alpha_i^{-(n+1)}$.

定理 2.1.5　关于 O 的如下矩关系成立:

$$e_n = (-1)^n \mathbf{1}^\top \Pi_c Q_{cc}^{-n} \mathbf{1} = (-1)^n \sum_{i \in C} \pi_i \sum_{j \in C} (Q_{cc}^{-n})_{ij}, \quad n \geqslant 1. \tag{2.1.35}$$

这里, 击中分布的各阶矩 m_n 用等价的量 $e_n \equiv \widetilde{\pi}_c \mathbf{1}/(n!) m_n$ 替代 (仅相差一个已知常数倍).

证明　根据定理 2.1.1, 击中分布的 n 阶矩 m_n 具有如下的一般形式

$$m_n = n! \sum_{i=1}^{N} \gamma_i \alpha_i^{-(n+1)} = (\widetilde{\pi}_c \mathbf{1})^{-1} n! (W\mathbf{1})^\top A^{-n} (W\mathbf{1}). \tag{2.1.36}$$

采用定理 2.1.2 证明的相同技巧, 可得 $W^\top A^{-n} W = (-1)^n \Pi_c Q_{cc}^{-n}$, 进而得到

$$(W\mathbf{1})^\top A^{-n} (W\mathbf{1}) = (-1)^n \mathbf{1}^\top \Pi_c Q_{cc}^{-n} \mathbf{1}.$$

最后, $e_n \equiv \sum_{k \in C} \pi_k/(n!) m_n$ 和 (2.1.36) 式意味着定理成立.

最常用的就是 $n = 1$ 的情形, 它给出了其平均击中时

$$\sum_{i=1}^{N} \frac{\gamma_i}{\alpha_i^2} = -\sum_{i \in C} \pi_i \sum_{j \in C} (Q_{cc}^{-1})_{ij}. \tag{2.1.37}$$

此外, 击中分布本身也给出了一个平凡的约束方程

$$\sum_{i=1}^{N} \frac{\gamma_i}{\alpha_i} = 1. \tag{2.1.38}$$

尽管该性质表达是简洁漂亮的, 蕴含了许多约束方程, 但二阶矩及以上的约束方程都是难利用的, 即使是一阶矩, Q_{cc}^{-1} 也只有在状态数很少时才方便求解, 因此, 此类约束只有在微分性质无法完全求解时才考虑利用 (针对状态数很少的情形, 一般 4 个状态最佳).

2.1.4 击中分布指数的对称函数性质

由于击中分布中的各指数参数是 $-Q_{cc}$ 的特征值, 故可利用矩阵特征值的有关性质给出击中分布与速率矩阵之间的一类约束方程.

基于事实: 矩阵的特征多项式在相似变换下保持不变性, 可得转移矩阵特征值 (即击中分布中的各指数参数) 的 j 对称函数与其所有 j 阶主子式之和之间的一组通用关系 (Fredkin 等[57] 在单通道数据分析中提出了此类约束关系).

定理 2.1.6   (a) 一阶对称函数是其特征值 α_i 之和, 它等于矩阵 Q_{cc} 的迹

$$\text{tr}(-Q_{cc}) = \sum_{i \in C} q_i = \sum_{i-1}^{N} \alpha_i. \tag{2.1.39}$$

(b) $-Q_{cc}$ 的 2×2 主子式之和满足下式

$$\sum | -Q_{cc}|_2 = \sum_{i \neq j} \alpha_i \alpha_j. \tag{2.1.40}$$

(c) 最高阶对称函数是所有特征值之积, 它等于矩阵的行列式

$$| -Q_{cc}| = \prod_{i=1}^{N} \alpha_i. \tag{2.1.41}$$

最后, 对于一个 $n \times n$ 方阵, 理论上可得到 n 个关系表达式, 其中每个都是一个约束方程. 这些约束在数学上等价于用特征值使用显式公式作为特征方程的根. 然而, 5×5 以上的矩阵, 其特征值不能显式地写出来; 即使对于 3×3 矩阵和 4×4 矩阵, 其表达式也是复杂的.

此类约束一般也只有在微分性质无法完全求解时才考虑利用 (针对状态数很少的情形, 一般 4 个状态最佳).

另外, 根据定理 1.6.1 (马尔可夫链离开当前状态 i 后立即跳到 j 的概率为 q_{ij}/q_i), 在必要时, 可以利用状态之间转移的相对频率来确认转移速率[93], 如图 2.1.1 所示马尔可夫链, 能够观测到的转移 (例如离子通道中通道的打开) 只能是 $C_1 \rightleftharpoons O_1$ 或 $C_1 \rightleftharpoons O_2$. 假设已求出了 $\alpha+\gamma$, 必要时可以根据 O_1 和 O_2 开放的相对频率来确认 α 和 γ①.

$$
\begin{array}{ccccccc}
C_3 & \underset{d_1}{\overset{k_1}{\rightleftharpoons}} & C_2 & \underset{d_2}{\overset{k_2}{\rightleftharpoons}} & C_1 & \underset{\beta}{\overset{\alpha}{\rightleftharpoons}} & O_1 \\
 & & & & \delta \Uparrow\!\Downarrow \gamma & & \\
 & & & & O_2 & &
\end{array}
$$

图 2.1.1 一个离子通道门控机制

总之, 这几类约束关系中, 微分关系是最重要的, 几乎可以确认一般马尔可夫链. 当然, 不包括极端复杂的网络结构, 如全连接网络.

2.2 离散时间可逆马尔可夫链的击中分布及性质

设 $\{X_n, n \in N^+\}$ 是离散时间可逆马尔可夫链, 其状态空间为 S, 转移矩阵为 $P=(p_{ij})_{S\times S}$, 使得 $P\mathbf{1}=\mathbf{1}$ ($p_{ij} \geqslant 0,\ i,j \in S$), 且 $\widetilde{\pi}=(\pi_0,\pi_1,\cdots,\pi_M)$ 是 P 的平稳分布, 满足

$$
\begin{aligned}
\widetilde{\pi}\mathbf{1} &= 1,\\
\widetilde{\pi}P &= \widetilde{\pi}.
\end{aligned} \tag{2.2.42}
$$

如果其潜在的马尔可夫链是可逆的, 则其平稳分布满足[15, 27, 70, 102]

$$
\pi_i p_{ij} = \pi_j p_{ji}, \quad \forall i,j \in S. \tag{2.2.43}
$$

记 $\Pi \equiv \mathrm{diag}(\pi_0,\pi_1,\cdots,\pi_M)$, 则它具有如下的矩阵形式

$$
\Pi^{1/2}P\Pi^{-1/2} = (\Pi^{1/2}P\Pi^{-1/2})^{\top}. \tag{2.2.44}
$$

设 O 是状态空间中某些被观测的状态集合, 且满足可区分性条件 (同连续时间情形), 其他状态表示为 $C=S-O$, 那么可以将转移矩阵写成如下的分块矩阵

① 按马尔可夫链反演法, 该模型不需要通过此方法来求, 可根据相应算法计算出来.

$$P = \begin{pmatrix} P_{oo} & P_{oc} \\ P_{co} & P_{cc} \end{pmatrix},$$

相应地, 其平稳分布为 $\tilde{\pi} = (\tilde{\pi}_o, \tilde{\pi}_c)$.

再令

$$\overline{P} = P - I = \begin{pmatrix} \overline{P}_{oo} & \overline{P}_{oc} \\ \overline{P}_{co} & \overline{P}_{cc} \end{pmatrix}.$$

由 $\overline{P}$ 的定义可知, $\overline{P}$ 矩阵与 P 矩阵只有对角线上的元素不一样, 即

$$\bar{p}_{ij} = \begin{cases} p_{ij}, & i \neq j, \\ p_{ii} - 1, & i = j, \end{cases}$$

且

$$\sum_{j \in S} \bar{p}_{ij} = 0.$$

实际上, $\overline{P}$ 满足式 (2.1.1)–(2.1.2).

2.2.1 击中时分布

设 $\tau = \inf\{n > 0, X_n \in O\}$ (相应地, $\sigma = \inf\{n > 0, X_n \notin O\}$) 为状态子集 O 的击中时 (相应地, 逗留时).

令 P 是以 $\tilde{\pi}$ 为初始分布和转移矩阵 P 的马尔可夫链 $\{X_n, n \in N^+\}$ 的概率测度, P^c (或 P^o) 是 P 限制在 C(或 O) 上的概率测度, n 步转移概率矩阵为 $P_{cc}^{(n)} = (p_{ij}^c(n))$, 这里, 对所有的 $i, j \in C$, 有

$$\mathrm{P}^c(X_0 = i) = \left(1 - \sum_{k \in O} \pi_k\right)^{-1} \pi_i = (\tilde{\pi}_c \mathbf{1})^{-1} \pi_i,$$

$$p_{ij}^c(n) = \mathrm{P}\{X_n = j, X_1, \cdots, X_{n-1} \in C \mid X_0 = i\}.$$

令 $N = \|C\|$, 表示 C 的状态数. 为了记号简便, 不妨令 $C \equiv \{1, 2, \cdots, N\}$, $\Pi_c \equiv \mathrm{diag}(\pi_1, \pi_2, \cdots, \pi_N)$. 易证 P_{cc} 和 $\overline{P}_{cc}$ 是关于内积空间 $(\cdot, \cdot)_{\Pi_c}$(参见 2.1.1节) 的对称化线性转移矩阵.

因为 P_{cc} 是非奇异的, 所以 P_{cc} 有 N 个实特征值 (记为 $b_1, \cdots, b_N$) 和 N 个关于内积空间 $(\cdot, \cdot)_{\Pi_c}$ 的正交特征向量 (记为 $\varepsilon_1, \cdots, \varepsilon_N$), 其中 $\varepsilon_i = [\varepsilon_{1i}, \cdots, \varepsilon_{Ni}]$ $(i = 1, 2, \cdots, N)$, 即对于所有的 $i, j \in C$, 有

$$P_{cc}\varepsilon_i = b_i\varepsilon_i, \tag{2.2.45}$$

$$(\varepsilon_i, \varepsilon_j)_{\Pi_c} = \sum_{k=1}^{N} \varepsilon_{ki}\varepsilon_{kj}\pi_k = \delta_{ij}. \tag{2.2.46}$$

令 $E = (\varepsilon_1, \cdots, \varepsilon_N) = (\varepsilon_{ij})$, $W = (w_{ij}) = E^{-1}$, $B = \mathrm{diag}(b_1, \cdots, b_N)$, 则由式 (2.2.45) 和 (2.2.46) 有

$$P_{cc} = W^{-1}BW, \tag{2.2.47}$$

$$W^\top W = \Pi_c. \tag{2.2.48}$$

再令 $\beta = [\beta_1, \cdots, \beta_N] = W\mathbf{1}$, $a_i = 1 - b_i$ $(i \in C)$, 由 $\overline{P}_{cc} = P_{cc} - I$ 可知, $-a_1, \cdots, -a_N$ 是 $\overline{P}_{cc}$ 的特征值且 $a_i > 0$ $(i \in C)$. 记 $A = \mathrm{diag}(a_1, \cdots, a_N)$, 则有 $A = I - B$, 再由式 (2.2.47) 可得

$$\overline{P}_{cc} = -W^{-1}AW, \quad W^\top W = \Pi_c, \quad W\overline{P}_{cc} = -AW, \quad \Pi_c\overline{P}_{cc} = -W^\top AW. \tag{2.2.49}$$

即满足式 (2.1.6).

其击中时分布满足如下定理.

定理 2.2.1　O 的击中时 (相应地, C 的逗留时) τ 服从 N-混合几何分布

$$\mathrm{P}(\tau = n) = \sum_{i=1}^{N} \gamma_i(1 - b_i)b_i^{n-1}, \quad n \geqslant 1,$$

其中, N 是 C 的状态数, b_i $(i \in C)$ 是 P_{cc} 的全部实特征值, 且第 i 个几何分布的参数为 $1 - b_i$, 第 i 个几何分布的权值为 $\gamma_i = (\widetilde{\pi}_c\mathbf{1})^{-1}\beta_i^2 = (\widetilde{\pi}_c\mathbf{1})^{-1}(W\mathbf{1})^\top W\mathbf{1}$. 记为 $\tau \sim \mathrm{MGe}(\gamma_1, \cdots, \gamma_N; 1 - b_1, \cdots, 1 - b_N)$.

证明　首先,

$$\mathrm{P}(\tau > n) = \sum_{i=1}^{N} \mathrm{P}(\tau > n \mid X_0 = i)\mathrm{P}^c(X_0 = i)$$

$$= \left(1 - \sum_{k \in O}\pi_k\right)^{-1} \sum_{i=1}^{N}\pi_i \sum_{j=1}^{N}p_{ij}^c(n)$$

$$= (\widetilde{\pi}_c\mathbf{1})^{-1} \sum_{i=1}^{N}\pi_i(P_{cc}^{(n)}\mathbf{1})_i$$

$$= (\widetilde{\pi}_c\mathbf{1})^{-1}\mathbf{1}^\top\Pi_cW^{-1}B^nW\mathbf{1}$$

$$= (\widetilde{\pi}_c\mathbf{1})^{-1}\beta^\top B^n\beta = (\widetilde{\pi}_c\mathbf{1})^{-1}\sum_{i=1}^{N}\beta_i^2 b_i^n,$$

进而有

$$\mathrm{P}(\tau = n) = \mathrm{P}(\tau > n-1) - \mathrm{P}(\tau > n)$$

$$= (\widetilde{\pi}_c \mathbf{1})^{-1} \sum_{i=1}^{N} \beta_i^2 (1-b_i) b_i^{n-1} = \sum_{i=1}^{N} \gamma_i (1-b_i) b_i^{n-1}.$$

由式 (2.2.48) 有

$$(W\mathbf{1})^\top W\mathbf{1} = \mathbf{1}^\top W^\top W\mathbf{1} = \widetilde{\pi}_c \mathbf{1},$$

又因为

$$(W\mathbf{1})^\top W\mathbf{1} = \beta^\top \beta = \sum_{i \in C} \beta_i^2,$$

所以

$$\sum_{i \in C} \gamma_i = (\widetilde{\pi}_c \mathbf{1})^{-1} \sum_{i \in C} \beta_i^2 = 1,$$

故 τ 的概率分布服从 N-混合几何分布.

进一步, 可得

推论 2.2.1 O 的逗留时 (相应地, C 的击中时) σ 服从 N'-混合几何分布

$$\mathrm{P}(\sigma = n) = \sum_{i=1}^{N'} \gamma_i'(1-b_i')(b_i')^{n-1}, \quad n \geqslant 1,$$

其中, N' 表示 O 的状态数, b_i' $(i \in O)$ 是 P_{oo} 的全部实特征值, 且第 i 个几何分布的参数为 $1-b_i'$, 第 i 个几何分布的权值为 $\gamma_i' = (\widetilde{\pi}_o \mathbf{1})^{-1}(\beta_i')^2$; β_i' 对应于上述 β_i, 可用 P_{oo} 替换上述 P_{cc} 得到. 记为 $\tau \sim \mathrm{MGe}(\gamma_1', \cdots, \gamma_{N'}'; 1-b_1', \cdots, 1-b_{N'}')$.

特别地, 若只观测一个状态 i, 即 $O = \{i\}$, 则其逗留时分布退化为几何分布. 令 $p_i = p_{ii}$, $\overline{p}_i = \overline{p}_{ii}$, 可得如下推论.

推论 2.2.2 状态 i 的逗留时 $\sigma \sim \mathrm{Ge}(1-p_i)$, 即

$$\mathrm{P}(\sigma = n) = (1-p_i)p_i^{n-1}, \quad n \geqslant 1. \tag{2.2.50}$$

混合几何分布的估计参见 1.3.4 节相关讨论.

2.2.2 修正禁忌概率刻画击中分布与转移矩阵的约束关系

令

$$d_n = P(\tau = n),$$

$$c_n = \beta^\top A^n \beta = \sum_{i=1}^{N} \beta_i^2 a_i^n \quad (n \geqslant 1).$$

由定理 2.2.1 可得

$$c_n = \sum_{i \in C} \pi_i \sum_{k=0}^{n-1} (-1)^k \binom{n-1}{k} d_{k+1}. \qquad (2.2.51)$$

定理 2.2.2　c_n 与 P_{cc} 满足约束方程组

$$c_n = (-1)^n \sum_{i=1}^{N} \pi_i \sum_{j=1}^{N} [(P_{cc} - I)^n]_{ij}, \quad n \geqslant 1.$$

证明　因为 $\overline{P}_{cc} = P_{cc} - I$, 所以 $\overline{P}_{cc}$ 适用于连续时间马尔可夫链情形的定理 2.1.2 中 (2.1.11) 式.

推论 2.2.3　下列方程成立

$$c_1 = \sum_{j \in C} \pi_j \sum_{i \in O} p_{ji},$$

$$c_2 = \sum_{j \in C} \pi_j \left(\sum_{i \in O} p_{ji} \right)^2.$$

推论 2.2.4　观测单个状态 i 时, 下式成立

$$p_i = 1 - \frac{1}{E\sigma^{(i)}}, \quad \pi_i = c_1^{(i)} E\sigma^{(i)}. \qquad (2.2.52)$$

同离散时间可逆马尔可夫链情形, 一旦通过 O 的观测数据拟合得到逗留时和击中时分布, 对应的 c_n $(n \geqslant 1)$ 就相当于已知常数了.

基于齐次马尔可夫链中禁忌概率和连续时间可逆马尔可夫链中禁忌速率理论的研究, 考虑对离散时间马尔可夫链中引入修正的禁忌概率. 本书中修正禁忌概率与以往的禁忌概率有些许不同, 下面先给出修正禁忌概率的定义.

定义 2.2.1　对于 $H \subset S$ 和 $n \in N^+$, 令

$$_H\bar{p}_{ij}^{(n)} = \sum_{k_m \notin H} \bar{p}_{i,k_1} \bar{p}_{k_1,k_2} \cdots \bar{p}_{k_{n-1},j}, \quad i,j \in S, \quad 1 \leqslant m \leqslant n-1, \qquad (2.2.53)$$

其中

$$_H\bar{p}_{ij}^{(0)} = \begin{cases} \delta_{ij}, & i \notin H, \\ 0, & i \in H, \end{cases}$$

$$_H\bar{p}_{ii}^{(1)} = \begin{cases} \bar{p}_{ii}, & i \notin H, \\ 0, & i \in H. \end{cases}$$

$$_H\bar{p}_{ij}^{(1)} = \begin{cases} \bar{p}_{ij}, & i \notin H \text{ 或 } j \notin H, \\ 0, & i \in H \text{ 且 } j \in H. \end{cases}$$

称 $_H\bar{p}_{ij}^{(n)}$ 为从状态 i 出发, 不经过 H, 于第 n 步转移到状态 j 的**修正禁忌概率**.
集合 $H \subset S$ 称为禁忌状态集, 其中 H 可为空集. 相应地, $_H\bar{p}_{ii}^{(n)}$ 表示从状态 i 出发, 不经过 H, 于第 n 步回到状态 i 的修正禁忌概率.

类似于禁忌速率, 修正禁忌概率满足如下的 C-K 方程.

性质 2.2.1   对于给定的 $m = 0, 1, \cdots, n$, 有

$$_H\bar{p}_{ij}^{(n)} = \sum_{k \notin H} {}_H\bar{p}_{ik}^{(m)} {}_H\bar{p}_{kj}^{(n-m)} \tag{2.2.54}$$

成立.

性质 2.2.2   对任意的 $i \in C$, 有

$$\sum_{j \in C} o\bar{p}_{ij}^{(n)} = -\sum_{j \in O} o\bar{p}_{ij}^{(n)} \tag{2.2.55}$$

成立.

证明   当 $n = 1$ 时, 由定义可知 $\sum_{j \in S} \bar{p}_{ij} = \sum_{j \in C} \bar{p}_{ij} + \sum_{j \in O} \bar{p}_{ij} = 0$, 于是

$$\sum_{j \in C} o\bar{p}_{ij}^{(1)} = \sum_{j \in C} \bar{p}_{ij} = -\sum_{j \in O} \bar{p}_{ij} = -\sum_{j \in O} o\bar{p}_{ij}^{(1)}.$$

设 $n = m$ 时, (2.2.55) 式成立, 即

$$\sum_{j \in C} o\bar{p}_{ij}^{(m)} = -\sum_{j \in O} o\bar{p}_{ij}^{(m)}.$$

当 $n = m + 1$ 时, 由 C-K 方程可得

$$\sum_{j \in C} o\bar{p}_{ij}^{(m+1)} = \sum_{j \in C} \sum_{k \in C} o\bar{p}_{ik}^{(1)} o\bar{p}_{kj}^{(m)} = \sum_{k \in C} \bar{p}_{ik} \sum_{j \in C} o\bar{p}_{kj}^{(m)}$$

$$= -\sum_{k \in C} \bar{p}_{ik} \sum_{j \in O} o\bar{p}_{kj}^{(m)} = -\sum_{j \in O} \sum_{k \in C} o\bar{p}_{ik}^{(1)} o\bar{p}_{kj}^{(m)}$$

$$= -\sum_{j \in O} o\bar{p}_{ij}^{(m+1)}.$$

证毕.

在引入修正禁忌概率之后, 可以借助它来表示 c_n. 当观测单个状态 i 时, 有如下命题成立:

性质 2.2.3　观测马尔可夫链中的单个状态 i 时, 对任意的 $n \geqslant 2$, 有

$$c_n = (-1)^n \pi_i \sum_{j \neq i} {}_{\{i\}}\bar{p}_{ij}^{(n)} = (-1)^{n+1} \pi_i \, {}_{\{i\}}\bar{p}_{ii}^{(n)} \qquad (2.2.56)$$

成立.

证明　事实上, 只需证明当 $n \geqslant 2$ 时,

$$\sum_{j \neq i} {}_{\{i\}}\bar{p}_{ij}^{(n)} = -{}_{\{i\}}\bar{p}_{ii}^{(n)}.$$

由 C-K 方程可得

$$\sum_{j \neq i} {}_{\{i\}}\bar{p}_{ij}^{(n)} = \sum_{j \neq i} \sum_{k \neq i} {}_{\{i\}}\bar{p}_{ik}^{(n-1)} \, {}_{\{i\}}\bar{p}_{kj}^{(1)} = \sum_{j \neq i} \sum_{k \neq i} {}_{\{i\}}\bar{p}_{ik}^{(n-1)} \bar{p}_{kj}$$

$$= \sum_{k \neq i} {}_{\{i\}}\bar{p}_{ik}^{(n-1)} \sum_{j \neq i} \bar{p}_{kj} = \sum_{k \neq i} {}_{\{i\}}\bar{p}_{ik}^{(n-1)} (-\bar{p}_{ki})$$

$$= -\sum_{k \neq i} {}_{\{i\}}\bar{p}_{ik}^{(n-1)} \, {}_{\{i\}}\bar{p}_{ki}^{(1)} = -{}_{\{i\}}\bar{p}_{ii}^{(n)}.$$

得证.

由 $\overline{P}_{cc}$ 与 P_{cc} 的关系可以得到如下推论:

推论 2.2.5　c_n 与 $\overline{P}_{cc}$ 满足如下约束方程组

$$c_n = (-1)^n \sum_{i=1}^{M} \pi_i \sum_{j=1}^{M} [(\overline{P}_{cc})^n]_{ij} = (-1)^n \mathbf{1}^\top \Pi_c (\overline{P}_{cc})^n \mathbf{1}, \quad n \geqslant 1.$$

推论 2.2.6　观测马尔可夫链中单个状态 i 时, c_n 与 $\overline{P}_{cc}$ 满足

$$c_1 = \sum_{j \neq i} \pi_j \, {}_{\{i\}}\bar{p}_{ji}^{(1)} = \sum_{j \neq i} \pi_i \bar{p}_{ij} = \sum_{j \neq i} \pi_j p_{ji},$$

$$c_2 = \sum_{j \neq i} \pi_j \, {}_{\{i\}}\bar{p}_{ji}^{(2)} = \pi_i \, {}_{\{i\}}\bar{p}_{ii}^{(2)} = \sum_{j \neq i} \pi_i \bar{p}_{ij} \bar{p}_{ji} = \sum_{j \neq i} \pi_j p_{ji}^2,$$

$$c_3 = -\sum_{j \neq i} \pi_j \, {}_{\{i\}}\bar{p}_{ji}^{(3)} = -\pi_i \, {}_{\{i\}}\bar{p}_{ii}^{(3)} = -\sum_{j \neq i} \pi_j p_{ji}^2 (1 - p_j),$$

$$c_n = (-1)^n \sum_{j \neq i} \pi_j \, {}_{\{i\}}\bar{p}_{ji}^{(n)} = -\pi_i \, {}_{\{i\}}\bar{p}_{ii}^{(i)} = (-1)^n \sum_{j \neq i} \pi_j \bar{p}_{ji}^2 \, {}_{\{i\}}\bar{p}_{jj}^{(n-2)}.$$

为进一步探索 ${}_{\{i\}}\bar{p}_{jj}^{(n)}$ 的表达式, 参照 1.5.2 节禁忌速率关于路径的有关表达, 给出如下定义.

定义 2.2.2 给定 $j \in S$ 和 $n \in N^+$, 若存在 $(j_1, j_2, \cdots, j_m) \in {}_H\mathcal{L}(j, m)$ 使得 $1 \leqslant m \leqslant \left[\dfrac{n}{2}\right]$, 则定义 ${}_H\bar{p}_{jj}^{(n)}(j \leftrightarrow j_1 \leftrightarrow \cdots \leftrightarrow j_m)$ 如下

$$
{}_H\bar{p}_{jj}^{(n)}(j \leftrightarrow j_1 \leftrightarrow \cdots \leftrightarrow j_m) = \sum_{k_1, \cdots, k_{n-1} \in \{j, j_1, \cdots, j_m\}} \bar{p}_{jk_1} \bar{p}_{k_1 k_2} \cdots \bar{p}_{k_{n-1}j}. \quad (2.2.57)
$$

其中 ${}_H\mathcal{L}(j, m)$ 表示从 j 出发经过 m 步转移的路径全体.

若 m 满足

$$
m = \max\left\{k : (j_1, j_2, \cdots, j_k) \in {}_H\mathcal{L}(j, k),\ k \leqslant \left[\frac{n}{2}\right]\right\},
$$

称路径 $(j_1, j_2, \cdots, j_m)$ 为 ${}_H\bar{p}_{jj}^{(n)}$ 的最远路径.

性质 2.2.4 记 $\bar{p}(j_1, j_2, \cdots, j_k) = \bar{p}_{j_1, j_2} \bar{p}_{j_2, j_3} \cdots \bar{p}_{j_{k-1}, j_k} \bar{p}_{j_k, j_{k-1}} \cdots \bar{p}_{j_3, j_2} \bar{p}_{j_2, j_1}$, 则有

$$
\begin{aligned}
&{}_{\{i\}}\bar{p}_{jj}^{(2k+1)}(j \leftrightarrow j_1 \leftrightarrow \cdots \leftrightarrow j_k) \\
&= \left(\mathbf{p}_{j_k} + 2 \sum_{s \in \{j, j_1, \cdots, j_{k-1}\}} \bar{p}_s\right) \bar{p}(j, j_1, j_2, \cdots, j_k) \\
&\quad + {}_{\{i\}}\bar{p}_{jj}^{(2k+1)}(j \leftrightarrow j_1 \leftrightarrow \cdots \leftrightarrow j_{k-1})
\end{aligned} \quad (2.2.58)
$$

和

$$
\begin{aligned}
{}_{\{i\}}\bar{p}_{jj}^{(2k+2)}(j \leftrightarrow j_1 \leftrightarrow \cdots \leftrightarrow j_{k+1}) &= \mathbf{p}_{j_k, j_{k+1}} \mathbf{p}_{j_{k+1}, j_k} \bar{p}(j, j_1, j_2, \cdots, j_k) \\
&\quad + {}_{\{i\}}\bar{p}_{jj}^{(2k+2)}(j \leftrightarrow j_1 \leftrightarrow \cdots \leftrightarrow j_k)
\end{aligned} \quad (2.2.59)
$$

成立.

(2.2.58) 式左端表示从状态 j 出发沿路径 $(j, j_1, \cdots, j_k)$ 经 $2k+1$ 步后又回到状态 j, 期间不经过状态 i 的修正禁忌概率. 此时有两种可能出现的情况, 呈现在公式右端: 第一种情况是马尔可夫链能够到达的最远状态为 j_k; 第二种情况是过程到达的最远状态不超过 j_{k-1}, 即可能到达的状态为 j_m ($m = 1, 2, \cdots, k-1$).

同理, (2.2.59) 式左端表示从状态 j 出发沿路径 $(j, j_1, \cdots, j_k, j_{k+1})$ 经 $2k+2$ 步后又回到状态 j, 其间不经过状态 i 的修正禁忌概率. 此时有两种可能出现的情况, 呈现在公式右端: 第一种情况是马尔可夫链到达的最远状态为 j_{k+1}; 第二种情况是过程到达的最远状态不超过 j_k, 即可能到达的状态为 j_m ($m = 1, 2, \cdots, k$).

2.3　马尔可夫链反演法框架

2.3.1　马尔可夫链的统计计算问题

马尔可夫链的经典理论研究中, 通常假定其 "生成元"(离散时间情形为转移概率矩阵; 连续时间情形为转移速率矩阵, 也称速率矩阵) 是已知的, 在此基础上, 展开马尔可夫链的性质研究. 但是, 马尔可夫链的生成元是如何获得的? 却鲜有研究和探讨, 这个问题在实际中更显得重要, 本书就研究如何获得马尔可夫链的生成元. 生成元的获得, 只能从实际应用中通过观测获得, 即先取得一些观测数据, 然后用概率和统计的方法获得.

在实际问题中, 如果一个系统作随机的演变, 而且这个演变遵循马尔可夫链规律, 我们称这个马尔可夫链为潜在马尔可夫链. 一般来说, 马尔可夫链的生成元就确定 (决定) 了该马尔可夫链, 例如, 对于有限状态空间的连续时间马尔可夫链, 其转移速率矩阵 Q 和转移概率矩阵 $P(t)$ 是相互唯一决定的. 因此, 要确认一个马尔可夫链, 就等于要确认其生成元, 故获得生成元的问题又可以称为马尔可夫链的确认问题. 又由于我们是通过对潜在马尔可夫链的观测数据, 用统计方法计算出马尔可夫链的生成元, 因此, 本书研究的问题又称为马尔可夫链的统计计算.

更为现实的问题是, 在实际的观测中, 虽然知道随机系统遵循某个潜在马尔可夫链的规律演变, 但通常无法观测到潜在马尔可夫链的所有状态之间的运动转移情况, 很可能只能观测到某一两个状态的转移情况. 例如, 可能观测到马尔可夫链停留 (逗留) 在某个状态上的逗留时序列数据, 以及从此状态转移到 (击中) 另一个状态的击中时序列数据. 当然, 根据这些数据, 统计上不难估计出上述击中分布和逗留分布.

马尔可夫链的统计计算问题, 正是创新性地将经典的理论研究反演过来, 通过对马尔可夫链中少数状态的观测数据, 用统计方法及概率方法确认潜在马尔可夫链的生成元.

为了获得潜在马尔可夫链的生成元, 我们建立了马尔可夫链反演法. **马尔可夫链反演法** (Markov chain inversion approach, MCIA) 的框架是:

第一步, 把生成元视为已知, 在此基础上, 从理论上研究马尔可夫链的某些性质, 获得生成元应该满足的一些约束方程. 这些方程中, 包含有潜在马尔可夫链的一些统计量.

第二步, 对潜在马尔可夫链进行观测, 获得必要的观测数据: 击中时序列和逗留时序列.

第三步, 用统计方法对约束方程中的统计量进行统计推断和估计, 通过计算获得其估计值.

第四步, 用这些估计值代替约束方程中的统计量, 然后求解约束方程, 从而计算得到潜在马尔可夫链的生成元.

本书的重点放在马尔可夫链反演法的第一步和第四步: 第一步主要是把生成元视为已知, 正面的研究马尔可夫链中某些状态击中时的有关分布性质, 主要包括击中分布的微分性质、矩性质及对称函数性质. 第四步主要是深入挖掘这些击中分布与生成元之间的约束关系, 找到逆向求解生成元的有效约束方程及计算算法, 这也是重中之重. 简单来说, (一个) 经典的研究是已知生成元, 求出某些击中分布等概率性质; 而反演法的研究是已知某些击中分布, 计算出生成元.

其中, 击中分布性质表达式与生成元之间的约束关系主要是击中分布的微分性质中用于单个状态观测的定理 2.1.4 和用于多个状态 (一般为两个状态) 观测的定理 2.1.3, 必要时再利用击中分布的矩性质和指数对称函数性质中的 (2.1.37)—(2.1.41) 式.

本书着重研究状态有限的马尔可夫链, 今后的马尔可夫链通常是指有限状态马尔可夫链.

2.3.2 原始观测数据及数据拟合

以状态空间 $S = \{O, I, C_1, C_2\}$ 上的一个连续时间星形马尔可夫链 $\{X_t, t \geqslant 0\}$ 为例, 见示意图 2.3.2, 开状态 O 是中心状态, 速率矩阵为 Q.

$$C_1$$
$$\updownarrow$$
$$C_2 \longleftrightarrow O \longleftrightarrow I$$

图 2.3.2 一个星形马尔可夫链示意图

假设一个随机粒子按该星形马尔可夫链转移规律运动. 观测状态 $0 \equiv O$, 假设该粒子初始时刻位于状态 0, 它停留一段时间后离开, 一段时间后又停留在状态 0, 随后粒子时而逗留在状态 0, 时而离开状态 0, 分别记录在状态 0 逗留的时间长度和离开的时间长度, 可得到状态 0 的逗留时序列 $\{\sigma_n : n \geqslant 0\}$ 和击中时序列 $\{\tau_n : n \geqslant 0\}$, 见示意图 2.3.3, 严格地数学定义随后.

令

$$\mathbf{X} = S^{[0,+\infty)} = \{X = (x_t : t \geqslant 0); \forall t \geqslant 0, x_t \in S\}$$

是该星形马尔可夫链 $\{X_t, t \geqslant 0\}$ 的轨道空间. 定义 $\mathbf{X}$ 上的如下两个独立同分布样本序列: 逗留时样本序列 $\{\sigma_n : n \geqslant 0\}$ 和击中时样本序列 $\{\tau_n : n \geqslant 0\}$

$$\tau_k = t_{2k} - t_{2k-1} \quad (k \geqslant 0),$$

$$\sigma_k = t_{2k+1} - t_{2k} \quad (k \geqslant 0),$$

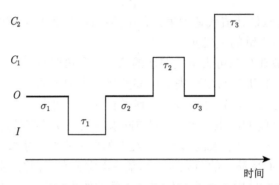

图 2.3.3　单个状态 O 的逗留时序列和击中时序列示意图

其中

$$t_{-1} \equiv 0,$$

$$t_0 = \inf\{t > 0 : X_t = 0\},$$

$$t_1 = \inf\{t > t_0 : X_t \neq 0\},$$

且对 $\forall k \geqslant 1,$

$$t_{2k} = \inf\{t > t_{2k-1} : X_t = 0\},$$

$$t_{2k+1} = \inf\{t > t_{2k} : X_t \neq 0\}.$$

因此, 通过**状态 0 观测**得到的**原始数据**就是状态 0 逗留时序列 $\{\sigma_n : n \geqslant 0\}$ 和击中时序列 $\{\tau_n : n \geqslant 0\}$, 呈现为时间区间 (逗留时间和击中时间间隔的区间) 序列, 即执行马尔可夫链反演法的第二步.

接下来执行马尔可夫链反演法的第三步, 据此用统计方法得出状态 0 的逗留时分布和击中时分布; 对于其他状态, 亦是如此.

如果对每个状态都进行了观测, 用得到的全部观测数据来统计确认 Q, 是较容易且平凡的.

由于马尔可夫链中各状态之间的转移运动关联, 可否仅通过状态 0 的观测就能够统计确认其速率矩阵 Q? 答案是肯定的. 即通过状态 0 的观测数据 (击中时序列 $\{\tau_n\}$ 和逗留时序列 $\{\sigma_n\}$), 也称部分观测数据, 用统计方法得到状态 0 的击中分布和逗留分布 (马尔可夫链反演法第二步到第三步), 再通过计算 "确认" 出潜在马尔可夫链的速率矩阵 (马尔可夫链反演法第一步和第四步的确认进程).

相应地, 对于多个状态集合的逗留时和击中时, 可参见示意图 2.3.4. 要得到多个状态集合 O 的击中时序列和逗留时序列, 在满足可区分条件下, 需要对集合 O 中各状态的击中时序列和逗留时序列进行数据 "加工", 即数据预处理. 例如,对于图 2.3.4 中状态集 $O = \{O_1, O_2\}$, 要得到逗留时序列, 需要将粒子连续停留在 O_1 或 O_2 的时间合并记录; 要得到击中时序列, 需要记录粒子每次离开 O_1 和 O_2 时刻到下一次回到 O_1 或 O_2 的时间间隔.

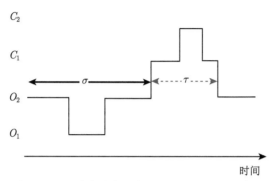

图 2.3.4　两个状态集合的逗留时和击中时示意图

已经证明, 单个状态的逗留时分布一般是几何分布 (离散时间情形) 或指数分布 (连续时间情形), 单个状态或状态集的击中时分布一般是混合几何分布 (离散时间情形) 或混合指数分布 (连续时间情形). 由逗留时序列拟合相应的几何分布或指数分布相对容易, 对于击中时序列拟合击中分布, 可根据 1.3.4 节有关混合几何分布或混合指数分布的拟合方法进行, 甚至有相应的计算机程序, 例如对离子通道和金融保险等领域观测数据的拟合程序[36,60,71,72,78], 特别是 [78] 提供的算法能够通过数据拟合效果最优来实现自动匹配混合指数项的项数.

2.3.3　马尔可夫链的可确认性

一般而言, 考虑到马尔可夫链中有许多状态可能根本观测不到, 但各状态之间存在转移运动关联, 可否只通过少数状态的观测就能够统计确认其生成元? 也就是通过尽可能少的状态的部分观测数据 (击中时序列和逗留时序列), 用统计方法得到相应的击中分布和逗留分布 (马尔可夫链反演法第二步到第三步), 再通过计算 "确认" 出潜在马尔可夫链的生成元 (马尔可夫链反演法第一步和第四步的确认进程).

在讨论其统计计算问题之前, 有必要介绍一下马尔可夫链的可确认性. 如前所述, 如果观测马尔可夫链中每个状态的转移情况, 显然是可以确认其生成元的, 但这是平凡的. 实际应用中, 希望通过尽可能少的状态的观测来确认生成元. 那么, 最少需要观测多少个状态呢? 要使得观测统计结论是不平凡的, 最多又允许观测多少个状态呢? 一般来说, 当观测的状态数超过了总状态数的一半时, 相应统计计算的效率是值得怀疑的. 因此, 我们给出一个温和的限制条件, 即观测的状态数不超过状态总数的一半 (四舍五入), 被称为马尔可夫链统计计算意义上的**可确认性** (identification).

定义 2.3.1　一个 (状态数为 n) 马尔可夫链被称为**可确认的** (identifiable), 如果其生成元能通过某些状态 (不超过 $[n/2]+1$ 个状态) 的观测统计确认.

通常, 需要观测的状态是很少的, 例如, 不管链中有多少个状态, **生灭链或星形链的统计确认就只需要观测一个状态, 环形链的统计确认也只需要观测两个状态, 这或许能称为令人惊奇的结果**. 这里最多允许观测一半的状态 (严格来说, 最多可能刚好比一半多半个), 是为了该结论适用于特殊结构类型马尔可夫链或马尔可夫链状态数极少的特例, 例如, 通过所有叶子状态 (实际上可以少一个叶子, 不超过一半) 的观测确认完全树; 只有三个状态的环形链, 仍然需要观测两个状态; 五个状态的双环链, 仍然需要观测三个状态.

第 3 章　连续时间可逆马尔可夫链的统计计算

3.1　生灭链的统计计算

设 $\{X_t, t \geqslant 0\}$ 是一个生灭链 (根据其结构也称为线形马尔可夫链, 如图 3.1.1), 状态空间为 $S = \{0, 1, 2, \cdots, N\}$, 状态 0 和 N 是两个反射壁, 其速率矩阵为

$$Q = (q_{ij})_{S \times S} = \begin{pmatrix} -\lambda_0 & \lambda_0 & 0 & 0 & \cdots & 0 \\ \mu_1 & -(\lambda_1 + \mu_1) & \lambda_1 & 0 & \cdots & 0 \\ 0 & \mu_2 & -(\lambda_2 + \mu_2) & \lambda_2 & \cdots & 0 \\ \vdots & \vdots & \vdots & \vdots & \ddots & \vdots \\ 0 & 0 & 0 & \mu_N & \cdots & -\mu_N \end{pmatrix}, \tag{3.1.1}$$

即

$$q_{i,i+1} = \lambda_i > 0, \quad 0 \leqslant i \leqslant N-1,$$
$$q_{i,i-1} = \mu_i > 0, \quad 1 \leqslant i \leqslant N,$$
$$q_{ii} = -q_i = -(\lambda_i + \mu_i) < 0, \quad 1 \leqslant i \leqslant N-1,$$
$$q_{00} = -q_0 = -\lambda_0 < 0,$$
$$q_{NN} = -q_N = -\mu_N < 0.$$

显然, 该马尔可夫链是可逆的.

$$N \longleftrightarrow N-1 \longleftrightarrow \cdots \longleftrightarrow 2 \longleftrightarrow 1 \longleftrightarrow 0$$

图 3.1.1　线形 (生灭) 链示意图

令

$$\pi_0 = \left(1 + \sum_{i=1}^{N} \frac{\lambda_0 \lambda_1 \cdots \lambda_{i-1}}{\mu_1 \mu_2 \cdots \mu_i} \right)^{-1}, \quad \pi_i = \frac{\lambda_0 \lambda_1 \cdots \lambda_{i-1}}{\mu_1 \mu_2 \cdots \mu_i} \pi_0, \quad 1 \leqslant i \leqslant N. \tag{3.1.2}$$

则 $\{\pi_0, \pi_1, \cdots, \pi_N\}$ 是其唯一的平稳分布, 满足式 (2.1.1)-(2.1.2).

下面给出关于其充分性的一般性结论[50].

定理 3.1.1　对于生灭链, 若初始分布是其平稳分布, 则其生成元可通过**任意一个叶子状态** (反射壁) 或**任意两相邻状态**①的观测统计计算唯一确认②.

3.1.1 节和 3.1.2 节将给出通过任意一个叶子状态 (任意一个反射壁) 的观测确认的证明, 3.1.3 节将给出通过两相邻状态的观测确认的证明.

观测状态 0, 此时 $O = \{0\}$. 记 $\sigma^{(0)}$ 和 $\tau^{(0)}$ 为状态 0 的逗留时和击中时. 由定理 2.1.1 和推论 2.1.1 得: 逗留时 $\sigma^{(0)} \sim \mathrm{Exp}(q_0)$, 击中时 $\tau^{(0)}$ 服从 N-混合指数分布, 记为 $\tau^{(0)} \sim \mathrm{MExp}(\omega_1^{(0)}, \cdots, \omega_N^{(0)}; \alpha_1^{(0)}, \cdots, \alpha_N^{(0)})$.

对 $n \geqslant 1$, 令

$$d_n^{(0)} = \sum_{i=1}^{N} \omega_i^{(0)} (\alpha_i^{(0)})^n, \quad c_n^{(0)} = (1 - \pi_0) d_n^{(0)}.$$

3.1.1　证明思路

根据推论 2.1.3, 可得

$$q_0 = q_{01} = \frac{1}{E\sigma^{(0)}}, \quad \pi_0 = \frac{d_1}{q_0 + d_1} = c_1^{(0)} E\sigma^{(0)}. \tag{3.1.3}$$

再由定理 2.1.4, 即 (2.1.32) 式, 可得

$$c_1^{(0)} = \pi_1 q_{10}, \tag{3.1.4}$$

$$c_2^{(0)} = \pi_1 q_{10}^2, \tag{3.1.5}$$

$$c_3^{(0)} = \pi_1 q_{10}^2 \mathbf{q_1}, \tag{3.1.6}$$

$$c_4^{(0)} = \pi_1 q_{10}^2 [q_1^2 + q_{12} \mathbf{q_{21}}], \tag{3.1.7}$$

$$c_n^{(0)} = \pi_1 q_{10}^2 {}_{\{1\}} \overline{q}_{11}^{(n-2)} (1 \leftrightarrow 2 \leftrightarrow \cdots \leftrightarrow [(n-2)/2]). \tag{3.1.8}$$

每个公式中比前一个公式中多了一个粗体字的量, 它可能是离状态 0 最远的新的未知量.

显然, 由 (3.1.4)-(3.1.5) 式可得

$$q_{10} = \frac{\pi_1 q_{10}^2}{\pi_1 q_{10}} = \frac{c_2^{(0)}}{c_1^{(0)}}, \tag{3.1.9}$$

---

① 关于两相邻状态, 此处可直观理解为两个状态的位置和编号是相邻的; 在本章中, 当马尔可夫链拓扑结构及其编号更加复杂时, 更加一般化的理解应为: 两个状态是直接互通的.

② 马尔可夫链反演法重在: 由统计得到的 PDF, 如何确认其生成元, 故更强调计算本身的定理表达形式似乎为 "对于 ×× 马尔可夫链, 若初始分布是其平稳分布, 则其生成元可通过 ×× 状态的逗留时和击中时 PDF 唯一确认". 但从实际应用和统计分析的角度看, 问题本身是从观测到统计及计算确认的过程, 结合说明 2.1.1, 统一采用此定理的表达形式 "对于 ×× 马尔可夫链, 若初始分布是其平稳分布, 则其生成元可通过 ×× 状态的观测统计计算唯一确认", 下同.

$$\pi_1 = \frac{(\pi_1 q_{10})^2}{\pi_1 q_{10}^2} = \frac{(c_1^{(0)})^2}{c_2^{(0)}}. \tag{3.1.10}$$

由 (3.1.6) 式可得

$$q_1 = \frac{c_3^{(0)}}{\pi_1 q_{10}^2} = \frac{c_3^{(0)}}{c_2^{(0)}}, \tag{3.1.11}$$

$$q_{12} = q_1 - q_{10} = \frac{c_3^{(0)}}{c_2^{(0)}} - \frac{c_2^{(0)}}{c_1^{(0)}}. \tag{3.1.12}$$

然后, 由 (3.1.7) 式可知

$$q_{21} = \frac{c_4^{(0)} - \pi_1 q_{10}^2 q_1^2}{\pi_1 q_{10}^2 q_{12}} = \frac{c_4^{(0)} - \dfrac{(c_3^{(0)})^2}{c_2^{(0)}}}{c_3^{(0)} - \dfrac{(c_2^{(0)})^2}{c_1^{(0)}}}. \tag{3.1.13}$$

以此类推, 可求出全部转移速率.

同理, 该马尔可夫链也可通过另一个反射壁 N 的观测统计计算唯一确认.

3.1.2 归纳证明

通过状态 0 的观测, 可得 $E\sigma^{(0)}, c_n^{(0)}$ 与 q_{ij} 的关系满足如下引理.

引理 3.1.1 下列结论成立:

(a) $q_{n,n+1}$ 能表示成 $E\sigma^{(0)}, c_1^{(0)}, c_2^{(0)}, \cdots, c_{2n+1}^{(0)}$ 的实函数, $1 \leqslant n \leqslant N - 1$.

(b) $\pi_n, q_{n,n-1}$ 能表示成 $E\sigma^{(0)}, c_1^{(0)}, c_2^{(0)}, \cdots, c_{2n}^{(0)}$ 的实函数, $1 \leqslant n \leqslant N$.

证明 事实上, 只需证明下面的结论成立: 当 $\forall 1 \leqslant n \leqslant N$ 时,

(H1) $q_{n,n-1}, q_n, q_{n,n+1}$ 和 π_n 能表示成 $c_1^{(0)}, c_2^{(0)}, \cdots, c_{2n+1}^{(0)}$ 的实函数;

(H2) $W_n = g_n(A)A\beta$ 和它的系数能表示成 $c_1^{(0)}, c_2^{(0)}, \cdots, c_{2n}^{(0)}$ 的实函数 ($g_n(A)$ 是 A 的一个 $n-1$ 次多项式, 即 $\deg(g_n) = n - 1$, 其中, $\deg(g)$ 表示多项式 g 的次数, 下同).

采用数学归纳法证明如下:

当 $n = 1$ 时, 由 $WQ_{cc}\mathbf{1} = W[-q_{10}, 0, \cdots, 0] = -q_{10}W_1$, 得

$$q_{10}W_1 = A\beta. \tag{3.1.14}$$

所以

$$g_1(A) = \frac{c_1^{(0)}}{c_2^{(0)}}I.$$

于是

$$W_1 = \frac{c_1^{(0)}}{c_2^{(0)}} A\beta \equiv g_1(A) A\beta. \tag{3.1.15}$$

因此, 结论对 $n = 1$ 成立.

假设结论对所有 $1 \leqslant n \leqslant k$ 成立. 当 $n = k+1$ 时, 令 $W_0 = 0$, 因为 Q_{cc} 适应式 (2.1.6) 和 (2.1.15), 所以

$$q_{k+1,k} W_{k+1} = (q_k I - A) W_k - q_{k-1,k} W_{k-1}, \tag{3.1.16}$$

$$\pi_{k+1} q_{k+1,k} = \pi_k q_{k,k+1} = -W_k^\top A W_{k+1}. \tag{3.1.17}$$

再由式 (3.1.17) 和 (3.1.16) 得

$$
\begin{aligned}
q_{k+1,k} &= \frac{q_{k+1,k}}{\pi_k q_{k,k+1}} (-W_k^\top A W_{k+1}) \\
&= \frac{1}{\pi_k q_{k,k+1}} [W_k^\top A(A - q_k I) W_k + q_{k-1,k} W_k^\top A W_{k-1}] \\
&\equiv \beta^\top A h(A) A\beta,
\end{aligned} \tag{3.1.18}
$$

其中

$$h(A) = \frac{1}{\pi_k q_{k,k+1}} [(A^2 - q_k A) g_k^2(A) + q_{k-1,k} g_{k-1}(A) A g_k(A)].$$

因此, 由归纳假设 (H1) 知 π_k, $q_{k,k+1}$ 是 $c_1^{(0)}, c_2^{(0)}, \cdots, c_{2k}^{(0)}$ 的实函数. 进而由归纳假设 (H2),

$$W_{k-1} = g_{k-1}(A) A\beta, \quad W_k = g_k(A) A\beta.$$

故 $h(A)$ 是 A 的一个次数为 $2k$ 的多项式, $q_{k+1,k}$ 是 $\beta^\top A^{i+2} \beta$ ($i = 0, 1, \cdots, 2k$) 的一个线性组合, 其系数是 $c_1^{(0)}, c_2^{(0)}, \cdots, c_{2k}^{(0)}$ 的实函数. 因此, 由 (2.1.15) 式 (即 $\beta^\top A^n \beta = c_n^{(0)}$) 和 (3.1.17) 式知 $q_{k+1,k}$ 是 $c_1^{(0)}, c_2^{(0)}, \cdots, c_{2k+1}^{(0)}, c_{2k+2}^{(0)}$ 的实函数, 且

$$\pi_{k+1} = \frac{\pi_k q_{k,k+1}}{q_{k+1,k}}.$$

下证 W_{k+1} 满足归纳假设 (H2).

由 (3.1.16) 式知

$$W_{k+1} = g_{k+1}(A) A\beta,$$

其中

$$g_{k+1}(A) = \frac{1}{q_{k+1,k}} [(q_k I - A) g_k(A) - q_{k-1,k} g_{k-1}(A)],$$

由于 $q_{k+1,k}$ 满足 (H1), 因此 $\deg(g_{k+1}) = k$ 且其系数是 $c_1^{(0)}, c_2^{(0)}, \cdots, c_{2k+2}^{(0)}$ 的实函数.

关于 $q_{k+1,k+2}$ 和 q_{k+1}, 由 (2.1.15) 式得

$$\pi_{k+1} q_{k+1} = W_{k+1}^\top A W_{k+1} = \beta^\top g_{k+1}(A) A^3 g_{k+1}(A) \beta,$$

因此, 由 (2.1.10) 式和有关 $g_{k+1}(A)$ 的结果, q_{k+1} 和 $q_{k+1,k+2} (= q_{k+1} - q_{k+1,k})$ 是 $c_1^{(0)}, \cdots, c_{2k+2}^{(0)}, c_{2k+3}^{(0)}$ 的实函数.

由上所证, 结论对 $n = k+1$ $(1 \leqslant n \leqslant N)$ 成立.

由引理 3.1.1, 可得

定理 3.1.2 对于如图 3.1.1 所示的生灭链 $\{X_t, t \geqslant 0\}$, 若初始分布是其平稳分布 $\{\pi_i, i \in S\}$, 那么其速率矩阵的每个元素 q_{ij} 能表示成 $E\sigma^{(0)}, c_1^{(0)}, c_2^{(0)}, \cdots, c_{2N+1}^{(0)}$ 的实函数.

3.1.3 由两相邻状态的观测确认

当两个反射壁都不是开状态时, 考虑是否能通过其他状态的观测统计来确认生成元. 显然, 通过其他任何一个状态的观测统计是不能确认的, 那么需要观测多少个状态? 它们又要满足什么条件呢? 研究发现: 通过任意两相邻状态的观测统计可以唯一确认其生成元. (这里, 借鉴到环形链的做法, 更多细节参见 3.6.3 节.)

此时, 相当于 3.6 节的环形链在状态 0 和 N 之间断开, 即 $q_{0N} = q_{N0} = 0$. 为了直接应用 3.6 节环形链的有关结果, 将状态空间重新编号: 将要观测的两相邻开状态记为 0 和 N, 将原来的状态 0 和 N 记为 M 和 $M+1$, 即 $S = \{M, M-1, \cdots, 1, 0, N, N-1, \cdots, M+2, M+1\}$, 此时除了转移速率 $q_{M,M+1} = q_{M+1,M} = 0$ 外, 其他转移速率与 3.6 节环形链的转移速率相同. 记 $M_0 = N - M$, 不妨设 $M \geqslant M_0$ 且 $M_0 \geqslant 2$, 即 $M \geqslant N/2, 2 \leqslant M_0 \leqslant N/2$. (假设 $M_0 \geqslant 2$ 只是为了借用引理 3.6.4 和引理 3.6.6 的有关结果, 上述结论对 $M_0 \geqslant 1$ 也成立. 事实上, 因为 N 不是叶子状态 (反射壁), 所以 $M_0 \geqslant 1$.)

此时, 观测状态为 0 和 N. 采用 3.6 节相同的记号和讨论方法, 则引理 3.6.7 仍成立, 并得到对应于引理 3.6.4 和引理 3.6.6 的如下引理.

引理 3.1.2 下列方程成立

$$\frac{1}{E\sigma^{(0)}} = q_0 = q_{01} + q_{0N}, \tag{3.1.19}$$

$$c_1^{(0)} = \pi_1 q_{10} + \pi_N q_{N0}, \tag{3.1.20}$$

$$c_2^{(0)} = \pi_1 q_{10}^2 + \pi_N q_{N0}^2, \tag{3.1.21}$$

$$c_3^{(0)} = \pi_1 q_{10}^2 \mathbf{q_1} + \pi_N q_{N0}^2 q_N, \tag{3.1.22}$$

$$c_4^{(0)} = \pi_1 q_{10}^2 (q_1^2 + q_{12}\mathbf{q_{21}}) + \pi_N q_{N0}^2 (q_N^2 + q_{N,N-1}q_{N-1,N}), \tag{3.1.23}$$

$2 \leqslant s \leqslant M_0$ 时,

$$\begin{aligned}
c_{2s+1}^{(0)} &= \pi_1 q_{10}^2 [h_1 \cdots h_{s-1}\mathbf{q_s} + g_1^{(s)}(q_1, \cdots, q_{s-1}, h_1, \cdots, h_{s-1})] \\
&\quad + \pi_N q_{N0}^2 [h_{N-1} \cdots h_{N-s+1}q_{N-s+1} \\
&\quad + g_N^{(s)}(q_N, \cdots, q_{N-s+2}, h_{N-1}, \cdots, h_{N-s+1})].
\end{aligned} \tag{3.1.24}$$

$M_0 < s \leqslant M$ 时,

$$\begin{aligned}
c_{2s+1}^{(0)} &= \pi_1 q_{10}^2 [h_1 \cdots h_{s-1}\mathbf{q_s} + g_1^{(s)}(q_1, \cdots, q_{s-1}, h_1, \cdots, h_{s-1})] \\
&\quad + \pi_N q_{N0}^2 g_N^{(s)}(q_N, \cdots, q_{M+1}, h_{N-1}, \cdots, h_{M+1}),
\end{aligned} \tag{3.1.25}$$

$2 \leqslant s < M_0$ 时,

$$\begin{aligned}
c_{2s+2}^{(0)} &= \pi_1 q_{10}^2 [h_1 \cdots h_{s-1}q_{s,s+1}\mathbf{q_{s+1,s}} + f_1^{(s)}(q_1, \cdots, q_s, h_1, \cdots, h_{s-1})] \\
&\quad + \pi_N q_{N0}^2 [h_{N-1} \cdots h_{N-s} + f_N^{(s)}(q_N, \cdots, q_{N-s+1}, h_{N-1}, \cdots, h_{N-s+1})],
\end{aligned} \tag{3.1.26}$$

$M_0 \leqslant s \leqslant M - 1$ 时,

$$\begin{aligned}
c_{2s+2}^{(0)} &= \pi_1 q_{10}^2 [h_1 \cdots h_{s-1}q_{s,s+1}\mathbf{q_{s+1,s}} + f_1^{(s)}(q_1, \cdots, q_s, h_1, \cdots, h_{s-1})] \\
&\quad + \pi_N q_{N0}^2 f_N^{(s)}(q_N, \cdots, q_{M+1}, h_{N-1}, \cdots, h_{M+1}).
\end{aligned} \tag{3.1.27}$$

其中, $h_i \equiv q_{i,i+1}q_{i+1,i}$ (下同), $f_1^{(s)}, f_N^{(s)}$ 是 $2s$ 次多项式, $g_1^{(s)}, g_N^{(s)}$ 是 $2s - 1$ 次多项式.

引理 3.1.3 下列方程成立

$$\frac{1}{E\sigma^{(N)}} = q_N = q_{N0} + q_{N,N-1}, \tag{3.1.28}$$

$$c_1^{(N)} = \pi_0 q_{0N} + \pi_{N-1} q_{N-1,N}, \tag{3.1.29}$$

$$c_2^{(N)} = \pi_0 q_{0N}^2 + \pi_{N-1} q_{N-1,N}^2, \tag{3.1.30}$$

$$c_3^{(N)} = \pi_0 q_{0N}^2 q_0 + \pi_{N-1} q_{N-1,N}^2 \mathbf{q_{N-1}}, \tag{3.1.31}$$

$$c_4^{(N)} = \pi_0 q_{0N}^2 (q_0^2 + q_{01}q_{10}) + \pi_{N-1} q_{N-1,N}^2 (q_{N-1}^2 + q_{N-1,N-2}\mathbf{q_{N-2,N-1}}), \tag{3.1.32}$$

$2 \leqslant s \leqslant M_0 - 1$ 时,

$$
\begin{aligned}
c_{2s+1}^{(N)} &= \pi_0 q_{0N}^2 [h_0 \cdots h_{s-2} + g_0^{(s)}(q_0, \cdots, q_{s-2}, h_0, \cdots, h_{s-2})] \\
&\quad + \pi_{N-1} q_{N-1,N}^2 [h_{N-2} \cdots h_{N-s} \mathbf{q_{N-s}} \\
&\quad + g_{N-1}^{(s)}(q_{N-1}, \cdots, q_{N-s+1}, h_{N-2}, \cdots, h_{N-s})],
\end{aligned}
\tag{3.1.33}
$$

$M_0 - 1 < s \leqslant M$ 时,

$$
\begin{aligned}
c_{2s+1}^{(N)} &= \pi_0 q_{0N}^2 [h_0 \cdots h_{s-2} + g_0^{(s)}(q_0, \cdots, q_{s-2}, h_0, \cdots, h_{s-2})] \\
&\quad + \pi_{N-1} q_{N-1,N}^2 g_{N-1}^{(s)}(q_N, \cdots, q_{M+1}, h_{N-1}, \cdots, h_{M+1}),
\end{aligned}
\tag{3.1.34}
$$

$2 \leqslant s < M_0 - 1$ 时,

$$
\begin{aligned}
c_{2s+2}^{(N)} &= \pi_0 q_{0N}^2 [h_0 \cdots h_{s-1} + f_0^{(s)}(q_0, \cdots, q_{s-1}, h_0, \cdots, h_{s-2})] \\
&\quad + \pi_{N-1} q_{N-1,N}^2 [h_{N-2} \cdots h_{N-s-2} q_{N-s,N-s-1} \mathbf{q_{N-s-1,N-s}} \\
&\quad + f_{N-1}^{(s)}(q_{N-1}, \cdots, q_{N-s}, h_{N-2}, \cdots, h_{N-s})],
\end{aligned}
\tag{3.1.35}
$$

$M_0 - 1 \leqslant s \leqslant M$ 时,

$$
\begin{aligned}
c_{2s+2}^{(N)} &= \pi_0 q_{0N}^2 [h_0 \cdots h_{s-1} + f_0^{(s)}(q_0, \cdots, q_{s-1}, h_0, \cdots, h_{s-2})] \\
&\quad + \pi_{N-1} q_{N-1,N}^2 f_{N-1}^{(s)}(q_N, \cdots, q_{M+1}, h_{N-1}, \cdots, h_{M+1}),
\end{aligned}
\tag{3.1.36}
$$

其中, $f_0^{(s)}, f_{N-1}^{(s)}$ 是 $2s$ 次多项式, $g_0^{(s)}, g_{N-1}^{(s)}$ 是 $2s - 1$ 次多项式.

根据引理 3.1.2、引理 3.1.3 及引理 3.6.8 得到如下定理.

定理 3.1.3 设 $\{X_t, t \geqslant 0\}$ 是一个生灭链, 状态空间为

$$
S = \{M, M-1, \cdots, 0, N, N-1, \cdots, M+2, M+1\},
\tag{3.1.37}
$$

若初始分布是其平稳分布 $\{\pi_i, i \in S\}$, 则其速率矩阵 $Q = (q_{ij})$ 中的每个元素 q_{ij} 和 π_i 能表示成 $c_1^{(0,N)}, c_2^{(0,N)}, E\sigma^{(0)}, E\sigma^{(N)}$ 及 $c_1^{(0)}, \cdots, c_{2M}^{(0)}, c_1^{(N)}, \cdots, c_{2M_0-2}^{(N)}$ 的实函数.

由引理 3.1.2、引理 3.1.3, 引理 3.6.8 及定理 3.6.2 的证明 (式 (3.6.162)) 知, 由 $c_1^{(0)}, c_2^{(0)}, \cdots, c_{2M_0-2}^{(0)} (= c_{2(M_0-2)+2}^{(0)}), c_{2M_0-1}^{(0)} (= c_{2(M_0-1)+1}^{(0)}), c_1^{(N)}, c_2^{(N)}, \cdots, c_{2M_0-2}^{(N)}$ $(= c_{2(M_0-2)+2}^{(N)}), c_{2M_0-1}^{(N)} (= c_{2(M_0-1)+1}^{(N)}), E\sigma^{(0)}, E\sigma^{(N)}, c_1^{(0,N)}, c_2^{(0,N)}$ 可求出 q_{0N}, q_{N0} 及

$$
\pi_0, \cdots, \pi_{M_0-1}, \pi_{M+1} = \pi_{N-M_0+1}, \cdots, \pi_N,
$$

$$
q_0, \cdots, q_{M_0-2}, q_{M+2} = q_{N-M_0+2}, \cdots, q_N,
$$

$$
q_{01}, \cdots, q_{M_0-2,M_0-1}, q_{M+2,M+1} = q_{N-M_0+2,N-M_0+1}, \cdots, q_{N,N-1},
$$

$$
q_{10}, \cdots, q_{M_0-1,M_0-2}, q_{M+1,M+2} = q_{N-M_0+1,N-M_0+2}, \cdots, q_{N-1,N}.
$$

$$
\tag{3.1.38}
$$

然后, $q_{M+1} = q_{M+1,M+2}$(也可由 $c_{2M_0-1}^{(N)} = c_{2(M_0-1)+1}^{(N)}$ 求出), $q_{M+1,M} = 0$; 此时, 由引理 3.1.2 知, $c_{2s+1}^{(0)}, c_{2s+2}^{(0)}$ 的函数 $g_1^{(s)}, g_N^{(s)}, f_1^{(s)}, f_N^{(s)}$ 都不含未知量了.

再次, 由引理 3.6.8(c) 和 (d) 知, $q_s, q_{s,s+1}$ 是 $c_{2s+1}^{(0)}$ 的实函数, $q_{s+1,s}, \pi_{s+1}$ 是 $c_{2s+2}^{(0)}$ $(M_0 - 1 \leqslant s \leqslant M - 1)$ 的实函数.

最后, $q_M = q_{M,M-1}$(也可由 $c_{2M+1}^{(0)}$ 求出), $q_{M,M+1} = 0$.

更一般地, 可得

定理 3.1.4　　对于生灭链, 若初始分布是其平稳分布, 则其生成元可通过**任意两相邻状态**的观测统计计算唯一确认.

3.2　星形分枝链的统计计算

设 $\{X_t, t \geqslant 0\}$ 是一个星形分枝马尔可夫链 (图 3.2.2), 其状态空间为

$$S = \{E_0^{(1)}, E_1^{(1)}, \cdots, E_{N_1}^{(1)}, E_0^{(2)}, E_1^{(2)}, \cdots, E_{N_2}^{(2)}, \cdots, E_0^{(m)}, E_1^{(m)}, \cdots, E_{N_m}^{(m)}, O\}.$$

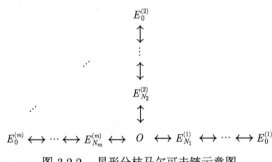

图 3.2.2　星形分枝马尔可夫链示意图

其中, O 是其中心状态, $E_{N_k}^{(k)}$ $(k = 1, 2, \cdots, m)$ 是 O 的相邻状态, $E_0^{(k)}$ 是第 k 个分枝的叶子状态 $(k = 1, 2, \cdots, m)$, 其速率矩阵 $Q = (q_{ij})$ 满足

$$Q = (q_{ij})_{S \times S} = \begin{pmatrix} H_1 & \mathbf{0} & \mathbf{0} & \cdots & \mathbf{0} & A_1 \\ \mathbf{0} & H_2 & \mathbf{0} & \cdots & \mathbf{0} & A_2 \\ \mathbf{0} & \mathbf{0} & H_3 & \cdots & \mathbf{0} & A_3 \\ \vdots & \vdots & \vdots & \ddots & \vdots & \vdots \\ \mathbf{0} & \mathbf{0} & \mathbf{0} & \cdots & H_m & A_m \\ B_1 & B_2 & B_3 & \cdots & B_m & -q \end{pmatrix},$$

其中, 对 $\forall 1 \leqslant k \leqslant m$, $\quad S_k = \{E_0^{(k)}, E_1^{(k)}, \cdots, E_{N_k}^{(k)}\}$,

$$H_k = (q_{ij}^{(k)})_{S_k \times S_k}$$

$$
= \begin{pmatrix}
-\lambda_0^{(k)} & \lambda_0^{(k)} & 0 & \cdots & 0 & 0 \\
\mu_1^{(k)} & -(\lambda_1^{(k)} + \mu_1^{(k)}) & \lambda_1^{(k)} & \cdots & 0 & 0 \\
0 & \mu_2^{(k)} & -(\lambda_2^{(k)} + \mu_2^{(k)}) & \cdots & 0 & 0 \\
\vdots & \vdots & \vdots & \ddots & \vdots & \vdots \\
0 & 0 & 0 & \cdots & \mu_{N_k}^{(k)} & -(\mu_{N_k}^{(k)} + a_k)
\end{pmatrix}.
$$

$$
A_k = (q_{ij}^{(k)})_{S_k \times 1} = [0, 0, \cdots, a_k], \quad a_k > 0,
$$

$$
B_k = (q_{ij}^{(k)})_{1 \times S_k} = (0, 0, \cdots, b_k), \quad b_k > 0,
$$

$$
\lambda_i^{(k)} > 0, \quad 0 \leqslant i \leqslant N_k - 1,
$$

$$
\mu_i^{(k)} > 0, \quad 1 \leqslant i \leqslant N_k,
$$

$$
q = \sum_{k=1}^{m} b_k.
$$

显然, 马尔可夫链 $\{X_t, t \geqslant 0\}$ 是可逆的, 故存在唯一平稳分布

$$
\widehat{\pi} = \{\pi_0^{(1)}, \cdots, \pi_{N_1}^{(1)}, \pi_0^{(2)}, \cdots, \pi_{N_2}^{(2)}, \cdots, \pi_0^{(m)}, \cdots, \pi_{N_m}^{(m)}, \pi\},
$$

满足

$$
\mathrm{diag}(\widehat{\pi}) * Q = (\mathrm{diag}(\widehat{\pi}) * Q)^\top = Q^\top * \mathrm{diag}(\widehat{\pi}), \tag{3.2.39}
$$

$$
\sum_{k=1}^{m} \sum_{i=0}^{N_k} \pi_i^{(k)} + \pi = 1. \tag{3.2.40}
$$

3.2.1 由各分枝叶子状态的观测确认

3.2.1.1 状态 $E_0^{(1)}$ 的观测

此时 $O = \{E_0^{(1)}\}$. 记 $\sigma^{(E_0^{(1)})}$ 和 $\tau^{(E_0^{(1)})}$ 为状态 $E_0^{(1)}$ 的逗留时和击中时. 下面将证明 H_1 和 A_1 中的每个元素能够通过状态 $E_0^{(1)}$ 的观测统计计算唯一确认.

为方便起见, 将状态空间 S 重记为

$$
S = \{0, 1, 2, \cdots, M, M+1, \cdots, N\},
$$

其中, $M = N_1, N = \sum_{k=1}^{m} (N_k + 1)$.

简记 $Q = (q_{ij})_{S \times S}$, $\widehat{\pi} = \{\pi_0, \pi_1, \cdots, \pi_M, \pi_{M+1}, \cdots, \pi_N\}$. 则

$$
H_1 = (q_{ij})_{S_1 \times S_1}
$$

$$
=\begin{pmatrix}
-\lambda_0 & \lambda_0 & 0 & \cdots & 0 & 0 \\
\mu_1 & -(\lambda_1+\mu_1) & \lambda_1 & \cdots & 0 & 0 \\
0 & \mu_2 & -(\lambda_2+\mu_2) & \cdots & 0 & 0 \\
\vdots & \vdots & \vdots & \ddots & \vdots & \vdots \\
0 & 0 & 0 & \cdots & \mu_M & -(\mu_M+a_1)
\end{pmatrix}.
$$

即

$$
\begin{aligned}
& q_{i,i+1}=\lambda_i>0, \quad 0\leqslant i\leqslant M-1, \\
& q_{i,i-1}=\mu_i>0, \quad 1\leqslant i\leqslant M, \\
& q_{ii}=-q_i=-(\lambda_i+\mu_i)<0, \quad 1\leqslant i\leqslant M-1, \\
& q_{00}=-q_0=-\lambda_0<0, \\
& q_{MM}=-q_M=-(\mu_M+a_1)<0.
\end{aligned}
$$

其中, $S_1=\{0,1,2,\cdots,M\}$.

由定理 2.1.1 和推论 2.1.1 得: 逗留时 $\sigma^{(E_0^{(1)})}\sim\mathrm{Exp}(q_0)$, 击中时 $\tau^{(E_0^{(1)})}$ 服从 N-混合指数分布, 记为 $\tau^{(0)}\sim\mathrm{MExp}(\omega_1^{(0)},\cdots,\omega_N^{(0)};\alpha_1^{(0)},\cdots,\alpha_N^{(0)})$.

对 $n\geqslant 1$, 令

$$
d_n^{(E_0^{(1)})}=\sum_{i=1}^{N}\omega_i^{(0)}(\alpha_i^{(0)})^n, \quad c_n^{(E_0^{(1)})}=(1-\pi_0)d_n^{(E_0^{(1)})}.
$$

$E\sigma^{(E_0^{(1)})},c_n^{(E_0^{(1)})}$ 与 q_{ij} 的关系满足如下引理.

引理 3.2.1　下列结论成立

(a) q_0,π_0 计算如下

$$
q_0=\frac{1}{E\sigma^{(E_0^{(1)})}}, \quad \pi_0=\frac{d_1}{q_0+d_1}=c_1^{(E_0^{(1)})}E\sigma^{(E_0^{(1)})}. \tag{3.2.41}
$$

(b) a_1 和 $q_{n,n+1}$ 能表示成 $E\sigma^{(E_0^{(1)})},c_1^{(E_0^{(1)})},c_2^{(E_0^{(1)})},\cdots,c_{2n+1}^{(E_0^{(1)})}$ 的实函数, $1\leqslant n\leqslant M-1$.

(c) $\pi_n,q_{n,n-1}$ 能表示成 $E\sigma^{(E_0^{(1)})},c_1^{(E_0^{(1)})},c_2^{(E_0^{(1)})},\cdots,c_{2n}^{(E_0^{(1)})}$ 的实函数, $1\leqslant n\leqslant M$.

证明　(a) 是推论 2.1.1 的直接结论. 下证 (b) 和 (c).

由于 $a_1=q_M-q_{M,M-1}$, 只需证下面的结论成立: 当 $\forall 1\leqslant n\leqslant M$ 时,

(H1) $q_{n,n-1},q_n,q_{n,n+1}(q_{M,M+1}=0)$ 和 π_n 能表示成 $c_1^{(E_0^{(1)})},c_2^{(E_0^{(1)})},\cdots,c_{2n+1}^{(E_0^{(1)})}$ 的实函数;

(H2) $W_n = g_n(A)A\beta$ 和它的系数能表示成 $c_1^{(E_0^{(1)})}, c_2^{(E_0^{(1)})}, \cdots, c_{2n}^{(E_0^{(1)})}$ 的实函数,其中 $g_n(A)$ 是 A 的一个 $n-1$ 次多项式,即 $\deg(g_n) = n-1$.

采用数学归纳法证明如下:

当 $n=1$ 时,由 $WQ_{cc}\mathbf{1} = W[-q_{10}, 0, \cdots, 0] = -q_{10}W_1$,得

$$q_{10}W_1 = A\beta. \tag{3.2.42}$$

所以

$$g_1(A) = \frac{c_1^{(E_0^{(1)})}}{c_2^{(E_0^{(1)})}}I.$$

再由定理 2.1.4 得到

$$c_1^{(E_0^{(1)})} = \pi_1 q_{10},$$

$$c_2^{(E_0^{(1)})} = \pi_1 q_{10}^2,$$

$$c_3^{(E_0^{(1)})} = \pi_1 q_{10}^2 q_1.$$

于是

$$q_{10} = \frac{\pi_1 q_{10}^2}{\pi_1 q_{10}} = \frac{c_2^{(E_0^{(1)})}}{c_1^{(E_0^{(1)})}}, \tag{3.2.43}$$

$$\pi_1 = \frac{(\pi_1 q_{10})^2}{\pi_1 q_{10}^2} = \frac{(c_1^{(E_0^{(1)})})^2}{c_2^{(E_0^{(1)})}}, \tag{3.2.44}$$

$$W_1 = \frac{c_1^{(E_0^{(1)})}}{c_2^{(E_0^{(1)})}}A\beta \equiv g_1(A)A\beta, \tag{3.2.45}$$

$$q_1 = \frac{c_3^{(E_0^{(1)})}}{\pi_1 q_{10}^2} = \frac{c_3^{(E_0^{(1)})}}{c_2^{(E_0^{(1)})}}, \tag{3.2.46}$$

$$q_{12} = q_1 - q_{10} = \frac{c_3^{(E_0^{(1)})}}{c_2^{(E_0^{(1)})}} - \frac{c_2^{(E_0^{(1)})}}{c_1^{(E_0^{(1)})}}. \tag{3.2.47}$$

因此,结论对 $n=1$ 成立.

假设结论对所有 $1 \leqslant n \leqslant k$ 成立. 当 $n = k+1$ 时,令 $W_0 = 0$,因为 Q_{cc} 适应式 (2.1.6) 和 (2.1.15),所以

$$q_{k+1,k}W_{k+1} = (q_k I - A)W_k - q_{k-1,k}W_{k-1}, \tag{3.2.48}$$

$$\pi_{k+1}q_{k+1,k} = \pi_k q_{k,k+1} = -W_k^\top A W_{k+1}. \tag{3.2.49}$$

再由式 (3.2.49) 和式 (3.2.48) 得

$$\begin{aligned}
q_{k+1,k} &= \frac{q_{k+1,k}}{\pi_k q_{k,k+1}}(-W_k^\top A W_{k+1}) \\
&= \frac{1}{\pi_k q_{k,k+1}}[W_k^\top A(A - q_k I)W_k + q_{k-1,k}W_k^\top A W_{k-1}] \\
&\equiv \beta^\top A h(A)A\beta, \tag{3.2.50}
\end{aligned}$$

其中

$$h(A) = \frac{1}{\pi_k q_{k,k+1}}[(A^2 - q_k A)g_k^2(A) + q_{k-1,k}g_{k-1}(A)A g_k(A)].$$

因此, 由归纳假设 (H1) 知 π_k, $q_{k,k+1}$ 是 $c_1^{(E_0^{(1)})}, c_2^{(E_0^{(1)})}, \cdots, c_{2k}^{(E_0^{(1)})}$ 的实函数. 进而由归纳假设 (H2),

$$W_{k-1} = g_{k-1}(A)A\beta, \quad W_k = g_k(A)A\beta.$$

故 $h(A)$ 是 A 的一个次数为 $2k$ 的多项式, $q_{k+1,k}$ 是 $\beta^\top A^{i+2}\beta$ $(i = 0, 1, \cdots, 2k)$ 的一个线性组合, 其系数是 $c_1^{(E_0^{(1)})}, c_2^{(E_0^{(1)})}, \cdots, c_{2k}^{(E_0^{(1)})}$ 的实函数. 因此, 由 (2.1.15) 式 (即 $\beta^\top A^n\beta = c_n^{(E_0^{(1)})}$) 和 (3.2.49) 式知 $q_{k+1,k}$ 是 $c_1^{(E_0^{(1)})}, c_2^{(E_0^{(1)})}, \cdots, c_{2k+1}^{(E_0^{(1)})}, c_{2k+2}^{(E_0^{(1)})}$ 的实函数, 且

$$\pi_{k+1} = \frac{\pi_k q_{k,k+1}}{q_{k+1,k}}.$$

下证 W_{k+1} 满足归纳假设 (H2).

由 (3.2.48) 知 $W_{k+1} = g_{k+1}(A)A\beta$, 其中

$$g_{k+1}(A) = \frac{1}{q_{k+1,k}}[(q_k I - A)g_k(A) - q_{k-1,k}g_{k-1}(A)],$$

由 $q_{k+1,k}$ 满足 (H1), 因此 $\deg(g_{k+1}) = k$ 且其系数是 $c_1^{(E_0^{(1)})}, c_2^{(E_0^{(1)})}, \cdots, c_{2k+2}^{(E_0^{(1)})}$ 的实函数.

关于 $q_{k+1,k+2}$ 和 q_{k+1}, 由 (2.1.15) 式得

$$\pi_{k+1}q_{k+1} = W_{k+1}^\top A W_{k+1} = \beta^\top g_{k+1}(A)A^3 g_{k+1}(A)\beta,$$

因此, 由 (2.1.10) 式和有关 $g_{k+1}(A)$ 的结果, q_{k+1} 和 $q_{k+1,k+2} = q_{k+1} - q_{k+1,k}$ 是 $c_1^{(E_0^{(1)})}, \cdots, c_{2k+2}^{(E_0^{(1)})}, c_{2k+3}^{(E_0^{(1)})}$ 的实函数.

由上所证, 结论对 $n = k + 1 (1 \leqslant n \leqslant M)$ 成立.

由引理 3.2.1, 得到

引理 3.2.2 对于星形分枝马尔可夫链 $\{X_t, t \geqslant 0\}$, 若初始分布 $\{\pi_i, i \in S\}$ 是其平稳分布, 则 A_1 中的 $a_1, \{\pi_i, i \in S_1\}$ 和 H_1 中的每个元素 q_{ij} 均能表示成 $E\sigma^{(E_0^{(1)})}, c_1^{(E_0^{(1)})}, c_2^{(E_0^{(1)})}, \cdots, c_{2M+1}^{(E_0^{(1)})}$ 的实函数.

3.2.1.2 状态 $E_0^{(k)}$ 的观测

此时 $O = \{E_0^{(k)}\}$, 记 $\sigma^{(E_0^{(k)})}$ 和 $\tau^{(E_0^{(k)})}$ 为状态 $E_0^{(k)}$ 逗留时与击中时. 由定理 2.1.1 和推论 2.1.1 得: 逗留时 $\sigma^{(E_0^{(k)})} \sim \text{Exp}(q_0^{(k)})$, 击中时 $\tau^{(E_0^{(k)})}$ 服从 N-混合指数分布, 记为 $\tau^{(0)} \sim \text{MExp}(\omega_1^{(E_0^{(k)})}, \cdots, \omega_N^{(E_0^{(k)})}; \alpha_1^{(E_0^{(k)})}, \cdots, \alpha_N^{(E_0^{(k)})})$.

对 $n \geqslant 1$, 令

$$d_n^{(E_0^{(k)})} = \sum_{i=1}^N \omega_i^{(E_0^{(k)})} (\alpha_i^{(E_0^{(k)})})^n, \quad c_n^{(E_0^{(k)})} = (1 - \pi_0^{(k)}) d_n^{(E_0^{(k)})}.$$

按 3.2.1.1 节讨论, 可得

引理 3.2.3 对于星形分枝马尔可夫链 $\{X_t, t \geqslant 0\}$, 若初始分布 $\{\pi_i, i \in S\}$ 是其平稳分布, 则 A_k 中 $a_k, \pi_i \ (i \in S_k)$ 和 H_k 中每个元素 q_{ij} 均能表示成 $E\sigma^{(E_0^{(k)})}, c_1^{(E_0^{(k)})}, c_2^{(E_0^{(k)})}, \cdots, c_{2M+1}^{(E_0^{(k)})}$ 的实函数.

3.2.1.3 主要定理

根据引理 3.2.2 和引理 3.2.3 得到如下主要结论.

定理 3.2.1 对于星形分枝马尔可夫链 $\{X_t, t \geqslant 0\}$, 若初始分布是其平稳分布 $\{\pi_i, i \in S\}$, 则速率矩阵的每个元素 $q_{ij} \ (i, j \in S)$ 能够表示成 $E\sigma^{(E_0^{(k)})}, c_1^{(E_0^{(k)})}, c_2^{(E_0^{(k)})}, \cdots, c_{2M+1}^{(E_0^{(k)})} \ (k = 1, \cdots, m)$ 的实函数.

证明 由引理 3.2.3, 矩阵 A_k 中元素 a_k 和矩阵 H_k 中元素 $q_{ij}^{(k)} \ (i, j \in S_k)$ 能够表示成 $E\sigma^{(E_0^{(k)})}, c_1^{(E_0^{(k)})}, c_2^{(E_0^{(k)})}, \cdots, c_{2M+1}^{(E_0^{(k)})}$ 的实函数, $\forall 1 \leqslant k \leqslant m$.

又由 (2.1.1)-(2.1.2) 式得

$$\pi = 1 - \sum_{k=1}^m \sum_{i=0}^{N_k} \pi_i^{(k)},$$

$$b_k = \frac{\pi_{N_k}^{(k)} a_k}{\pi}, \quad 1 \leqslant k \leqslant m,$$

$$q = \sum_{k=1}^m b_k.$$

故定理成立.

定理 3.2.2　对于星形分枝马尔可夫链, 若初始分布是其平稳分布, 则其生成元可通过**各分枝叶子状态**的观测统计计算唯一确认.

说明 3.2.1　当所有分枝叶子状态中仅有任意一个不观测时, 其生成元也可确认. 也就是说, 对于有 n 个分枝的星形分枝马尔可夫链, 若初始分布是其平稳分布, 则其生成元可通过**任意 $n-1$ 个分枝叶子状态**的观测统计计算唯一确认.

3.2.2　由中心状态及其相邻状态观测确认

不失一般性, 以 3 个分枝的星形分枝马尔可夫链 (图 3.2.3) 为例进行证明.

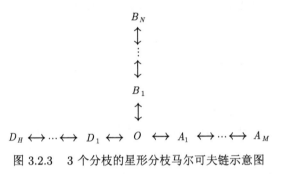

图 3.2.3　3 个分枝的星形分枝马尔可夫链示意图

此时, 状态空间为 $S = \{O, A_1, \cdots, A_M, B_1, \cdots, B_N, D_1, \cdots, D_H\}$ (不妨设 $M \leqslant N \leqslant H$), 速率矩阵为 $Q = (q_{ij})_{S \times S}$, 平稳分布为 $\{\pi_O, \pi_{A_1}, \cdots, \pi_{A_M}, \pi_{B_1}, \cdots, \pi_{B_N}, \pi_{D_1}, \cdots, \pi_{D_H}\}$.

下面将证明其生成元可由中心状态 O 及其相邻状态 A_1, B_1, D_1 的观测统计唯一确认.

3.2.2.1　状态 O 的观测

此时, $O = \{O\}$, 分别记 $\sigma^{(O)}$ 和 $\tau^{(O)}$ 为状态 O 的逗留时和击中时, 则逗留时 $\sigma^{(O)} \sim \mathrm{Exp}(q_O)$, 击中时 $\tau^{(O)}$ 服从 $(M+N+H)$-混合指数分布, 记为 $\tau^{(O)} \sim \mathrm{MExp}(\omega_1^{(O)}, \cdots, \omega_{M+N+H}^{(O)}; \alpha_1^{(O)}, \cdots, \alpha_{M+N+H}^{(O)})$.

对 $n \geqslant 1$, 令

$$d_n^{(O)} = \sum_{i=1}^{M+N+H} \omega_i^{(O)} (\alpha_i^{(O)})^n, \quad c_n^{(O)} = (1 - \pi_O) d_n^{(O)}.$$

由定理 2.1.4 得到如下引理.

引理 3.2.4　下列方程成立

$$\frac{1}{E\sigma^{(O)}} = q_O = q_{OA_1} + q_{OB_1} + q_{OD_1}, \quad \pi_O = \frac{d_1^{(O)}}{q_O + d_1^{(O)}}, \tag{3.2.51}$$

$$c_1^{(O)} = \pi_{A_1} q_{A_1 O} + \pi_{B_1} q_{B_1 O} + \pi_{D_1} q_{D_1 O}, \tag{3.2.52}$$

$$c_2^{(O)} = \pi_{A_1} q_{A_1 O}^2 + \pi_{B_1} q_{B_1 O}^2 + \pi_{D_1} q_{D_1 O}^2, \tag{3.2.53}$$

$$c_3^{(O)} = \pi_{A_1} q_{A_1 O}^2 q_{A_1} + \pi_{B_1} q_{B_1 O}^2 q_{B_1} + \pi_{D_1} q_{D_1 O}^2 q_{D_1}, \tag{3.2.54}$$

$$c_4^{(O)} = \pi_{A_1} q_{A_1 O}^2 [q_{A_1}^2 + q_{A_1 A_2} q_{A_2 A_1}] + \pi_{B_1} q_{B_1 O}^2 [q_{B_1}^2 + q_{B_1 B_2} q_{B_2 B_1}]$$
$$+ \pi_{D_1} q_{D_1 O}^2 [q_{D_1}^2 + q_{D_1 D_2} q_{D_2 D_1}], \tag{3.2.55}$$

$$c_{2s+1}^{(O)} = \pi_{A_1} q_{A_1 O}^2 [q_{A_1 A_2} q_{A_2 A_3} \cdots q_{A_{s-1} A_s} \mathbf{q_{A_s}} q_{A_s A_{s-1}} \cdots q_{A_3 A_2} q_{A_2 A_1}$$
$$+ g_A^{(s)}(q_{A_1}, \cdots, q_{A_{s-1}}, q_{A_1 A_2} q_{A_2 A_1}, q_{A_2 A_3} q_{A_3 A_2}, \cdots, q_{A_{s-1} A_s} q_{A_s A_{s-1}}))]$$
$$+ \pi_{B_1} q_{B_1 O}^2 [q_{B_1 B_2} q_{B_2 B_3} \cdots q_{B_{s-1} B_s} \mathbf{q_{B_s}} q_{B_s B_{s-1}} \cdots q_{B_3 B_2} q_{B_2 B_1}$$
$$+ g_B^{(s)}(q_{B_1}, \cdots, q_{B_{s-1}}, q_{B_1 B_2} q_{B_2 B_1}, q_{B_2 B_3} q_{B_3 B_2}, \cdots, q_{B_{s-1} B_s} q_{B_s B_{s-1}}))]$$
$$+ \pi_{D_1} q_{D_1 O}^2 [q_{D_1 D_2} q_{D_2 D_3} \cdots q_{D_{s-1} D_s} \mathbf{q_{D_s}} q_{D_s D_{s-1}} \cdots q_{D_3 D_2} q_{D_2 D_1}$$
$$+ g_D^{(s)}(q_{D_1}, \cdots, q_{D_{s-1}}, q_{D_1 D_2} q_{D_2 D_1}, q_{D_2 D_3} q_{D_3 D_2}, \cdots, q_{D_{s-1} D_s} q_{D_s D_{s-1}}))], \tag{3.2.56}$$

$$c_{2s+2}^{(O)} = \pi_{A_1} q_{A_1 O}^2 [q_{A_1 A_2} q_{A_2 A_3} \cdots q_{A_s A_{s+1}} \mathbf{q_{A_{s+1} A_s}} \cdots q_{A_3 A_2} q_{A_2 A_1}$$
$$+ f_A^{(s)}(q_{A_1}, \cdots, q_{A_s}, q_{A_1 A_2} q_{A_2 A_1}, q_{A_2 A_3} q_{A_3 A_2}, \cdots, q_{A_{s-1} A_s} q_{A_s A_{s-1}}))]$$
$$+ \pi_{B_1} q_{B_1 O}^2 [q_{B_1 B_2} q_{B_2 B_3} \cdots q_{B_s B_{s+1}} \mathbf{q_{B_{s+1} B_s}} \cdots q_{B_3 B_2} q_{B_2 B_1}$$
$$+ f_B^{(s)}(q_{B_1}, \cdots, q_{B_s}, q_{B_1 B_2} q_{B_2 B_1}, q_{B_2 B_3} q_{B_3 B_2}, \cdots, q_{B_{s-1} B_s} q_{B_s B_{s-1}}))]$$
$$+ \pi_{D_1} q_{D_1 O}^2 [q_{D_1 D_2} q_{D_2 D_3} \cdots q_{D_s D_{s+1}} \mathbf{q_{D_{s+1} D_s}} \cdots q_{D_3 D_2} q_{D_2 D_1}$$
$$+ f_D^{(s)}(q_{D_1}, \cdots, q_{D_s}, q_{D_1 D_2} q_{D_2 D_1}, q_{D_2 D_3} q_{D_3 D_2}, \cdots, q_{D_{s-1} D_s} q_{D_s D_{s-1}}))], \tag{3.2.57}$$

其中, $f_A^{(s)}, f_B^{(s)}, f_D^{(s)}$ 是 $2s$ 次多项式, $g_A^{(s)}, g_B^{(s)}, g_D^{(s)}$ 是 $2s-1$ 次多项式, $2 \leqslant s \leqslant M-1$.

3.2.2.2 状态 A_1 的观测

此时, $O = \{A_1\}$, 分别记 $\sigma^{(A_1)}$ 和 $\tau^{(A_1)}$ 为状态 A_1 的逗留时和击中时, 则逗留时 $\sigma^{(A_1)} \sim \text{Exp}(q_{A_1})$, 击中时 $\tau^{(A_1)}$ 服从 $(M + N + H)$-混合指数分布, 记为

$$\tau^{(A_1)} \sim \text{MExp}(\omega_1^{(A_1)}, \cdots, \omega_{M+N+H}^{(A_1)}; \alpha_1^{(A_1)}, \cdots, \alpha_{M+N+H}^{(A_1)}).$$

对 $n \geqslant 1$, 令

$$d_n^{(A_1)} = \sum_{i=1}^{M+N+H} \omega_i^{(A_1)}(\alpha_i^{(A_1)})^n, \quad c_n^{(A_1)} = (1 - \pi_{A_1})d_n^{(A_1)}.$$

由定理 2.1.4 得到如下引理.

引理 3.2.5　下列方程成立

$$\frac{1}{E\sigma^{(A_1)}} = q_{A_1} = q_{A_1 A_2} + q_{A_1 O}, \tag{3.2.58}$$

$$c_1^{(A_1)} = \pi_{A_2} q_{A_2 A_1} + \pi_O q_{OA_1}, \tag{3.2.59}$$

$$c_2^{(A_1)} = \pi_{A_2} q_{A_2 A_1}^2 + \pi_O q_{OA_1}^2, \tag{3.2.60}$$

$$c_3^{(A_1)} = \pi_{A_2} q_{A_2 A_1}^2 q_{A_2} + \pi_O q_{OA_1}^2 q_O, \tag{3.2.61}$$

$$c_4^{(A_1)} = \pi_{A_2} q_{A_2 A_1}^2 [q_{A_2}^2 + q_{A_2 A_3} q_{A_3 A_2}]$$
$$+ \pi_O q_{OA_1}^2 [q_O^2 + q_{OB_1} q_{B_1 O} + q_{OD_1} q_{D_1 O}], \tag{3.2.62}$$

$$c_{2s+1}^{(A_1)} = \pi_{A_2} q_{A_2 A_1}^2 [q_{A_2 A_3} \cdots q_{A_s A_{s+1}} \mathbf{q_{A_{s+1}}} q_{A_{s+1} A_s} \cdots q_{A_3 A_2}$$
$$+ g_{A_2}^{(s)}(q_{A_2}, \cdots, q_{A_s}, q_{A_2 A_3} q_{A_3 A_2}, \cdots, q_{A_s A_{s+1}} q_{A_{s+1} A_s})]$$
$$+ \pi_O q_{OA_1}^2 [q_{OB_1} q_{B_1 B_2} \cdots q_{B_{s-2} B_{s-1}} q_{B_{s-1}} q_{B_{s-1} B_{s-2}} \cdots q_{B_2 B_1} q_{B_1 O}$$
$$+ q_{OD_1} q_{D_1 D_2} \cdots q_{D_{s-2} D_{s-1}} q_{D_{s-1}} q_{D_{s-1} D_{s-2}} \cdots q_{D_2 D_1} q_{D_1 O}$$
$$+ g_{BD}^{(s)}(q_O, q_{B_1}, \cdots, q_{B_{s-1}}, q_{D_1}, \cdots, q_{D_{s-1}}, q_{OB_1} q_{B_1 O}, q_{B_1 B_2} q_{B_2 B_1}, \cdots,$$
$$q_{B_{s-2} B_{s-1}} q_{B_{s-1} B_{s-2}}, q_{OD_1} q_{D_1 O}, q_{D_1 D_2} q_{D_2 D_1}, \cdots, q_{D_{s-2} D_{s-1}} q_{D_{s-1} D_{s-2}})], \tag{3.2.63}$$

$$c_{2s+2}^{(A_1)} = \pi_{A_2} q_{A_2 A_1}^2 [q_{A_2 A_3} \cdots q_{A_{s+1} A_{s+2}} \mathbf{q_{A_{s+2} A_{s+1}}} \cdots q_{A_3 A_2}$$
$$+ f_{A_2}^{(s)}(q_{A_2}, \cdots, q_{A_{s+1}}, q_{A_2 A_3} q_{A_3 A_2}, \cdots, q_{A_s A_{s+1}} q_{A_{s+1} A_s})]$$
$$+ \pi_O q_{OA_1}^2 [q_{OB_1} q_{B_1 B_2} \cdots q_{B_{s-1} B_s} q_{B_s B_{s-1}} \cdots q_{B_2 B_1} q_{B_1 O}$$
$$+ q_{OD_1} q_{D_1 D_2} \cdots q_{D_{s-1} D_s} q_{D_s D_{s-1}} \cdots q_{D_2 D_1} q_{D_1 O}$$
$$+ f_{BD}^{(s)}(q_O, q_{B_1}, \cdots, q_{B_s}, q_{D_1}, \cdots, q_{D_s}, q_{OB_1} q_{B_1 O}, q_{B_1 B_2} q_{B_2 B_1}, \cdots,$$
$$q_{B_{s-1} B_s} q_{B_s B_{s-1}}, q_{OD_1} q_{D_1 O}, q_{D_1 D_2} q_{D_2 D_1}, \cdots, q_{D_{s-1} D_s} q_{D_s D_{s-1}})]. \tag{3.2.64}$$

其中, $f_{A_2}^{(s)}, f_{BD}^{(s)}$ 是 $2s$ 次多项式, $g_{A_2}^{(s)}, g_{BD}^{(s)}$ 是 $2s-1$ 次多项式, $2 \leqslant s \leqslant M-2$.

3.2.2.3 状态 B_1 的观测

此时, $O = \{B_1\}$, 分别记 $\sigma^{(B_1)}$ 和 $\tau^{(B_1)}$ 为状态 B_1 的逗留时和击中时, 则逗留时 $\sigma^{(B_1)} \sim \mathrm{Exp}(q_{B_1})$, 击中时 $\tau^{(B_1)}$ 服从 $(M+N+H)$-混合指数分布, 记为 $\tau^{(B_1)} \sim \mathrm{MExp}(\omega_1^{(B_1)}, \cdots, \omega_{M+N+H}^{(B_1)}; \alpha_1^{(B_1)}, \cdots, \alpha_{M+N+H}^{(B_1)})$.

对 $n \geqslant 1$, 令

$$d_n^{(B_1)} = \sum_{i=1}^{M+N+H} \omega_i^{(B_1)}(\alpha_i^{(B_1)})^n, \quad c_n^{(B_1)} = (1-\pi_{B_1})d_n^{(B_1)}.$$

由定理 2.1.4 得到如下引理.

引理 3.2.6　下列方程成立

$$\frac{1}{E\sigma^{(B_1)}} = q_{B_1} = q_{B_1 B_2} + q_{B_1 O}, \tag{3.2.65}$$

$$c_1^{(B_1)} = \pi_{B_2} q_{B_2 B_1} + \pi_O q_{O B_1}, \tag{3.2.66}$$

$$c_2^{(B_1)} = \pi_{B_2} q_{B_2 B_1}^2 + \pi_O q_{O B_1}^2, \tag{3.2.67}$$

$$c_3^{(B_1)} = \pi_{B_2} q_{B_2 B_1}^2 q_{B_2} + \pi_O q_{O B_1}^2 q_O, \tag{3.2.68}$$

$$c_4^{(B_1)} = \pi_{B_2} q_{B_2 B_1}^2 [q_{B_2}^2 + q_{B_2 B_3} q_{B_3 B_2}]$$
$$+ \pi_O q_{O B_1}^2 [q_O^2 + q_{O A_1} q_{A_1 O} + q_{O D_1} q_{D_1 O}], \tag{3.2.69}$$

$2 \leqslant s \leqslant M$ 时,

$$c_{2s+1}^{(B_1)} = \pi_{B_2} q_{B_2 B_1}^2 [q_{B_2 B_3} \cdots q_{B_s B_{s+1}} \mathbf{q_{B_{s+1}}} q_{B_{s+1} B_s} \cdots q_{B_3 B_2}$$
$$+ g_{B_2}^{(s)}(q_{B_2}, \cdots, q_{B_s}, q_{B_2 B_3} q_{B_3 B_2}, \cdots, q_{B_s B_{s+1}} q_{B_{s+1} B_s}))]$$
$$+ \pi_O q_{O B_1}^2 [q_{O A_1} q_{A_1 A_2} \cdots q_{A_{s-2} A_{s-1}} q_{A_{s-1}} q_{A_{s-1} A_{s-2}} \cdots q_{A_2 A_1} q_{A_1 O}$$
$$+ q_{O D_1} q_{D_1 D_2} \cdots q_{D_{s-2} D_{s-1}} q_{D_{s-1}} q_{D_{s-1} D_{s-2}} \cdots q_{D_2 D_1} q_{D_1 O}$$
$$+ g_{AD}^{(s)}(q_O, q_{A_1}, \cdots, q_{A_{s-1}}, q_{D_1}, \cdots, q_{D_{s-1}}, q_{O A_1} q_{A_1 O}, q_{A_1 A_2} q_{A_2 A_1}, \cdots,$$
$$q_{A_{s-2} A_{s-1}} q_{A_{s-1} A_{s-2}}, q_{O D_1} q_{D_1 O}, q_{D_1 D_2} q_{D_2 D_1}, \cdots, q_{D_{s-2} D_{s-1}} q_{D_{s-1} D_{s-2}}))], \tag{3.2.70}$$

$M < s \leqslant N-1$ 时,

$$c_{2s+1}^{(B_1)} = \pi_{B_2} q_{B_2 B_1}^2 [q_{B_2 B_3} \cdots q_{B_s B_{s+1}} \mathbf{q_{B_{s+1}}} q_{B_{s+1} B_s} \cdots q_{B_3 B_2}$$

$$+ g_{B_2}^{(s)}(q_{B_2}, \cdots, q_{B_s}, q_{B_2 B_3} q_{B_3 B_2}, \cdots, q_{B_s B_{s+1}} q_{B_{s+1} B_s})]$$

$$+ \pi_O q_{OB_1}^2 g_{AD}^{(s)}(q_O, q_{A_1}, \cdots, q_{A_M}, q_{D_1}, \cdots, q_{D_{s-1}}, q_{OA_1} q_{A_1 O}, q_{A_1 A_2} q_{A_2 A_1}, \cdots,$$

$$q_{A_{M-1} A_M} q_{A_M A_{M-1}}, q_{OD_1} q_{D_1 O}, q_{D_1 D_2} q_{D_2 D_1}, \cdots, q_{D_{s-2} D_{s-1}} q_{D_{s-1} D_{s-2}}), \tag{3.2.71}$$

$2 \leqslant s \leqslant M - 1$ 时,

$$\begin{aligned}
c_{2s+2}^{(B_1)} = {} & \pi_{B_2} q_{B_2 B_1}^2 [q_{B_2 B_3} \cdots q_{B_{s+1} B_{s+2}} \mathbf{q_{B_{s+2} B_{s+1}}} \cdots q_{B_3 B_2} \\
& + f_{B_2}^{(s)}(q_{B_2}, \cdots, q_{B_{s+1}}, q_{B_2 B_3} q_{B_3 B_2}, \cdots, q_{B_s B_{s+1}} q_{B_{s+1} B_s})] \\
& + \pi_O q_{OA_1}^2 [q_{OA_1} q_{A_1 A_2} \cdots q_{A_{s-1} A_s} q_{A_s A_{s-1}} \cdots q_{A_2 A_1} q_{A_1 O} \\
& + q_{OD_1} q_{D_1 D_2} \cdots q_{D_{s-1} D_s} q_{D_s D_{s-1}} \cdots q_{D_2 D_1} q_{D_1 O} \\
& + f_{AD}^{(s)}(q_O, q_{A_1}, \cdots, q_{A_s}, q_{D_1}, \cdots, q_{D_s}, q_{OA_1} q_{A_1 O}, q_{A_1 A_2} q_{A_2 A_1}, \cdots, \\
& q_{A_{s-1} A_s} q_{A_s A_{s-1}}, q_{OD_1} q_{D_1 O}, q_{D_1 D_2} q_{D_2 D_1}, \cdots, q_{D_{s-1} D_s} q_{D_s D_{s-1}})]. \tag{3.2.72}
\end{aligned}$$

$M - 1 < s \leqslant N - 2$ 时,

$$\begin{aligned}
c_{2s+2}^{(B_1)} = {} & \pi_{B_2} q_{B_2 B_1}^2 [q_{B_2 B_3} \cdots q_{B_{s+1} B_{s+2}} \mathbf{q_{B_{s+2} B_{s+1}}} \cdots q_{B_3 B_2} \\
& + f_{B_2}^{(s)}(q_{B_2}, \cdots, q_{B_{s+1}}, q_{B_2 B_3} q_{B_3 B_2}, \cdots, q_{B_s B_{s+1}} q_{B_{s+1} B_s})] \\
& + \pi_O q_{OA_1}^2 f_{AD}^{(s)}(q_O, q_{A_1}, \cdots, q_{A_M}, q_{D_1}, \cdots, q_{D_s}, q_{OA_1} q_{A_1 O}, q_{A_1 A_2} q_{A_2 A_1}, \cdots, \\
& q_{A_{M-1} A_M} q_{A_M A_{M-1}}, q_{OD_1} q_{D_1 O}, q_{D_1 D_2} q_{D_2 D_1}, \cdots, q_{D_{s-1} D_s} q_{D_s D_{s-1}}). \tag{3.2.73}
\end{aligned}$$

其中, $f_{B_2}^{(s)}, f_{AD}^{(s)}$ 是 $2s$ 次多项式, $g_{B_2}^{(s)}, g_{AD}^{(s)}$ 是 $2s - 1$ 次多项式, $2 \leqslant s \leqslant N - 2$.

3.2.2.4　状态 D_1 的观测

此时, $O = \{D_1\}$, 分别记 $\sigma^{(D_1)}$ 和 $\tau^{(D_1)}$ 为状态 D_1 的逗留时和击中时, 则逗留时 $\sigma^{(D_1)} \sim \mathrm{Exp}(q_{D_1})$, 击中时 $\tau^{(D_1)}$ 服从 $(M + N + H)$-混合指数分布, 记为 $\tau^{(D_1)} \sim \mathrm{MExp}(\omega_1^{(D_1)}, \cdots, \omega_{M+N+H}^{(D_1)}; \alpha_1^{(D_1)}, \cdots, \alpha_{M+N+H}^{(D_1)})$.

对 $n \geqslant 1$, 令

$$d_n^{(D_1)} = \sum_{i=1}^{M+N+H} \omega_i^{(D_1)} (\alpha_i^{(D_1)})^n, \quad c_n^{(D_1)} = (1 - \pi_{D_1}) d_n^{(D_1)}.$$

由定理 2.1.4 得到如下引理.

引理 3.2.7　　下列方程成立

$$\frac{1}{E\sigma^{(D_1)}} = q_{D_1} = q_{D_1D_2} + q_{D_1O}, \tag{3.2.74}$$

$$c_1^{(D_1)} = \pi_{D_2}q_{D_2D_1} + \pi_O q_{OD_1}, \tag{3.2.75}$$

$$c_2^{(D_1)} = \pi_{D_2}q_{D_2D_1}^2 + \pi_O q_{OD_1}^2, \tag{3.2.76}$$

$$c_3^{(D_1)} = \pi_{D_2}q_{D_2D_1}^2 q_{D_2} + \pi_O q_{OD_1}^2 q_O, \tag{3.2.77}$$

$$c_4^{(D_1)} = \pi_{D_2}q_{D_2D_1}^2 [q_{D_2}^2 + q_{D_2D_3}q_{D_3D_2}]$$
$$+ \pi_O q_{OD_1}^2 [q_O^2 + q_{OA_1}q_{A_1O} + q_{OB_1}q_{B_1O}], \tag{3.2.78}$$

$2 \leqslant s \leqslant M$ 时,

$$c_{2s+1}^{(D_1)} = \pi_{D_2}q_{D_2D_1}^2 [q_{D_2D_3}\cdots q_{D_sD_{s+1}}\mathbf{q_{D_{s+1}}}q_{D_{s+1}D_s}\cdots q_{D_3D_2}$$
$$+ g_{D_2}^{(s)}(q_{D_2},\cdots,q_{D_s},q_{D_2D_3}q_{D_3D_2},\cdots,q_{D_sD_{s+1}}q_{D_{s+1}D_s})]$$
$$+ \pi_O q_{OD_1}^2 [q_{OA_1}q_{A_1A_2}\cdots q_{A_{s-2}A_{s-1}}q_{A_{s-1}}q_{A_{s-1}A_{s-2}}\cdots q_{A_2A_1}q_{A_1O}$$
$$+ q_{OB_1}q_{B_1B_2}\cdots q_{B_{s-2}B_{s-1}}q_{B_{s-1}}q_{B_{s-1}B_{s-2}}\cdots q_{B_2B_1}q_{B_1O}$$
$$+ g_{AB}^{(s)}(q_O,q_{A_1},\cdots,q_{A_{s-1}},q_{B_1},\cdots,q_{B_{s-1}},q_{OA_1}q_{A_1O},q_{A_1A_2}q_{A_2A_1},\cdots,$$
$$q_{A_{s-2}A_{s-1}}q_{A_{s-1}A_{s-2}},q_{OB_1}q_{B_1O},q_{B_1B_2}q_{B_2B_1},\cdots,q_{B_{s-2}B_{s-1}}q_{B_{s-1}B_{s-2}})], \tag{3.2.79}$$

$M < s \leqslant N$ 时,

$$c_{2s+1}^{(D_1)} = \pi_{D_2}q_{D_2D_1}^2 [q_{D_2D_3}\cdots q_{D_sD_{s+1}}\mathbf{q_{D_{s+1}}}q_{D_{s+1}D_s}\cdots q_{D_3D_2}$$
$$+ g_{D_2}^{(s)}(q_{D_2},\cdots,q_{D_s},q_{D_2D_3}q_{D_3D_2},\cdots,q_{D_sD_{s+1}}q_{D_{s+1}D_s})]$$
$$+ \pi_O q_{OD_1}^2 [q_{OB_1}q_{B_1B_2}\cdots q_{B_{s-2}B_{s-1}}q_{B_{s-1}}q_{B_{s-1}B_{s-2}}\cdots q_{B_2B_1}q_{B_1O}$$
$$+ g_{AB}^{(s)}(q_O,q_{A_1},\cdots,q_{A_M},q_{B_1},\cdots,q_{B_{s-1}},q_{OA_1}q_{A_1O},q_{A_1A_2}q_{A_2A_1},\cdots,$$
$$q_{A_{M-1}A_M}q_{A_MA_{M-1}},q_{OB_1}q_{B_1O},q_{B_1B_2}q_{B_2B_1},\cdots,q_{B_{s-2}B_{s-1}}q_{B_{s-1}B_{s-2}})], \tag{3.2.80}$$

$N < s \leqslant H - 1$ 时,

$$c_{2s+1}^{(D_1)} = \pi_{D_2}q_{D_2D_1}^2 [q_{D_2D_3}\cdots q_{D_sD_{s+1}}\mathbf{q_{D_{s+1}}}q_{D_{s+1}D_s}\cdots q_{D_3D_2}$$

$$+ g_{D_2}^{(s)}(q_{D_2}, \cdots, q_{D_s}, q_{D_2 D_3} q_{D_3 D_2}, \cdots, q_{D_s D_{s+1}} q_{D_{s+1} D_s})]$$

$$+ \pi_O q_{O D_1}^2 [g_{AB}^{(s)}(q_O, q_{A_1}, \cdots, q_{A_M}, q_{B_1}, \cdots, q_{B_{s-1}}, q_{O A_1} q_{A_1 O}, q_{A_1 A_2} q_{A_2 A_1}, \cdots,$$

$$q_{A_{M-1} A_M} q_{A_M A_{M-1}}, q_{O B_1} q_{B_1 O}, q_{B_1 B_2} q_{B_2 B_1}, \cdots, q_{B_{N-1} B_N} q_{B_N B_{N-1}})], \tag{3.2.81}$$

$2 \leqslant s \leqslant M - 1$ 时，

$$c_{2s+2}^{(D_1)} = \pi_{D_2} q_{D_2 D_1}^2 [q_{D_2 D_3} \cdots q_{D_{s+1} D_{s+2}} \mathbf{q_{D_{s+2} D_{s+1}}} \cdots q_{D_3 D_2}$$

$$+ f_{D_2}^{(s)}(q_{D_2}, \cdots, q_{D_{s+1}}, q_{D_2 D_3} q_{D_3 D_2}, \cdots, q_{D_s D_{s+1}} q_{D_{s+1} D_s})]$$

$$+ \pi_O q_{O A_1}^2 [q_{O A_1} q_{A_1 A_2} \cdots q_{A_{s-1} A_s} q_{A_s A_{s-1}} \cdots q_{A_2 A_1} q_{A_1 O}$$

$$+ q_{O B_1} q_{B_1 B_2} \cdots q_{B_{s-1} B_s} q_{B_s B_{s-1}} \cdots q_{B_2 B_1} q_{B_1 O}$$

$$+ f_{AB}^{(s)}(q_O, q_{A_1}, \cdots, q_{A_s}, q_{B_1}, \cdots, q_{B_s}, q_{O A_1} q_{A_1 O}, q_{A_1 A_2} q_{A_2 A_1}, \cdots,$$

$$q_{A_{s-1} A_s} q_{A_s A_{s-1}}, q_{O B_1} q_{B_1 O}, q_{B_1 B_2} q_{B_2 B_1}, \cdots, q_{B_{s-1} B_s} q_{B_s B_{s-1}})]. \tag{3.2.82}$$

$M - 1 < s \leqslant N - 1$ 时，

$$c_{2s+2}^{(D_1)} = \pi_{D_2} q_{D_2 D_1}^2 [q_{D_2 D_3} \cdots q_{D_{s+1} D_{s+2}} \mathbf{q_{D_{s+2} D_{s+1}}} \cdots q_{D_3 D_2}$$

$$+ f_{D_2}^{(s)}(q_{D_2}, \cdots, q_{D_{s+1}}, q_{D_2 D_3} q_{D_3 D_2}, \cdots, q_{D_s D_{s+1}} q_{D_{s+1} D_s})]$$

$$+ \pi_O q_{O A_1}^2 [q_{O B_1} q_{B_1 B_2} \cdots q_{B_{s-1} B_s} q_{B_s B_{s-1}} \cdots q_{B_2 B_1} q_{B_1 O}$$

$$+ f_{AB}^{(s)}(q_O, q_{A_1}, \cdots, q_{A_M}, q_{B_1}, \cdots, q_{B_s}, q_{O A_1} q_{A_1 O}, q_{A_1 A_2} q_{A_2 A_1}, \cdots,$$

$$q_{A_{M-1} A_M} q_{A_M A_{M-1}}, q_{O B_1} q_{B_1 O}, q_{B_1 B_2} q_{B_2 B_1}, \cdots, q_{B_{s-1} B_s} q_{B_s B_{s-1}})]. \tag{3.2.83}$$

$N - 1 < s \leqslant H - 2$ 时，

$$c_{2s+2}^{(D_1)} = \pi_{D_2} q_{D_2 D_1}^2 [q_{D_2 D_3} \cdots q_{D_{s+1} D_{s+2}} \mathbf{q_{D_{s+2} D_{s+1}}} \cdots q_{D_3 D_2}$$

$$+ f_{D_2}^{(s)}(q_{D_2}, \cdots, q_{D_{s+1}}, q_{D_2 D_3} q_{D_3 D_2}, \cdots, q_{D_s D_{s+1}} q_{D_{s+1} D_s})]$$

$$+ \pi_O q_{O A_1}^2 [f_{AB}^{(s)}(q_O, q_{A_1}, \cdots, q_{A_M}, q_{B_1}, \cdots, q_{B_s}, q_{O A_1} q_{A_1 O}, q_{A_1 A_2} q_{A_2 A_1}, \cdots,$$

$$q_{A_{M-1} A_M} q_{A_M A_{M-1}}, q_{O B_1} q_{B_1 O}, q_{B_1 B_2} q_{B_2 B_1}, \cdots, q_{B_{N-1} B_N} q_{B_N B_{N-1}})]. \tag{3.2.84}$$

其中, $f_{D_2}^{(s)}, f_{AB}^{(s)}$ 是 $2s$ 次多项式, $g_{D_2}^{(s)}, g_{AB}^{(s)}$ 是 $2s - 1$ 次多项式, $2 \leqslant s \leqslant H - 2$.

3.2.2.5 状态集 $\{O, A_1\}, \{O, B_1\}, \{O, D_1\}$ 的观测

分别记 $\sigma^{(OA_1)}, \sigma^{(OB_1)}, \sigma^{(OD_1)}$ 为状态集 $\{O, A_1\}, \{O, B_1\}, \{O, D_1\}$ 的逗留时, 其 PDF 分别是以 $(\omega_i^{(OA_1)}, \alpha_i^{(OA_1)})_{i=1,2}$, $(\omega_i^{(OB_1)}, \alpha_i^{(OB_1)})_{i=1,2}$, $(\omega_i^{(OD_1)}, \alpha_i^{(OD_1)})_{i=1,2}$ 为参数的 2-混合指数密度. 对 $n \geqslant 1$, 令

$$d_n^{(OA_1)} = \sum_{i=1}^{2} \omega_i^{(OA_1)} (\alpha_i^{(OA_1)})^n, \quad c_n^{(OA_1)} = (\pi_O + \pi_{A_1}) d_n^{(OA_1)},$$

$$d_n^{(OB_1)} = \sum_{i=1}^{2} \omega_i^{(OB_1)} (\alpha_i^{(OB_1)})^n, \quad c_n^{(OB_1)} = (\pi_O + \pi_{B_1}) d_n^{(OB_1)},$$

$$d_n^{(OD_1)} = \sum_{i=1}^{2} \omega_i^{(OD_1)} (\alpha_i^{(OD_1)})^n, \quad c_n^{(OD_1)} = (\pi_O + \pi_{D_1}) d_n^{(OD_1)}.$$

由定理 2.1.4 得到如下引理.

引理 3.2.8 下列方程成立

$$c_1^{(OA_1)} = \pi_{A_1} q_{A_1 A_2} + \pi_O (q_{OB_1} + q_{OD_1}), \tag{3.2.85}$$

$$c_2^{(OA_1)} = \pi_{A_1} q_{A_1 A_2}^2 + \pi_O (q_{OB_1} + q_{OD_1})^2, \tag{3.2.86}$$

$$c_1^{(OB_1)} = \pi_{B_1} q_{B_1 B_2} + \pi_O (q_{OA_1} + q_{OD_1}), \tag{3.2.87}$$

$$c_2^{(OB_1)} = \pi_{B_1} q_{B_1 B_2}^2 + \pi_O (q_{OA_1} + q_{OD_1})^2, \tag{3.2.88}$$

$$c_1^{(OD_1)} = \pi_{D_1} q_{D_1 D_2} + \pi_O (q_{OA_1} + q_{OB_1}), \tag{3.2.89}$$

$$c_2^{(OD_1)} = \pi_{D_1} q_{D_1 D_2}^2 + \pi_O (q_{OA_1} + q_{OB_1})^2. \tag{3.2.90}$$

3.2.2.6 主要定理

由 3.2.2.1— 3.2.2.5 节讨论, 得到如下重要引理.

引理 3.2.9 下列结论成立:

(a) $\pi_O, \pi_{A_1}, \pi_{B_1}, \pi_{D_1}, q_{OA_1}, q_{OB_1}, q_{OD_1}, q_{A_1 A_2}, q_{B_1 B_2}, q_{D_1 D_2}, q_{A_1 O}, q_{B_1 O}, q_{D_1 O}$ 能表示成 $E\sigma^{(O)}, E\sigma^{(A_1)}, E\sigma^{(B_1)}, E\sigma^{(D_1)}, c_1^{(O)}, c_1^{(A_1)}, c_1^{(B_1)}, c_1^{(D_1)}, c_1^{(OA_1)}, c_2^{(OA_1)}, c_1^{(OB_1)}, c_2^{(OB_1)}, c_1^{(OD_1)}, c_2^{(OD_1)}$ 的实函数.

(b) $\pi_{A_2}, q_{A_2 A_1}, \pi_{B_2}, q_{B_2 B_1}, \pi_{D_2}, q_{D_2 D_1}$ 能表示成 $E\sigma^{(O)}, E\sigma^{(A_1)}, E\sigma^{(B_1)}, E\sigma^{(D_1)},$ $c_1^{(O)}, c_1^{(A_1)}, c_1^{(B_1)}, c_1^{(D_1)}, c_1^{(OA_1)}, c_2^{(OA_1)}, c_1^{(OB_1)}, c_2^{(OB_1)}, c_1^{(OD_1)}, c_2^{(OD_1)}$ 的实函数.

对 $1 \leqslant n \leqslant M - 2$,

(c) $q_{A_{n+1}}, q_{A_{n+1} A_{n+2}}, q_{B_{n+1}}, q_{B_{n+1} B_{n+2}}, q_{D_{n+1}}, q_{D_{n+1} D_{n+2}}$ 能表示成 $E\sigma^{(O)},$ $E\sigma^{(A_1)}, \ E\sigma^{(B_1)}, \ E\sigma^{(D_1)}, \ c_1^{(O)}, \ c_1^{(A_1)}, \cdots, c_{2n+1}^{(A_1)}, c_1^{(B_1)}, \cdots, c_{2n+1}^{(B_1)}, c_1^{(D_1)}, \cdots,$ $c_{2n+1}^{(D_1)}, c_1^{(OA_1)}, c_2^{(OA_1)}, c_1^{(OB_1)}, c_2^{(OB_1)}, c_1^{(OD_1)}, c_2^{(OD_1)}$ 的实函数.

(d) $\pi_{A_{n+2}}$, $q_{A_{n+2}A_{n+1}}$, $\pi_{B_{n+2}}$, $q_{B_{n+2}B_{n+1}}$, $\pi_{D_{n+2}}$, $q_{D_{n+2}D_{n+1}}$ 能表示成 $E\sigma^{(O)}$, $E\sigma^{(A_1)}$, $E\sigma^{(B_1)}$, $E\sigma^{(D_1)}$, $c_1^{(O)}$, $c_1^{(A_1)}$, $\cdots$, $c_{2n+2}^{(A_1)}$, $c_1^{(B_1)}$, $\cdots$, $c_{2n+2}^{(B_1)}$, $c_1^{(D_1)}$, $\cdots$, $c_{2n+2}^{(D_1)}$, $c_1^{(OA_1)}$, $c_2^{(OA_1)}$, $c_1^{(OB_1)}$, $c_2^{(OB_1)}$, $c_1^{(OD_1)}$, $c_2^{(OD_1)}$ 的实函数.

对 $M-1 \leqslant n \leqslant N-2$,

(e) $q_{B_{n+1}}$, $q_{B_{n+1}B_{n+2}}$, $q_{D_{n+1}}$, $q_{D_{n+1}D_{n+2}}$ 能表示成 $E\sigma^{(O)}$, $E\sigma^{(A_1)}$, $E\sigma^{(B_1)}$, $E\sigma^{(D_1)}$, $c_1^{(O)}$, $c_1^{(A_1)}$, $\cdots$, $c_{2M-2}^{(A_1)}$, $c_1^{(B_1)}$, $\cdots$, $c_{2n+1}^{(B_1)}$, $c_1^{(D_1)}$, $\cdots$, $c_{2n+1}^{(D_1)}$, $c_1^{(OA_1)}$, $c_2^{(OA_1)}$, $c_1^{(OB_1)}$, $c_2^{(OB_1)}$, $c_1^{(OD_1)}$, $c_2^{(OD_1)}$ 的实函数.

(f) $\pi_{B_{n+2}}$, $q_{B_{n+2}B_{n+1}}$, $\pi_{D_{n+2}}$, $q_{D_{n+2}D_{n+1}}$ 能表示成 $E\sigma^{(O)}$, $E\sigma^{(A_1)}$, $E\sigma^{(B_1)}$, $E\sigma^{(D_1)}$, $c_1^{(O)}$, $c_1^{(A_1)}$, $\cdots$, $c_{2M-2}^{(A_1)}$, $c_1^{(B_1)}$, $\cdots$, $c_{2n+2}^{(B_1)}$, $c_1^{(D_1)}$, $\cdots$, $c_{2n+2}^{(D_1)}$, $c_1^{(OA_1)}$, $c_2^{(OA_1)}$, $c_1^{(OB_1)}$, $c_2^{(OB_1)}$, $c_1^{(OD_1)}$, $c_2^{(OD_1)}$ 的实函数.

对 $N-1 \leqslant n \leqslant H-2$,

(g) $q_{D_{n+1}}$, $q_{D_{n+1}D_{n+2}}$ 能表示成 $E\sigma^{(O)}$, $E\sigma^{(A_1)}$, $E\sigma^{(B_1)}$, $E\sigma^{(D_1)}$, $c_1^{(O)}$, $c_1^{(A_1)}$, $\cdots$, $c_{2M-2}^{(A_1)}$, $c_1^{(B_1)}$, $\cdots$, $c_{2N-2}^{(B_1)}$, $c_1^{(D_1)}$, $\cdots$, $c_{2n+1}^{(D_1)}$, $c_1^{(OA_1)}$, $c_2^{(OA_1)}$, $c_1^{(OB_1)}$, $c_2^{(OB_1)}$, $c_1^{(OD_1)}$, $c_2^{(OD_1)}$ 的实函数.

(h) $\pi_{D_{n+2}}$, $q_{D_{n+2}D_{n+1}}$ 能表示成 $E\sigma^{(O)}$, $E\sigma^{(A_1)}$, $E\sigma^{(B_1)}$, $E\sigma^{(D_1)}$, $c_1^{(O)}$, $c_1^{(A_1)}$, $\cdots$, $c_{2M-2}^{(A_1)}$, $c_1^{(B_1)}$, $\cdots$, $c_{2N-2}^{(B_1)}$, $c_1^{(D_1)}$, $\cdots$, $c_{2n+2}^{(D_1)}$, $c_1^{(OA_1)}$, $c_2^{(OA_1)}$, $c_1^{(OB_1)}$, $c_2^{(OB_1)}$, $c_1^{(OD_1)}$, $c_2^{(OD_1)}$ 的实函数.

证明　首先, (a) 的证明如下:

$$q_O = \frac{1}{E\sigma^{(O)}}, \quad \pi_O = \frac{d_1^{(O)}}{q_O + d_1^{(O)}} = c_1^{(O)} E\sigma^{(O)},$$

$$q_{A_1} = \frac{1}{E\sigma^{(A_1)}}, \quad \pi_{A_1} = \frac{d_1^{(A_1)}}{q_{A_1} + d_1^{(A_1)}} = c_1^{(A_1)} E\sigma^{(A_1)},$$

$$q_{B_1} = \frac{1}{E\sigma^{(B_1)}}, \quad \pi_{B_1} = \frac{d_1^{(B_1)}}{q_{B_1} + d_1^{(B_1)}} = c_1^{(B_1)} E\sigma^{(B_1)},$$

$$q_{D_1} = \frac{1}{E\sigma^{(D_1)}}, \quad \pi_{D_1} = \frac{d_1^{(D_1)}}{q_{D_1} + d_1^{(D_1)}} = c_1^{(D_1)} E\sigma^{(D_1)}.$$

由式 (3.2.85) 和 (3.2.86) 可求出 $q_{A_1A_2}$ 和 $q_{OB_1} + q_{OD_1}$;

由式 (3.2.87) 和 (3.2.88) 可求出 $q_{B_1B_2}$ 和 $q_{OA_1} + q_{OD_1}$;

由式 (3.2.89) 和 (3.2.90) 可求出 $q_{D_1D_2}$ 和 $q_{OA_1} + q_{OB_1}$.

从而可求出 $q_{OA_1}, q_{OB_1}, q_{OD_1}$. 进一步, 由式 (2.1.2)

$$q_{A_1O} = \frac{\pi_O q_{OA_1}}{\pi_{A_1}}, \quad q_{B_1O} = \frac{\pi_O q_{OB_1}}{\pi_{B_1}}, \quad q_{D_1O} = \frac{\pi_O q_{OD_1}}{\pi_{D_1}}.$$

即 (a) 成立.

其次, 在 (a) 的证明基础上, 由式 (3.2.59) 和 (3.2.60) 可求出 $q_{A_2A_1}$ 和 π_{A_2}; 由式 (3.2.66) 和 (3.2.67) 可求出 $q_{B_2B_1}$ 和 π_{B_2}; 由式 (3.2.75) 和 (3.2.76) 可求出 $q_{D_2D_1}$ 和 π_{D_2}. 即 (b) 成立.

最后, 用数学归纳法证明 (c) 和 (d), 可以类似地用数学归纳法证明 (e)-(f) 和 (g)-(h).

当 $n = 1$ 时, 根据 (a) 和 (b), 再由式 (3.2.61), (3.2.68) 和 (3.2.77), 求得

$$q_{A_2} = \frac{c_3^{(A_1)} - \pi_O q_{OA_1}^2 q_O}{\pi_{A_2} q_{A_2A_1}^2}, \quad q_{B_2} = \frac{c_3^{(B_1)} - \pi_O q_{OB_1}^2 q_O}{\pi_{B_2} q_{B_2B_1}^2}, \quad q_{D_2} = \frac{c_3^{(D_1)} - \pi_O q_{OD_1}^2 q_O}{\pi_{D_2} q_{D_2D_1}^2},$$

所以

$$q_{A_2A_3} = q_{A_2} - q_{A_2A_1}, \quad q_{B_2B_3} = q_{B_2} - q_{B_2B_1}, \quad q_{D_2D_3} = q_{D_2} - q_{D_2D_1}.$$

即 $n = 1$ 时, 归纳假设 (c) 成立.

然后由式 (3.2.62), (3.2.69) 和 (3.2.78) 得

$$q_{A_3A_2} = \frac{c_4^{(A_1)} - \pi_O q_{OA_1}^2 [q_O^2 + q_{OB_1}q_{B_1O} + q_{OD_1}q_{D_1O}] - \pi_{A_2} q_{A_2A_1}^2 q_{A_2}^2}{\pi_{A_2} q_{A_2A_1}^2 q_{A_2A_3}},$$

$$q_{B_3B_2} = \frac{c_4^{(B_1)} - \pi_O q_{OB_1}^2 [q_O^2 + q_{OA_1}q_{A_1O} + q_{OD_1}q_{D_1O}] - \pi_{B_2} q_{B_2B_1}^2 q_{B_2}^2}{\pi_{B_2} q_{B_2B_1}^2 q_{B_2B_3}},$$

$$q_{D_3D_2} = \frac{c_4^{(D_1)} - \pi_O q_{OD_1}^2 [q_O^2 + q_{OA_1}q_{A_1O} + q_{OB_1}q_{B_1O}] - \pi_{D_2} q_{D_2D_1}^2 q_{D_2}^2}{\pi_{D_2} q_{D_2D_1}^2 q_{D_2D_3}},$$

故由式 (2.1.2)

$$\pi_{A_3} = \frac{\pi_{A_2} q_{A_2A_3}}{q_{A_3A_2}}, \quad \pi_{B_3} = \frac{\pi_{B_2} q_{B_2B_3}}{q_{B_3B_2}}, \quad \pi_{D_3} = \frac{\pi_{D_2} q_{D_2D_3}}{q_{D_3D_2}}.$$

即 $n = 1$ 时, 归纳假设 (d) 成立, 这就证明了 $n = 1$ 时归纳假设成立.

假设当 $n = k$ 时, 归纳假设成立. 那么, 当 $n = k+1$ 时, 由引理 3.2.5 中 (3.2.63) 式可知 $c_{2k+3}^{(A_1)} = c_{2(k+1)+1}^{(A_1)}$ (即 $s = k+1$) 中只有一个未知量 $q_{A_{k+2}} = q_{A_{(k+1)+1}}$, 由引理 3.2.6 中 (3.2.70) 式可知, $c_{2k+3}^{(B_1)} = c_{2(k+1)+1}^{(B_1)}$ (即 $s = k+1$) 中只有一个未知量 $q_{B_{k+2}} = q_{B_{(k+1)+1}}$, 由引理 3.2.7 中 (3.2.79) 式可知, $c_{2k+3}^{(D_1)} = c_{2(k+1)+1}^{(D_1)}$ (即 $s = k+1$) 中只有一个未知量 $q_{D_{k+2}} = q_{D_{(k+1)+1}}$, 由归纳假设可知 $q_{A_{(k+1)+1}}, q_{B_{(k+1)+1}}$ 和 $q_{D_{(k+1)+1}}$ 能够表示成 $c_1^{(O)}, c_1^{(A_1)}, \cdots, c_{2(k+1)+1}^{(A_1)}, c_1^{(B_1)}, \cdots,$

$c_{2(k+1)+1}^{(B_1)}, c_1^{(D_1)}, \cdots, c_{2(k+1)+1}^{(D_1)}, E\sigma^{(O)}, E\sigma^{(A_1)}, E\sigma^{(B_1)}, E\sigma^{(D_1)}$ 以及 $c_1^{(OA_1)}, c_2^{(OA_1)},$
$c_1^{(OB_1)}, c_2^{(OB_1)}, c_1^{(OD_1)}, c_2^{(OD_1)}$ 的实函数. 再由归纳假设知

$$q_{A_{(k+1)+1}A_{(k+1)+2}} = q_{A_{(k+1)+1}} - q_{A_{(k+1)+1}A_{k+1}},$$

$$q_{B_{(k+1)+1}B_{(k+1)+2}} = q_{B_{(k+1)+1}} - q_{B_{(k+1)+1}B_{k+1}},$$

$$q_{D_{(k+1)+1}D_{(k+1)+2}} = q_{D_{(k+1)+1}} - q_{D_{(k+1)+1}D_{k+1}}$$

能表示成 $E\sigma^{(O)}, E\sigma^{(A_1)}, E\sigma^{(B_1)}, E\sigma^{(D_1)}, c_1^{(O)}, c_1^{(A_1)}, \cdots, c_{2(k+1)+1}^{(A_1)}, c_1^{(B_1)}, \cdots,$
$c_{2(k+1)+1}^{(B_1)}, c_1^{(D_1)}, \cdots, c_{2(k+1)+1}^{(D_1)}$ 及 $c_1^{(OA_1)}, c_2^{(OA_1)}, c_1^{(OB_1)}, c_2^{(OB_1)}, c_1^{(OD_1)}, c_2^{(OD_1)}$ 的实
函数. 即归纳假设 (c) 对 $n = k+1$ 成立.

　　另一方面, 由引理 3.2.5 中 (3.2.64) 式可知 $c_{2k+4}^{(A_1)} = c_{2(k+1)+2}^{(A_1)}$ (即 $s = k+1$)
中只有一个未知量 $q_{A_{k+3}A_{k+2}} = q_{A_{(k+1)+2}A_{(k+1)+1}}$, 由引理 3.2.5 中 (3.2.64) 式可知
$c_{2k+4}^{(B_1)} = c_{2(k+1)+2}^{(B_1)}$ (即 $s = k+1$) 中仅有一个未知量 $q_{B_{k+3}B_{k+2}} = q_{B_{(k+1)+2}B_{(k+1)+1}}$,
由引理 3.2.5 中 (3.2.64) 式可知 $c_{2k+4}^{(D_1)} = c_{2(k+1)+2}^{(D_1)}$ (即 $s = k+1$) 中仅有一个未知量
$q_{D_{k+3}D_{k+2}} = q_{D_{(k+1)+2}D_{(k+1)+1}}$, 由归纳假设可知 $q_{A_{(k+1)+2}A_{(k+1)+1}}, q_{B_{(k+1)+2}B_{(k+1)+1}}$
和 $q_{D_{(k+1)+2}D_{(k+1)+1}}$　能够表示成 $E\sigma^{(O)}, E\sigma^{(A_1)}, E\sigma^{(B_1)}, E\sigma^{(D_1)}, c_1^{(O)}, c_1^{(A_1)}, \cdots,$
$c_{2(k+1)+2}^{(A_1)}, c_1^{(B_1)}, \cdots, c_{2(k+1)+2}^{(B_1)}, c_1^{(D_1)}, \cdots, c_{2(k+1)+2}^{(D_1)}$ 及 $c_1^{(OA_1)}, c_2^{(OA_1)}, c_1^{(OB_1)}, c_2^{(OB_1)},$
$c_1^{(OD_1)}, c_2^{(OD_1)}$ 的实函数. 再由归纳假设知

$$\pi_{A_{(k+1)+2}} = \frac{\pi_{A_{(k+1)+1}}q_{A_{(k+1)+1}A_{(k+1)+2}}}{q_{A_{(k+1)+2}A_{(k+1)+1}}},$$

$$\pi_{B_{(k+1)+2}} = \frac{\pi_{B_{(k+1)+1}}q_{B_{(k+1)+1}B_{(k+1)+2}}}{q_{B_{(k+1)+2}B_{(k+1)+1}}},$$

$$\pi_{D_{(k+1)+2}} = \frac{\pi_{D_{(k+1)+1}}q_{D_{(k+1)+1}D_{(k+1)+2}}}{q_{D_{(k+1)+2}D_{(k+1)+1}}}$$

能够表示成 $E\sigma^{(O)}, E\sigma^{(A_1)}, E\sigma^{(B_1)}, E\sigma^{(D_1)}, c_1^{(O)}, c_1^{(A_1)}, \cdots, c_{2(k+1)+2}^{(A_1)}, c_1^{(B_1)}, \cdots,$
$c_{2(k+1)+2}^{(B_1)}, c_1^{(D_1)}, \cdots, c_{2(k+1)+2}^{(D_1)}$ 及 $c_1^{(OA_1)}, c_2^{(OA_1)}, c_1^{(OB_1)}, c_2^{(OB_1)}, c_1^{(OD_1)}, c_2^{(OD_1)}$ 的
实函数. 即归纳假设 (d) 对 $n = k+1$ 成立.

　　因此, 归纳假设 (c) 和 (d) 对 $n = k+1$ 成立. 这就证明了 (c) 和 (d) 成立.
引理得证.

　　由引理 3.2.9 可得如下的主要定理.

　　定理 3.2.3　设 $\{X_t, t \geqslant 0\}$ 是如图 3.2.3 所示星形分枝马尔可夫链, 初始分
布是其平稳分布 $\{\pi_i, i \in S\}$, 则其速率矩阵 $Q = (q_{ij})$ 中每个元素 q_{ij} 能够表示成

$E\sigma^{(O)}, E\sigma^{(A_1)}, E\sigma^{(B_1)}, E\sigma^{(D_1)}, c_1^{(O)}, c_1^{(A_1)}, \cdots, c_{2M-2}^{(A_1)}, c_1^{(B_1)}, \cdots, c_{2N-2}^{(B_1)}, c_1^{(D_1)}, \cdots,$
$c_{2H-2}^{(D_1)}$ 及 $c_1^{(OA_1)}, c_2^{(OA_1)}, c_1^{(OB_1)}, c_2^{(OB_1)}, c_1^{(OD_1)}, c_2^{(OD_1)}$ 的实函数.

证明 首先, 由引理 3.2.9 的 (a)—(d) 可求出 $q_{OA_1}, q_{OB_1}, q_{OD_1}, q_{A_1O}, q_{B_1O}$, q_{D_1O} 及以下转移速率:

$$q_{A_1}, \cdots, q_{A_{M-1}}, q_{A_1A_2}, \cdots, q_{A_{M-1}A_M}, q_{A_2A_1}, \cdots, q_{A_MA_{M-1}},$$

$$q_{B_1}, \cdots, q_{B_{M-1}}, q_{B_1B_2}, \cdots, q_{B_{M-1}B_M}, q_{B_2B_1}, \cdots, q_{B_MB_{M-1}}, \qquad (3.2.91)$$

$$q_{D_1}, \cdots, q_{D_{M-1}}, q_{D_1D_2}, \cdots, q_{D_{M-1}D_M}, q_{D_2D_1}, \cdots, q_{D_MD_{M-1}}.$$

然后, $q_{A_M} = q_{A_MA_{M-1}}$, 从而求出了所有的 $q_{A_iA_j}(i,j = 1, \cdots, M)$.
在此基础上, 由引理 3.2.9 的 (e)-(f) 可求出以下转移速率

$$q_{B_M}, \cdots, q_{B_{N-1}}, q_{B_MB_{M+1}}, \cdots, q_{B_{N-1}B_N}, q_{B_{M+1}B_M}, \cdots, q_{B_NB_{N-1}},$$

$$q_{D_M}, \cdots, q_{D_{N-1}}, q_{D_MD_{M+1}}, \cdots, q_{D_{N-1}D_N}, q_{D_{M+1}D_M}, \cdots, q_{D_ND_{N-1}}. \qquad (3.2.92)$$

接着, $q_{B_N} = q_{B_NB_{N-1}}$, 从而求出了所有的 $q_{B_iB_j}(i,j = 1, \cdots, N)$.
在此基础上, 由引理 3.2.9 的 (g)-(h) 可求出以下转移速率

$$q_{D_N}, \cdots, q_{D_{H-1}}, q_{D_ND_{N+1}}, \cdots, q_{D_{H-1}D_H}, q_{D_{N+1}D_N}, \cdots, q_{D_HD_{H-1}}. \qquad (3.2.93)$$

最后, $q_{D_H} = q_{D_HD_{H-1}}$, 从而求出了所有的 $q_{D_iD_j}(i,j = 1, \cdots, H)$. 证毕.
下面给出更一般的结论.

定理 3.2.4 对于星形分枝马尔可夫链, 若初始分布为其平稳分布, 则其生成元可通过**中心状态及其全部相邻状态**的观测统计计算唯一确认.

3.2.3 由每个分枝中任意两相邻状态的观测确认

星形分枝马尔可夫链的每个分枝是一个线形马尔可夫链, 由 3.1.3 节讨论知, 通过每个分枝中两相邻状态的观测可以确认此分枝中线形链部分的全部转移速率, 于是不加证明 (根据 3.1.3 节讨论知, 证明思想很简单, 但证明很繁琐, 其繁琐程度取决于各分枝中两相邻状态选取的位置) 地给出如下的主要定理.

定理 3.2.5 对于星形分枝马尔可夫链, 若初始分布为其平稳分布, 则其生成元可通过**每个分枝中任意两相邻状态**的观测统计计算唯一确认.

值得指出的是, 由每个分枝中两相邻状态确认相应分枝中转移速率时, 比 3.1.3 节线形链的计算复杂, 有些分枝中部分转移速率的计算需要联合其他分枝中的转移速率计算得出, 这类似于 3.2.2 节中 A, B, D 三个分枝转移速率的计算要同时 (并列) 进行. 特别是分枝中被观测的两相邻状态离中心状态较近时, 该分枝中转移速率的计算必须利用其他分枝中已经计算出的转移速率.

3.3   星形链的统计计算

设 $\{X_t, t \geqslant 0\}$ 是一个星形马尔可夫链 (图 3.3.4), 状态空间为 $S = \{O, C_1, C_2, \cdots, C_N\}$ (O 是中心状态, C_k 是第 k 个叶子状态, $k = 1, 2, \cdots, N$), 速率矩阵 $Q = (q_{ij})$ 满足

$$Q = \begin{pmatrix} -\sum_{i=1}^{N} \lambda_i & \lambda_1 & \lambda_2 & \cdots & \lambda_N \\ \alpha_1 & -\alpha_1 & 0 & \cdots & 0 \\ \alpha_2 & 0 & -\alpha_2 & \cdots & 0 \\ \vdots & \vdots & \vdots & \ddots & \vdots \\ \alpha_N & 0 & 0 & \cdots & -\alpha_N \end{pmatrix},$$

其中, $\lambda_i > 0, \alpha_i > 0$ $(i = 1, 2, \cdots, N)$.

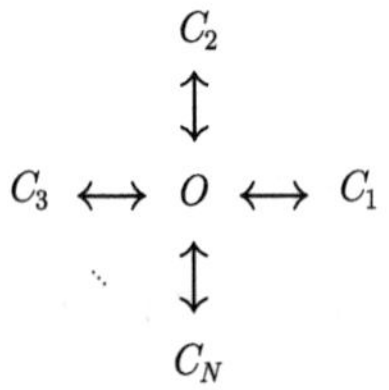

$$
\begin{array}{ccccc}
& & C_2 & & \\
& & \updownarrow & & \\
C_3 & \longleftrightarrow & O & \longleftrightarrow & C_1 \\
& & \updownarrow & & \\
& & C_N & &
\end{array}
$$

图 3.3.4   星形马尔可夫链示意图

为了记号简单, 记 $0 \equiv O$ 和 $i \equiv C_i$ $(i = 1, 2, \cdots, N)$, 将状态空间 S 重记为 $S = \{0, 1, 2, \cdots, N\}$, 此时

$$q_{0i} = \lambda_i, \quad 1 \leqslant i \leqslant N,$$

$$q_{i0} = \alpha_i, \quad 1 \leqslant i \leqslant N,$$

$$q_{ii} = -q_i = -\alpha_i, \quad 1 \leqslant i \leqslant N - 1,$$

$$q_{00} = -q_0 = -\sum_{i=1}^{N} \lambda_i.$$

令

$$\pi_0 = \left(1 + \sum_{i=1}^{N} \frac{q_{0i}}{q_{i0}} \right)^{-1}, \tag{3.3.94}$$

$$\pi_i = \frac{q_{0i}}{q_{i0}}\pi_0, \quad 1 \leqslant i \leqslant N, \tag{3.3.95}$$

则 $\widehat{\pi} = \{\pi_0, \pi_1, \cdots, \pi_N\}$ 是马尔可夫链 $\{X_t, t \geqslant 0\}$ 的唯一平稳分布, 且适应式 (2.1.1)-(2.1.2), 因此, 马尔可夫链 $\{X_t, t \geqslant 0\}$ 是可逆的.

3.3.1 由中心状态的观测确认

如果中心状态 O 是开状态, 对它进行观测, 此时 $O = \{0\}$. 记 $\sigma^{(0)}$ 和 $\tau^{(0)}$ 为状态 0 的逗留时和击中时, 则逗留时 $\sigma^{(0)} \sim \mathrm{Exp}(q_0)$, 然后直接由式 (2.1.8) 得

$$
\begin{aligned}
\mathrm{P}(\tau^{(0)} > t) &= \sum_{i=1}^{N} \mathrm{P}(\tau > t | X_0 = i)\mathrm{P}^c(X_0 = i) \\
&= \sum_{i=1}^{N} \frac{\pi_i}{1 - \pi_0} \sum_{j=1}^{N} \widehat{p}_{ij}(t) \\
&= \frac{1}{1 - \pi_0} \sum_{i=1}^{N} \pi_i e^{-\alpha_i t}.
\end{aligned}
$$

令

$$\gamma_i^{(0)} = \frac{\pi_i \alpha_i}{1 - \pi_0} = \frac{\pi_i q_{i0}}{1 - \pi_0}, \quad \omega_i^{(0)} = \frac{\pi_i}{1 - \pi_0}, \quad \alpha_i^{(0)} = \alpha_i = q_{i0}, \quad i = 1, 2, \cdots, N.$$

击中时 $\tau^{(0)}$ 服从 N-混合指数分布, 记为 $\tau^{(0)} \sim \mathrm{MExp}(\omega_1^{(0)}, \cdots, \omega_N^{(0)}; \alpha_1^{(0)}, \cdots, \alpha_N^{(0)})$. 也就是说, $q_{i0} = \alpha_i^{(0)}(i = 1, 2, \cdots, N)$ 能通过状态 0 的击中时 PDF 唯一确认.

令 $d_1^{(0)} = \sum\limits_{i=1}^{N} \gamma_i^{(0)}$, 则得到如下引理.

引理 3.3.1 下式成立.

(a) $q_0 = \dfrac{1}{E\sigma^{(0)}}$.

(b) 对 $1 \leqslant i \leqslant N$, $q_{i0} = \alpha_i^{(0)}$, $\pi_0 = \dfrac{d_1^{(0)}}{q_0 + d_1^{(0)}}$, $q_{0i} = \dfrac{q_0}{d_1^{(0)}}\gamma_i^{(0)}$.

证明 (a) 是显然的.

对于 (b), 已证 $q_{i0} = \alpha_i^{(0)}$. 再由式 (3.3.94) 可得 $\gamma_i^{(0)} = \dfrac{\pi_0 q_{0i}}{1 - \pi_0}$, 所以

$$d_1^{(0)} = \sum_{i=1}^{N} \gamma_i^{(0)} = \frac{\pi_0}{1 - \pi_0} \sum_{i=1}^{N} q_{0i} = \frac{\pi_0}{1 - \pi_0} q_0,$$

于是 $\pi_0 = \dfrac{d_1^{(0)}}{q_0 + d_1^{(0)}}$, 并且 $q_{0i} = \dfrac{1-\pi_0}{\pi_0}\gamma_i^{(0)} = \dfrac{q_0}{d_1^{(0)}}\gamma_i^{(0)}$.

由引理 3.3.1 可得 [50]

定理 3.3.1　对于星形马尔可夫链, 若初始分布是其平稳分布, 则其生成元能通过**中心状态** O 的观测统计计算确认.

说明 3.3.1　(a) 当 $N = 2$ 时, 它是仅有三个状态的线形马尔可夫链.

(b) 通过上述方法计算得到的 q_{0i}, q_{i0} 不能唯一地对应到状态 i. 在离子通道实验等具体应用中, 需要猜测所有可能的情况, 结合误差反复试验才能确认, 参见第 7 章相关讨论.

3.3.2　由各叶子状态的观测确认

显然, 该马尔可夫链是 3.2 节星形分枝马尔可夫链 (N 个分枝) 的特殊情形, 即 $N_1 = N_2 = \cdots = N_N = 0$. 如果叶子状态 $i = 1, 2, \cdots, N$ 都是开状态, 分别记 $\sigma^{(k)}$ 和 $\tau^{(k)}$ 为状态 k 的逗留时和击中时 ($k = 1, 2, \cdots, N$), 则由 3.2 节讨论得

引理 3.3.2　$\pi_k, q_k, q_{k0}, q_{0k}, \pi_0, q_0$ 能由状态 k 的逗留时 $\sigma^{(k)}$ 和击中时 $\tau^{(k)}$ 的 PDF 确认 ($k = 1, 2, \cdots, N$).

于是, 给出如下定理.

定理 3.3.2　对于图 3.3.4 所示的星形马尔可夫链, 若初始分布是其平稳分布, 则其生成元可通过**所有叶子状态** $(1, 2, \cdots, N)$ 的观测统计计算确认.

需要指出, 该结论是平凡的, 因为观测的状态数较多. 事实上, 只需通过叶子状态 $i = 1, 2, \cdots, N$ 中的任意 $N - 1$ 个状态的观测就可以确认其生成元, 即

定理 3.3.3　对于图 3.3.4 所示的星形马尔可夫链, 若初始分布是其平稳分布, 则其生成元可通过**叶子状态** $(1, 2, \cdots, N)$ **中的任意** $N-1$ **个状态**的观测统计计算确认.

证明　不失一般性, 以叶子状态 $1, 2, \cdots, N-1$ 的观测为例进行证明. 由引理 3.3.2 知, 对 $k = 1, 2, \cdots, N-1$, $\pi_k, q_k, q_{k0}, q_{0k}, q_0$ 能由状态 k 的逗留时 $\sigma^{(k)}$ 和击中时 $\tau^{(k)}$ 的 PDF 唯一确认.

然后,

$$\pi_N = 1 - \sum_{i=0}^{N-1} \pi_i, \quad q_{0N} = q_0 - \sum_{i=1}^{N-1} q_{0i}.$$

最后,

$$q_{N0} = \frac{\pi_0 q_{0N}}{\pi_N}.$$

3.4 层次模型链的统计计算

设 $\{X_t, t \geqslant 0\}$ 是一个层次模型马尔可夫链 (图 3.4.5), 状态空间为

$$S = \{E_0^{(1)}, E_1^{(1)}, \cdots, E_{N_1}^{(1)}, E_0^{(2)}, E_1^{(2)}, \cdots, E_{N_2}^{(2)}, \cdots, E_0^{(m)}, E_1^{(m)}, \cdots, E_{N_m}^{(m)}, O\}.$$

速率矩阵 $Q = (q_{ij})$ 满足

$$Q = (q_{ij})_{S \times S} = \begin{pmatrix} H_1 & \mathbf{0} & \mathbf{0} & \cdots & \mathbf{0} & A_1 \\ \mathbf{0} & H_2 & \mathbf{0} & \cdots & \mathbf{0} & A_2 \\ \mathbf{0} & \mathbf{0} & H_3 & \cdots & \mathbf{0} & A_3 \\ \vdots & \vdots & \vdots & \ddots & \vdots & \vdots \\ \mathbf{0} & \mathbf{0} & \mathbf{0} & \cdots & H_m & A_m \\ B_1 & B_2 & B_3 & \cdots & B_m & -q \end{pmatrix},$$

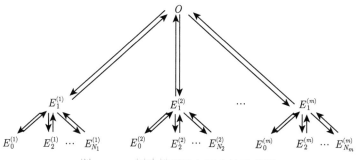

图 3.4.5 层次模型马尔可夫链示意图

其中

$$H_k = (q_{ij}^{(k)})_{S_k \times S_k} = \begin{pmatrix} -\mu_1^{(k)} & \mu_1^{(k)} & 0 & \cdots & 0 \\ \lambda_1^{(k)} & -\left(\sum_{i=1}^{N_k} \lambda_i^{(k)} + a_k\right) & \lambda_2^{(k)} & \cdots & \lambda_{N_k}^{(k)} \\ 0 & \mu_2^{(k)} & -\mu_2^{(k)} & \cdots & 0 \\ \vdots & \vdots & \vdots & \ddots & \vdots \\ 0 & \mu_{N_k}^{(k)} & 0 & \cdots & -\mu_{N_k}^{(k)} \end{pmatrix},$$

$$S_k = \{E_0^{(k)}, E_1^{(k)}, \cdots, E_{N_k}^{(k)}\}, \quad 1 \leqslant k \leqslant m,$$

$$A_k = (q_{ij}^{(k)})_{S_k \times 1} = [0, a_k, 0, \cdots, 0], \quad a_k > 0, 1 \leqslant k \leqslant m,$$

$$B_k = (q_{ij}^{(k)})_{1 \times S_k} = (0, b_k, 0, \cdots, 0), \quad b_k > 0, 1 \leqslant k \leqslant m,$$

$$\mu_i^{(k)} > 0, \quad \lambda_i^{(k)} > 0, \quad 1 \leqslant k \leqslant m, \quad 1 \leqslant i \leqslant N_k,$$

$$q = \sum_{k=1}^{m} b_k.$$

显然, 马尔可夫链 $\{X_t, t \geqslant 0\}$ 是可逆的, 故存在唯一平稳分布

$$\widehat{\pi} = \{\pi_0^{(1)}, \cdots, \pi_{N_1}^{(1)}, \pi_0^{(2)}, \cdots, \pi_{N_2}^{(2)}, \cdots, \pi_0^{(m)}, \cdots, \pi_{N_m}^{(m)}, \pi\},$$

适应 (2.1.1)-(2.1.2) 式.

3.4.1   由叶子状态的观测确认

3.4.1.1   叶子状态 $E_k^{(1)}(k = 0, 2, 3, \cdots, N_1)$ 的观测

首先, 观测叶子状态 $E_0^{(1)}$, 则 $O = \{E_0^{(1)}\}$. 记 $\tau^{(E_0^{(1)})}$ 和 $\sigma^{(E_0^{(1)})}$ 为状态 $E_0^{(1)}$ 的击中时和逗留时.

为了记号简单, 将状态空间 S 重记为 $S = \{0, 1, \cdots, M, M+1, \cdots, N\}$, 满足: $M = N_1, N = \sum_{k=1}^{m}(N_k + 1)$. 简记 $Q = (q_{ij})_{S \times S}$, $\widehat{\pi} = \{\pi_0, \pi_1, \cdots, \pi_M, \pi_{M+1}, \cdots, \pi_N\}$. 则

$$H_1 = (q_{ij})_{S_1 \times S_1} = \begin{cases} -\mu_1^{(1)}, & i = 0, j = 0, \\ \mu_1^{(1)}, & i = 0, j = 1, \\ \lambda_j^{(1)}, & i = 1, j = 0, 2, 3, \cdots, N_1, \\ -\left(\sum_{s=1}^{N_1} \lambda_s^{(1)} + a_1\right), & i = 1, j = 1, \\ \mu_i^{(1)}, & j = 1, i = 0, 2, 3, \cdots, N_1, \\ -\mu_i^{(1)}, & i = j = 2, 3, \cdots, N_1, \end{cases}$$

其中, $S_1 = \{0, 1, 2, \cdots, M\}$.

由定理 2.1.1 和推论 2.1.1 得: 逗留时 $\sigma^{(E_0^{(1)})} \sim \mathrm{Exp}(q_0)$, 击中时 $\tau^{(E_0^{(1)})}$ 服从 N-混合指数分布, 记为 $\tau^{(0)} \sim \mathrm{MExp}(\omega_1^{(0)}, \cdots, \omega_N^{(0)}; \alpha_1^{(0)}, \cdots, \alpha_N^{(0)})$.

令

$$d_n^{(E_0^{(1)})} = \sum_{i=1}^{N} \omega_i^{(0)} (\alpha_i^{(0)})^n, \quad c_n^{(E_0^{(1)})} = (1-\pi_0) d_n^{(E_0^{(1)})}, \quad n \geqslant 1.$$

$E\sigma^{(E_0^{(1)})}, c_n^{(E_0^{(1)})}$ 与 q_{ij} 的关系满足如下引理.

引理 3.4.1 $\lambda_1^{(1)} = q_{10}, \mu_1^{(1)} = q_{01} = q_0, \pi_0^{(1)}, \pi_1^{(1)}, \sum_{i=1}^{N_1} \lambda_i^{(1)} + a_1 = q_1$ 能表示成 $E\sigma^{(E_0^{(1)})}, c_1^{(E_0^{(1)})}, c_2^{(E_0^{(1)})}, c_3^{(E_0^{(1)})}$ 的实函数.

证明 由推论 2.1.1 知

$$q_0 = \frac{1}{E\sigma^{(E_0^{(1)})}}, \quad \pi_0 = \frac{d_1^{(E_0^{(1)})}}{q_0 + d_1^{(E_0^{(1)})}} = c_1^{(E_0^{(1)})} E\sigma^{(E_0^{(1)})}. \tag{3.4.96}$$

再由定理 2.1.4 得到

$$c_1^{(E_0^{(1)})} = \pi_1 q_{10},$$
$$c_2^{(E_0^{(1)})} = \pi_1 q_{10}^2,$$
$$c_3^{(E_0^{(1)})} = \pi_1 q_{10}^2 q_1.$$

于是

$$q_{10} = \frac{\pi_1 q_{10}^2}{\pi_1 q_{10}} = \frac{c_2^{(E_0^{(1)})}}{c_1^{(E_0^{(1)})}}, \tag{3.4.97}$$

$$\pi_1 = \frac{(\pi_1 q_{10})^2}{\pi_1 q_{10}^2} = \frac{[c_1^{(E_0^{(1)})}]^2}{c_2^{(E_0^{(1)})}}, \tag{3.4.98}$$

$$q_1 = \frac{c_3^{(E_0^{(1)})}}{\pi_1 q_{10}^2} = \frac{c_3^{(E_0^{(1)})}}{c_2^{(E_0^{(1)})}}. \tag{3.4.99}$$

由式 (3.4.96)—(3.4.99) 知引理成立.

引理 3.4.2 $\lambda_1^{(1)} = q_{10}, \mu_1^{(1)} = q_{01} = q_0, \pi_0^{(1)}, \pi_1^{(1)}, \sum_{i=1}^{N_1} \lambda_i^{(1)} + a_1 = q_1$ 均能通过状态 $E_0^{(1)}$ 的观测统计计算确认.

同样地观测状态 $E_k^{(1)} (k = 2, 3, \cdots, N_1)$, 可得

引理 3.4.3 $\lambda_k^{(1)}, \mu_k^{(1)}, \pi_k^{(1)}$ 均能通过状态 $E_k^{(1)}$ 的观测统计计算确认.

于是, 有下面的定理.

定理 3.4.1　　H_1 和 A_1 中每个元素均能通过状态 $E_0^{(1)}, E_2^{(1)}, \cdots, E_{N_1}^{(1)}$ 各自的击中时和逗留时 PDF 唯一确认.

证明　　由引理 3.4.3 知, $\lambda_k^{(1)}, \mu_k^{(1)}, \pi_k^{(1)} (0 \leqslant k \leqslant N_1)$ 及 $\sum\limits_{i=1}^{N_1} \lambda_i^{(1)} + a_1$ 均能通过状态 $E_0^{(1)}, E_2^{(1)}, \cdots, E_{N_1}^{(1)}$ 各自的击中时和逗留时 PDF 唯一确认. 从而可求出

$$a_1 = \left(\sum_{i=1}^{N_1} \lambda_i^{(1)} + a_1 \right) - \sum_{i=1}^{N_1} \lambda_i^{(1)}.$$

故定理成立.

3.4.1.2　主要定理

定理 3.4.2　　对于层次模型马尔可夫链 $\{X_t, t \geqslant 0\}$, 若初始分布是其平稳分布, 则速率矩阵 Q 的每个元素均能通过最底层状态 $(E_0^{(1)}, E_2^{(1)}, \cdots, E_{N_1}^{(1)}, \cdots, E_0^{(m)}, E_2^{(m)}, \cdots, E_{N_m}^{(m)})$ 的观测统计计算唯一确认.

证明　　根据 3.3 节讨论, 对 $\forall 1 \leqslant j \leqslant m$, H_j 和 A_j 中每个元素均能通过状态 $E_0^{(j)}, E_2^{(j)}, \cdots, E_{N_j}^{(j)}$ 的观测统计计算唯一确认.

又由 (2.1.1)-(2.1.2) 式得

$$\pi = 1 - \sum_{k=1}^{m} \sum_{i=0}^{N_k} \pi_i^{(k)},$$

$$b_k = \frac{\pi_{N_k}^{(k)} a_k}{\pi}, \quad 1 \leqslant k \leqslant m.$$

因此

$$q = \sum_{k=1}^{m} b_k.$$

故定理成立.

说明 3.4.1　　当每个 N_k $(k = 1, 2, \cdots, m)$ 较小时, 模型求解较为简单. 特别, 当 $N_1 = N_2 = \cdots = N_m = 0$ 时, 它是星形分枝马尔可夫链的一种特殊情形.

下面给出更一般的结论.

定理 3.4.3　　对于层次模型马尔可夫链, 若初始分布是其平稳分布, 则其生成元可通过**最底层状态**的观测统计计算唯一确认.

3.4.2　由中层状态的观测确认

3.4.2.1　状态 $E_1^{(1)}$ 的观测

首先, 观测状态 $E_1^{(1)}$, 则 $O = \{E_1^{(1)}\}$. 记 $\tau^{(E_1^{(1)})}$ 和 $\sigma^{(E_1^{(1)})}$ 为状态 $E_1^{(1)}$ 的击中时和逗留时.

为了记号简单, 记状态 $E_1^{(1)} = 0, E_0^{(1)} = 1, E_2^{(1)} = 2, \cdots, E_{N_1}^{(1)} = M - 1, O = M$, 其他状态依次记为 $M+1, M+2, \cdots, N$, 即将状态空间 S 重记为 $S = \{0, 1, 2, \cdots, M, M+1, \cdots, N\}$, 满足: $M = N_1 + 1, N = \sum\limits_{k=1}^{m} (N_k + 1)$. 简记 $Q = (q_{ij})_{S \times S}, \widehat{\pi} = \{\pi_0, \pi_1, \cdots, \pi_M, \pi_{M+1}, \cdots, \pi_N\}$. 记

$$
H_1 = (q_{ij})_{S_1 \times S_1} = \left\{
\begin{array}{ccccc}
-\sum\limits_{i=1}^{M} \lambda_i - a_1 & \lambda_1 & \lambda_2 & \cdots & \lambda_M \\
\alpha_1 & -\alpha_1 & 0 & \cdots & 0 \\
\alpha_2 & 0 & -\alpha_2 & \cdots & 0 \\
\vdots & \vdots & \vdots & \ddots & \vdots \\
\alpha_M & 0 & 0 & \cdots & -\alpha_M
\end{array}
\right\}.
$$

其中, $S_1 = \{0, 1, \cdots, M\}$, $q_{i0} = \alpha_i, q_{0i} = \lambda_i$ $(i = 1, 2, \cdots, M)$ 是状态 $E_0^{(1)}, E_2^{(1)}$, $\cdots, E_{N_1}^{(1)}, O$ 与状态 $E_1^{(1)}$ 之间的转移速率.

由推论 2.1.1, 逗留时 $\sigma^{(0)} \sim \mathrm{Exp}(q_0)$, 因而可以通过逗留时 PDF 求出 q_0.

然后, 与 3.3.1 节类似,

$$
\begin{aligned}
\mathrm{P}(\tau^{(0)} > t) &= \sum_{i=1}^{N} \mathrm{P}(\tau > t | X_0 = i) \mathrm{P}^c(X_0 = i) \\
&= \sum_{i=1}^{N} \frac{\pi_i}{1 - \pi_0} \sum_{j=1}^{N} \widehat{p}_{ij}(t) \\
&= \frac{1}{1 - \pi_0} \left(\sum_{i=1}^{M} \pi_i e^{-\alpha_i t} + \sum_{i=M+1}^{N} \pi_i e^{-\alpha_i t} \right),
\end{aligned}
$$

其中, $\alpha_i = q_{i0}$ $(i = 1, 2, \cdots, M)$ 是矩阵 Q_{cc} 的 M 个特征值, 也是矩阵 H_1 去掉第 1 行和第 1 列后所得矩阵 (记为 H_{1c}) 的主对角元素 (特征值), $\alpha_i^{(0)}, i = M+1, M+2, \cdots, N$ 是矩阵 Q_{cc} 的其他特征值. 对 $i = 1, 2, \cdots, M$, 令

$$
\gamma_i^{(0)} = \frac{\pi_i \alpha_i}{1 - \pi_0} = \frac{\pi_i q_{i0}}{1 - \pi_0}, \quad \alpha_i^{(0)} = \alpha_i = q_{i0}. \tag{3.4.100}
$$

对 $i = M+1, M+2, \cdots, N$, 令

$$
\gamma_i^{(0)} = \frac{\pi_i \alpha_i^{(0)}}{1 - \pi_0}, \quad \omega_i^{(0)} = \frac{\pi_i}{1 - \pi_0}.
$$

击中时 $\tau^{(0)} \sim \mathrm{MExp}(\omega_1^{(0)}, \cdots, \omega_N^{(0)}; \alpha_1^{(0)}, \cdots, \alpha_N^{(0)})$.

也就是说, $q_{i0} = \alpha_i = \alpha_i^{(0)} (i = 1, 2, \cdots, M)$ 能通过状态 0 的击中时 PDF 确认. 但在实际应用中, 需要从 PDF 中的 N 个指数 $\alpha_1^{(0)}, \alpha_2^{(0)}, \cdots, \alpha_N^{(0)}$ 中找出真正属于 H_1 中的转移速率 $q_{i0} = \alpha_i = \alpha_i^{(0)} (i = 1, 2, \cdots, M)$. 下面将结合状态集 $\{E_1^{(1)}, \cdots, E_1^{(m)}\}$ 的观测结果来确认.

3.4.2.2　状态集 $\{E_1^{(1)}, \cdots, E_1^{(m)}\}$ 的观测

此时, $O = \{E_1^{(1)}, \cdots, E_1^{(m)}\}$. 简单地记 τ 为状态 $E_1^{(1)}, \cdots, E_1^{(m)}$ 的击中时.

$$
Q_{cc} = \begin{pmatrix}
H_{1c} & 0 & \cdots & 0 & 0 \\
0 & H_{2c} & \cdots & 0 & 0 \\
0 & 0 & \cdots & 0 & 0 \\
\vdots & \vdots & \ddots & \vdots & \vdots \\
0 & 0 & \cdots & H_{mc} & -q
\end{pmatrix}, \tag{3.4.101}
$$

其中, H_{ic} 是 H_i 去掉状态 $E_1^{(i)}$ 所在行和列得到的矩阵 $(i = 1, 2, \cdots, m)$, 是对角矩阵, 主对角元素为状态 $E_0^{(i)}, E_2^{(i)}, \cdots, E_{N_i}^{(i)}, O$ 与状态 $E_1^{(i)}$ 之间的转移速率. 所以 Q_{cc} 也是一个对角矩阵, 其特征值是就是其主对角元素, 也就是 $H_{1c}, \cdots, H_{mc}$ 的主对角元素 (特征值) 和 q, 从而可以由 τ 的 PDF 确认.

于是 H_1 中的转移速率 $q_{i0} = \alpha_i$ $(i = 1, 2, \cdots, M)$ 是 $\tau^{(E_1^{(1)})}$ 和 τ 的 PDF 中全部指数的公共部分, 即它们可以通过观测确认 [①].

现在回到对状态 $E_1^{(i)}$ 的观测, 由上面讨论, 对 $1 \leqslant i \leqslant M$, 已求出转移速率 q_{i0}, 再由式 (3.4.100) 给出的 q_{i0} 与 $\gamma_i^{(0)}$ 的对应关系, 可求出 $\gamma_i^{(0)}$.

令 $d_1^{(0)} = \sum\limits_{i=1}^{M} \gamma_i^{(0)}$, 则由式 (3.4.100) 得到

$$
d_1^{(0)} = \sum_{i=1}^{M} \gamma_i^{(0)} = \sum_{i=1}^{M} \frac{\pi_i q_{i0}}{1 - \pi_0} = \sum_{i=1}^{M} \frac{\pi_0 q_{0i}}{1 - \pi_0} = \frac{\pi_0 q_0}{1 - \pi_0}.
$$

于是

$$
\pi_0 = \frac{d_1^{(0)}}{q_0 + d_1^{(0)}}.
$$

再反过来由式 (3.4.100) 求出

$$
\pi_i = (1 - \pi_0) \frac{\gamma_i^{(0)}}{q_{i0}},
$$

[①] 当该方法还不能 (全部) 确认转移速率 $q_{i0}, i = 1, 2, \cdots, M$ 时, 可以通过猜测并利用误差和反复实验来确认.

最后, 由式 (2.1.2) 求得

$$q_{0i} = \frac{\pi_i q_{i0}}{\pi_0}.$$

至此, 求出了 H_1 中的全部元素.

类似于状态 $E_1^{(1)}$ 的观测, 通过状态 $E_1^{(i)}$ 的观测可求出矩阵 H_i 中的全部元素 $(i = 1, 2, \cdots, m)$.

3.4.2.3 主要定理

由前面的讨论可得如下定理.

定理 3.4.4   对于层次模型马尔可夫链 $\{X_t, t \geqslant 0\}$, 若初始分布是其平稳分布, 则其生成元可通过状态 $E_1^{(1)}, \cdots, E_1^{(m)}$ 的观测统计计算唯一确认.

定理 3.4.5   对于层次模型马尔可夫链, 若初始分布是其平稳分布, 则其生成元可通过**中层状态**的观测统计计算唯一确认.

定理 3.4.6   对于层次模型马尔可夫链, 若初始分布是其平稳分布, 则其生成元可通过**非底层状态**的观测统计计算唯一确认.

某些管理模型可以描述为层次模型马尔可夫链, 此时, 顶层相当于最高管理层 (决策者), 中层相当于中层管理者, 底层相当于普通员工, 因此该模型的观测统计结果可以应用到管理科学中. 显然, 底层状态数是最多的, 可能占状态总数的大多数, 故通过底层状态的观测不是 "好的策略". 而通过中层状态的观测似乎是 "最佳策略", 因为正好能观测到其与顶层和底层之间的转移状况.

3.5 树形链的统计计算

如前所述, 树形马尔可夫链是星形和线形结构的一种重要的延伸, 也代表了两类拓扑中的其中一类, 即无环的拓扑结构. 所有树形链均是可逆的[79].

3.1—3.4 节所述均是树形链的特例. 树形的结构有很多种, 无法一一详尽其证明和算法. 除了此前已经讨论的星形、星形分枝等结构及其包含的特殊情形外, 下面就三种具体的规则结构进行讨论, 给出关于树形链统计计算充分性的结论和算法. 尽管树形链中的一些还未在现实系统中得到应用, 但是有必要讨论出具有一般性的结论. 研究表明所有的树形马尔可夫链都可由马尔可夫链反演法统计计算得出. 不失一般性, 主要以满二叉树为例进行证明和展示.

3.5.1 一般树形链的统计计算

设 $\{X_t, t \geqslant 0\}$ 是一个树形马尔可夫链子模型 (图 3.5.6), 其中, 叶子状态 $i, i_1, \cdots, i_n$ 是状态 j 的所有孩子; $j, j_1, \cdots, j_m$ 是状态 k 的所有孩子.

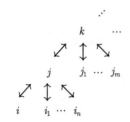

图 3.5.6   树形的子链示意图

3.5.2 基本结论

首先, 给出几个由击中时微分性质得到的基本结论.

引理 3.5.1   对于图 3.5.6 所示的树形子链 (下面所说的状态均系图 3.5.6 中具体所指), 以下结论成立.

(a) 由状态 i 的击中时和逗留时 PDF 至少可求出 $\pi_i, \pi_j, q_i, q_{ij}, q_j, q_{ji}$ (实际上 $q_i = q_{ij}$), 即至少 $\pi_i, \pi_j, q_i(= q_{ij}), q_j, q_{ji}$ 可表示成 $E\sigma, c_1, c_2$ 和 c_3 的实函数.

(b) 进一步, 假设状态 j 和它的孩子 $i_1, i_2, \cdots, i_n$ 之间的转移是已知的 (或已经被确认的, 下同), 即对任意的 $s \in \{i_1, i_2, \cdots, i_n\}$, q_{sj} 和 q_{js} 是已知的, 则由状态 i 的击中时和逗留时 PDF 至少可以求出 $\pi_i, \pi_j, q_i(= q_{ij}), q_j, q_{ji}$ 和 q_k, q_{jk}, q_{kj} 和 π_k. 也就是说, $\pi_i, \pi_j, q_i(= q_{ij}), q_j, q_{ji}$ 和 q_k, q_{jk}, q_{kj} 和 π_k 至少可以表示成 $E\sigma, c_1, \cdots, c_5$ 和 $q_{sj}, q_{js}(s \in \{i_1, \cdots, i_n\})$ 的实函数.

证明   先证 (a). 显然, $\pi_i, q_i(= q_{ij})$ 可由推论 2.1.3 得到. 再由定理 2.1.4 知

$$c_1 = \pi_j q_{ji},$$
$$c_2 = \pi_j q_{ji}^2, \tag{3.5.102}$$
$$c_3 = \pi_j q_{ji}^2 q_j.$$

因此

$$q_{ji} = \frac{c_2}{c_1},$$
$$\pi_j = \frac{c_1}{q_{ji}} = \frac{c_1^2}{c_2}, \tag{3.5.103}$$
$$q_j = \frac{c_3}{c_2}.$$

论断 (a) 得证.

再证 (b). 基于 (a), 只需找到求 q_k, q_{jk}, q_{kj} 和 π_k 的算法. 为了简洁, 记

$$X = \sum_{s=i_1}^{i_n} q_{js}, Y = \sum_{s=i_1}^{i_n} q_{js} q_{sj}, Z = \sum_{s=i_1}^{i_n} q_{js} q_s q_{sj},$$ 均为常数. 实际上, X 表示 j 到它

的孩子 (i 除外) 的速率和; Y 表示从 j 出发, 经它的孩子 (i 除外), 于第 2 步回到 j 的速率和; Z 表示从 j 出发, 经它的孩子 (i 除外), 于第 3 步回到 j 的速率和.

首先,

$$q_{jk} = q_j - q_{ji} - \sum_{s=i_1}^{i_n} q_{js} = \frac{c_3}{c_2} - \frac{c_2}{c_1} - \sum_{s=i_1}^{i_n} q_{js}$$
$$= \frac{c_3}{c_2} - \frac{c_2}{c_1} - X. \tag{3.5.104}$$

然后

$$c_4 = \pi_j q_{ji}^2 \Big[q_j^2 + q_{jk}\mathbf{q_{kj}} + \sum_{s=i_1}^{i_n} q_{js}q_{sj} \Big],$$
$$c_5 = \pi_j q_{ji}^2 \Big[q_j^3 + q_{jk}\mathbf{q_k}q_{kj} + 2q_j q_{jk}q_{kj}$$
$$+ \sum_{s=i_1}^{i_n}(2q_j q_{js}q_{sj} + q_{js}q_s q_{sj}) \Big], \tag{3.5.105}$$

于是

$$q_{kj} = \frac{\dfrac{c_4}{c_2} - q_j^2 - \displaystyle\sum_{s=i_1}^{i_n} q_{js}q_{sj}}{q_{jk}}$$
$$= \frac{\dfrac{c_4}{c_2} - \dfrac{c_3^2}{c_2^2} - \displaystyle\sum_{s=i_1}^{i_n} q_{js}q_{sj}}{\dfrac{c_3}{c_2} - \dfrac{c_2}{c_1} - \displaystyle\sum_{s=i_1}^{i_n} q_{js}}$$
$$= \frac{\dfrac{c_4}{c_2} - \dfrac{c_3^2}{c_2^2} - \displaystyle\sum_{s=i_1}^{i_n} q_{js}q_{sj}}{\dfrac{c_3}{c_2} - \dfrac{c_2}{c_1} - X}, \tag{3.5.106}$$

$$q_k = \frac{\dfrac{c_5}{c_2} - q_j^3 - \displaystyle\sum_{s=i_1}^{i_n}(2q_j q_{js}q_{sj} + q_{js}q_s q_{sj})}{q_{jk}q_{kj}} - 2q_j$$
$$= \frac{\dfrac{c_5}{c_2} - \dfrac{c_3^3}{c_2^3} - \displaystyle\sum_{s=i_1}^{i_n}\Big(2\dfrac{c_3}{c_2}q_{js}q_{sj} + q_{js}q_s q_{sj}\Big)}{\dfrac{c_4}{c_2} - \displaystyle\sum_{s=i_1}^{i_n} q_{js}q_{sj} - \dfrac{c_3^2}{c_2^2}} - 2\dfrac{c_3}{c_2}$$

$$= \frac{\dfrac{c_5}{c_2} - \dfrac{c_3^3}{c_2^3} - \left(2\dfrac{c_3}{c_2}Y + Z\right)}{\dfrac{c_4}{c_2} - \dfrac{c_3^2}{c_2^2} - Y} - 2\frac{c_3}{c_2}. \tag{3.5.107}$$

最后, 由可逆性易得

$$\pi_k = \frac{\pi_j q_{jk}}{q_{kj}} = \frac{\dfrac{c_1^2}{c_2}\left(\dfrac{c_3}{c_2} - \dfrac{c_2}{c_1} - \displaystyle\sum_{s=i_1}^{i_n} q_{js}\right)^2}{\dfrac{c_4}{c_2} - \dfrac{c_3^2}{c_2^2} - \displaystyle\sum_{s=i_1}^{i_n} q_{js}q_{sj}}$$

$$= \frac{\dfrac{c_1^2}{c_2}\left(\dfrac{c_3}{c_2} - \dfrac{c_2}{c_1} - X\right)^2}{\dfrac{c_4}{c_2} - \dfrac{c_3^2}{c_2^2} - Y}. \tag{3.5.108}$$

证毕.

引理 3.5.2   考虑图 3.5.7 所示的子树, 其中 i_m 为根, $i_1, \cdots, i_{m-1}$ 是最左边的后代, 且 $i_1, i_{11}, \cdots, i_{1n_1}$ 是状态 i_2 的所有叶子. 令 D_k $(k=1, \cdots, m-1)$ 为状态 i_k 中除状态 i_{k-1} 外的后代. 例如, D_1 是空的且 $D_2 = \{i_{11}, \cdots, i_{1n_1}\}$.

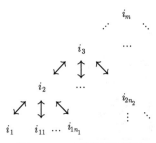

图 3.5.7   子树的示意图

假设对任意的 k $(= 2, 3, \cdots, m-1)$, i_k 与后代 D_k 之间的转移是已知的, 则由状态 i_1 的逗留和击中时 PDF 可以得到 $\pi_s, \pi_t, q_s, q_{st}, q_{ts}$ $(s, t = i_1, i_2, \cdots, i_m)$.

证明   首先, 由引理 3.5.1 中 (b) 可得 $\pi_{i_1}, \pi_{i_2}, \pi_{i_3}, q_{i_1}(= q_{i_1,i_2}), q_{i_2}, q_{i_3}, q_{i_2,i_1}, q_{i_2,i_3}, q_{i_3,i_2}$.

其次, $q_{i_3,i_4} = q_{i_3} - q_{i_3,i_2} - \displaystyle\sum_{s=1}^{n_2} q_{i_3,i_{2s}}$, 则显然有

$$c_6 = \pi_{i_2}q_{i_2,i_1}^2\left[q_{i_2,i_3}q_{i_3,i_4}\mathbf{q_{i_4,i_3}}q_{i_3,i_2}\right.$$

$$\left. + \sum_{a_1,a_2 \in D_3 \bigcup \{i_3\} \bigcup D_2 \bigcup \{i_2\}} q_{i_2,a_1} q_{a_1,a_2} q_{a_2,a_1} q_{a_1,i_2} \right], \tag{3.5.109}$$

$$c_7 = \pi_{i_2} q_{i_2,i_1}^2 \left[q_{i_2,i_3} q_{i_3,i_4} (\mathbf{q_{i_4}} + 2q_{i_3} + 2q_{i_2}) q_{i_4,i_3} q_{i_3,i_2} \right.$$

$$\left. + \sum_{a_1,a_2,a_3 \in D_3 \bigcup \{i_3\} \bigcup D_2 \bigcup \{i_2\}} q_{i_2,a_1} q_{a_1,a_2} q_{a_2,a_3} q_{a_2,a_1} q_{a_1,i_2} \right], \tag{3.5.110}$$

显然, 在 (3.5.109) 式中仅有粗体部分是未知的, 因此由 (3.5.109) 式可以确认 q_{i_4,i_3}. 同理, 由 (3.5.110) 式也可以确认粗体部分 q_{i_4}. 于是, 有

$$\pi_{i_4} = \frac{\pi_{i_3} q_{i_3,i_4}}{q_{i_4,i_3}}.$$

最后, 通过归纳, 不难发现 $\pi_s, q_s, q_{st}, q_{ts}(s,t = i_5,i_6,\cdots,i_m)$ 能够由随后的 $c_8, c_9,\cdots,c_{2m-2}, c_{2m-1}$ 所决定.

说明 3.5.1   以上结论同样也可通过观察任意的 $i_{1s}\ (s = 1,2,\cdots,n_1)$ 得到, 如果 i_2 与它的其他后代之间的转移是已知的.

引理 3.5.1 和引理 3.5.2 表明, 如果一个状态 j 有 n 个孩子, 且状态 j 与 n 个孩子中的 $n-1$ 个孩子之间的转移是已知的, 则状态 j 和它的第 n 个孩子之间的转移可以通过第 n 个孩子的逗留时和击中时 PDF 来确认.

3.5.3 主要结论

首先, 考虑满二叉树的情形, 即每个内部的节点有两个子节点且所有的叶子有相同的深度.

定理 3.5.1   对于一个满二叉树结构的马尔可夫链, 如果初始分布是其平稳分布, 则其生成元可以通过**所有叶子状态**的观测统计计算唯一确认.

证明   考虑一个深度 (或水平) 为 h 的满二叉树, 则有 2^h 个叶子节点 (在第 h 水平上) 且有 $2^h - 1$ 个非叶子节点 (包括一个根节点).

下面用数学归纳法证明这个事实.

先证明深度为 2 的情况. 为方便起见, 令 1—4 是从左到右的叶子状态, 5—6 是在前一个水平上的从左到右的父节点, 7 为根节点, 如图 3.5.8 所示.

对于 $i = 1,2,\cdots$, 用 π_i 表示状态 i 的平稳概率. 首先, 通过观测状态 1—4, 根据引理 3.5.1, 可以得到 $\pi_1,\cdots,\pi_4$ 和 $q_1(= q_{15}), q_2(= q_{25}), q_3(= q_{36}), q_4(= q_{46})$. 其次, 由引理 3.5.1中 (a) 可以求出 $q_5, q_6, q_{51}, q_{52}, q_{63}, q_{64}$. 进一步可以得到 $q_{57} = q_5 - q_{51} - q_{52}, q_{67} = q_6 - q_{63} - q_{64}$.

通过观测状态 1 和状态 3, 显然有

$$c_4^{(1)} = \pi_5 q_{51}^2 (q_5^2 + q_{52} q_{25} + q_{57} \mathbf{q_{75}}), \tag{3.5.111}$$

$$c_4^{(3)} = \pi_6 q_{63}^2 (q_6^2 + q_{64} q_{46} + q_{67} \mathbf{q_{76}}), \tag{3.5.112}$$

$$c_5^{(1)} = \pi_5 q_{51}^2 (q_{52} q_2 q_{25} + 2 q_{52} q_{25} q_5 + 2 q_{57} q_{75} q_5 + q_{57} \mathbf{q_7} q_{75}). \tag{3.5.113}$$

可求出 q_{75}, q_{76} 和 q_7.

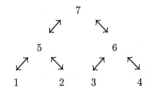

图 3.5.8　具有两个水平的满二叉树

因此, 深度为 2 时结论成立.

假设对任意的深度为 $k(\geqslant 2)$ 的满二叉树, 结论均成立. 下面证明: 深度为 $k+1$ 时, 结论也成立. 这时深度为 k 的满二叉树可以被视为其左边或右边的子树. 这意味着在两个具有深度 k 的满二叉树上的转移速率可以通过从叶子 1 到叶子 2^{h+1} 的观测统计确认.

为了符号简洁, 记 L_k(或 L_{k-1}) 为深度为 $k+1$(或 k) 的满二叉树中左子树的一个子树. 在深度为 $k+1$ 的满二叉树中, 将从下往上的每一层最左边节点的编号依次为 $0, 1, \cdots, k, k+1$.

首先, 观测状态 1, 由定理 2.1.3, 即 (2.1.32) 式, 有

$$c_{2k+1} = \pi_1 q_{10}^2 \left[\sum_{0 \neq a_1, \cdots, a_{k-1} \in L_k} \overline{q}(1, a_1, \cdots, a_{k-1}) q_{a_{k-1}} \right]$$

$$= \pi_1 q_{10}^2 \left[\sum_{0 \neq a_1, \cdots, a_{k-1} \in L_{k-1}} \overline{q}(1, a_1, \cdots, a_{k-1}) q_{a_{k-1}} \right]$$

$$+ \pi_1 q_{10}^2 \overline{q}(1, 2, \cdots, k) \mathbf{q_k}. \tag{3.5.114}$$

根据归纳假设, (3.5.114) 式中仅含有一个粗体部分, 于是可以求出未知量 q_k, 进一步由归纳假设可求出 $q_{k,k+1} = q_k - q_{k,k-1} - q_{k,s}$ (这里 s 表示 k 的右孩子).

同样, $q_{k+1,k}$ 可由下式求得

$$c_{2k+2} = \pi_1 q_{10}^2 \left[\sum_{0 \neq a_1, \cdots, a_k \in L_k} \overline{q}(1, a_1, \cdots, a_k) \right]$$

$$= \pi_1 q_{10}^2 \left[\sum_{0 \neq a_1, \cdots, a_k \in L_{k-1}} \overline{q}(1, a_1, \cdots, a_k) \right]$$

$$+ \pi_1 q_{10}^2 \overline{q}(1, 2, \cdots, k) q_{k,k+1} \mathbf{q_{k+1,k}}. \tag{3.5.115}$$

这表明: 对于深度为 $k+1$ 的满二叉树, 其左子树的全部转移速率都能通过前 2^{k-1} 个叶子的观测统计得出.

其次, 用同样的方法可以统计得出右子树的转移速率.

即证明了当满二叉树的深度为 $k+1$ 时, 结论同样成立.

进一步推广上述论断可得如下关于充分性的结论.

定理 3.5.2 对一个 n 叉树形马尔可夫链, 若初始分布是其平稳分布, 则其生成元也可通过所有叶子状态的观测统计计算唯一确认.

再进一步推广可以得到关于树形马尔可夫链的更一般的充分性结论.

定理 3.5.3 若一个树形马尔可夫链, 若初始分布是其平稳分布, 则其生成元可以通过所有的叶子状态的观测统计计算唯一确认.

理论上, 树中任意一个状态 i 的转移速率可由其后代中所有叶子的观测确认, 但观测与其路径最短的叶子状态是最优的, 以最小化误差传播.

3.5.4 几类特殊树形链的统计计算

通过对叶子节点的观测进行统计计算只是树形马尔可夫链的统计计算方法之一, 对于特殊的树, 还有其他的解决方法, 例如当树形中的叶子节点数远远大于非叶子节点数时, 可以通过对非叶子节点的观测进行统计确认. 根据 Wolfram Math World 的对树形进行的分类知, 双星图、香蕉图和爆竹图可作为树形马尔可夫链的三个特殊代表, 且在这节中将分别给出相应的统计计算.

3.5.4.1 双星形马尔可夫链

考虑一个双星形马尔可夫链 $\{X_t, t \geq 0\}$ (图 3.5.9), 其中两个中心状态 O_1 和 O_2 是可观测状态, 其速率矩阵

$$Q = \begin{pmatrix} q_0 & q_{01} & q_{02} & \cdots & q_{0,M-1} & q_{0,M} & 0 & 0 & \cdots & 0 \\ q_{10} & q_1 & 0 & \cdots & 0 & 0 & 0 & 0 & \cdots & 0 \\ q_{20} & 0 & q_2 & \cdots & 0 & 0 & 0 & 0 & \cdots & 0 \\ \vdots & \vdots & \vdots & \ddots & \vdots & \vdots & \vdots & \vdots & \ddots & \vdots \\ q_{M-1,0} & 0 & 0 & \cdots & q_{M-1} & 0 & 0 & 0 & \cdots & 0 \\ q_{M,0} & 0 & 0 & \cdots & 0 & q_M & q_{M,M+1} & q_{M,M+2} & \cdots & q_{M,N} \\ 0 & 0 & 0 & \cdots & 0 & q_{M+1,M} & q_{M+1} & 0 & \cdots & 0 \\ 0 & 0 & 0 & \cdots & 0 & q_{M+2,M} & 0 & q_{M+2} & \cdots & 0 \\ \vdots & \vdots & \vdots & \ddots & \vdots & \vdots & \vdots & \vdots & \ddots & \vdots \\ 0 & 0 & 0 & \cdots & 0 & q_{N,M} & 0 & 0 & \cdots & q_N \end{pmatrix}.$$

$$\tag{3.5.116}$$

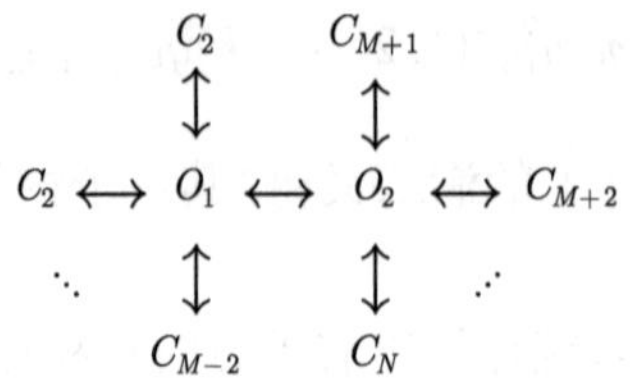

$$
\begin{array}{ccc}
C_2 & & C_{M+1} \\
\updownarrow & & \updownarrow \\
C_2 \leftrightarrow O_1 & \leftrightarrow & O_2 \leftrightarrow C_{M+2} \\
\ddots \quad \updownarrow & & \updownarrow \quad \ddots \\
C_{M-2} & & C_N
\end{array}
$$

图 3.5.9　双星形马尔可夫链示意图

可以观测两个中心状态 $0 \equiv O_1$ 和 $M \equiv O_2$.

为方便起见, 记 $i \equiv C_i$ $(i = 1, \cdots, M-1), j \equiv C_j$ $(j = M+1, \cdots, N)$, $0 = O_1, M = O_2$, 因此状态空间可记为 $S = \{0, 1, \cdots, M-1, M, M+1, \cdots, N\}$. 统计计算的目的是求出 $q_{i0}, q_{0i}, q_{jM}, q_{Mj}$ 和 q_{0M}, q_{M0} $(i = 1, \cdots, M-1, j = M+1, \cdots, N)$.

设

$$
\pi_0 = \left(1 + \frac{q_{0M}}{q_{M0}} + \sum_{i=1}^{M-1} \frac{q_{0i}}{q_{i0}} + \sum_{j=M+1}^{N} \frac{q_{Mj}}{q_{jM}} \right)^{-1},
$$

$$
\pi_i = \frac{\pi_0 q_{0i}}{q_{i0}}, \quad 1 \leqslant i \leqslant M-1,
$$

$$
\pi_j = \frac{\pi_0 q_{0M} q_{Mj}}{q_{jM} q_{M0}}, \quad M+1 \leqslant j \leqslant N,
$$

$$
\pi_M = \frac{\pi_0 q_{0M}}{q_{M0}}. \tag{3.5.117}
$$

因此, $\{\pi_0, \pi_1, \cdots, \pi_{M-1}, \pi_M, \pi_{M+1}, \cdots, \pi_N\}$ 是其平稳分布.

从现在起, 我们致力于给出该链的统计算法.

首先, 观测状态 0 且令 $\sigma^{(0)}$ 为其逗留时. 易知

$$
q_0 = \frac{1}{E\sigma^{(0)}},
$$

$$
\pi_0 = c_1^{(0)} E\sigma^{(0)}. \tag{3.5.118}
$$

其次, 观测状态 M 且令 $\sigma^{(M)}$ 为其逗留时. 易知

$$
q_M = \frac{1}{E\sigma^{(M)}},
$$

$$
\pi_M = c_1^{(0)} E\sigma^{(M)}. \tag{3.5.119}
$$

最后, 观测状态 0 和 M, 即 $O = \{0, M\}$, $C = S - O$. 设 $\tau^{(0,M)}, \sigma^{(0,M)}$ 分别为 O 的击中时和逗留时, 则以下引理成立.

引理 3.5.3 对于 $t > 0$, 击中时 $\tau^{(0,M)}$ 的 PDF 为

$$f_\tau(t) = \sum_{i=1}^{M-1} \gamma_i e^{-\alpha_i t} + \sum_{j=M+1}^{N} \gamma_j e^{-\alpha_j t}, \qquad (3.5.120)$$

其中

$$\alpha_i = q_{i0} = q_i, \quad 1 \leqslant i \leqslant M - 1,$$

$$\alpha_j = q_{jM} = q_j, \quad M + 1 \leqslant j \leqslant N,$$

$$\gamma_i = \frac{\pi_0}{1 - (\pi_0 + \pi_M)} q_{0i}, \quad 1 \leqslant i \leqslant M - 1,$$

$$\gamma_j = \frac{\pi_M}{1 - (\pi_0 + \pi_M)} q_{Mj}, \quad M + 1 \leqslant j \leqslant N. \qquad (3.5.121)$$

证明 此时, $C = \{1, 2, \cdots, M - 1, M + 1, \cdots, N\}$. 因此

$$Q_{cc} = \begin{pmatrix} q_1 & 0 & \cdots & 0 & 0 & 0 & \cdots & 0 \\ 0 & q_2 & \cdots & 0 & 0 & 0 & \cdots & 0 \\ \vdots & \vdots & \ddots & \vdots & \vdots & \vdots & \ddots & \vdots \\ 0 & 0 & \cdots & q_{M-1} & 0 & 0 & \cdots & 0 \\ 0 & 0 & \cdots & 0 & q_{M+1} & 0 & \cdots & 0 \\ 0 & 0 & \cdots & 0 & 0 & q_{M+2} & \cdots & 0 \\ \vdots & \vdots & \ddots & \vdots & \vdots & \vdots & \ddots & \vdots \\ 0 & 0 & \cdots & 0 & 0 & 0 & \cdots & q_N \end{pmatrix}, \qquad (3.5.122)$$

显然, $-\alpha_i = -q_i = q_{i0}$ $(1 \leqslant i \neq M \leqslant N)$ 是 Q_{cc} 的实特征值, 且

$$P(\tau^{(0,M)} > t) = \sum_{i \neq 0, M} \frac{\pi_i}{1 - (\pi_0 + \pi_M)} \sum_{j \neq 0, M} p_{ij}^c(t)$$

$$= \frac{1}{1 - (\pi_0 + \pi_M)} \left[\sum_{i=1}^{M-1} \pi_i e^{-\alpha_i t} + \sum_{i=1}^{N} \pi_j e^{-\alpha_j t} \right]. \qquad (3.5.123)$$

对 (3.5.123) 式两边求导, 由可逆性,

$$\gamma_i = \frac{\pi_i \alpha_i}{1 - (\pi_0 + \pi_M)} = \frac{\pi_i q_{i0}}{1 - (\pi_0 + \pi_M)}$$

$$= \frac{\pi_0}{1 - (\pi_0 + \pi_M)} q_{0i}, \quad 1 \leqslant i \leqslant M - 1,$$

$$\gamma_j = \frac{\pi_j \alpha_j}{1 - (\pi_0 + \pi_M)} = \frac{\pi_j q_{jM}}{1 - (\pi_0 + \pi_M)}$$

$$= \frac{\pi_M}{1 - (\pi_0 + \pi_M)} q_{Mj}, \quad M + 1 \leqslant j \leqslant N. \tag{3.5.124}$$

证明完成.

接下来的定理是引理 3.5.3 的直接结果.

定理 3.5.4　对如图 3.5.9 所示的双星形链, 若初始分布为其平稳分布, 则其生成元可通过**两个中心状态** O_1 **和** O_2 的观测统计计算唯一确认.

证明　首先, q_0, π_0 和 q_M, π_M 可由 (3.5.118) 式和 (3.5.119) 式获得.

其次, 根据引理 3.5.3, q_{i0} $(1 \leqslant i \leqslant M - 1)$ 和 q_{jM} $(M + 1 \leqslant j \leqslant N)$ 可由 (3.5.121) 式的前两个论断求得, 因为所有的 α_i 和 γ_i 是已知的, 它来自观测状态 0 和 M 得到的引理 3.5.3 中 (3.5.120) 式的 PDF.

最后, q_{0i} $(1 \leqslant i \leqslant M - 1)$ 和 q_{Mj} $(M + 1 \leqslant j \leqslant N)$ 可由 (3.5.121) 式的最后两个论断得出.

3.5.4.2　香蕉树形马尔可夫链

记 $B_{n,k}$ 为一个 (n, k) 香蕉树 (由 Chen 等[28] 定义), 它是由一个根节点与 n 个 k-星形图连接起来构成的, 其中根节点与每个 k-星形图的一个叶子节点相连接, 这种树具有 $n(k - 2)$ 个叶子节点, $2n + 1$ 个非叶子节点 (其中一个是根).

考虑一个 $B_{n,k}$ 香蕉树形马尔可夫链 $\{X_t, t \geqslant 0\}$, 如图 3.5.10 所示.

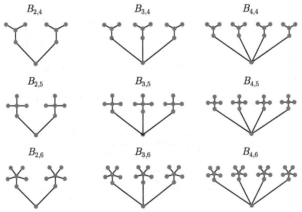

图 3.5.10　香蕉树形马尔可夫链示意图 (来自 Wolfram Math World)

对于 $k = 2$ 或 $k = 3$, 则退化为星形分枝链, 特别, 若 $n = 2$, 则退化成线形链.

对于 $k = 4$, 对每一个 k-星形图, 都存在两个叶子, 这表明所有叶子节点的个数 $2n$ 总是比非叶子节点数 $2n + 1$ 少, 因此观测所有叶子节点是有效的.

根据定理 3.5.3, 可得通常的解决方案.

定理 3.5.5 对于 $B_{n,k}$ ($k \leqslant 4$) 香蕉树形马尔可夫链, 若初始分布是平稳分布, 则其生成元可通过**所有叶子状态**的观测统计计算唯一确认.

当 $k \geqslant 5$ 时, 所有叶子节点数大于非叶子节点数, 则相应的统计计算如下.

定理 3.5.6 对于 $B_{n,k}$ ($k \leqslant 5$) 香蕉树形马尔可夫链, 若初始分布是平稳分布, 则其生成元可通过**所有非叶子状态**的观测统计计算唯一确认.

证明 为便于表达, 假设 r 为这个树的根; 在每个 k-星形图中, o 为中心状态, l 是叶子, s 是其他状态.

首先, 由每个非叶子状态观测可以得到 $q_r, \pi_r, q_o, \pi_o, q_s$ 和 π_s.

其次, 根据双星形链的证明, 所有的 $q_{lo}(= q_l), q_{ol}$ 可通过所有非叶子节点状态的观测求出, 因为其不观测状态分块矩阵 Q_{cc} 类似于双星形链中观测 $\{O_1, O_2\}$ 得到的不观测状态分块矩阵 Q_{cc}.

最后, 对于每个 k-星形图,

$$q_{os} = q_o - \sum_l q_{ol}, \quad q_{so} = \frac{\pi_o q_{os}}{\pi_s},$$

$$q_{sr} = q_s - q_{so}, \quad q_{rs} = \frac{\pi_s q_{sr}}{\pi_r}.$$

3.5.4.3 爆竹图马尔可夫链

记 $F_{n,k}$ 为一个 (n, k)-爆竹图, 它是由 n 个 k-星形图连接起来构成的, 其中每个 k-星形图中的一个叶子节点串接而成.

考虑一个 $F_{n,k}$ 爆竹图形马尔可夫链 $\{X_t, t \geqslant 0\}$, 如图 3.5.11 所示.

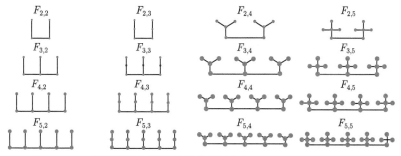

图 3.5.11　爆竹图马尔可夫链示意图 (来自 Wolfram Math World)

对于 $k = 2$ 或 $k = 3$, 它退化为一种特殊树, 这种树与星形分枝图相似但又不完全一样.

对于 $k \leqslant 4$, 对每一个 k-星形图都存在两个叶子, 这表明所有叶子节点的个数 $2n$ 与非叶子节点数相等, 因此, 观测所有叶子节点是有效的.

定理 3.5.7 对于 $F_{n,k}$ ($k \leqslant 4$) 爆竹图形马尔可夫链, 若初始分布是平稳分布, 则其生成元可通过**所有叶子状态**的观测统计计算唯一确认.

当 $k \geqslant 5$ 时, 所有叶子节点数大于非叶子节点数, 根据定理 3.5.6 的证明方法, 不难得出下面可选的解决方案.

定理 3.5.8　对于 $F_{n,k}$ $(k \leqslant 5)$ 爆竹图形马尔可夫链, 若初始分布是平稳分布, 则其生成元可通过**所有非叶子状态**的观测统计计算唯一确认.

证明　为便于表达, 假设图中最底端一条边上的 n 个状态从左到右依次为 $s_1, \cdots, s_n$; 在第 n 个 k-星形图中, o_n 为中心状态, l 是叶子.

首先, 由每个非叶子状态观测可以得到 $q_{o_i}, \pi_{o_i}, q_{s_i}$ 和 π_{s_i}, 对 $i = 1, \cdots, n$.

其次, 根据双星图的证明, 所有的 $q_{l,o_i}(= q_l), q_{o_i,l}$ $(i = 1, \cdots, n)$ 可通过所有非叶子节点状态集 $\{s_1, \cdots, s_n, o_1, \cdots, o_n\}$ 的观测求出, 因为其不观测状态分块矩阵 Q_{cc} 类似于双星形链中观测 $\{O_1, O_2\}$ 得到的不观测状态分块矩阵 Q_{cc}.

然后, 对于第 i 个 k-星形图,

$$q_{o_i,s_i} = q_{o_i} - \sum_l q_{o_i,l}, \quad q_{s_i,o_i} = \frac{\pi_{o_i} q_{o_i,s_i}}{\pi_{s_i}}.$$

最后, 依次可得最底端一条边上对应的转移速率: 对 $1 \leqslant i \leqslant n-1$,

$$q_{s_i,s_{i+1}} = q_{s_i} - q_{s_i,o_i}, \quad q_{s_{i+1},s_i} = \frac{\pi_{s_i} q_{s_i,s_{i+1}}}{\pi_{s_{i+1}}}.$$

3.6　环形链的统计计算

设 $\{X_t, t \geqslant 0\}$ 是一个可逆环形马尔可夫链 (图 3.6.12), 状态空间为 $S = \{0, 1, \cdots, N\}$, 速率矩阵为

$$Q = \begin{pmatrix} -(\lambda_0 + \mu_0) & \lambda_0 & 0 & 0 & \cdots & \mu_0 \\ \mu_1 & -(\lambda_1 + \mu_1) & \lambda_1 & 0 & \cdots & 0 \\ 0 & \mu_2 & -(\lambda_2 + \mu_2) & \lambda_2 & \cdots & 0 \\ \vdots & \vdots & \vdots & \vdots & \ddots & \vdots \\ \lambda_N & 0 & 0 & \mu_N & \cdots & -(\lambda_N + \mu_N) \end{pmatrix},$$

$$\tag{3.6.125}$$

即

$$q_{i,i+1} = \lambda_i, \quad 0 \leqslant i \leqslant N-1,$$
$$q_{i,i-1} = \mu_i, \quad 1 \leqslant i \leqslant N,$$
$$q_{ii} = -q_i = -(\lambda_i + \mu_i), \quad 0 \leqslant i \leqslant N,$$
$$q_{0N} = \mu_0,$$
$$q_{N0} = \lambda_N,$$

其中, $\lambda_i > 0, \mu_i > 0 \ (0 \leqslant i \leqslant N)$, 且满足可逆性

$$\lambda_0 \lambda_1 \cdots \lambda_N = \mu_0 \mu_1 \cdots \mu_N. \tag{3.6.126}$$

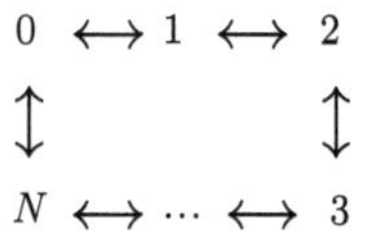

图 3.6.12 环形马尔可夫链示意图

设

$$\pi_0 = \left(1 + \sum_{i=1}^{N} \frac{\lambda_0 \lambda_1 \cdots \lambda_{i-1}}{\mu_1 \mu_2 \cdots \mu_i} \right)^{-1}, \quad \pi_i = \frac{\lambda_0 \lambda_1 \cdots \lambda_{i-1}}{\mu_1 \mu_2 \cdots \mu_i} \pi_0, \quad 1 \leqslant i \leqslant N. \tag{3.6.127}$$

那么 $\{\pi_0, \pi_1, \cdots, \pi_N\}$ 是其唯一平稳分布, 满足式 (2.1.1)-(2.1.2).

易知, (3.6.127) 式与 (3.1.2) 式完全一样, 这是环形链可逆性 (3.6.126) 的结果. 不过, 它要求相比对应生灭链速率矩阵中多出来的 0 与 N 之间转移 $q_{0N} = \mu_0$ 和 $q_{N0} = \lambda_N$ 满足 (3.6.126) 式.

与对应的生灭链速率矩阵相比, 虽然只多了状态 0 和 N 之间的两个非零转移 q_{0N} 和 q_{N0}, 但其动力性质却有很大差异, 属于完全不同的类型, 具有非常重要的代表性, 从而确认其生成元的难度也急剧增加.

下面给出本节主要结论的一般性表达形式.

定理 3.6.1 (充分必要条件) 对于可逆环形马尔可夫链, 若初始分布是其平稳分布, 两相邻状态的观测是确认其生成元的充分必要条件.

如果不存在两相邻的开状态, 通过两状态的观测能否确认其生成元? 一般而言, 似乎不能. 但对于只有 4 个状态的环形链, 其生成元可通过两个不相邻状态的观测统计唯一确认, 详见 3.6.4 节讨论.

关于必要性的证明 首先, 根据生灭链[23] 及后续的研究, 如果只观测一个状态, 且不是叶子, 则无法确认该生灭链的生成元, 因而更加不能确认一个环形链. 所以, 要确认一个环形链的生成元, 最少需要观测两个状态, 而且, 如果观测的两个状态不是相邻状态, 也将无法确认该环形链的生成元, 纵然观测环形链中一半的互不相邻的状态, 即观察间隔的状态, 也仍然无法确认其生成元. 例如, 假定环形链共有 $2N$ 个状态, 依次记为 $1, 2, \cdots, 2N$, 纵然我们观测编号为 $2, 4, 6, \cdots, 2N$ 的状态, 也仍然无法找到打开环的突破口, 也就无法确认其生成元. 也就是说, 要打开/确认一个环, 两相邻状态的观测是必要条件.

关于充分性的证明 见 3.6.1—3.6.3 节.

3.6.1 借鉴生灭链证明

假设观测状态 m 和 $m+1$. 将环形链在状态 m 和 $m+1$ 之间剪断, 即状态 m 和 $m+1$ 之间不再直接互通, 相应地变成一个生灭链, 记其速率矩阵为 $\tilde{Q} = (\tilde{q}_{ij})$, 其中

$$\tilde{q}_{m,m+1} = \tilde{q}_{m+1,m} = 0,$$
$$\tilde{q}_{mm} = -q_{m,m-1},$$
$$\tilde{q}_{m+1,m+1} = -q_{m+1,m+2}.$$

由 $\tilde{Q}$ 生成的生灭链被称为**由环形链 Q 衍生的生灭链**, 等同于 (3.1.1) 式速率矩阵生成的生灭链 (图 3.1.1), 此时, 状态 m 和 $m+1$ 成为两个反射壁.

假设 $c_n^{(m)}, c_n^{(m+1)}$ 和 $\tilde{c}_n^{(m)}, \tilde{c}_n^{(m+1)}$ 分别对应于环形链和衍生的生灭链.

由 (3.6.127) 式与 (3.1.2) 式可知, **环形链与其衍生的生灭链具有相同的平稳分布** (这是环形链可逆性 (3.6.126) 保证的), 因此, $c_n^{(m)}, c_n^{(m+1)}$ 和 $\tilde{c}_n^{(m)}, \tilde{c}_n^{(m+1)}$ 中涉及的 π_i $(i \in S)$ 是完全一致的.

引理 3.6.1　以下各式成立.

$$c_1^{(m)} = \pi_m q_m = \tilde{c}_1^{(m)} + \pi_{m+1} q_{m+1,m}, \tag{3.6.128}$$

$$c_1^{(m+1)} = \pi_{m+1} q_{m+1} = \tilde{c}_1^{(m+1)} + \pi_m q_{m,m+1}, \tag{3.6.129}$$

$$c_2^{(m)} = \tilde{c}_2^{(m)} + \pi_{m+1} q_{m+1,m}^2, \tag{3.6.130}$$

$$c_2^{(m+1)} = \tilde{c}_2^{(m+1)} + \pi_m q_{m,m+1}^2, \tag{3.6.131}$$

$$\cdots\cdots$$

$$c_n^{(m)} = \tilde{c}_n^{(m)} + \pi_{m+1} q_{m+1,m}^2 \tilde{c}_{n-2}^{(m+1)}, \tag{3.6.132}$$

$$c_n^{(m+1)} = \tilde{c}_n^{(m+1)} + \pi_m q_{m,m+1}^2 \tilde{c}_{n-2}^{(m)}. \tag{3.6.133}$$

其中,

$$\tilde{c}_1^{(m)} = \pi_{m-1} q_{m-1,m}, \qquad\qquad \tilde{c}_1^{(m+1)} = \pi_{m+2} q_{m+2,m+1},$$
$$\tilde{c}_2^{(m)} = \pi_{m-1} q_{m-1,m}^2, \qquad\qquad \tilde{c}_2^{(m+1)} = \pi_{m+2} q_{m+2,m+1}^2,$$
$$\cdots\cdots$$
$$\tilde{c}_n^{(m)} = \pi_{m-1} q_{m-1,m}^2 \tilde{c}_{n-2}^{(m-1)}, \quad \tilde{c}_n^{(m+1)} = \pi_{m+2} q_{m+2,m+1}^2 \tilde{c}_{n-2}^{(m+2)}.$$

定理 3.6.1充分性的证明　首先, 通过状态 m 和 $m+1$ 的观测, 可求得状态 m 和 $m+1$ 之间的全部转移速率. 事实上, 由 (3.6.128)-(3.6.129) 式知

$$q_m = c_0^{(m)} \equiv \frac{1}{E\sigma^{(m)}}, \quad q_{m+1} = c_0^{(m+1)} \equiv \frac{1}{E\sigma^{(m+1)}},$$

且

$$\pi_m = \frac{c_1^{(m)}}{q_m}, \quad \pi_{m+1} = \frac{c_1^{(m+1)}}{q_{m+1}}.$$

因此, $q_{m,m-1}$ 和 $q_{m+1,m+2}$ 可由式 (3.6.134) 和 (3.6.135) 求得. 进而,

$$q_{m,m+1} = q_m - q_{m,m-1},$$

$$q_{m+1,m} = q_{m+1} - q_{m+1,m+2}.$$

其次, 根据生灭链的统计计算, 由式 (3.6.128) 和 (3.6.130) 可求 $\pi_{m-1}, q_{m-1,m}$, 由式 (3.6.129) 和 (3.6.131) 可求出 $\pi_{m+2}, q_{m+2,m+1}$.

最后, 在 (3.6.132) 式中 $c_n^{(m)}$ 的计算中 (相应地, (3.6.133) 式中 $c_n^{(m+1)}$ 的计算中), 右手边的第二个表达式可通过交替迭代计算方法被首先确认, 从而被当作是已知的量. 因此, (3.6.132) 式和 (3.6.133) 式意味着: 余下的转移速率都可按照衍生的生灭链的证明, 由交替迭代计算方法求得. 得证.

衍生链证明的直观理解 通过两相邻状态的观测, 首先可以得到二者之间的转移信息以及转移到二者之外的信息, 相当于环形链在此断开成为衍生的生灭链 (这两个状态成为衍生的生灭链的反射壁), **可逆性保证它与断开之后衍生的生灭链具有相同的平稳分布**. 从而相当于通过反射壁的观测来确认无环的生灭链, 但又不完全等同生灭链的观测, 毕竟不能分别得到这两个衍生出来的反射壁的击中分布, 所以需要同时观测两个反射壁才能向两边逐个交替求解, 直到全部转移速率得到确认. 例如, 依图 3.6.12 所示, 先从 m 开始沿逆时针方向计算与 $m-1$ 之间的转移, 同时从 $m+1$ 开始沿顺时针方向计算与 $m+2$ 之间的转移; 然后, 从 $m-1$ 开始沿逆时针方向计算与 $m-2$ 之间的转移, 同时从 $m+2$ 开始沿顺时针方向计算与 $m+3$ 之间的转移; 以此类推, 这样沿两个方向交替进行计算, 即一边沿逆时针方向 $m \to m-1 \to m-2 \to \cdots$ 计算, 同时另一边沿顺时针方向 $m+1 \to m+2 \to m+3 \to \cdots$ 计算, 交替进行 (下同). 下面 3.6.2 节证明过程就是这一直观的体现.

进一步形象演示 观测两相邻状态 m 和 $m+1$, 得到二者之间的全部转移信息后, 在二者之间剪断, 得到线形链 (即衍生的生灭链, m 和 $m+1$ 成为两个叶子状态); 然后相当于分别观测这两个叶子状态, 得到与之相邻的状态 ($m-1$ 和 $m+2$) 之间的转移信息, 并将 m 和 $m+1$ "剪切" 得到新的线形链, 此时 $m-1$ 和 $m+2$ 变成叶子状态; 分别观测叶子状态 $m-1$ 和 $m+2$, 可分别确认它们与 $m-2$ 和 $m+3$ 之间的转移, 再分别 "剪切" $m-2$ 和 $m+3$ 得到新的线形链. 以此类推, 直到成为一个两状态的生灭链, 从而确认全部转移速率. 当然, 这只是一种形象的演示计算过程, 因为具体的计算远没有这么简单, 详见 3.6.2 节证明过程.

3.6.2　任意两相邻状态观测的证明

通过任意两相邻状态的观测, 由推论 2.1.2 可得如下引理.

引理 3.6.2　由两相邻状态集 $O = \{m, m+1\}$ $(1 \leqslant m, m+1 \leqslant N)$ 的逗留时分布可知, 下列方程成立.

$$c_1^{(m,m+1)} = \pi_m q_{m,m-1} + \pi_{m+1} q_{m+1,m+2}, \tag{3.6.134}$$

$$c_2^{(m,m+1)} = \pi_m q_{m,m-1}^2 + \pi_{m+1} q_{m+1,m+2}^2. \tag{3.6.135}$$

下面的引理可由推论 2.1.4 得出.

引理 3.6.3　下列方程对任意的 $1 \leqslant i \leqslant N$ 和 $2 \leqslant s \leqslant \left[\dfrac{N-1}{2}\right]$ 成立.

$$c_0^{(i)} \equiv \frac{1}{E\sigma^{(i)}} = q_i = q_{i,i+1} + q_{i,i-1}, \tag{3.6.136}$$

$$c_1^{(i)} = \pi_{i-1} q_{i-1,i} + \pi_{i+1} q_{i+1,i}, \tag{3.6.137}$$

$$c_2^{(i)} = \pi_{i-1} q_{i-1,i}^2 + \pi_{i+1} q_{i+1,i}^2, \tag{3.6.138}$$

$$c_3^{(i)} = \pi_{i-1} q_{i-1,i}^2 \, \mathbf{q_{i-1}} + \pi_{i+1} q_{i+1,i}^2 \, q_{i+1}, \tag{3.6.139}$$

$$c_4^{(i)} = \pi_{i-1} q_{i-1,i}^2 (q_{i-1}^2 + q_{i-1,i-2} \, \mathbf{q_{i-2,i-1}})$$
$$+ \pi_{i+1} q_{i+1,i}^2 (q_{i+1}^2 + q_{i+1,i+2} \, q_{i+2,i+1}), \tag{3.6.140}$$

$$c_{2s+1}^{(i)} = \pi_{i-1} q_{i-1,i}^2 \left[\left(\mathbf{q_{i-s}} + 2\sum_{k=1}^{s-1} q_{i-k} \right) \bar{q}(i-1,i-2,\cdots,i-s) \right.$$
$$\left. +_{\{i\}} \bar{q}_{i-1,i-1}^{(2s-1)}(i-1 \leftrightarrow i-2 \leftrightarrow \cdots \leftrightarrow i-s+1) \right]$$
$$+ \pi_{i+1} q_{i+1,i}^2 \left[\left(\mathbf{q_{i+s}} + 2\sum_{k=1}^{s-1} q_{i+k} \right) \bar{q}(i+1,i+2,\cdots,i+s) \right.$$
$$\left. +_{\{i\}} \bar{q}_{i+1,i+1}^{(2s-1)}(i+1 \leftrightarrow i+2 \leftrightarrow \cdots \leftrightarrow i+s-1) \right], \tag{3.6.141}$$

$$c_{2s+2}^{(i)} = \pi_{i-1} q_{i-1,i}^2 [q_{i-s,i-s-1}\mathbf{q_{i-s-1,i-s}} \, \bar{q}(i-1,i-2,\cdots,i-s)$$
$$+_{\{i\}} \bar{q}_{i-1,i-1}^{(2s)}(i-1 \leftrightarrow i-2 \leftrightarrow \cdots \leftrightarrow i-s)]$$
$$+ \pi_{i+1} q_{i+1,i}^2 [q_{i+s,i+s+1}\mathbf{q_{i+s+1,i+s}} \, \bar{q}(i+1,i+2,\cdots,i+s)$$
$$+_{\{i\}} \bar{q}_{i+1,i+1}^{(2s)}(i+1 \leftrightarrow i+2 \leftrightarrow \cdots \leftrightarrow i+s)], \tag{3.6.142}$$

其中, 对于 $i+s > N$, 有 $i+s \equiv (i+s)-N$ 且对于 $i-s \leqslant 0$ 有 $i-s \equiv (i-s)+N$, 下同.

式 (3.6.141) 或 (3.6.142) 的右边表明仅有粗体部分的两个量可能是较前一阶导数新增的未知量.

但是, 在后续通过两个给定的相邻状态的观测来计算求解过程中, 每个方程中都仅有一个是真正新增的未知速率, 具体地说, 当观测两个相邻状态中较小 (相应地, 较大) 的那个状态时, 只有第一个 (相应地, 第二个) 粗体部分是未知量, 例如, 如果观测两相邻状态 m 和 $m+1$, 则 $c_n^{(m)}$ 中第一个才是新增的未知量, $c_n^{(m+1)}$ 中第二个才是新增的未知量.

定理 3.6.1充分性的证明 要证明定理 3.6.1 的充分性, 只需要证明: 对于环形链, 可通过任意两相邻状态的观测统计计算确认其生成元.

不失一般性, 设 m 和 $m+1$ ($0 \leqslant m, m+1 \leqslant N$) 是观测的两相邻状态.

首先, 环是可打开的. 根据 (3.6.136) 式, 分别取 $i=m$ 和 $i=m+1$, 可得

$$q_i = 1/E\sigma^{(i)}, \quad \pi_i = c_1^{(i)} E\sigma^{(i)}.$$

又因为 $q_{m,m-1}$ 和 $q_{m+1,m+2}$ 是方程组 (3.6.134)-(3.6.135) 的两个实根, 因此也是关于 $c_n^{(m,m+1)}$ ($n=1,2$) 和 $c_1^{(m)}, c_1^{(m+1)}$ 的实函数. 于是有 $q_{m,m+1} = q_m - q_{m,m-1}$ 和 $q_{m+1,m} = q_{m+1} - q_{m+1,m+2}$.

其次, 取 $i=m$ 和 $i=m+1$, 可由方程组 (3.6.137)-(3.6.138) 分别求得 $\pi_{m-1}, q_{m-1,m}$ 和 $\pi_{m+2}, q_{m+2,m+1}$, 即

$$q_{m-1,m} = \frac{c_2^{(m)} - \pi_{m+1}q_{m+1,m}^2}{c_1^{(m)} - \pi_{m+1}q_{m+1,m}}, \quad \pi_{m-1} = \frac{c_1^{(m)} - \pi_{m+1}q_{m+1,m}}{q_{m-1,m}},$$

$$q_{m+2,m+1} = \frac{c_2^{(m+1)} - \pi_m q_{m,m+1}^2}{c_1^{(m+1)} - \pi_m q_{m,m+1}}, \quad \pi_{m+2} = \frac{c_1^{(m+1)} - \pi_m q_{m,m+1}}{q_{m+2,m+1}}. \quad (3.6.143)$$

然后, 取 $i=m$ 和 $i=m+1$, 可由 (3.6.139) 式分别求得

$$q_{m-1} = \frac{c_3^{(m)} - \pi_{m+1}q_{m+1,m}^2 q_{m+1}}{\pi_{m-1}q_{m-1,m}^2}, \quad q_{m+2} = \frac{c_3^{(m+1)} - \pi_m q_{m,m+1}^2 q_m}{\pi_{m+2}q_{m+2,m+1}^2},$$

$$q_{m-1,m-2} = q_{m-1} - q_{m-1,m}, \quad q_{m+2,m+3} = q_{m+2} - q_{m+2,m+1}. \quad (3.6.144)$$

进一步, 取 $i = m, m+1$, 可由 (3.6.140) 式求得

$$q_{m-2,m-1} = \frac{c_4^{(m)} - \pi_{m+1}q_{m+1,m}^2(q_{m+1}^2 + q_{m+1,m+2}\ q_{m+2,m+1}) - \pi_{m-1}q_{m-1,m}^2 q_{m-1}^2}{\pi_{m-1}q_{m-1,m}^2 q_{m-1,m-2}},$$

$$q_{m+3,m+2} = \frac{c_4^{(m+1)} - \pi_m q_{m,m+1}^2 (q_m^2 + q_{m,m-1}q_{m-1,m}) - \pi_{m+2}q_{m+2,m+1}^2 q_{m+2}^2}{\pi_{m+2}q_{m+2,m+1}^2 q_{m+2,m+3}},$$

$$\pi_{m-2} = \frac{\pi_{m-1}q_{m-1,m-2}}{q_{m-2,m-1}}, \quad \pi_{m+3} = \frac{\pi_{m+2}q_{m+2,m+3}}{q_{m+3,m+2}}. \tag{3.6.145}$$

这意味着, 分别取 $i = m$ (或 $i = m+1$), 可利用 (3.6.141) 式, 分别沿逆时针方向 (或沿顺时针方向) 移动得到 q_{m-s} 和 $q_{m-s,m-s-1} = q_{m-s} - q_{m-s,m-s+1}$ (或 q_{m+s+1} 和 $q_{m+s+1,m+s+2} = q_{m+s+1} - q_{m+s+1,m+s}$); 进一步, 分别取 $i = m$ (或 $i = m+1$), 也可以根据 (3.6.142), 分别沿逆时针方向 (或沿顺时针方向) 移动得到 $q_{m-s-1,m-s}$ (或 $q_{m+s+2,m+s+1}$).

最后, 可依次类推, 用数学归纳法证明该结论, 此处不再赘述其证明细节.

综上, 两相邻状态的观测是确认一个环形链的充分必要条件, 即先通过任意两个相邻状态的观测打开环 (确认二者之间的转移速率), 然后 (沿逆时针方向和沿顺时针方向) 依次交替确认其余转移速率, 这也是有环链的统计确认的一个关键方法和步骤.

说明 3.6.1　这个简要的证明思路蕴含了相应的算法. 接下来的 3.6.3 节通过给定的两个相邻状态观测给出了另一个更具体的证明. 需要指出的是, 虽然 3.6.3 节表明了 c_n 是关于某些转移速率的函数表达, 但仍不清楚其构成; 而本节关于 c_n 的表达式比 3.6.3节中的更加清晰明了, 清晰地刻画出每个 c_n 的构成, 甚至可以说, 能够快速准确地写出每个表达式.

3.6.3　给定两相邻状态观测的证明

通过两相邻状态 0 和 N 的观测 (以图 3.6.12 中拓扑结构为准), 给出具体的证明如下.

3.6.3.1　状态 0 的观测

观测状态 0 时, 分别记 $\sigma^{(0)}$ 和 $\tau^{(0)}$ 为状态 0 的逗留时和击中时, 则由定理 2.1.1 和推论 2.1.1 得: 逗留时 $\sigma^{(0)} \sim \mathrm{Exp}(q_0)$, 击中时 $\tau^{(0)}$ 服从 N-混合指数分布, 记为 $\tau^{(0)} \sim \mathrm{MExp}(\omega_1^{(0)}, \cdots, \omega_N^{(0)}; \alpha_1^{(0)}, \cdots, \alpha_N^{(0)})$.

对 $n \geqslant 1$, 令

$$d_n^{(0)} = \sum_{i=1}^N \omega_i^{(0)}(\alpha_i^{(0)})^n, \quad c_n^{(0)} = (1 - \pi_0)d_n^{(0)}.$$

由定理 2.1.4 得到 $E\sigma^{(0)}, c_n^{(0)}$ 与 q_{ij} 关系的如下引理.

引理 3.6.4　对 $2 \leqslant s \leqslant \left[\dfrac{N-1}{2}\right]$, 下列方程成立

$$\frac{1}{E\sigma^{(0)}} = q_0 = q_{01} + q_{0N}, \tag{3.6.146}$$

$$c_1^{(0)} = \pi_1 q_{10} + \pi_N q_{N0}, \tag{3.6.147}$$

$$c_2^{(0)} = \pi_1 q_{10}^2 + \pi_N q_{N0}^2, \tag{3.6.148}$$

$$c_3^{(0)} = \pi_1 q_{10}^2 \mathbf{q_1} + \pi_N q_{N0}^2 q_N, \tag{3.6.149}$$

$$c_4^{(0)} = \pi_1 q_{10}^2 (q_1^2 + q_{12}\mathbf{q_{21}}) + \pi_N q_{N0}^2 (q_N^2 + q_{N,N-1}q_{N-1,N}), \tag{3.6.150}$$

$$c_{2s+1}^{(0)} = \pi_1 q_{10}^2 [h_1 h_2 \cdots h_{s-1}\mathbf{q_s} + g_1^{(s)}(q_1, \cdots, q_{s-1}, h_1, h_2, \cdots, h_{s-1})]$$
$$+ \pi_N q_{N0}^2 [h_{N-1} \cdots h_{N-s+1} q_{N-s+1}$$
$$+ g_N^{(s)}(q_N, \cdots, q_{N-s+2}, h_{N-1}, \cdots, h_{N-s+1})], \tag{3.6.151}$$

$$c_{2s+2}^{(0)} = \pi_1 q_{10}^2 [h_1 \cdots h_{s-1} q_{s,s+1}\mathbf{q_{s+1,s}}$$
$$+ f_1^{(s)}(q_1, \cdots, q_s, h_1, h_2, \cdots, h_{s-1})]$$
$$+ \pi_N q_{N0}^2 [h_{N-1} \cdots h_{N-s}$$
$$+ f_N^{(s)}(q_N, \cdots, q_{N-s+1}, h_{N-1}, \cdots, h_{N-s+1})], \tag{3.6.152}$$

其中, $h_i \equiv q_{i,i+1}q_{i+1,i}$ (下同), $f_1^{(s)}, f_N^{(s)}$ 是 $2s$ 次多项式, $g_1^{(s)}, g_N^{(s)}$ 是 $2s-1$ 次多项式; 每个公式蕴涵一个新的未知量 (粗体部分) 用于求解.

证明 显然, 式 (3.6.147) 和 (3.6.148) 是定理 2.1.4 中 (2.1.32) 式的直接结果. 因为 $AW\mathbf{1} = -WQ_{cc}\mathbf{1} = q_{10}W_1 + q_{N0}W_N$, 所以

$$c_3^{(0)} = (W\mathbf{1})^\top A^3 (W\mathbf{1}) = (AW\mathbf{1})^\top A(AW\mathbf{1})$$
$$= (q_{10}W_1 + q_{N0}W_N)^\top A(q_{10}W_1 + q_{N0}W_N)$$
$$= q_{10}^2 W_1^\top AW_1 + q_{N0}^2 W_N^\top AW_N + q_{10}q_{N0}(W_1^\top AW_N + W_N^\top AW_1)$$
$$= -\pi_1 q_{10}^2 q_{11} - \pi_N q_{N0}^2 q_{NN} - q_{10}q_{N0}(\pi_1 q_{1N} + \pi_N q_{N1})$$
$$= \pi_1 q_{10}^2 q_1 + \pi_N q_{N0}^2 q_N.$$

当式 (3.6.152) 中取 $s=1$ 时, 不难得到式 (3.6.150). 然后, 当 $n \geqslant 4$ 时,

$$c_n^{(0)} = \beta^\top A^n \beta = (A\beta)^\top A^{n-2}(A\beta) = (q_{10}W_1 + q_{N0}W_N)^\top A^{n-2}(q_{10}W_1 + q_{N0}W_N)$$
$$= q_{10}^2 W_1^\top A^{n-2}W_1 + q_{N0}^2 W_N^\top A^{n-2}W_N + q_{10}q_{N0}(W_1^\top A^{n-2}W_N + W_N^\top A^{n-2}W_1).$$

因此, 为了证明式 (3.6.151) 和 (3.6.152), 只需证明下面的引理.

引理 3.6.5　对 $2 \leqslant s \leqslant \left[\dfrac{N-1}{2}\right]$, $1 \leqslant m < N-1$,

$$W_1^\top A^m W_N = W_N^\top A^m W_1 = 0,$$

$$W_1^\top A^{2s-1} W_1 = \pi_1[h_1 h_2 \cdots h_{s-1}\mathbf{q_s} + g_1^{(s)}(q_1, \cdots, q_{s-1}, h_1, h_2, \cdots, h_{s-1})],$$

$$W_N^\top A^{2s-1} W_N = \pi_N[h_{N-1} \cdots h_{N-s+1}\mathbf{q_{N-s+1}}$$

$$+ g_N^{(s)}(q_N, \cdots, q_{N-s+2}, h_{N-1}, \cdots, h_{N-s+1})],$$

$$W_1^\top A^{2s} W_1 = \pi_1[h_1 \cdots h_s q_{s,s+1}\mathbf{q_{s+1,s}} + f_1^{(s)}(q_1, \cdots, q_s, h_1, \cdots, h_{s-1})],$$

$$W_N^\top A^{2s} W_N = \pi_N[h_{N-1} \cdots h_{N-s} + f_N^{(s)}(q_N, \cdots, q_{N-s+1}, h_{N-1}, \cdots, h_{N-s+1})].$$

证明　因为 $C = \{0\}$, 所以 Q_{cc} 是由矩阵 Q 删除第 0 行第 0 列得到的矩阵. 由式 (2.1.6) 知 $AW = -WQ_{cc}$, 从而 $W^\top AW = -W^\top WQ_{cc} = -\Pi_c Q_{cc}$, 进而得 $W^\top A^2 W = \Pi_c Q_{cc}^2$, 以此类推, 可得 $W^\top A^m W = (-1)^m \Pi_c Q_{cc}^m$, 故

$$W_i^\top A^m W_j = (-1)^m \pi_i (Q_{cc}^m)_{ij}$$

$$= (-1)^m \pi_i \sum_{a_1, \cdots, a_{m-1} \in C} q_{ia_1} q_{a_1 a_2} \cdots q_{a_{m-2} a_{m-1}} q_{a_{m-1} j}.$$

根据矩阵 Q 特点, $q_{ij} = 0$ $(|j-i| > 1)$, 所以当 $m-1 < N-2$, 即 $m < N-1$ 时,

$$W_1^\top A^m W_N = (-1)^m \pi_1 \sum_{a_1, \cdots, a_{m-1} \in C} q_{1a_1} q_{a_1 a_2} \cdots q_{a_{m-2} a_{m-1}} q_{a_{m-1} N} = 0,$$

$$W_N^\top A^m W_1 = (-1)^m \pi_N \sum_{a_1, \cdots, a_{m-1} \in C} q_{Na_1} q_{a_1 a_2} \cdots q_{a_{m-2} a_{m-1}} q_{a_{m-1} 1} = 0.$$

当 $1 < m = 2s-1 < N-1$, 即 $1 < s < \dfrac{N}{2}$ 时,

$$W_1^\top A^{2s-1} W_1 = (-1)^m \pi_1 \sum_{a_1, \cdots, a_{2s-2} \in C} q_{1a_1} q_{a_1 a_2} \cdots q_{a_{2s-3} a_{2s-2}} q_{a_{2s-2} 1}$$

$$= \pi_1[h_1 h_2 \cdots h_{s-1}\mathbf{q_s}$$

$$+ g_1^{(s)}(q_1, \cdots, q_{s-1}, h_1, h_2, \cdots, h_{s-1})],$$

$$W_N^\top A^{2s-1} W_N = \pi_N[h_{N-1} \cdots h_{N-s+1}\mathbf{q_{N-s+1}}$$

$$+ g_N^{(s)}(q_N, \cdots, q_{N-s+2}, h_{N-1}, \cdots, h_{N-s+1})].$$

当 $1 < m = 2s < N - 1$, 即 $\frac{1}{2} < s < \frac{N-1}{2}$ 时,

$$W_1^\top A^{2s} W_1 = (-1)^m \pi_1 \sum_{a_1,\cdots,a_{2s-1} \in C} q_{1a_1} q_{a_1 a_2} \cdots q_{a_{2s-2} a_{2s-1}} q_{a_{2s-1} 1}$$

$$= \pi_1 [h_1 h_2 \cdots h_{s-1} q_{s,s+1} \mathbf{q_{s+1,s}}$$

$$+ f_1^{(s)}(q_1, \cdots, q_s, h_1, h_2, \cdots, h_{s-1})],$$

$$W_N^\top A^{2s} W_N = \pi_N [h_{N-1} \cdots h_{N-s-1} q_{N-s+1,N-s} \mathbf{q_{N-s,N-s+1}}$$

$$+ f_N^{(s)}(q_N, \cdots, q_{N-s+1}, h_{N-1}, \cdots, h_{N-s+1})].$$

当 $1 \leqslant m < N - 1, 1 < s < \frac{N}{2}$ 且 $\frac{1}{2} < s < \frac{N-1}{2}$, 即 $1 \leqslant m < N - 1, 2 \leqslant s \leqslant \left[\frac{N-1}{2}\right]$ 时, 引理 3.6.5 的结论成立.

3.6.3.2 状态 N 的观测

观测状态 N 时, 分别记 $\sigma^{(N)}$ 和 $\tau^{(N)}$ 为状态 N 的逗留时和击中时, 则由定理 2.1.1 和推论 2.1.1 得: 逗留时 $\sigma^{(N)} \sim \mathrm{Exp}(q_N)$, 击中时 $\tau^{(N)}$ 服从 N-混合指数分布, 记为 $\tau^{(N)} \sim \mathrm{MExp}(\omega_1^{(N)}, \cdots, \omega_N^{(N)}; \alpha_1^{(N)}, \cdots, \alpha_N^{(N)})$.

对 $n \geqslant 1$, 令

$$d_n^{(N)} = \sum_{i=1}^{N} \omega_i^{(N)} (\alpha_i^{(N)})^n, \quad c_n^{(N)} = (1 - \pi_N) d_n^{(N)}.$$

类似引理 3.6.4 的证明, $E\sigma^{(N)}, c_n^{(N)}$ 与 q_{ij} 的关系满足如下引理.

引理 3.6.6 下列方程成立

$$\frac{1}{E\sigma^{(N)}} = q_N = q_{N0} + q_{N,N-1}, \tag{3.6.153}$$

$$c_1^{(N)} = \pi_0 q_{0N} + \pi_{N-1} q_{N-1,N}, \tag{3.6.154}$$

$$c_2^{(N)} = \pi_0 q_{0N}^2 + \pi_{N-1} q_{N-1,N}^2, \tag{3.6.155}$$

$$c_3^{(N)} = \pi_0 q_{0N}^2 q_0 + \pi_{N-1} q_{N-1,N}^2 \mathbf{q_{N-1}}, \tag{3.6.156}$$

$$c_4^{(N)} = \pi_0 q_{0N}^2 (q_0^2 + q_{01} q_{10}) + \pi_{N-1} q_{N-1,N}^2 (q_{N-1}^2 + q_{N-1,N-2} \mathbf{q_{N-2,N-1}}), \tag{3.6.157}$$

$$c_{2s+1}^{(N)} = \pi_0 q_{0N}^2 [h_0 h_1 \cdots h_{s-2} q_{s-1} + g_0^{(s)}(q_0, \cdots, q_{s-2}, h_0, h_1, \cdots, h_{s-2})]$$

$$+ \pi_{N-1}q_{N-1,N}^2[h_{N-2}\cdots h_{N-s}\mathbf{q_{N-s}}$$
$$+ g_{N-1}^{(s)}(q_{N-1},\cdots,q_{N-s+1},h_{N-2},\cdots,h_{N-s})], \tag{3.6.158}$$

$$c_{2s+2}^{(N)} = \pi_0 q_{0N}^2[h_0 h_1 \cdots h_{s-1} + f_0^{(s)}(q_0,\cdots,q_{s-1},h_0,h_1,\cdots,h_{s-2})]$$
$$+ \pi_{N-1}q_{N-1,N}^2[h_{N-2}\cdots h_{N-s-1}$$
$$+ f_{N-1}^{(s)}(q_{N-1},\cdots,q_{N-s},h_{N-2},\cdots,h_{N-s})], \tag{3.6.159}$$

其中, $f_0^{(s)}, f_{N-1}^{(s)}$ 是 $2s$ 次多项式, $g_0^{(s)}, g_{N-1}^{(s)}$ 是 $2s-1$ 次多项式, $2 \leqslant s \leqslant \left[\dfrac{N-1}{2}\right]$; 每个公式蕴涵一个新未知量用以求解 ($c_{2s+2}^{(N)}$ 蕴涵的未知量是 h_{N-s-1} 中的 $\mathbf{q_{N-s-1,N-s}}$).

3.6.3.3　状态集 $\{0, N\}$ 的观测

记 $\sigma^{(0,N)}$ 是状态 $\{0, N\}$ 的逗留时, 则 $\sigma^{(0,N)}$ 服从 2-混合指数分布, 记为 $\sigma^{(0,N)} \sim \mathrm{MExp}(\omega_1^{(0,N)}, \omega_2^{(0,N)}; \alpha_1^{(0,N)}, \alpha_2^{(0,N)})$.

对 $n \geqslant 1$, 令

$$d_n^{(0,N)} = \sum_{i=1}^2 \omega_i^{(0,N)}(\alpha_i^{(0,N)})^n, \quad c_n^{(0,N)} = (\pi_0 + \pi_N)d_n^{(0,N)}.$$

于是由定理 2.1.4 得到如下引理.

引理 3.6.7　下列方程成立

$$c_1^{(0,N)} = \pi_0 q_{01} + \pi_N q_{N,N-1}, \tag{3.6.160}$$
$$c_2^{(0,N)} = \pi_0 q_{01}^2 + \pi_N q_{N,N-1}^2. \tag{3.6.161}$$

3.6.3.4　主要结论

根据 3.6.3.1—3.6.3.3 节的讨论, 得到如下重要的引理.

引理 3.6.8　对 $0 \leqslant n \leqslant \left[\dfrac{N-1}{2}\right]$,

(a) $\pi_0, q_0, q_{01}, q_{0N}, \pi_N, q_N, q_{N,N-1}, q_{N0}$ 能够表示成 $E\sigma^{(0)}, E\sigma^{(N)}, c_1^{(0)}, c_1^{(N)}, c_1^{(0,N)}, c_2^{(0,N)}$ 的实函数.

(b) $\pi_1, q_{10}, \pi_{N-1}, q_{N-1,N}$ 能够表示成 $E\sigma^{(0)}, E\sigma^{(N)}, c_1^{(0)}, c_2^{(0)}, c_1^{(N)}, c_2^{(N)}, c_1^{(0,N)}, c_2^{(0,N)}$ 的实函数.

(c) $q_n, q_{n,n+1}, q_{N-n}, q_{N-n,N-n-1}$ 能够表示成 $c_1^{(0)},\cdots,c_{2n+1}^{(0)}, c_1^{(N)},\cdots,c_{2n+1}^{(N)}$ 以及 $E\sigma^{(0)}, E\sigma^{(N)}, c_1^{(0,N)}, c_2^{(0,N)}$ 的实函数.

(d) $\pi_{n+1}, q_{n+1,n}, \pi_{N-n-1}, q_{N-n-1,N-n}$ 能够表示成 $c_1^{(0)}, \cdots, c_{2n+2}^{(0)}, c_1^{(N)}, \cdots,$ $c_{2n+2}^{(N)}$ 以及 $E\sigma^{(0)}, E\sigma^{(N)}, c_1^{(0,N)}, c_2^{(0,N)}$ 的实函数.

证明 首先, (a) 的证明: 由式 (2.1.16) 得, $\pi_0 = c_1^{(0)} E\sigma^{(0)}, \pi_N = c_1^{(N)} E\sigma^{(N)}$. 再由式 (3.6.160)-(3.6.161) 可求出 q_{01} 和 $q_{N,N-1}(c_1^{(0,N)}, c_2^{(0,N)}$ 的实函数, 含 $c_1^{(0)},$ $c_1^{(N)}$). 又由式 (3.6.146) 和 (3.6.153) 可求出 $q_{0N} = q_0 - q_{01}, q_{N0} = q_N - q_{N,N-1}$. 即 (a) 成立.

其次, 在 (a) 的证明基础上, 再由式 (3.6.147) 和 (3.6.148) 可求出 π_1 和 q_{10}; 同理, 由式 (3.6.154) 和 (3.6.155) 可求出 π_{N-1} 和 $q_{N-1,N}$, 均能表示成 $c_1^{(0)}, c_2^{(0)}, c_1^{(N)},$ $c_2^{(N)}$ 及 $E\sigma^{(0)}, E\sigma^{(N)}, c_1^{(0,N)}, c_2^{(0,N)}$ 的实函数. 即 (b) 成立.

最后, 用数学归纳法证明 (c) 和 (d).

当 $n=1$ 时, 根据 (a) 和 (b), 再由式 (3.6.149) 和 (3.6.156) 求得

$$q_1 = (c_3^{(0)} - \pi_N q_{N0}^2 q_N)/(\pi_1 q_{10}^2),$$

$$q_{N-1} = (c_3^{(N)} - \pi_0 q_{0N}^2 q_0)/(\pi_{N-1} q_{N-1,N}^2).$$

所以

$$q_{12} = q_1 - q_{10}, \quad q_{N-1,N-2} = q_{N-1} - q_{N-1,N}.$$

即 $n=1$ 时, 归纳假设 (c) 成立.

然后由式 (3.6.150) 和 (3.6.157) 得

$$q_{21} = \frac{c_4^{(0)} - \pi_N q_{N0}^2 (q_N^2 + q_{N,N-1} q_{N-1,N}) - \pi_1 q_{10}^2 q_1^2}{\pi_1 q_{10}^2 q_{12}},$$

$$q_{N-2,N-1} = \frac{c_4^{(N)} - \pi_0 q_{0N}^2 (q_0^2 + q_{01} q_{10}) - \pi_{N-1} q_{N-1,N}^2 q_{N-1}^2}{\pi_{N-1} q_{N-1,N}^2 q_{N-1,N-2}}.$$

故

$$\pi_2 = \frac{\pi_1 q_{12}}{q_{21}}, \quad \pi_{N-2} = \frac{\pi_{N-1} q_{N-1,N-2}}{q_{N-2,N-1}}.$$

这就证明了 $n=1$ 时归纳假设成立.

假设当 $n=k$ 时, 归纳假设成立. 那么, 当 $n=k+1$ 时, 由引理 3.6.4 中 (3.6.151) 式可知 $c_{2k+3}^{(0)} = c_{2(k+1)+1}^{(0)}$ (即 $s=k+1$) 中只有一个未知量 q_{k+1}, 由引理 3.6.6 中式 (3.6.158) $c_{2k+3}^{(N)} = c_{2(k+1)+1}^{(N)}$ (即 $s=k+1$) 中只有一个未知量 $q_{N-k-1} = q_{N-(k+1)}$, 由归纳假设可知, q_{k+1} 和 $q_{N-(k+1)}$ 能够表示成 $c_1^{(0)}, \cdots, c_{2(k+1)+1}^{(0)}, c_1^{(N)}, \cdots, c_{2(k+1)+1}^{(N)}$ 及 $E\sigma^{(0)}, E\sigma^{(N)}, c_1^{(0,N)}, c_2^{(0,N)}$ 实函数. 再由 $q_{k+1,k+2} = q_{k+1} - q_{k+1,k}, q_{N-k-1,N-k-2} = q_{N-k-1} - q_{N-k-1,N-k}$ 可知, 归纳假设 (c) 对 $n=k+1$ 成立.

另一方面, 由引理 3.6.4 中式 (3.6.152) 知 $c_{2k+4}^{(0)} = c_{2(k+1)+2}^{(0)}$ (相当于 $s = k+1$) 中仅有一个新未知量 $q_{k+2,k+1} = q_{(k+1)+1,k+1}$, 由引理 3.6.6 中式 (3.6.159) 知 $c_{2k+4}^{(N)} = c_{2(k+1)+2}^{(N)}$ 中仅有一个新未知量 $q_{N-k-2,N-k-1} = q_{N-(k+1)-1,N-(k+1)}$, 由归纳假设可知, $q_{(k+1)+1,k+1}$ 和 $q_{N-(k+1)-1,N-(k+1)}$ 均能够表示成 $c_1^{(0)}, \cdots, c_{2(k+1)+2}^{(0)}$, $c_1^{(N)}, \cdots, c_{2(k+1)+2}^{(N)}$ 及 $E\sigma^{(0)}, E\sigma^{(N)}, c_1^{(0,N)}, c_2^{(0,N)}$ 的实函数. 再由式 (2.1.2) 得

$$\pi_{(k+1)+1} = \frac{\pi_{k+1}q_{k+1,k+2}}{q_{k+2,k+1}},$$

$$\pi_{N-(k+1)-1} = \frac{\pi_{N-k-1}q_{N-k-1,N-k-2}}{q_{N-k-2,N-k-1}}.$$

故归纳假设 (d) 对 $n = k+1$ 成立.

因此, 归纳假设 (c) 和 (d) 对 $n = k+1$ 成立. 这就证明了 (c) 和 (d) 成立. 得证.

定理 3.6.2　设 $\{X_t, t \geqslant 0\}$ 是状态空间为 $S = \{0,1,2,\cdots,N\}$ 的可逆环形马尔可夫链, 若初始分布是其平稳分布 $\{\pi_i, 0 \leqslant i \leqslant N\}$, 则其生成元 $Q = (q_{ij})$ 中的每个元素 q_{ij} 和 π_i 可表成 $c_1^{(0,N)}, c_2^{(0,N)}, c_n^{(0)}, c_n^{(N)} \left(n = 1,2,\cdots,2\left[\dfrac{N+1}{2}\right]-1 \right)$ 及 $E\sigma^{(0)}, E\sigma^{(N)}$ 的实函数.

证明　假设已经由观测统计分别得到状态 0 和 N 的逗留时和击中时 PDF 及状态集 $\{0,N\}$ 的逗留时 PDF, 并求出了相应的 $c_1^{(0,N)}, c_2^{(0,N)}, c_n^{(0)}, c_n^{(N)} \left(n = 1,2,\cdots,2\left[\dfrac{N+1}{2}\right]-1 \right)$ 及 $E\sigma^{(0)}, E\sigma^{(N)}$.

记 $M = \left[\dfrac{N+1}{2}\right]$, 由引理 3.6.8 知, 根据 $c_1^{(0,N)}$, $c_2^{(0,N)}$, $c_1^{(0)}$, $\cdots$, $c_{2M-2}^{(0)}$ $(= c_{2(M-2)+2}^{(0)})$, $c_{2M-1}^{(0)}(= c_{2(M-1)+1}^{(0)})$, $c_1^{(N)}$, $\cdots$, $c_{2M-2}^{(N)}$ $(= c_{2(M-2)+2}^{(N)})$, $c_{2M-1}^{(N)}$ $(= c_{2(M-1)+1}^{(N)})$ 及 $E\sigma^{(0)}, E\sigma^{(N)}$ 可求出 q_{0N}, q_{N0} 及

$$\begin{array}{llllll}
\pi_0, & \cdots, & \pi_{M-1}, & & \pi_{N-M+1}, & \cdots, & \pi_N, \\
q_0, & \cdots, & q_{M-2}, & q_{M-1}, & q_{N-M+1}, & q_{N-M+2}, & \cdots, & q_N, \\
q_{01}, & \cdots, & q_{M-2,M-1}, & q_{M-1,M}, & q_{N-M+1,N-M} & q_{N-M+2,N-M+1}, & \cdots, & q_{N,N-1}, \\
q_{10}, & \cdots, & q_{M-1,M-2}, & & & q_{N-M+1,N-M+2}, & \cdots, & q_{N-1,N}.
\end{array}$$

$$\tag{3.6.162}$$

其中, q_{M-1} 和 $q_{M-1,M} = q_{M-1,(M-1)+1}$ 由 $c_{2M-1}^{(0)} = c_{2(M-1)+1}^{(0)}$ 求出; $q_{N-M+1}(= q_{N-(M-1)})$ 和 $q_{N-M+1,N-M}(= q_{N-(M-1),N-((M-1)+1)})$ 由 $c_{2M-1}^{(N)} = c_{2(M-1)+1}^{(N)}$ 求出 (由引理 3.6.8(c) 知).

为了给出更清晰的证明, 分两种情况证明.

(1) 马尔可夫链共有偶数个状态, 不妨设 $N = 2M - 1$.

将 $N = 2M - 1$ 代入式 (3.6.162) 可知, 已求出了全部的 π_i, q_i, q_{ij} $(i, j = 0, 1, \cdots, 2M - 1)$, 即状态数为偶数 ($N$ 为奇数) 时结论成立.

(2) 马尔可夫链共有奇数个状态, 不妨设 $N = 2M$.

将 $N = 2M$ 代入式 (3.6.162) 知, 已求出了除 $\pi_M, q_M, q_{M,M-1}, q_{M,M+1}$ 以外的其他 π_i, q_i, q_{ij} $(i, j = 0, 1, \cdots, 2M)$. 再由式 (2.1.1) 得 $\pi_M = 1 - \sum\limits_{i \neq M} \pi_i$, 从而得

$$q_{M,M-1} = \frac{\pi_{M-1} q_{M-1,M}}{\pi_M},$$

$$q_{M,M+1} = \frac{\pi_{M+1} q_{M+1,M}}{\pi_M}.$$

最后, $q_M = q_{M,M-1} + q_{M,M+1}$. 即状态数为奇数 ($N$ 为偶数) 时结论成立.

综合 (1) 和 (2) 得出结论: 其速率矩阵 $Q = (q_{ij})$ 的每个元素 q_{ij} 和 π_i 可表成 $c_1^{(0,N)}, c_2^{(0,N)}, c_n^{(0)}, c_n^{(N)}$ $\left(n = 1, 2, \cdots, 2\left[\dfrac{N+1}{2}\right] - 1\right)$ 及 $E\sigma^{(0)}, E\sigma^{(N)}$ 的实函数.

说明 3.6.2 (1) 计算过程中 (3.6.160)-(3.6.161) 式涉及形如 (3.6.163) 式非线性方程组求解问题. 当样本容量较大、计算较精确时存在实数解. 下同.

$$\begin{cases} ax + by = c_1, \\ ax^2 + by^2 = c_2. \end{cases} \tag{3.6.163}$$

(2) 当状态数减少时, 上述方程组部分线性相关, 并不矛盾, 相应的计算过程可适当简化.

从上述证明过程可知, 当状态数较多时, 部分转移速率的计算表达式稍显复杂. 下面, 以不超过 9 个状态 ($N \leqslant 8$) 为例给出具体的表达, 这在实际应用 (如离子通道) 中也足够了 (通常为 $3 - 5$ 个). 根据定理 3.6.2, 相应的统计计算至多用到 $c_7^{(0)}, c_7^{(N)}$. 在引理 3.6.4 和引理 3.6.6 中已给出 $c_n^{(0)}, c_n^{(N)} (n = 1, 2, 3, 4)$ 与 q_{ij} 之间的约束方程组, 为此, 下面给出关于 $c_n^{(0)}, c_n^{(N)} (n = 5, 6, 7)$ 与 q_{ij} 之间的约束方程组.

引理 3.6.9 下列等式成立

$$\begin{aligned}
c_5^{(0)} &= \pi_1 q_{10}^2 (q_1^3 + 2q_1 q_{12} q_{21} + \mathbf{q_2} q_{12} q_{21}) \\
&\quad + \pi_N q_{N0}^2 (q_N^3 + 2q_N q_{N,N-1} q_{N-1,N} + q_{N,N-1} q_{N-1} q_{N-1,N}), \tag{3.6.164}
\end{aligned}$$

$$\begin{aligned}
c_6^{(0)} &= \pi_1 q_{10}^2 [q_1^4 + (3q_1^2 + 2q_1 q_2 + q_2^2) q_{12} q_{21} + q_{12} q_{23} \mathbf{q_{32}} q_{21}] \\
&\quad + \pi_N q_{N0}^2 [q_N^4 + (3q_N^2 + 2q_N q_{N-1} + q_{N-1}^2) q_{N,N-1} q_{N-1,N}
\end{aligned}$$

$$+ q_{N-1,N-2}q_{N,N-1}q_{N-2,N-1}q_{N-1,N}], \tag{3.6.165}$$

$$c_7^{(0)} = \pi_1 q_{10}^2 [q_1^5 + (4q_1^3 + 3q_1^2 q_2 + 2q_1 q_2^2 + q_2^3 + 3q_2 q_{23}q_{32})q_{12}q_{21}$$

$$+ q_{12}q_{23}\mathbf{q_3}q_{32}q_{21}] + \pi_N q_{N0}^2 [q_N^5 + (4q_N^3 + 3q_N^2 q_{N-1} + 2q_N q_{N-1}^2$$

$$+ q_{N-1}^3 + 3q_{N-1}q_{N-1,N-2}q_{N-2,N-1})q_{N,N-1}q_{N-1,N}$$

$$+ q_{N,N-1}q_{N-1,N-2}q_{N-2}q_{N-2,N-1}q_{N-1,N}], \tag{3.6.166}$$

$$c_5^{(N)} = \pi_0 q_{0N}^2 (q_0^3 + 2q_0 q_{01}q_{10} + q_{01}q_1 q_{10}) + \pi_{N-1}q_{N-1,N}^2 (q_{N-1}^3$$

$$+ 2q_{N-1}q_{N-1,N-2}q_{N-2,N-1} + q_{N-1,N-2}\mathbf{q_{N-2}}q_{N-2,N-1}), \tag{3.6.167}$$

$$c_6^{(N)} = \pi_0 q_{0N}^2 [q_0^4 + (3q_0^2 + 2q_0 q_1 + q_1^2)q_{01}q_{10} + q_{01}q_{12}q_{21}q_{10}]$$

$$+ \pi_{N-1}q_{N-1,N}^2 [q_{N-1}^4 + (3q_{N-1}^2 + 2q_{N-1}q_{N-2} + q_{N-2}^2)$$

$$\cdot q_{N-1,N-2}q_{N-2,N-1} + q_{N-1,N-2}q_{N-2,N-3}\mathbf{q_{N-3,N-2}}q_{N-2,N-1}], \tag{3.6.168}$$

$$c_7^{(N)} = \pi_0 q_{0N}^2 [q_0^5 + (4q_0^3 + 3q_0^2 q_1 + 2q_0 q_1^2 + q_1^3 + 3q_1 q_{12}q_{21})q_{01}q_{10}$$

$$+ q_{01}q_{12}q_2 q_{21}q_{10}] + \pi_{N-1}q_{N-1,N}^2 [q_{N-1}^5 + (4q_{N-1}^3 + 3q_{N-1}^2 q_{N-2}$$

$$+ 2q_{N-1}q_{N-2}^2 + q_{N-2}^3 + 3q_{N-2}q_{N-2,N-3}q_{N-3,N-2})q_{N-1,N-2}$$

$$\cdot q_{N-2,N-1} + q_{N-1,N-2}q_{N-2,N-3}\mathbf{q_{N-3}}q_{N-3,N-2}q_{N-2,N-1}]. \tag{3.6.169}$$

3.6.4   四个状态的环形链

考虑仅 4 个状态的环形链 (按图 3.6.12 记号, 即 $N = 3$), 根据定理 3.6.1, 当存在两相邻的开状态时其生成元是可确认的. 当两开状态不相邻时, 例如状态 0 和 2 是开状态时, 如果只利用击中分布的微分性质, 其生成元是不能确认的. 如果适当利用击中分布的矩性质和指数的对称函数性质就可以确认其生成元了.

观测状态 0 时, 由引理 3.6.4 得到如下方程组

$$\frac{1}{E\sigma^{(0)}} = q_0 = q_{01} + q_{03}, \tag{3.6.170}$$

$$c_1^{(0)} = \pi_1 q_{10} + \pi_3 q_{30}, \tag{3.6.171}$$

$$c_2^{(0)} = \pi_1 q_{10}^2 + \pi_3 q_{30}^2, \tag{3.6.172}$$

$$c_3^{(0)} = \pi_1 q_{10}^2 q_1 + \pi_3 q_{30}^2 q_3, \tag{3.6.173}$$

同理, 观测状态 2 时可得如下方程组

$$\frac{1}{E\sigma^{(2)}} = q_2 = q_{21} + q_{23},\tag{3.6.174}$$

$$c_1^{(2)} = \pi_1 q_{12} + \pi_3 q_{32},\tag{3.6.175}$$

$$c_2^{(2)} = \pi_1 q_{12}^2 + \pi_3 q_{32}^2,\tag{3.6.176}$$

$$c_3^{(2)} = \pi_1 q_{12}^2 q_1 + \pi_3 q_{32}^2 q_3.\tag{3.6.177}$$

当观测两状态集合 $\{0,2\}$ 时, 若只利用其击中分布的微分性质, 由于状态 0 和 2 之间没有直接的转移, 则二者状态集的观测不能为其统计计算提供任何新的信息, 参见后面的命题 3.8.4. 此时, 只能求出 π_0, q_0, π_2, q_2. 但若利用击中分布的矩性质和对称函数性质得到的上述约束方程 (组), 则可以为统计计算提供一些新信息. 当观测状态集 $\{0,2\}$ 时, 其击中时服从 2-混合指数分布, 不妨假设其参数为 $(\gamma_i, \alpha_i)_{i=1,2}$, 它们是已知量. 此时,

$$Q_{cc} = \begin{pmatrix} -q_1 & 0 \\ 0 & -q_3 \end{pmatrix},$$

Q_{cc} 的特征值为 α_1, α_2, 且

$$Q_{cc}^{-1} = \begin{pmatrix} -\dfrac{1}{q_1} & 0 \\ 0 & -\dfrac{1}{q_3} \end{pmatrix},$$

从而可得

$$|-Q_{cc}| = q_1 q_3 = \alpha_1 \alpha_3,\tag{3.6.178}$$

$$\mathrm{tr}(-Q_{cc}) = q_1 + q_3 = \alpha_1 + \alpha_3.\tag{3.6.179}$$

又由式 (2.1.35) 得到如下方程组

$$\frac{\pi_1}{q_1} + \frac{\pi_3}{q_3} = \frac{\gamma_1}{\alpha_1^2} + \frac{\gamma_2}{\alpha_2^2},\tag{3.6.180}$$

$$\pi_1 + \pi_3 = 1 - \pi_0 - \pi_2.\tag{3.6.181}$$

于是可求出 π_1, π_3, q_1, q_3. 再由式 (3.6.171) 和 (3.6.172) 可求出 q_{10}, q_{30}, 从而求出 $q_{12} = q_1 - q_{10}, q_{32} = q_3 - q_{30}$.

最后由式 (2.1.2) 求出

$$q_{01} = \frac{\pi_1 q_{10}}{\pi_0}, \quad q_{03} = \frac{\pi_3 q_{30}}{\pi_0},$$

$$q_{21} = \frac{\pi_1 q_{12}}{\pi_2}, \quad q_{23} = \frac{\pi_3 q_{32}}{\pi_2}.$$

至此, 求出了马尔可夫链的全部转移速率.

通过以上例子说明, 当马尔可夫链的状态数比较少时, 利用击中分布指数的对称函数性质有助于求解生成元.

定理 3.6.3　对于四个状态的环形链, 若初始分布是其平稳分布, 则其生成元可通过**任意两个状态**的观测统计计算唯一确认.

3.7　有环链的统计计算

有环的链是另一类非常重要的马尔可夫链模型, 也是最复杂和最关键的拓扑类型.

不失一般性, 考虑蝌蚪图、潘图和爪子图等具有代表性的单环链 (环形链是其特例) 和双环链, 解决了它们的统计计算问题, 就可以解决一般的有环链的统计计算, 因为可当作是它们的组合.

3.7.1　潘图单环链

有环的离子通道门控是现实离子通道数据分析中的常见情形, Sakmann[112]曾提出了这样一类离子通道门控 (图 3.7.13 左): 其中 R 是关状态, AR^*, A_2R^* 是开状态. 人们希望能通过这些开状态的观测 (观测其逗留时和击中时) 来确认整个离子通道活动的性质 (见 3.7.1.2 节相关讨论). 这是带一个环的离子通道, 考虑更一般的情形, 当离子通道活动能够被描述为图 3.7.13 右所示的马尔可夫链时, 怎样确认其生成元? 研究发现: 其生成元能够通过三个状态的观测统计计算唯一确认, 也可通过两个相邻状态的观测统计计算唯一确认.

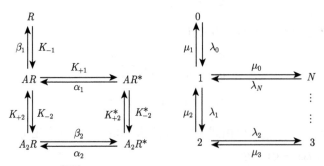

图 3.7.13　左: Sakmann[112] 在 1982 年提出的离子通道门控机制. 右: 潘图单环链示意图

设 $\{X_t, t \geqslant 0\}$ 是如图 3.7.13 右所示的可逆潘图单环链, 状态空间为 $S =$

$\{0, 1, \cdots, N\}$, 速率矩阵为

$$Q = \begin{pmatrix} -\lambda_0 & \lambda_0 & 0 & \cdots & 0 & 0 \\ \mu_1 & -(\lambda_1 + \mu_1 + \mu_0) & \lambda_1 & \cdots & 0 & \mu_0 \\ \vdots & \vdots & \vdots & \ddots & \vdots & \vdots \\ 0 & \lambda_N & 0 & \cdots & \mu_N & -(\lambda_N + \mu_N) \end{pmatrix}, \quad (3.7.182)$$

这里 $\lambda_i > 0, \mu_i > 0 \ (0 \leqslant i \leqslant N)$, 且 $\lambda_1 \cdots \lambda_N = \mu_0 \mu_2 \cdots \mu_N$(可逆性). 设

$$\pi_0 = \left(1 + \sum_{i=1}^{N} \frac{\lambda_0 \lambda_1 \cdots \lambda_{i-1}}{\mu_1 \mu_2 \cdots \mu_i}\right)^{-1}, \quad \pi_i = \frac{\lambda_0 \lambda_1 \cdots \lambda_{i-1}}{\mu_1 \mu_2 \cdots \mu_i} \pi_0, \quad 1 \leqslant i \leqslant N.$$

$$(3.7.183)$$

那么 $\{\pi_0, \pi_1, \cdots, \pi_N\}$ 是其唯一平稳分布且适应公式 (2.1.1) 和 (2.1.2).

3.7.1.1 由三个状态的观测确认

1) 状态 0 的观测

首先, 观测状态 0, 则 $O = \{0\}$. 记 $\tau^{(0)}$ 和 $\sigma^{(0)}$ 为状态 0 的击中时和逗留时, 则由定理 2.1.1 和推论 2.1.1 得: 逗留时 $\sigma^{(0)} \sim \mathrm{Exp}(q_0)$, 击中时 $\tau^{(0)}$ 服从 N-混合指数分布, 记为 $\tau^{(0)} \sim \mathrm{MExp}(\omega_1^{(0)}, \cdots, \omega_N^{(0)}; \alpha_1^{(0)}, \cdots, \alpha_N^{(0)})$.

令

$$d_n^{(0)} = \sum_{i=1}^{N} \omega_i^{(0)} (\alpha_i^{(0)})^n, \quad c_n^{(0)} = (1 - \pi_0) d_n^{(0)}, \quad n \geqslant 1.$$

$E\sigma^{(0)}, c_n^{(0)}$ 与 q_{ij} 的关系满足如下引理.

引理 3.7.1 $q_{10}, q_{01}(= q_0), \pi_0, \pi_1, q_1$ 能表示成 $E\sigma^{(0)}, c_1^{(0)}, c_2^{(0)}, c_3^{(0)}$ 的实函数.

证明 由推论 2.1.1 知

$$q_0 = \frac{1}{E\sigma^{(0)}}, \quad \pi_0 = \frac{d_1^{(0)}}{q_0 + d_1^{(0)}} = c_1^{(0)} E\sigma^{(0)}. \quad (3.7.184)$$

再由定理 2.1.4 得到

$$c_1^{(0)} = \pi_1 q_{10},$$

$$c_2^{(0)} = \pi_1 q_{10}^2,$$

$$c_3^{(0)} = \pi_1 q_{10}^2 q_1.$$

于是

$$q_{10} = \frac{\pi_1 q_{10}^2}{\pi_1 q_{10}} = \frac{c_2^{(0)}}{c_1^{(0)}}, \tag{3.7.185}$$

$$\pi_1 = \frac{(\pi_1 q_{10})^2}{\pi_1 q_{10}^2} = \frac{(c_1^{(0)})^2}{c_2^{(0)}}, \tag{3.7.186}$$

$$q_1 = \frac{c_3^{(0)}}{\pi_1 q_{10}^2} = \frac{c_3^{(0)}}{c_2^{(0)}}. \tag{3.7.187}$$

由式 (3.7.184)—(3.7.187) 知引理成立.

引理 3.7.2　$q_{10}, q_{01}(= q_0), \pi_0, \pi_1, q_1$ 均能通过状态 0 的逗留时和击中时 PDF 唯一确认.

2) 状态 N 的观测

此时, $O = \{N\}$. 记 $\tau^{(N)}$ 和 $\sigma^{(N)}$ 为状态 N 的击中时和逗留时. 则由定理 2.1.1 和推论 2.1.1 得: 逗留时 $\sigma^{(N)} \sim \text{Exp}(q_N)$, 击中时 $\tau^{(N)}$ 服从 N-混合指数分布, 记为 $\tau^{(N)} \sim \text{MExp}(\omega_1^{(N)}, \cdots, \omega_N^{(N)}; \alpha_1^{(N)}, \cdots, \alpha_N^{(N)})$.

令

$$d_n^{(N)} = \sum_{i=1}^N \omega_i^{(N)} (\alpha_i^{(N)})^n, \quad c_n^{(N)} = (1 - \pi_N) d_n^{(N)}, \quad n \geqslant 1.$$

由定理 2.1.4 得到 $E\sigma^{(N)}, c_n^{(N)}$ 与 q_{ij} 关系的如下引理.

引理 3.7.3　下列方程成立

$$c_1^{(N)} = \pi_1 q_{1N} + \pi_{N-1} q_{N-1,N}, \tag{3.7.188}$$

$$c_2^{(N)} = \pi_1 q_{1N}^2 + \pi_{N-1} q_{N-1,N}^2, \tag{3.7.189}$$

$$c_3^{(N)} = \pi_1 q_{1N}^2 q_1 + \pi_{N-1} q_{N-1,N}^2 \mathbf{q_{N-1}}, \tag{3.7.190}$$

$$c_4^{(N)} = \pi_1 q_{1N}^2 (q_1^2 + q_{10} q_{01} + q_{12} q_{21})$$
$$+ \pi_{N-1} q_{N-1,N}^2 (q_{N-1}^2 + q_{N-1,N-2} \mathbf{q_{N-2,N-1}}), \tag{3.7.191}$$

$$c_{2s+1}^{(N)} = \pi_1 q_{1N}^2 [h_1 \cdots h_{s-1} q_s + g_1^{(s)}(q_0, q_1, \cdots, q_{s-1}, h_0, \cdots, h_{s-1})]$$
$$+ \pi_{N-1} q_{N-1,N}^2 [h_{N-2} \cdots h_{N-s} \mathbf{q_{N-s}}$$
$$+ g_{N-1}^{(s)}(q_{N-1}, \cdots, q_{N-s+1}, h_{N-2}, \cdots, h_{N-s})], \tag{3.7.192}$$

$$c_{2s+2}^{(N)} = \pi_1 q_{1N}^2 [h_1 \cdots h_s + f_1^{(s)}(q_0, q_1, \cdots, q_s, h_0, \cdots, h_{s-1})]$$

$$+ \pi_{N-1} q_{N-1,N}^2 [h_{N-2} \cdots h_{N-s} q_{N-s,N-s-1} \mathbf{q_{N-s-1,N-s}}$$

$$+ f_{N-1}^{(s)} (q_{N-1}, \cdots, q_{N-s}, h_{N-2}, \cdots, h_{N-s})], \tag{3.7.193}$$

其中, $f_1^{(s)}, f_{N-1}^{(s)}$ 是 $2s$ 次多项式, $g_1^{(s)}, g_{N-1}^{(s)}$ 是 $2s-1$ 次多项式, $2 \leqslant s \leqslant \left[\dfrac{N-1}{2}\right]$.

3) 状态 1 的观测

此时, $O = \{1\}$. 记 $\tau^{(1)}$ 和 $\sigma^{(1)}$ 为状态 1 的击中时和逗留时, 则由定理 2.1.1 和推论 2.1.1 得: 逗留时 $\sigma^{(1)} \sim \text{Exp}(q_1)$, 击中时 $\tau^{(1)}$ 服从 N-混合指数分布, 记为 $\tau^{(1)} \sim \text{MExp}(\omega_1^{(1)}, \cdots, \omega_N^{(1)}; \alpha_1^{(1)}, \cdots, \alpha_N^{(1)})$.

令

$$d_n^{(1)} = \sum_{i=1}^{N} \omega_i^{(1)} (\alpha_i^{(1)})^n, \quad c_n^{(1)} = (1 - \pi_1) d_n^{(1)}, \quad n \geqslant 1.$$

由定理 2.1.4 得到 $E\sigma^{(1)}, c_n^{(1)}$ 与 q_{ij} 关系的如下引理.

引理 3.7.4 下列方程成立

$$c_1^{(1)} = \pi_0 q_{01} + \pi_2 q_{21} + \pi_N q_{N1}, \tag{3.7.194}$$

$$c_2^{(1)} = \pi_0 q_{01}^2 + \pi_2 q_{21}^2 + \pi_N q_{N1}^2, \tag{3.7.195}$$

$$c_3^{(1)} = \pi_0 q_{01}^2 q_0 + \pi_2 q_{21}^2 \mathbf{q_2} + \pi_N q_{N1}^2 q_N, \tag{3.7.196}$$

$$c_4^{(1)} = \pi_0 q_{01}^2 q_0^2 + \pi_2 q_{21}^2 (q_2^2 + q_{23} \mathbf{q_{32}}) + \pi_N q_{N1}^2 (q_N^2 + q_{N,N-1} q_{N-1,N}), \tag{3.7.197}$$

$$c_{2s+1}^{(1)} = \pi_0 q_{01}^2 q_0^{2s-1} + \pi_2 q_{21}^2 [h_2 \cdots h_s \mathbf{q_{s+1}} + g_2^{(s)} (q_2, \cdots, q_s, h_2, \cdots, h_s)]$$

$$+ \pi_N q_{N1}^2 [h_{N-1} \cdots h_{N-s+1} q_{N-s+1}$$

$$+ g_N^{(s)} (q_N, \cdots, q_{N-s+2}, h_{N-1}, \cdots, h_{N-s+1})], \tag{3.7.198}$$

$$c_{2s+2}^{(1)} = \pi_0 q_{01}^2 q_0^{2s} + \pi_2 q_{21}^2 [h_2 \cdots h_s q_{s+1,s+2} \mathbf{q_{s+2,s+1}}$$

$$+ f_2^{(s)} (q_2, \cdots, q_{s+1}, h_2, \cdots, h_s)] + \pi_N q_{N1}^2 [h_{N-1} \cdots h_{N-s}$$

$$+ f_N^{(s)} (q_N, \cdots, q_{N-s+1}, h_{N-1}, \cdots, h_{N-s+1})]. \tag{3.7.199}$$

其中, $f_2^{(s)}, f_N^{(s)}$ 是 $2s$ 次多项式, $g_2^{(s)}, g_N^{(s)}$ 是 $2s-1$ 次多项式, $2 \leqslant s \leqslant \left[\dfrac{N-1}{2}\right]$.

4) 状态集 $\{0, 1, N\}$ 的观测

将状态 $0, 1$ 和 N 看成一个整体, 记 $\sigma^{(0,1,N)}$ 为状态集 $\{0, 1, N\}$ 的逗留时 (也可只观测状态集 $\{1, N\}$), 则由推论 2.1.1 得: 逗留时 $\sigma^{(0,1,N)}$ 服从 3-混合指数分布, 记为 $\sigma^{(0,1,N)} \sim \text{MExp}(\omega_1^{(0,1,N)}, \cdots, \omega_3^{(0,1,N)}; \alpha_1^{(0,1,N)}, \cdots, \alpha_3^{(0,1,N)})$.

令

$$d_n^{(0,1,N)} = \sum_{i=1}^3 \omega_i^{(0,1,N)} (\alpha_i^{(0,1,N)})^n,$$

$$c_n^{(0,1,N)} = (1 - \pi_0 - \pi_1 - \pi_N) d_n^{(0,1,N)}, \quad n \geqslant 1.$$

于是由定理 2.1.4 得到如下引理.

引理 3.7.5　下列方程成立

$$c_1^{(0,1,N)} = \pi_1 q_{12} + \pi_N q_{N,N-1}, \tag{3.7.200}$$

$$c_2^{(0,1,N)} = \pi_1 q_{12}^2 + \pi_N q_{N,N-1}^2. \tag{3.7.201}$$

5) 主要定理

根据此前讨论, 可得到如下重要引理.

引理 3.7.6　对 $1 \leqslant n \leqslant \left[\dfrac{N}{2} - 1\right]$,

(a) $\pi_1, q_1, q_{12}, q_{1N}, \pi_N, q_N, q_{N,N-1}, q_{N1}$ 能够表示成 $E\sigma^{(0)}, E\sigma^{(1)}, E\sigma^{(N)}, c_1^{(0)},$ $c_2^{(0)}, c_3^{(0)}, c_1^{(1)}, c_1^{(N)}, c_1^{(0,1,N)}, c_2^{(0,1,N)}$ 的实函数.

(b) $\pi_2, q_{21}, \pi_{N-1}, q_{N-1,N}$ 能够表示成 $E\sigma^{(0)}, E\sigma^{(1)}, E\sigma^{(N)}, c_1^{(0)}, c_2^{(0)}, c_3^{(0)}, c_1^{(1)},$ $c_2^{(1)}, c_1^{(N)}, c_2^{(N)}, c_1^{(0,1,N)}, c_2^{(0,1,N)}$ 的实函数.

(c) $q_{n+1}, q_{n+1,n+2}, q_{N-n}, q_{N-n,N-n-1}$ 能够表示成 $E\sigma^{(0)}, E\sigma^{(1)}, E\sigma^{(N)}, c_1^{(0,1,N)},$ $c_2^{(0,1,N)}$ 及 $c_1^{(0)}, c_2^{(0)}, c_3^{(0)}, c_1^{(1)}, \cdots, c_{2n+1}^{(1)}, c_1^{(N)}, \cdots, c_{2n+1}^{(N)}$ 的实函数.

(d) $\pi_{n+2}, q_{n+2,n+1}, \pi_{N-n-1}, q_{N-n-1,N-n}$ 能够表示成 $E\sigma^{(0)}, E\sigma^{(1)}, E\sigma^{(N)},$ $c_1^{(0,1,N)}, c_2^{(0,1,N)}$ 及 $c_1^{(0)}, c_2^{(0)}, c_3^{(0)}, c_1^{(1)}, \cdots, c_{2n+2}^{(1)}, c_1^{(N)}, \cdots, c_{2n+2}^{(N)}$ 的实函数.

证明　首先, (a) 的证明如下:

由式 (2.1.1) 得

$$q_1 = \frac{1}{E\sigma^{(1)}}, \quad \pi_1 = \frac{d_1^{(1)}}{q_1 + d_1^{(1)}} = c_1^{(1)} E\sigma^{(1)},$$

$$q_N = \frac{1}{E\sigma^{(N)}}, \quad \pi_N = \frac{d_1^{(N)}}{q_N + d_1^{(N)}} = c_1^{(N)} E\sigma^{(N)}.$$

再由式 (3.7.200) 和 (3.7.201) 可求得 q_{12} 和 $q_{N,N-1}$, 从而由引理 3.7.1 得 $q_{1N} = q_1 - q_{10} - q_{12}, q_{N1} = q_N - q_{N,N-1}$, 即 (a) 成立.

在 (a) 的基础上, 由式 (3.7.194) 和 (3.7.195) 可求出 π_2 和 q_{21}. 同理, 由式 (3.7.188) 和 (3.7.189) 可求出 π_{N-1} 和 $q_{N-1,N}$, 即 (b) 成立.

(c) 和 (d) 的证明类似引理 3.6.8 中 (c) 和 (d) 的 (数学归纳法) 证明.

于是得到如下主要定理.

定理 3.7.1 设 $\{X_t, t \geqslant 0\}$ 是如图 3.7.13 右所示的可逆潘图单环链, 状态空间为 $S = \{0, 1, \cdots, N\}$, 若初始分布为平稳分布 $\{\pi_i, i \in S\}$, 则其生成元 $Q = (q_{ij})$ 中的每个元素 q_{ij} 可表成 $E\sigma^{(0)}, E\sigma^{(1)}, E\sigma^{(N)}, c_1^{(0,1,N)}, c_2^{(0,1,N)}$ 及 $c_1^{(0)}, c_2^{(0)}, c_3^{(0)}, c_n^{(1)}, c_n^{(N)} \left(n = 1, 2, \cdots, 2 \left[\dfrac{N-1}{2} \right] - 1 \right)$ 的实函数.

证明 假设已经由观测统计分别得到状态 $0, 1$ 和 N 的逗留时和击中时 PDF 及状态集 $\{0, 1, N\}$ 的逗留时 PDF, 并求出了相应的 $c_1^{(0,1,N)}, c_2^{(0,1,N)}, c_n^{(0)}, c_n^{(N)} \left(n = 1, 2, \cdots, 2 \left[\dfrac{N-1}{2} \right] - 1 \right)$ 及 $E\sigma^{(0)}, E\sigma^{(1)}, E\sigma^{(N)}$.

首先, 由引理 3.7.1 (及证明) 知, $q_{10}, q_{01} = q_0, \pi_0, \pi_1, q_1$ 能表示成 $E\sigma^{(0)}, c_1^{(0)}, c_2^{(0)}, c_3^{(0)}$ 的实函数. 接着, 由引理 3.7.6(a) 知, $\pi_1, q_1, q_{12}, q_{1N}, \pi_N, q_N, q_{N,N-1}, q_{N1}$ 能够表示成 $E\sigma^{(0)}, E\sigma^{(1)}, E\sigma^{(N)}, c_1^{(0)}, c_2^{(0)}, c_3^{(0)}, c_1^{(1)}, c_1^{(N)}, c_1^{(0,1,N)}, c_2^{(0,1,N)}$ 的实函数. 由引理 3.7.6(b) 知, $\pi_2, q_{21}, \pi_{N-1}, q_{N-1,N}$ 能够表示成 $E\sigma^{(0)}, E\sigma^{(1)}, E\sigma^{(N)}, c_1^{(0)}, c_2^{(0)}, c_3^{(0)}, c_1^{(1)}, c_2^{(1)}, c_1^{(N)}, c_2^{(N)}, c_1^{(0,1,N)}, c_2^{(0,1,N)}$ 的实函数.

记 $M = \left[\dfrac{N-1}{2} \right]$. 再由引理 3.7.6 中 (c) 和 (d), 根据 $E\sigma^{(0)}, E\sigma^{(1)}, E\sigma^{(N)}, c_1^{(0,1,N)}, c_2^{(0,1,N)}$ 及 $c_1^{(0)}, c_2^{(0)}, c_3^{(0)}, c_1^{(1)}, \cdots, c_{2M-2}^{(1)}(= c_{2(M-2)+2}^{(1)}), c_{2M-1}^{(1)}(= c_{2(M-1)+1}^{(0)}), c_1^{(N)}, \cdots, c_{2M-2}^{(N)}(= c_{2(M-2)+2}^{(N)}), c_{2M-1}^{(N)}(= c_{2(M-1)+1}^{(N)})$ 可再求出

$$
\begin{array}{ccccccc}
\pi_3, & \cdots, & \pi_M, & & \pi_{N-M+1}, & \cdots, & \pi_{N-2}, \\
q_2, & \cdots, & q_{M-1}, & q_M, \quad q_{N-M+1}, & q_{N-M+2}, & \cdots, & q_{N-1}, \\
q_{23}, & \cdots, & q_{M-1,M}, & q_{M,M+1}, \quad q_{N-M+1,N-M}, & q_{N-M+2,N-M+1}, & \cdots, & q_{N-1,N-2}, \\
q_{32}, & \cdots, & q_{M,M-1}, & & q_{N-M+1,N-M+2}, & \cdots, & q_{N-2,N-1},
\end{array}
\tag{3.7.202}
$$

其中, q_M 和 $q_{M,M+1} = q_{(M-1)+1,(M-1)+2}$ 由 $c_{2M-1}^{(0)} = c_{2(M-1)+1}^{(0)}$ 求出; q_{N-M+1} $(= q_{N-(M-1)})$ 和 $q_{N-M+1,N-M}(= q_{N-(M-1),N-((M-1)+1)})$ 由 $c_{2M-1}^{(N)} = c_{2(M-1)+1}^{(N)}$ 求出 (由引理 3.7.6(c) 知).

为了给出更清晰的证明, 分两种情况证明.

(i) 马尔可夫链共有奇数个状态, 不妨设 $N = 2M$.

将 $N = 2M$ 代入式 (3.7.202) 可知, 已经求出了全部的转移速率, 即状态数为奇数 (N 为偶数) 时结论成立.

(ii) 马尔可夫链共有偶数个状态, 不妨设 $N = 2M + 1$.

将 $N = 2M+1$ 代入式 (3.7.202), 已求出了除 $\pi_{M+1}, q_{M+1}, q_{M+1,M}, q_{M+1,M+2}$ 以外的其他 π_i, q_i, q_{ij} $(i, j = 0, 1, \cdots, 2M)$.

再由式 (2.1.1) 得 $\pi_{M+1} = 1 - \sum\limits_{i \neq M+1} \pi_i$, 从而得

$$q_{M+1,M} = \frac{\pi_M q_{M,M+1}}{\pi_{M+1}},$$

$$q_{M+1,M+2} = \frac{\pi_{M+2} q_{M+2,M+1}}{\pi_{M+1}}.$$

最后, $q_{M+1} = q_{M+1,M} + q_{M+1,M+2}$. 即状态数为偶数 ($N$ 为奇数) 时结论成立.

综合 (i) 和 (ii) 得出结论: 其速率矩阵 $Q = (q_{ij})$ 的每个元素 q_{ij} 和 π_i 可表成 $c_1^{(0,N)}, c_2^{(0,N)}, c_n^{(0)}, c_n^{(N)}$ $\left(n = 1, 2, \cdots, 2\left[\dfrac{N-1}{2}\right] - 1\right)$ 及 $E\sigma^{(0)}, E\sigma^{(N)}$ 的实函数.

从证明过程可以看出, 当马尔可夫链中的状态数较多时, 部分转移速率计算表达式较复杂. 下面以不超过 10 个状态 ($N \leqslant 9$) 为例给出具体的算法, 这在马尔可夫链的实际应用中也足够了 (通常, 环中的状态数为 3—5 个). 根据定理 3.7.1, 计算至多需要用到 $c_7^{(1)}, c_7^{(N)}$. 在引理 3.7.4 和引理 3.7.3 中已给出 $c_n^{(1)}, c_n^{(N)}(n = 1, 2, 3, 4)$ 与 q_{ij} 关系的约束方程组, 为此, 下面首先给出关于 $c_n^{(1)}, c_n^{(N)}(n = 5, 6, 7)$ 与 q_{ij} 关系的约束方程组.

引理 3.7.7　下列等式成立

$$
\begin{aligned}
c_5^{(1)} = {} & \pi_0 q_{01} q_0^3 + \pi_2 q_{21}^2 (q_2^3 + 2q_2 q_{23} q_{32} + \mathbf{q_3} q_{23} q_{32}) \\
& + \pi_N q_{N1}^2 (q_N^3 + 2q_N q_{N,N-1} q_{N-1,N} + q_{N,N-1} q_{N-1} q_{N-1,N}),
\end{aligned}
\tag{3.7.203}
$$

$$
\begin{aligned}
c_6^{(1)} = {} & \pi_0 q_{01} q_0^4 + \pi_2 q_{21}^2 [q_2^4 + (3q_2^2 + 2q_2 q_3 + q_3^2) q_{23} q_{32} + q_{23} q_{34} \mathbf{q_{43}} q_{32}] \\
& + \pi_N q_{N1}^2 [q_N^4 + (3q_N^2 + 2q_N q_{N-1} + q_{N-1}^2) q_{N,N-1} q_{N-1,N} \\
& + q_{N-1,N-2} q_{N,N-1} q_{N-2,N-1} q_{N-1,N}],
\end{aligned}
\tag{3.7.204}
$$

$$
\begin{aligned}
c_7^{(1)} = {} & \pi_0 q_{01} q_0^5 + \pi_2 q_{21}^2 [q_2^5 + (4q_2^3 + 3q_2^2 q_3 + 2q_2 q_3^2 + q_3^3 + 3q_3 q_{34} q_{43}) q_{23} q_{32} \\
& + q_{23} q_{34} \mathbf{q_4} q_{43} q_{32}] + \pi_N q_{N1}^2 [q_N^5 + (4q_N^3 + 3q_N^2 q_{N-1} + 2q_N q_{N-1}^2 \\
& + q_{N-1}^3 + 3q_{N-1} q_{N-1,N-2} q_{N-2,N-1}) q_{N,N-1} q_{N-1,N} \\
& + q_{N,N-1} q_{N-1,N-2} q_{N-2} q_{N-2,N-1} q_{N-1,N}],
\end{aligned}
\tag{3.7.205}
$$

$$
c_5^{(N)} = \pi_1 q_{1N}^2 (q_1^3 + 2q_1 q_{12} q_{21} + q_{12} q_2 q_{21} + 2q_1 q_{10} q_{01} + q_{10} q_0 q_{01})
$$

$$+ \pi_{N-1}q_{N-1,N}^2[q_{N-1}^3 + q_{N-1,N-2}(2q_{N-1} + \mathbf{q_{N-2}})q_{N-2,N-1}], \tag{3.7.206}$$

$$c_6^{(N)} = \pi_1 q_{1N}^2[q_1^4 + (3q_1^2 + 2q_1q_2 + q_2^2)q_{12}q_{21} + q_{12}q_{23}q_{32}q_{21}$$

$$+ (q_0^2 + 2q_1^2)q_{10}q_{01} + (2q_0q_1 + 2q_{12}q_{21})q_{10}q_{01}]$$

$$+ \pi_{N-1}q_{N-1,N}^2[q_{N-1}^4 + (3q_{N-1}^2 + 2q_{N-1}q_{N-2} + q_{N-2}^2)q_{N-1,N-2}$$

$$\times q_{N-2,N-1} + q_{N-1,N-2}q_{N-2,N-3}\mathbf{q_{N-3,N-2}}q_{N-2,N-1}], \tag{3.7.207}$$

$$c_7^{(N)} = \pi_1 q_{1N}^2[q_1^5 + (4q_1^3 + 3q_1^2q_2 + 2q_1q_2^2 + q_2^3 + (3q_2 + q_3)q_{23}q_{32})q_{12}q_{21}$$

$$+ (q_0^3 + 2q_1^3 + 2q_0^2q_1 + 2q_0q_1^2 + 3q_1q_{10}q_{01})q_{10}q_{01}$$

$$+ 2(q_0 + 3q_1 + q_2)q_{12}q_{21}q_{10}q_{01}]$$

$$+ \pi_{N-1}q_{N-1,N}^2[q_{N-1}^5 + (4q_{N-1}^3 + 3q_{N-1}^2q_{N-2} + 2q_{N-1}q_{N-2}^2$$

$$+ q_{N-2}^3 + 3q_{N-2}q_{N-2,N-3}q_{N-3,N-2})q_{N-1,N-2}q_{N-2,N-1}$$

$$+ q_{N-1,N-2}q_{N-2,N-3}\mathbf{q_{N-3}}q_{N-3,N-2}q_{N-2,N-1}]. \tag{3.7.208}$$

最后, 给出本节的主要结论.

定理 3.7.2　对于图 3.7.13 右所示的潘图单环链, 若初始分布是其平稳分布, 则其生成元可通过**状态 0, 1 和 N** 的观测统计计算唯一确认.

事实上, 由 3.6 节讨论知, 在求出了 $\pi_0, q_0, q_{01}, q_{10}$ 情况下, 环中的所有转移速率能够由环中任意两相邻状态的逗留时和击中时 PDF 唯一确认, 于是给出更一般的结论.

定理 3.7.3　对于图 3.7.13 右所示的潘图单环链, 若初始分布是其平稳分布, 则其生成元可通过**叶子状态和环中任意两相邻状态**的观测统计计算唯一确认.

实际上, 也可由环中任意两相邻状态的观测统计计算唯一确认, 见 3.7.1.2 节以及 3.7.3 节更一般情形.

3.7.1.2　由任意两个状态的观测确认

作为 3.7.1.1 节的特例, 考虑一类环中只有 4 个状态的潘图单环链, 即 $N = 4$. 显然, 通过单个状态的观测是无法确认的, 由 3.7.1.1 节讨论, 通过三个状态的观测可以确认其生成元. 那么是否能由两个状态的观测确认其生成元呢? 这两个状态该满足什么条件呢? 研究发现: 通过状态 $\{2,3\}$ 或 $\{3,4\}$ 的观测能够确认其生成元.

不失一般性, 以状态 $\{3,4\}$ 为例证明以上结论.

1) 状态 3 的观测

记 $\tau^{(3)}$ 和 $\sigma^{(3)}$ 为状态 3 的击中时和逗留时, 则由定理 2.1.1 和推论 2.1.1

得: 逗留时 $\sigma^{(3)} \sim \mathrm{Exp}(q_3)$, 击中时 $\tau^{(3)}$ 服从 4-混合指数分布, 记为 $\tau^{(3)} \sim$ $\mathrm{MExp}(\omega_1^{(3)}, \cdots, \omega_4^{(3)}; \alpha_1^{(3)}, \cdots, \alpha_4^{(3)})$.

令

$$d_n^{(3)} = \sum_{i=1}^{4} \omega_i^{(3)} (\alpha_i^{(3)})^n, \quad c_n^{(3)} = (1 - \pi_3) d_n^{(3)}, \quad n \geqslant 1.$$

$E\sigma^{(3)}, c_n^{(3)}$ 与 q_{ij} 的关系满足如下引理.

引理 3.7.8　下列方程成立

$$c_1^{(3)} = \pi_2 q_{23} + \pi_4 q_{43}, \tag{3.7.209}$$

$$c_2^{(3)} = \pi_2 q_{23}^2 + \pi_4 q_{43}^2, \tag{3.7.210}$$

$$c_3^{(3)} = \pi_2 q_{23}^2 q_2 + \pi_4 q_{43}^2 q_4, \tag{3.7.211}$$

$$c_4^{(3)} = \pi_2 q_{23}^2 (q_2^2 + q_{21} q_{12}) + \pi_4 q_{43}^2 (q_4^2 + q_{41} q_{14}). \tag{3.7.212}$$

2) 状态 4 的观测

记 $\tau^{(4)}$ 和 $\sigma^{(4)}$ 为状态 4 的击中时和逗留时, 则由定理 2.1.1 和推论 2.1.1 得: 逗留时 $\sigma^{(4)} \sim \mathrm{Exp}(q_4)$, 击中时 $\tau^{(4)}$ 服从 4-混合指数分布, 记为 $\tau^{(4)} \sim$ $\mathrm{MExp}(\omega_1^{(4)}, \cdots, \omega_4^{(4)}; \alpha_1^{(4)}, \cdots, \alpha_4^{(4)})$.

令

$$d_n^{(4)} = \sum_{i=1}^{4} \omega_i^{(4)} (\alpha_i^{(4)})^n, \quad c_n^{(4)} = (1 - \pi_4) d_n^{(4)}, \quad n \geqslant 1.$$

$E\sigma^{(4)}, c_n^{(4)}$ 与 q_{ij} 的关系满足如下引理.

引理 3.7.9　下列方程成立

$$c_1^{(4)} = \pi_1 q_{14} + \pi_3 q_{34}, \tag{3.7.213}$$

$$c_2^{(4)} = \pi_1 q_{14}^2 + \pi_3 q_{34}^2, \tag{3.7.214}$$

$$c_3^{(4)} = \pi_1 q_{14}^2 q_1 + \pi_3 q_{34}^2 q_3, \tag{3.7.215}$$

$$c_4^{(4)} = \pi_1 q_{14}^2 (q_1^2 + q_{10} q_{01} + q_{12} q_{21}) + \pi_3 q_{34}^2 (q_3^2 + q_{32} q_{23}). \tag{3.7.216}$$

3) 状态集 {3,4} 的观测

记 $\sigma^{(3,4)}$ 是状态 $\{3,4\}$ 的逗留时, 则由推论 2.1.1 得: 逗留时 $\sigma^{(3,4)}$ 服从 2-混合指数分布, 记为 $\tau^{(3,4)} \sim \mathrm{MExp}(\omega_1^{(3,4)}, \omega_2^{(3,4)}; \alpha_1^{(3,4)}, \alpha_2^{(3,4)})$.

对 $n \geqslant 1$, 令

$$d_n^{(3,4)} = \sum_{i=1}^{2} \omega_i^{(3,4)}(\alpha_i^{(3,4)})^n, \quad c_n^{(3,4)} = (\pi_3 + \pi_4)d_n^{(3,4)}.$$

于是由定理 2.1.4 得到如下引理.

引理 3.7.10 下列方程成立

$$c_1^{(3,4)} = \pi_3 q_{32} + \pi_4 q_{43}, \tag{3.7.217}$$

$$c_2^{(3,4)} = \pi_3 q_{32}^2 + \pi_N q_{43}^2. \tag{3.7.218}$$

4) 主要定理

定理 3.7.4 设 $\{X_t, t \geqslant 0\}$ 是潘图单环链 (环中只有 4 个状态), 若初始分布是其平稳分布 $\{\pi_i, i = 0, 1, 2, 3, 4, 5\}$, 那么其生成元可表成 $E\sigma^{(4)}, c_1^{(4)}, c_2^{(4)}, c_3^{(4)}, c_4^{(4)},$ $E\sigma^{(3)}, c_1^{(3)}, c_2^{(3)}, c_3^{(3)}, c_4^{(3)}$ 及 $c_1^{(3,4)}, c_2^{(3,4)}$ 的实函数.

证明 假设已经由观测统计分别得到状态 3 和 4 的逗留时和击中时 PDF 及状态集 $\{3, 4\}$ 的逗留时 PDF, 并求出了相应的 $E\sigma^{(4)}, c_1^{(4)}, c_2^{(4)}, c_3^{(4)}, c_4^{(4)}, E\sigma^{(3)}, c_1^{(3)},$ $c_2^{(3)}, c_3^{(3)}, c_4^{(3)}$ 及 $c_1^{(3,4)}, c_2^{(3,4)}$

首先,

$$q_3 = \frac{1}{E\sigma^{(3)}}, \quad \pi_3 = \frac{d_1^{(3)}}{q_3 + d_1^{(3)}} = c_1^{(3)} E\sigma^{(3)},$$

$$q_4 = \frac{1}{E\sigma^{(4)}}, \quad \pi_4 = \frac{d_1^{(4)}}{q_4 + d_1^{(4)}} = c_1^{(4)}/E\sigma^{(4)}.$$

其次, 由式 (3.7.217) 和 (3.7.218), 可求出 q_{32} 和 q_{43}. 进而求出 $q_{34} = q_3 - q_{32}, q_{41} = q_4 - q_{43}$. 再由式 (3.7.209)—(3.7.211), 可求出 π_2, q_{23}, q_2, 所以 $q_{21} = q_2 - q_{23}$.

再次, 由式 (3.7.213)—(3.7.215) 可求出 π_1, q_{14}, q_1. 再由式 (3.7.212) 求出 q_{12}, 进而求出 $q_{10} = q_1 - q_{12} - q_{14}$.

最后, 由式 (2.1.1) 和 (2.1.2) 求得 $\pi_0 = 1 - \sum_{i=1}^{4} \pi_i$, $q_{01} = \dfrac{\pi_1 q_{10}}{\pi_0}$. 证毕.

定理 3.7.5 对于环中只有 4 个状态的潘图单环链 ($N = 4$), 其初始分布为平稳分布, 则其生成元可通过**两相邻状态 3 和 4**(或2 和 3) 的观测统计计算唯一确认.

3.7.2 最简单的单环链

对于单环链, 要确认其生成元, 至少需要两个开状态和两个关状态, 图 3.7.14 给出了满足要求的最简单的单环链示意图 (即爪子图, $N = 3$), 其他的与它们等价

(例如, 交换图 3.7.14 左上图中 O_1 和 C_1 的位置得到的马尔可夫链与左上图所示马尔可夫链称为等价, 详见 3.8.2.2节), 文献 [128] 指出: 当离子通道门控被描述为最简单的单环链时, 除了图 3.7.14(左上) 及与之等价的离子通道外, 其转移速率是不可确认的, 即图 3.7.14(右上、右下、左下) 及与之等价的离子通道均是不可确认的. 然而, 本节利用马尔可夫链反演法, 证明了离子通道被描述为图 3.7.14 所示马尔可夫链时, 其生成元可通过相应的两开状态 $\{O_1, O_2\}$ 的逗留时和击中时 PDF 确认. 也就是说, $N = 3$ 时, 如图 3.7.13 所示的爪子图单环链的生成元可通过任何两 (开) 状态的观测统计计算唯一确认.

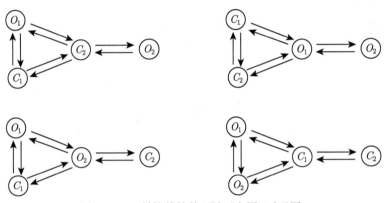

图 3.7.14　最简单的单环链示意图 (爪子图)

记 $\tau^{(m)}$ 和 $\sigma^{(m)}$ 为状态 m $(m = 0, 1, 2, 3)$ 的击中时和逗留时, 由定理 2.1.1 和推论 2.1.1 得: 逗留时 $\sigma^{(m)} \sim \mathrm{Exp}(q_m)$, 击中时 $\tau^{(m)}$ 服从 3-混合指数分布, 记为 $\tau^{(m)} \sim \mathrm{MExp}(\omega_1^{(m)}, \omega_2^{(m)}, \omega_3^{(m)}; \alpha_1^{(m)}, \alpha_2^{(m)}, \alpha_3^{(m)})$.

令

$$d_n^{(m)} = \sum_{i=1}^{3} \omega_i^{(m)}(\alpha_i^{(m)})^n, \quad c_n^{(m)} = (1 - \pi_m)d_n^{(m)}, \ n \geqslant 1.$$

首先, 观测状态 0, 则 $E\sigma^{(0)}, c_n^{(0)}$ 与 q_{ij} 的关系满足如下引理.

引理 3.7.11　$q_{10}, q_{01}(= q_0), \pi_0, \pi_1, q_1$ 能表示成 $E\sigma^{(0)}$, $c_1^{(0)}, c_2^{(0)}, c_3^{(0)}$ 的实函数.

证明　由推论 2.1.1 知

$$q_0 = \frac{1}{E\sigma^{(0)}}, \quad \pi_0 = \frac{d_1^{(0)}}{q_0 + d_1^{(0)}} = c_1^{(0)} E\sigma^{(0)}. \tag{3.7.219}$$

再由定理 2.1.4 得到

$$c_1^{(0)} = \pi_1 q_{10},$$

$$c_2^{(0)} = \pi_1 q_{10}^2,$$

$$c_3^{(0)} = \pi_1 q_{10}^2 q_1.$$

于是

$$q_{10} = \frac{\pi_1 q_{10}^2}{\pi_1 q_{10}} = \frac{c_2^{(0)}}{c_1^{(0)}}, \tag{3.7.220}$$

$$\pi_1 = \frac{(\pi_1 q_{10})^2}{\pi_1 q_{10}^2} = \frac{(c_1^{(0)})^2}{c_2^{(0)}}, \tag{3.7.221}$$

$$q_1 = \frac{c_3^{(0)}}{\pi_1 q_{10}^2} = \frac{c_3^{(0)}}{c_2^{(0)}}. \tag{3.7.222}$$

由式 (3.7.219)—(3.7.222) 知引理成立.

引理 3.7.12 $q_{10}, q_{01}(= q_0), \pi_0, \pi_1, q_1$ 均能通过状态 0 的逗留时和击中时 PDF 唯一确认.

观测状态 1, 则 $E\sigma^{(1)}, c_n^{(1)}$ 与 q_{ij} 的关系满足如下引理.

引理 3.7.13   下列方程成立

$$c_1^{(1)} = \pi_0 q_{01} + \pi_2 q_{21} + \pi_3 q_{31}, \tag{3.7.223}$$

$$c_2^{(1)} = \pi_0 q_{01}^2 + \pi_2 q_{21}^2 + \pi_3 q_{31}^2, \tag{3.7.224}$$

$$c_3^{(1)} = \pi_0 q_{01}^2 q_0 + \pi_2 q_{21}^2 q_2 + \pi_3 q_{31}^2 q_3. \tag{3.7.225}$$

观测状态 2, 则 $E\sigma^{(2)}, c_n^{(2)}$ 与 q_{ij} 的关系满足如下引理.

引理 3.7.14   下列方程成立

$$c_1^{(2)} = \pi_1 q_{12} + \pi_3 q_{32}, \tag{3.7.226}$$

$$c_2^{(2)} = \pi_1 q_{12}^2 + \pi_3 q_{32}^2, \tag{3.7.227}$$

$$c_3^{(2)} = \pi_1 q_{12}^2 q_1 + \pi_3 q_{32}^2 q_3. \tag{3.7.228}$$

观测状态 3, 则 $E\sigma^{(3)}, c_n^{(3)}$ 与 q_{ij} 的关系满足如下引理.

引理 3.7.15   下列方程成立

$$c_1^{(3)} = \pi_1 q_{13} + \pi_2 q_{23}, \tag{3.7.229}$$

$$c_2^{(3)} = \pi_1 q_{13}^2 + \pi_2 q_{23}^2, \tag{3.7.230}$$

$$c_3^{(3)} = \pi_1 q_{13}^2 q_1 + \pi_2 q_{23}^2 q_2. \tag{3.7.231}$$

观测状态集 $\{1,3\}$. 记 $\sigma^{(1,3)}$ 是其逗留时, 则由推论 2.1.1 知, 逗留时 $\sigma^{(1,3)}$ 服从 2-混合指数分布, 记为 $\tau^{(1,3)} \sim \mathrm{MExp}(\omega_1^{(1,3)}, \omega_2^{(1,3)}; \alpha_1^{(1,3)}, \alpha_2^{(1,3)})$.

对 $n \geqslant 1$, 令

$$d_n^{(1,3)} = \sum_{i=1}^{2} \omega_i^{(1,3)} (\alpha_i^{(1,3)})^n, \quad c_n^{(1,3)} = (\pi_1 + \pi_3) d_n^{(1,3)}.$$

于是由定理 2.1.4 得到如下引理.

引理 3.7.16　　下列方程成立

$$c_1^{(1,3)} = \pi_1(q_{10} + q_{12}) + \pi_3 q_{32}, \tag{3.7.232}$$

$$c_2^{(1,3)} = \pi_1(q_{10} + q_{12})^2 + \pi_3 q_{32}^2. \tag{3.7.233}$$

观测状态集 $\{2,3\}$. 记 $\sigma^{(2,3)}$ 是其逗留时, 则由推论 2.1.1 知, 逗留时 $\sigma^{(2,3)}$ 服从 2-混合指数分布, 记为 $\tau^{(2,3)} \sim \mathrm{MExp}(\omega_1^{(2,3)}, \omega_2^{(2,3)}; \alpha_1^{(2,3)}, \alpha_2^{(2,3)})$.

对 $n \geqslant 1$, 令

$$d_n^{(2,3)} = \sum_{i=1}^{2} \omega_i^{(2,3)} (\alpha_i^{(2,3)})^n, \quad c_n^{(2,3)} = (\pi_2 + \pi_3) d_n^{(2,3)}.$$

于是由定理 2.1.4 得到如下引理.

引理 3.7.17　　下列方程成立

$$c_1^{(2,3)} = \pi_2 q_{21} + \pi_3 q_{31}, \tag{3.7.234}$$

$$c_2^{(2,3)} = \pi_1 q_{21}^2 + \pi_3 q_{31}^2. \tag{3.7.235}$$

假设已经由观测统计分别得到以上状态 (集) 的逗留时和击中时 PDF 及相应的 c_n.

定理 3.7.6　　设 $\{X_t, t \geqslant 0\}$ 是最简单的单环链 $(N = 3)$, 状态空间为 $S = \{0,1,2,3\}$, 若初始分布是其平稳分布 $\{\pi_0, \pi_1, \pi_2, \pi_3\}$, 那么其生成元可表成 $E\sigma^{(0)}, c_1^{(0)}, c_2^{(0)}, c_3^{(0)}$ 及 $E\sigma^{(3)}, c_1^{(3)}, c_2^{(3)}, c_3^{(3)}$ 的实函数.

证明　　首先, 由引理 3.7.11 求出 $q_{01}, q_{10}, \pi_0, \pi_1, q_1$.

其次,

$$q_3 = \frac{1}{E\sigma^{(3)}}, \quad \pi_3 = c_1^{(3)} E\sigma^{(3)}.$$

从而, 由式 (2.1.1) 可求出 $\pi_2 = 1 - \pi_0 - \pi_1 - \pi_3$, 从而由式 (3.7.229) 和 (3.7.230) 可求出 q_{23} 和 q_{13}. 再由式 (3.7.231) 可求出 q_2, 进而求出 $q_{21} = q_2 - q_{23}$.

最后, 由式 (2.1.2) 求得

$$q_{31} = \frac{\pi_1 q_{13}}{\pi_3}, \quad q_{32} = \frac{\pi_2 q_{23}}{\pi_3}, \quad q_{12} = \frac{\pi_2 q_{21}}{\pi_1}.$$

定理 3.7.7 对于最简单的单环链 ($N = 3$), 状态空间为 $S = \{0, 1, 2, 3\}$, 若初始分布是其平稳分布, 则其生成元可通过**两状态 0 和 3** 的观测统计计算唯一确认.

定理 3.7.8 设 $\{X_t, t \geqslant 0\}$ 是最简单的单环链 ($N = 3$), 状态空间为 $S = \{0, 1, 2, 3\}$, 若初始分布是其平稳分布 $\{\pi_0, \pi_1, \pi_2, \pi_3\}$, 则其生成元可表成 $E\sigma^{(1)}, c_1^{(1)}, c_2^{(1)}, E\sigma^{(3)}, c_1^{(3)}, c_2^{(3)}$ 及 $c_1^{(1,3)}, c_2^{(1,3)}$ 的实函数.

证明 首先,

$$q_3 = \frac{1}{E\sigma^{(3)}}, \quad \pi_3 = c_1^{(3)} E\sigma^{(3)}, \quad q_1 = \frac{1}{E\sigma^{(1)}}, \quad \pi_1 = c_1^{(1)} E\sigma^{(1)}.$$

其次, 由式 (3.7.232) 和 (3.7.233), 可求出 $q_{32}, q_{12} + q_{10}$. 进而求出

$$q_{31} = q_3 - q_{32}, \quad q_{13} = q_1 - (q_{12} + q_{10}).$$

再由式 (3.7.229) 和 (3.7.230), 可求出 π_2, q_{23}.

接着, 再由式 (2.1.1) 可求出 $\pi_0 = 1 - \pi_1 - \pi_2 - \pi_3$, 从而由式 (3.7.223) 和 (3.7.224) 可求出 q_{01} 和 q_{21}.

最后, 由式 (2.1.2) 求得

$$q_{10} = \frac{\pi_0 q_{01}}{\pi_1}, \quad q_{12} = q_1 - q_{13} - q_{10}, \quad q_{21} = \frac{\pi_1 q_{12}}{\pi_2}, \quad q_{32} = \frac{\pi_2 q_{23}}{\pi_3}.$$

说明 3.7.1 计算不需要 $c_3^{(1)}$ 和 $c_3^{(3)}$.

定理 3.7.9 对于最简单的单环链 ($N = 3$), 状态空间为 $S = \{0, 1, 2, 3\}$, 若初始分布是其平稳分布, 则其生成元可通过**状态 1 和 3 (或 1 和 2)** 的观测统计计算唯一确认.

定理 3.7.10 设 $\{X_t, t \geqslant 0\}$ 是最简单的单环链 ($N = 3$), 若初始分布是其平稳分布 $\{\pi_i, i = 0, 1, 2, 3\}$, 那么其生成元可表成 $E\sigma^{(2)}, c_1^{(2)}, c_2^{(2)}, E\sigma^{(3)}, c_1^{(3)}, c_2^{(3)}$ 及 $c_1^{(2,3)}, c_2^{(2,3)}$ 的实函数.

证明 首先, $q_3 = \dfrac{1}{E\sigma^{(3)}}, \pi_3 = c_1^{(3)} E\sigma^{(3)}, q_2 = \dfrac{1}{E\sigma^{(2)}}, \pi_2 = c_1^{(2)}/E\sigma^{(2)}$.

其次, 由式 (3.7.234) 和 (3.7.235), 可求出 q_{21}, q_{31}. 进而求出 $q_{23} = q_2 - q_{21}, q_{32} = q_3 - q_{31}$. 再由式 (3.7.226) 和 (3.7.227), 可求出 π_1, q_{12}.

接着, 再由式 (2.1.1) 可求出 $\pi_0 = 1 - \pi_1 - \pi_2 - \pi_3$, 从而由式 (3.7.229) 和 (3.7.230) 可求出 q_{23} 和 q_{13}.

最后, 由式 (2.1.2) 求得

$$q_{10} = \frac{\pi_0 q_{01}}{\pi_1}, \quad q_{12} = q_1 - q_{13} - q_{10}, \quad q_{21} = \frac{\pi_1 q_{12}}{\pi_2}, \quad q_{32} = \frac{\pi_2 q_{23}}{\pi_3}.$$

说明 3.7.2　计算不需要 $c_3^{(2)}$ 和 $c_3^{(3)}$.

定理 3.7.11　对于最简单的单环链 $(N = 3)$, 状态空间为 $S = \{0, 1, 2, 3\}$, 若初始分布是其平稳分布, 则其生成元可通过**状态 2 和 3** 的观测统计计算唯一确认.

当开状态为 0 和 1 时, 如果只利用击中分布的微分性质, 那么它是不可确认的. 如果再利用击中分布指数的对称函数性质就可以确认其生成元了.

考虑观测状态集 $\{0, 1\}$, 显然, 其击中时服从 2-混合指数分布, 将其参数简为 $(\gamma_i, \alpha_i)_{i=1,2}$. 此时,

$$Q_{cc} = \begin{pmatrix} -q_2 & q_{23} \\ q_{32} & -q_3 \end{pmatrix},$$

Q_{cc} 的特征值为 α_1, α_2, 且

$$Q_{cc}^{-1} = \begin{pmatrix} -\dfrac{q_3}{|Q_{cc}|} & \dfrac{q_{32}}{|Q_{cc}|} \\ \dfrac{q_{23}}{|Q_{cc}|} & -\dfrac{q_2}{|Q_{cc}|} \end{pmatrix}.$$

定理 3.7.12　设 $\{X_t, t \geqslant 0\}$ 是最简单的单环链 $(N = 3)$, 若初始分布是其平稳分布 $\{\pi_i, i = 0, 1, 2, 3\}$, 那么其生成元可表成 $E\sigma^{(0)}, c_1^{(0)}, c_2^{(0)}, E\sigma^{(1)}, c_1^{(1)}, c_2^{(1)}$ 及 $c_1^{(0,1)}, c_2^{(0,1)}$ 的实函数.

证明　由式 (2.1.39),(2.1.41) 和 (2.1.35) 得到

$$q_2 + q_3 = \alpha_1 + \alpha_2, \tag{3.7.236}$$

$$|Q_{cc}| = \alpha_1 \alpha_2, \tag{3.7.237}$$

$$\frac{\pi_2 q_{31} + \pi_3 q_{21}}{|Q_{cc}|} = \frac{\gamma_1}{\alpha_1} + \frac{\gamma_2}{\alpha_2}. \tag{3.7.238}$$

由式 (3.7.237) 和式 (3.7.238) 得

$$\pi_2 q_{31} + \pi_3 q_{21} = \gamma_1 \alpha_2 + \gamma_2 \alpha_1. \tag{3.7.239}$$

由引理 3.7.11 已求出 $\pi_0, q_0, q_{01}, q_{10}, \pi_1, q_1$, 从而可求出 $\pi_2 + \pi_3$; 由式 (3.7.223), (3.7.224) 和 (3.7.238) 可求出 $\pi_2, \pi_3, q_{21}, q_{31}$. 再由式 (3.7.236) 和 (3.7.225) 可求

出 q_2, q_3, 进一步可求出 q_{23}, q_{32}; 由式 (2.1.2) 求得

$$q_{12} = \frac{\pi_2 q_{21}}{\pi_1}, \quad q_{13} = \frac{\pi_3 q_{31}}{\pi_1}.$$

至此, 求出了该马尔可夫链的全部转移速率.

定理 3.7.13 对于最简单的单环链 ($N = 3$), 状态空间为 $S = \{0, 1, 2, 3\}$, 若初始分布是其平稳分布, 则其生成元可通过**状态 0 和 1** 的观测统计计算唯一确认.

最后, 由上述结果概括得到主要定理.

定理 3.7.14 对于最简单的单环链 ($N = 3$), 若初始分布是其平稳分布, 则其生成元可通过**任意两状态**的观测统计计算唯一确认.

3.7.3 蝌蚪图单环链

首先, 考虑一个环和一个线形链组合的蝌蚪图单环链 (图 3.7.15), 是 3.7.1 节图 3.7.13 右所示潘图的推广. 类似于环形链的情形, 可逆性要求其转移速率满足

$$q_{12} \cdots q_{N-1,N} q_{N1} = q_{N,N-1} \cdots q_{21} q_{1N}.$$

[112] 中列举了图 3.7.15 特例 (线形子链上仅有 1 个状态) 的离子通道门控 (见 3.7.1节图 3.7.13 左). [128,140] 研讨了其中最简单的单环链 (见 3.7.2节) 的统计计算问题.

图 3.7.15 蝌蚪图单环链示意图

根据线形子链的结果 (详见 3.5.6 节), 通过状态 0 的观测可以确认 0 和 1 之间所有转移速率. 又根据环形链统计计算方法, 可得到关于其充分性的一个结果.

定理 3.7.15 对于图 3.7.15 所示的蝌蚪图单环链, 若初始分布是其平稳分布, 则其生成元可通过**叶子状态和环中任意两相邻状态**的观测统计计算唯一确认.

证明并不困难. 相应的算法就是先根据生灭连的统计算法 (算法 6.1.1) 计算出线形子链部分的转移速率, 再根据统计算法 (算法 6.1.5) 计算子环中其余转移速率. 3.7.1 节详细讨论了其特殊情形潘图单环链 (即线性部分只有一个状态) 的统计计算的结论, 其中 3.7.1.1 节给出了该结论的详细证明.

实际上, 还可以给出一个更优的结论.

定理 3.7.16   对于图 3.7.15 中的蝌蚪图单环链, 若初始分布是其平稳分布, 则其生成元可通过**环中任意两相邻状态 (除分支点外)** 的观测统计计算唯一确认.

证明   根据环形链统计计算基本思想, 观测离分支点状态 (即图 3.7.15 中的状态 1) 路径的两相邻状态, 特别是当两相邻状态是子环中离分支点路径长度最大的两个状态时, 计算子环中的转移速率时就越简捷. 不失一般性, 类似于 3.6.2 节中关于环形链的证明, 观测两相邻状态 m 和 $m+1$ 使得 $m-2 \leqslant N-(m+1)$. 为表达方便, 将图中状态 0 和 1 之间的状态从左到右编号为 $1', 2', \cdots, M'$.

该证明主要借鉴环形链的证明思路和方法, 主要差异是关于 m 和 $m+1$ 的约束方程组 (3.7.240)-(3.7.241) 中多出了与线形子链有关的两个表达式, 需要对其进行替换.

第一, 通过观测 $\{m, m+1\}$ 可得 (3.6.134)-(3.6.135) 式成立, 且 (3.6.136)—(3.6.139) 式分别对 $i=m$ 和 $i=m+1$ 成立. 只需按环形链方法打开图 3.7.15 中的子环.

第二, 当 $s \leqslant m-2$ 时, (3.6.141)-(3.6.142) 式分别对 $i=m$ 和 $i=m+1$ 成立. 因此, 根据环形链统计计算法, 可以从状态 m (或 $m+1$) 开始沿逆时针方向 (或沿顺时针方向) 计算出状态 $m-j$ (或 $m+1+j$) 的转移速率 (即 $j=0,1,2,\cdots,m-1$), 直到 $m-j=1$ 为止. 这样, 一直计算到 $s=m-2$ 为止, 即可计算出从状态 1 到 $2m$ 之间的所有转移速率.

第三, 当 $m-1 \leqslant s \leqslant N-m+1$ 时, 若 $i=m$, 则 (3.6.141)-(3.6.142) 式更新如下

$$c_{2s+1}^{(m)} = \pi_{m-1}q_{m-1,m}^2\left[A_1^s + A_2^s + A_3^s + A_4^s\right] + \pi_{m+1}q_{m+1,m}^2\left[B_1^s + B_2^s\right], \quad (3.7.240)$$

其中

$$A_1^s = \left(\mathbf{q}_{(s-\mathbf{m}+1)'} + 2\sum_{k=1}^{m-1}q_k + 2\sum_{k=1}^{s-m}q_{k'}\right)\bar{q}(m-1,\cdots,2,1,1',2',\cdots,(s-m+1)'),$$

$$A_2^s = {}_{\{m\}}\,\bar{q}_{m-1,m-1}^{(2s-1)}(m-1 \leftrightarrow \cdots \leftrightarrow 2 \leftrightarrow 1 \leftrightarrow 1' \leftrightarrow 2' \leftrightarrow \cdots \leftrightarrow (s-m)'),$$

$$A_3^s = \left(\mathbf{q}_{\mathbf{m}-\mathbf{s}+\mathbf{N}} + 2\sum_{k=1}^{s-1}q_{m-k}\right)\bar{q}(m-1,\cdots,2,1,N,N-1,\cdots,N-s+m),$$

$$A_4^s = {}_{\{m\}}\bar{q}_{m-1,m-1}^{(2s-1)}(m-1 \leftrightarrow \cdots \leftrightarrow 2 \leftrightarrow 1 \leftrightarrow N \leftrightarrow N-1 \leftrightarrow \cdots \leftrightarrow N-s+m+1),$$

$$B_1^s = \left(\mathbf{q}_{\mathbf{m}+\mathbf{s}} + 2\sum_{k=1}^{s-1}q_{m+k}\right)\bar{q}(m+1, m+2, \cdots, m+s),$$

$$B_2^s = {}_{\{m\}}\,\bar{q}_{m+1,m+1}^{(2s-1)}(m+1 \leftrightarrow m+2 \leftrightarrow \cdots \leftrightarrow m+s-1),$$

$$c_{2s+2}^{(m)} = \pi_{m-1}q_{m-1,m}^2 \left[A_5^s + A_6^s + A_7^s + A_8^s\right] + \pi_{m+1}q_{m+1,m}^2\left[B_3^s + B_4^s\right]. \quad (3.7.241)$$

其中

$$A_5^s = q_{(s-m+1)',(s-m+2)'} \mathbf{q_{(s-m+2)',(s-m+1)'}} \overline{q}(m-1,\cdots,2,1,1',\cdots,(s-m+1)'),$$

$$A_6^s =_{\{m\}} \overline{q}_{m-1,m-1}^{(2s)}(m-1 \leftrightarrow m-2 \leftrightarrow \cdots \leftrightarrow 1 \leftrightarrow 1' \leftrightarrow 2' \leftrightarrow \cdots \leftrightarrow (s-m+1)'),$$

$$A_7^s = q_{N-s+m-1,N-s+m} \mathbf{q_{N-s+m,N-s+m-1}} \overline{q}(m-1,\cdots,1,N,\cdots,N-s+m),$$

$$A_8^s =_{\{m\}} \overline{q}_{m-1,m-1}^{(2s)}(m-1 \leftrightarrow m-2 \leftrightarrow \cdots \leftrightarrow 1 \leftrightarrow N \leftrightarrow N-1 \leftrightarrow \cdots \leftrightarrow N-s+m),$$

$$B_3^s = q_{m+s,m+s+1} \mathbf{q_{m+s+1,m+s}} \overline{q}(m+1,m+2,\cdots,m+s),$$

$$B_4^s =_{\{m\}} \overline{q}_{m+1,m+1}^{(2s)}(m+1 \leftrightarrow m+2 \leftrightarrow \cdots \leftrightarrow m+s),$$

通过比较 (3.6.141)-(3.6.142) 式与 (3.7.240-3.7.241) 式, 不难发现其主要差异是 A_j^s $(j = 1, 2, 5, 6)$ 中多出了线形子链中状态 0 到 1 之间的未知速率. 然而, 在取 $i = m+1$ 的对应方程式中, 它们也同样会出现在相同的部分.

$$c_{2s+3}^{(m+1)} = \pi_m q_{m,m+1}^2 \{m+1\}\overline{q}_{m,m}^{(2s+1)} + \pi_{m+2}q_{m+2,m+1}^2 \{m+1\}\overline{q}_{m+2,m+2}^{(2s+1)}$$

$$= \pi_m q_{m,m+1}^2 q_{m,m-1}q_{m-1,m}\left[A_1^s + \overline{A}_2^s + A_3^s + \overline{A}_4^s\right]$$

$$+ \pi_{m+2}q_{m+2,m+1}^2\left[\overline{B}_1^s + \overline{B}_2^s\right], \quad (3.7.242)$$

其中

$$\overline{A}_2^s =_{\{m+1\}} \overline{q}_{m-1,m-1}^{(2s-1)}(m-1 \leftrightarrow \cdots \leftrightarrow 2 \leftrightarrow 1 \leftrightarrow 1' \leftrightarrow 2' \leftrightarrow \cdots \leftrightarrow (s-m)'),$$

$$\overline{A}_4^s =_{\{m+1\}} \overline{q}_{m-1,m-1}^{(2s-1)}(m-1 \leftrightarrow \cdots \leftrightarrow 1 \leftrightarrow N \leftrightarrow N-1 \leftrightarrow \cdots \leftrightarrow N-s+m+1),$$

$$\overline{B}_1^s = \left(\mathbf{q_{m+s+2}} + 2\sum_{k=2}^{s+1} q_{m+k}\right)\overline{q}(m+2,m+3,\cdots,m+s+2),$$

$$\overline{B}_2^s =_{\{m+1\}} \overline{q}_{m+2,m+2}^{(2s+1)}(m+2 \leftrightarrow m+3 \leftrightarrow \cdots \leftrightarrow m+s+2),$$

$$c_{2s+4}^{(m+1)} = \pi_m q_{m,m+1}^2 \{m+1\}\overline{q}_{m,m}^{(2s+2)} + \pi_{m+2}q_{m+2,m+1}^2 \{m+1\}\overline{q}_{m+2,m+2}^{(2s+2)}$$

$$= \pi_m q_{m,m+1}^2 q_{m,m-1}q_{m-1,m}\left[A_5^s + \overline{A}_6^s + A_7^s + \overline{A}_8^s\right]$$

$$+ \pi_{m+2}q_{m+2,m+1}^2\left[\overline{B}_3^s + \overline{B}_4^s\right], \quad (3.7.243)$$

其中

$$\overline{A}_6^s =_{\{m+1\}} \overline{q}_{m-1,m-1}^{(2s)}(m-1 \leftrightarrow \cdots \leftrightarrow 1 \leftrightarrow 1' \leftrightarrow 2' \leftrightarrow \cdots \leftrightarrow (s-m+1)'),$$

$$\overline{A}_8^s = {}_{\{m+1\}}\overline{q}_{m-1,m-1}^{(2s)}(m-1 \leftrightarrow m-2 \leftrightarrow \cdots \leftrightarrow 1 \leftrightarrow N \leftrightarrow \cdots \leftrightarrow N-s+m),$$

$$\overline{B}_3^s = q_{m+s+2,m+s+3}\mathbf{q}_{\mathbf{m+s+3,m+s+2}}\,\overline{q}(m+2,m+3,\cdots,m+s+2),$$

$$\overline{B}_4^s = {}_{\{m+1\}}\overline{q}_{m+2,m+2}^{(2s+2)}(m+2 \leftrightarrow m+3 \leftrightarrow \cdots \leftrightarrow m+s+2).$$

注意到以上方程中, 有关禁忌集 $\{m\}$ 和 $\{m+1\}$ 的禁忌速率是等价的, 这表明了 $\overline{A}_j^s = A_j^s$ 对 $j = 2,4,6,8$ 均成立. 因此, 分别用 (3.7.240)-(3.7.241) 式中 A_j^s ($j = 1,2,5,6$) 替换 (3.7.242)-(3.7.243) 式中相同或等价量, 就可以进一步计算出状态 $\{2m+1,2m+2,\cdots,N,1\}$ 之间的转移速率.

这表明可以通过从状态 m 和 $m+1$ 出发同时沿逆时针方向和沿顺时针方向计算转移速率, 直到计算出环中所有转移速率.

最后, 返回到 (3.7.240)-(3.7.241) 式中 A_j^s ($j = 1,2,5,6$), 可以计算出状态 1 到 0 之间 (即状态集 $\{1,1',2'\cdots,M',0\}$) 的所有转移速率.

说明 3.7.3　如果两相邻状态包含了图中唯一的分支点状态 (即状态 1), 则无法打开环. **通常, 所说的任意两相邻状态不包含分支点状态 (下同).** 对潘图单环链, 3.7.1.2 节也给出了仅由两相邻状态的观测来统计确认的方法.

衍生链证明的直观理解　通过两相邻状态的观测, 首先可以得到二者之间的转移信息以及转移到二者之外的信息, 相当于环形链在此断开成为衍生的三个分枝的星形分枝链 (这两个状态成为衍生出来的两个叶子), **可逆性保证它与断开之后衍生的三个分枝的星形分枝链具有相同的平稳分布.** 从而相当于通过这两个状态的观测来确认无环的 (三个分枝) 星形分枝链, 但又不完全等同星形分枝链的观测, 毕竟也不能分别得到这两个衍生出来的叶子状态的击中分布, 所以需要同时观测两个叶子状态才能向两边逐个交替求解, 直到全部转移速率得到确认.

进一步形象演示　观测两相邻状态 m 和 $m+1$, 得到二者之间的全部转移信息后, 在二者之间剪断, 得到三个分枝的星形分枝链; 然后相当于分别观测这两个叶子状态 m 和 $m+1$, 得到与之相邻的状态 ($m-1$, $m+2$) 之间的转移信息, 并将 m 和 $m+1$ "剪切" 得到新的三个分枝的星形分枝链, **可逆性保证从环中任意两相邻状态处剪断后得到的衍生星形分枝链与原蝌蚪图单环链具有相同的平稳分布**; 此时 $m-1$ 和 $m+2$ 变成叶子状态; 分别观测叶子状态 $m-1$ 和 $m+2$, 可分别确认它们与 $m-2$ 和 $m+3$ 之间的转移, 再分别 "剪切" $m-2$ 和 $m+3$ 得到新的线形链. 以此类推, 直到 "剪切" 状态 $1-2m$, 成为一个线形链; 然后观测 $2m+1$, 得到 $2m+1$ 和 $2m+2$ 之间的转移之后, "剪切" $2m+2$. 以此类推, 直到成为一个两状态的生灭链, 从而确认全部转移速率. 当然, 这只是一种形象的演示计算过程, 因为具体的计算远没有这么简单, 详见 3.6.2 节证明过程.

接下来, 对于环与多条线形链组合的单环链, 例如图 3.7.16 所示的单环链, 当所有叶子状态可观测时, 可以按线形链算法确认所有线形子链的转移速率, 于是可得如下结论.

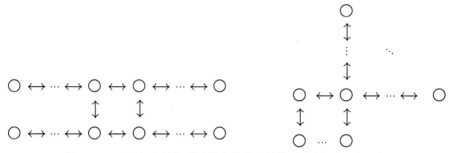

图 3.7.16 环与多条线形链组合的单环链的示意图 (左) 和 (右)

定理 3.7.17 对于图 3.7.16 中环与多条线形链组合的单环链, 若初始分布是其平稳分布, 则其生成元可通过**所有叶子状态以及环形中任意两相邻状态**的观测统计计算唯一确认.

3.7.4 一般单环链: 环形与树形组合

对于更一般形式的单环链, 可看作环形链和树形链的组合; 作为一个例子, 见示意图 3.7.17.

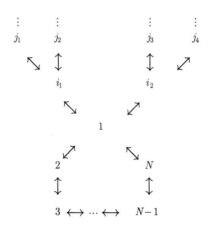

图 3.7.17 由二叉树和环组成的单环链的示意图

下面以一个具体的模型为例进行讨论, 即讨论一个环与一个深度为 2 的满二叉树组合的统计计算问题.

设其状态空间为 $S = \{1', 2', 3', 4', 5', 6', 1, 2, 3, \cdots, N\}$, 相当于图 3.7.17 中 $i_1 = 5', i_2 = 6'$, 且 $j_i = i'$ $(i = 1, 2, 3, 4)$ 是其叶子, 其速率矩阵为

$$
Q = \begin{pmatrix}
q_{1'1'} & 0 & 0 & 0 & q_{1'5'} & 0 & 0 & \cdots & 0 & 0 \\
0 & q_{2'2'} & 0 & 0 & q_{2'5'} & 0 & 0 & \cdots & 0 & 0 \\
0 & 0 & q_{3'3'} & 0 & 0 & q_{3'6'} & 0 & \cdots & 0 & 0 \\
0 & 0 & 0 & q_{4'4'} & 0 & q_{4'6'} & 0 & \cdots & 0 & 0 \\
q_{5',1'} & q_{5',2'} & 0 & 0 & q_{5'5'} & 0 & q_{5'1} & \cdots & 0 & 0 \\
0 & 0 & q_{6'3'} & q_{6'4'} & 0 & q_{6'6'} & q_{6'1} & \cdots & 0 & 0 \\
0 & 0 & 0 & 0 & q_{15'} & q_{16'} & q_{11} & \cdots & 0 & q_{1,N} \\
\vdots & \vdots & \vdots & \vdots & \vdots & \vdots & \vdots & \ddots & \vdots & \vdots \\
0 & 0 & 0 & 0 & 0 & 0 & 0 & \cdots & q_{N-1,N-1} & q_{N-1,N} \\
0 & 0 & 0 & 0 & 0 & 0 & q_{N,1} & \cdots & q_{N,N-1} & q_{N,N}
\end{pmatrix}.
$$

$$(3.7.244)$$

现观测树形链部分的叶子状态 i $(i = 1', 2', 3', 4')$ 以及环形中任意两个相邻状态 $m, m+1$.

1) 状态 $1'$ 或 $2'$ 的观测

引理 3.7.18　对 $s = 1, t = 2$, 或 $t = 1, s = 2$, 均有

$$
c_1^{(s')} = \pi_{s'} \sum_j {}_{\{s'\}} \bar{q}_{s'j}^{(1)} = \sum_{j \neq s'} \pi_j q_{js'} = \pi_{5'} q_{5's'},
$$

$$
c_2^{(s')} = \pi_{s' \{s'\}} \bar{q}_{s's'}^{(2)} = \sum_{j \neq s'} \pi_j (q_{js'})^2 = \pi_{5'} (q_{5's'})^2,
$$

$$
c_3^{(s')} = \pi_{1\{1\}} \bar{q}_{11}^{(3)} = \sum_{j \neq s'} \pi_j (q_{js'})^2 {}_{\{s'\}} \bar{q}_{jj}^{(1)} = \pi_{5'} (q_{5's'})^2 \mathbf{q}_{5'},
$$

$$
c_4^{(s')} = \pi_{s' \{s'\}} \bar{q}_{s's'}^{(4)} = \sum_{j \neq s'} \pi_j (q_{js'})^2 {}_{\{s'\}} \bar{q}_{jj}^{(2)}
$$
$$
= \pi_{5'} (q_{5's'})^2 (q_{5'}^2 + q_{5't'} q_{t'5'} + q_{5'1} \mathbf{q}_{15'}),
$$

$$
c_5^{(s')} = \pi_{s' \{s'\}} \bar{q}_{s's'}^{(5)} = \sum_{j \neq s'} \pi_j (q_{js'})^2 {}_{\{s'\}} \bar{q}_{jj}^{(3)}
$$
$$
= \pi_{5'} (q_{5's'})^2 (q_{5'}^3 + q_{5'1} \mathbf{q}_1 q_{15'} + q_{5't'} q_{t'} q_{t'5'}).
$$

2) 状态 $3'$ 或 $4'$ 的观测

引理 3.7.19　对 $s = 3, t = 4$, 或 $t = 3, s = 4$, 均有

$$
c_1^{(s')} = \pi_{s'} \sum_j {}_{\{s'\}} \bar{q}_{s'j}^{(1)} = \sum_{j \neq s'} \pi_j q_{js'} = \pi_{s'} q_{6's'},
$$

$$c_2^{(s')} = \pi_{s'\{s'\}}\bar{q}_{s's'}^{(2)} = \sum_{j \neq s'} \pi_j (q_{js'})^2 = \pi_{6'}(q_{6's'})^2,$$

$$c_3^{(s')} = \pi_{s'\{s'\}}\bar{q}_{s's'}^{(3)} = \sum_{j \neq s'} \pi_j (q_{js'})^2_{\{s'\}}\bar{q}_{jj}^{(1)} = \pi_{6'}(q_{6's'})^2 \mathbf{q}_{6'},$$

$$c_4^{(s')} = \pi_{s'\{s'\}}\bar{q}_{s's'}^{(4)} = \sum_{j \neq s'} \pi_j (q_{js'})^2_{\{s'\}}\bar{q}_{jj}^{(2)}$$

$$= \pi_{6'}(q_{6's'})^2 (q_{6'}^2 + q_{6'1}\mathbf{q}_{16'} + q_{6't'}q_{t'6'}),$$

$$c_5^{(s')} = \pi_{s'\{s'\}}\bar{q}_{s's'}^{(5)} = \sum_{j \neq s'} \pi_j (q_{js'})^2_{\{s'\}}\bar{q}_{jj}^{(s')}$$

$$= \pi_{6'}(q_{6's'})^2 (q_{6'}^3 + q_{6'1}\mathbf{q}_1 q_{16'} + q_{6't'}q_{t'}q_{t'6'}).$$

分别状态观测 $1', 2', 3', 4'$，易求得 $q_{1'} = q_{1'5'}, q_{2'} = q_{2'5'}, q_{3'} = q_{3'6'}, q_{4'} = q_{4'6'}$ 以及 $\pi_{1'}, \pi_{2'}, \pi_{3'}, \pi_{4'}$.

又由 $c_1^{(1')}, c_2^{(1')}, c_3^{(1')}$，可得

$$q_{5'1'} = \frac{c_2^{(1')}}{c_1^{(1')}}, \quad \pi_{5'} = \frac{(c_1^{(1')})^2}{c_2^{(1')}}, \quad q_{5'} = \frac{c_3^{(1')}}{c_2^{(1')}}.$$

再由可逆性得 $q_{5'2'} = \dfrac{\pi_{2'}q_{2'5'}}{\pi_{5'}}$，于是 $q_{5'1} = q_{5'} - q_{5'1'} - q_{5'2'}$.

同理，由 $c_1^{(3')}, c_2^{(3')}, c_3^{(3')}$，可得

$$q_{6'3'} = \frac{c_2^{(3')}}{c_1^{(3')}}, \quad \pi_{6'} = \frac{(c_1^{(3')})^2}{c_2^{(3')}}, \quad q_{6'} = \frac{c_3^{(3')}}{c_2^{(3')}}.$$

于是由可逆性得 $q_{6'4'} = \dfrac{\pi_{4'}q_{4'6'}}{\pi_{6'}}$，于是 $q_{6'1} = q_{6'} - q_{6'3'} - q_{6'4'}$.

由 $c_4^{(1')}$ 可得 $q_{15'}$，进而由可逆性得 $\pi_1 = \dfrac{\pi_{5'}q_{5'1}}{q_{15'}}$. 同理，由 $c_4^{(3')}$ 可求出 $q_{16'}$.

因此，通过观测状态 $1', 2', 3', 4'$ 可得 $q_{1'}, \cdots, q_{7'}, \pi_{1'}, \cdots, \pi_{7'}$ 以及 $q_{1'5'}, q_{2'5'}, q_{3'6'}, q_{4'6'}, q_{5'1'}, q_{5'2'}, q_{5'1}, q_{6'3'}, q_{6'4'}, q_{6'1}, q_{15'}, q_{16'}$.

下面再对环中任意两相邻的状态进行观测.

3) 状态 m 的观测

引理 3.7.20 下列方程成立

$$c_1^{(m)} = \pi_m \sum_j {}_{\{m\}}\bar{q}_{mj}^{(1)} = \sum_{j \neq m} \pi_j q_{jm} = \pi_{m-1}q_{m-1,m} + \pi_{m+1}q_{m+1,m},$$

$$c_2^{(m)} = \pi_m \, {}_{\{m\}}\bar{q}_{mm}^{(2)} = \sum_{j \neq m} \pi_j q_{jm}^2 = \pi_{m-1} q_{m-1,m}^2 + \pi_{m+1} q_{m+1,m}^2,$$

$$c_3^{(m)} = \pi_m \, {}_{\{m\}}\bar{q}_{mm}^{(3)} = \sum_{j \neq m} \pi_j q_{jm}^2 \, {}_{\{m\}}\bar{q}_{jj}^{(1)}$$

$$= \pi_{m-1} q_{m-1,m}^2 \mathbf{q_{m-1}} + \pi_{m+1} q_{m+1,m}^2 \mathbf{q_{m+1}},$$

$$c_4^{(m)} = \pi_m \, {}_{\{m\}}\bar{q}_{mm}^{(4)} = \sum_{j \neq m} \pi_j q_{jm}^2 \, {}_{\{m\}}\bar{q}_{jj}^{(2)}$$

$$= \pi_{m-1} q_{m-1,m}^2 (q_{m-1}^2 + q_{m-1,m-2} \mathbf{q_{m-2,m-1}})$$

$$\quad + \pi_{m+1} q_{m+1,m}^2 (q_{m+1}^2 + q_{m+1,m+2} \mathbf{q_{m+2,m+1}}),$$

$$c_5^{(m)} = \pi_m \, {}_{\{m\}}\bar{q}_{mm}^{(5)} = \sum_{j \neq m} \pi_j q_{jm}^2 \, {}_{\{m\}}\bar{q}_{jj}^{(3)}$$

$$= \pi_{m-1} q_{m-1,m}^2 [q_{m-1}^3 + (\mathbf{q_{m-2}} + 2q_{m-1})\bar{q}(m-1, m-2)]$$

$$\quad + \pi_{m+1} q_{m+1,m}^2 [q_{m+1}^3 + (\mathbf{q_{m+2}} + 2q_{m+1})\bar{q}(m+1, m+2)].$$

(1) 当 $n = 2s + 1$ 时:

(a) 若 $m < s$, 则

$$c_{2s+1}^{(m)} = \pi_{m-1} q_{m-1,m}^2 \, {}_{\{m\}}\bar{q}_{m-1,m-1}^{(2s-1)} + \pi_{m+1} q_{m+1,m}^2 \, {}_{\{m\}}\bar{q}_{m+1,m+1}^{(2s-1)}$$

$$= \pi_{m-1} q_{m-1,m}^2 \Bigg[\Bigg(\mathbf{q_{N-s+m}} + 2 \sum_{k=1}^{m-1} q_k + 2 \sum_{k'=0}^{s-m-1} q_{N-k'} \Bigg)$$

$$\quad \cdot \bar{q}(m-1, m-2, \cdots, 1, N, \cdots, N-s+m)$$

$$\quad + {}_{\{m\}}\bar{q}_{m-1,m-1}^{(2s-1)}(m-1 \leftrightarrow m-2 \leftrightarrow \cdots \leftrightarrow 1 \leftrightarrow N \leftrightarrow \cdots \leftrightarrow N-s+m+1)$$

$$\quad + {}_{\{m\}}\bar{q}_{m-1,m-1}^{(2s-1)}(m-1 \leftrightarrow m-2 \leftrightarrow \cdots \leftrightarrow 1 \leftrightarrow 5' \leftrightarrow 1')$$

$$\quad + {}_{\{m\}}\bar{q}_{m-1,m-1}^{(2s-1)}(m-1 \leftrightarrow m-2 \leftrightarrow \cdots \leftrightarrow 1 \leftrightarrow 5' \leftrightarrow 2')$$

$$\quad + {}_{\{m\}}\bar{q}_{m-1,m-1}^{(2s-1)}(m-1 \leftrightarrow m-2 \leftrightarrow \cdots \leftrightarrow 1 \leftrightarrow 6' \leftrightarrow 3')$$

$$\quad + {}_{\{m\}}\bar{q}_{m-1,m-1}^{(2s-1)}(m-1 \leftrightarrow m-2 \leftrightarrow \cdots \leftrightarrow 1 \leftrightarrow 6' \leftrightarrow 4') \Bigg]$$

$$\quad + \pi_{m+1} q_{m+1,m}^2 \Bigg[\Bigg(\mathbf{q_{m+s}} + 2 \sum_{k=m+1}^{m+s-1} q_k \Bigg) \bar{q}(m+1, m+2, \cdots, m+s)$$

$$\quad + {}_{\{m\}}\bar{q}_{m+1,m+1}^{(2s-1)}(m+1 \leftrightarrow m+2 \leftrightarrow \cdots \leftrightarrow m+s-1) \Bigg].$$

(b) 若 $m = s$, 则

$$c_{2s+1}^{(m)} = \pi_{m-1} q_{m-1,m}^2 \ {}_{\{m\}}\bar{q}_{m-1,m-1}^{(2s-1)} + \pi_{m+1} q_{m+1,m}^2 \ {}_{\{m\}}\bar{q}_{m+1,m+1}^{(2s-1)}$$

$$= \pi_{m-1} q_{m-1,m}^2 \Bigg[\Big(\mathbf{q_N} + 2 \sum_{k=1}^{m-1} q_k \Big) \bar{q}(m-1, m-2, \cdots, 1, N)$$

$$+ {}_{\{m\}}\bar{q}_{m-1,m-1}^{(2s-1)} (m-1 \leftrightarrow m-2 \leftrightarrow \cdots \leftrightarrow 1)$$

$$+ {}_{\{m\}}\bar{q}_{m-1,m-1}^{(2s-1)} (m-1 \leftrightarrow m-2 \leftrightarrow \cdots \leftrightarrow 1 \leftrightarrow 5')$$

$$+ {}_{\{m\}}\bar{q}_{m-1,m-1}^{(2s-1)} (m-1 \leftrightarrow m-2 \leftrightarrow \cdots \leftrightarrow 1 \leftrightarrow 6') \Bigg]$$

$$+ \pi_{m+1} q_{m+1,m}^2 \Bigg[\Big(\mathbf{q_{m+s}} + 2 \sum_{k=m+1}^{m+s-1} q_k \Big) \bar{q}(m+1, m+2, \cdots, m+s)$$

$$+ {}_{\{m\}}\bar{q}_{m+1,m+1}^{(2s-1)} (m+1 \leftrightarrow m+2 \leftrightarrow \cdots \leftrightarrow m+s-1) \Bigg].$$

(c) 若 $m > s$, 则

$$c_{2s+1}^{(m)} = \pi_{m-1} q_{m-1,m}^2 \ {}_{\{m\}}\bar{q}_{m-1,m-1}^{(2s-1)} + \pi_{m+1} q_{m+1,m}^2 \ {}_{\{m\}}\bar{q}_{m+1,m+1}^{(2s-1)}$$

$$= \pi_{m-1} q_{m-1,m}^2 \Bigg[\Big(\mathbf{q_{m-s}} + 2 \sum_{k=1}^{s-1} q_{m-k} \Big) \bar{q}(m-1, m-2, \cdots, m-s+1, m-s)$$

$$+ {}_{\{m\}}\bar{q}_{m-1,m-1}^{(2s-1)} (m-1 \leftrightarrow m-2 \leftrightarrow \cdots \leftrightarrow m-s+1) \Bigg]$$

$$+ \pi_{m+1} q_{m+1,m}^2 \Bigg[\Big(\mathbf{q_{m+s}} + 2 \sum_{k=m+1}^{m+s-1} q_k \Big) \bar{q}(m+1, m+2, \cdots, m+s)$$

$$+ {}_{\{m\}}\bar{q}_{m+1,m+1}^{(2s-1)} (m+1 \leftrightarrow m+2 \leftrightarrow \cdots \leftrightarrow m+s-1) \Bigg].$$

(2) 当 $n = 2s+2$ 时:

(d) 若 $m < s+1$, 则

$$c_{2s+2}^{(m)} = \pi_{m-1} q_{m-1,m}^2 \ {}_{\{m\}}\bar{q}_{m-1,m-1}^{(2s)} + \pi_{m+1} q_{m+1,m}^2 \ {}_{\{m\}}\bar{q}_{m+1,m+1}^{(2s)}$$

$$= \pi_{m-1} q_{m-1,m}^2 \big[q_{N-s+m, N-s+m-1} \mathbf{q_{N-s+m-1, N-s+m}}$$

$$\cdot \bar{q}(m-1, \cdots, 1, N, \cdots, N-s+m)$$

$$+ {}_{\{m\}}\bar{q}_{m-1,m-1}^{(2s)} (m-1 \leftrightarrow m-2 \leftrightarrow \cdots \leftrightarrow 1 \leftrightarrow N \leftrightarrow \cdots \leftrightarrow N-s+m)$$

$$+ {}_{\{m\}}\bar{q}_{m-1,m-1}^{(2s)} (m-1 \leftrightarrow m-2 \leftrightarrow \cdots \leftrightarrow 1 \leftrightarrow 5' \leftrightarrow 1')$$

$$+ {}_{\{m\}}\bar{q}_{m-1,m-1}^{(2s)}(m-1 \leftrightarrow m-2 \leftrightarrow \cdots \leftrightarrow 1 \leftrightarrow 5' \leftrightarrow 2')$$

$$+ {}_{\{m\}}\bar{q}_{m-1,m-1}^{(2s)}(m-1 \leftrightarrow m-2 \leftrightarrow \cdots \leftrightarrow 1 \leftrightarrow 6' \leftrightarrow 3')$$

$$+ {}_{\{m\}}\bar{q}_{m-1,m-1}^{(2s)}(m-1 \leftrightarrow m-2 \leftrightarrow \cdots \leftrightarrow 1 \leftrightarrow 6' \leftrightarrow 4')]$$

$$+ \pi_{m+1}q_{m+1,m}^2[q_{m+s-1,m+s}\mathbf{q_{m+s,m+s-1}}\bar{q}(m+1,m+2,\cdots,m+s-1)$$

$$+ {}_{\{m\}}\bar{q}_{m+1,m+1}^{(2s-1)}(m+1 \leftrightarrow m+2 \leftrightarrow \cdots \leftrightarrow m+s-1)].$$

(e) 若 $m = s+1$, 则

$$c_{2s+2}^{(m)} = \pi_{m-1}q_{m-1,m}^2\ {}_{\{m\}}\bar{q}_{m-1,m-1}^{(2s)} + \pi_{m+1}q_{m+1,m}^2\ {}_{\{m\}}\bar{q}_{m+1,m+1}^{(2s)}$$

$$= \pi_{m-1}q_{m-1,m}^2[q_{1N}\mathbf{q_{N1}}\bar{q}(m-1,m-2,\cdots,2,1)$$

$$+ {}_{\{m\}}\bar{q}_{m-1,m-1}^{(2s)}(m-1 \leftrightarrow m-2 \leftrightarrow \cdots \leftrightarrow 2 \leftrightarrow 1)$$

$$+ {}_{\{m\}}\bar{q}_{m-1,m-1}^{(2s)}(m-1 \leftrightarrow m-2 \leftrightarrow \cdots \leftrightarrow 1 \leftrightarrow 5')$$

$$+ {}_{\{m\}}\bar{q}_{m-1,m-1}^{(2s)}(m-1 \leftrightarrow m-2 \leftrightarrow \cdots \leftrightarrow 1 \leftrightarrow 6')]$$

$$+ \pi_{m+1}q_{m+1,m}^2[q_{m+s-1,m+s}\mathbf{q_{m+s,m+s-1}}\bar{q}(m+1,m+2,\cdots,m+s-1)$$

$$+ {}_{\{m\}}\bar{q}_{m+1,m+1}^{(2s-1)}(m+1 \leftrightarrow m+2 \leftrightarrow \cdots \leftrightarrow m+s-1)].$$

(f) 若 $m > s+1$, 则

$$c_{2s+2}^{(m)} = \pi_{m-1}q_{m-1,m}^2\ {}_{\{m\}}\bar{q}_{m-1,m-1}^{(2s)} + \pi_{m+1}q_{m+1,m}^2\ {}_{\{m\}}\bar{q}_{m+1,m+1}^{(2s)}$$

$$= \pi_{m-1}q_{m-1,m}^2[q_{m-s,m-s-1}\mathbf{q_{m-s-1,m-s}}\bar{q}(m-1,m-2,\cdots,m-s)$$

$$+ {}_{\{m\}}\bar{q}_{m-1,m-1}^{(2s)}(m-1 \leftrightarrow m-2 \leftrightarrow \cdots \leftrightarrow m-s)]$$

$$+ \pi_{m+1}q_{m+1,m}^2[q_{m+s,m+s+1}\mathbf{q_{m+s+1,m+s}}\bar{q}(m+1,m+2,\cdots,m+s)$$

$$+ {}_{\{m\}}\bar{q}_{m+1,m+1}^{(2s-1)}(m+1 \leftrightarrow m+2 \leftrightarrow \cdots \leftrightarrow m+s-1)].$$

4) 状态 $m+1$ 的观测

引理 3.7.21　　下列方程成立

$$c_1^{(m+1)} = \pi_{m+1}\sum_j {}_{\{m+1\}}\bar{q}_{m+1,j}^{(1)} = \pi_m q_{m,m+1} + \pi_{m+2}q_{m+2,m+1},$$

$$c_2^{(m+1)} = \pi_{m+1}\ {}_{\{m+1\}}\bar{q}_{m+1,m+1}^{(2)} = \pi_m q_{m,m+1}^2 + \pi_{m+2}q_{m+2,m+1}^2,$$

$$c_3^{(m+1)} = \pi_{m+1}\ {}_{\{m+1\}}\bar{q}_{m+1,m+1}^{(3)} = \sum_{j\neq m+1} \pi_j q_{j,m+1}^2\ {}_{\{m+1\}}\bar{q}_{jj}^{(1)}$$

$$= \pi_m q_{m,m+1}^2 \mathbf{q_m} + \pi_{m+2} q_{m+2,m+1}^2 \mathbf{q_{m+2}},$$

$$c_4^{(m+1)} = \pi_{m+1} \,_{\{m+1\}} \bar{q}_{m+1,m+1}^{(4)} = \sum_{j \neq m+1} \pi_j q_{j,m+1}^2 \,_{\{m+1\}} \bar{q}_{jj}^{(2)}$$

$$= \pi_m q_{m,m+1}^2 (q_m^2 + q_{m,m-1} \mathbf{q_{m-1,m}})$$

$$+ \pi_{m+2} q_{m+2,m+1}^2 (q_{m+2}^2 + q_{m+2,m+3} \mathbf{q_{m+3,m+2}}),$$

$$c_5^{(m+1)} = \pi_{m+1} \,_{\{m+1\}} \bar{q}_{m+1,m+1}^{(5)} = \sum_{j \neq m+1} \pi_j q_{j,m+1}^2 \,_{\{m+1\}} \bar{q}_{jj}^{(3)}$$

$$= \pi_m q_{m,m+1}^2 [q_m^3 + (\mathbf{q_{m-1}} + 2q_m)\bar{q}(m, m-1)]$$

$$+ \pi_{m+2} q_{m+2,m+1}^2 [q_{m+2}^3 + (\mathbf{q_{m+3}} + 2q_{m+2})\bar{q}(m+2, m+3)].$$

(1) 当 $n = 2s + 1$ 时:

(a) 若 $m < s - 1$, 则

$$c_{2s+1}^{(m+1)} = \pi_m q_{m,m+1}^2 \,_{\{m+1\}} \bar{q}_{mm}^{(2s-1)} + \pi_{m+2} q_{m+2,m+1}^2 \,_{\{m+1\}} \bar{q}_{m+2,m+2}^{(2s-1)}$$

$$= \pi_m q_{m,m+1}^2 \left[\left(\mathbf{q_{N-s+m+1}} + 2\sum_{k=1}^{m} q_k + 2\sum_{k'=1}^{s-m-2} q_{N-k'} \right) \right.$$

$$\cdot \bar{q}(m, m-1, \cdots, 1, N, \cdots, N-s+m+1)$$

$$+ \,_{\{m+1\}} \bar{q}_{mm}^{(2s-1)} (m \leftrightarrow m-1 \leftrightarrow \cdots \leftrightarrow 1 \leftrightarrow N \leftrightarrow \cdots \leftrightarrow N-s+m+2)$$

$$+ \,_{\{m+1\}} \bar{q}_{mm}^{(2s-1)} (m \leftrightarrow m-1 \leftrightarrow \cdots \leftrightarrow 1 \leftrightarrow 5' \leftrightarrow 1')$$

$$+ \,_{\{m+1\}} \bar{q}_{mm}^{(2s-1)} (m \leftrightarrow m-1 \leftrightarrow \cdots \leftrightarrow 1 \leftrightarrow 5' \leftrightarrow 2')$$

$$+ \,_{\{m+1\}} \bar{q}_{mm}^{(2s-1)} (m \leftrightarrow m-1 \leftrightarrow \cdots \leftrightarrow 1 \leftrightarrow 6' \leftrightarrow 3')$$

$$+ \,_{\{m+1\}} \bar{q}_{mm}^{(2s-1)} (m \leftrightarrow m-1 \leftrightarrow \cdots \leftrightarrow 1 \leftrightarrow 6' \leftrightarrow 4') \right]$$

$$+ \pi_{m+2} q_{m+2,m+1}^2 \left[\left(\mathbf{q_{m+s+1}} + 2\sum_{k=m+2}^{m+s} q_k \right) \bar{q}(m+2, m+3, \cdots, m+s+1) \right.$$

$$+ \,_{\{m+1\}} \bar{q}_{m+2,m+2}^{(2s-1)} (m+2 \leftrightarrow m+3 \leftrightarrow \cdots \leftrightarrow m+s) \right].$$

(b) 若 $m = s - 1$, 则

$$c_{2s+1}^{(m+1)} = \pi_m q_{m,m+1}^2 \,_{\{m+1\}} \bar{q}_{mm}^{(2s-1)} + \pi_{m+2} q_{m+2,m+1}^2 \,_{\{m+1\}} \bar{q}_{m+2,m+2}^{(2s-1)}$$

$$= \pi_m q_{m,m+1}^2 \left[\left(\mathbf{q_N} + 2\sum_{k=1}^{m} q_k \right) \bar{q}(m, m-1, \cdots, 1, N) \right.$$

$$+ {}_{\{m+1\}}\bar{q}_{mm}^{(2s-1)}(m \leftrightarrow m-1 \leftrightarrow \cdots \leftrightarrow 2 \leftrightarrow 1)$$

$$+ {}_{\{m+1\}}\bar{q}_{mm}^{(2s-1)}(m \leftrightarrow m-1 \leftrightarrow \cdots \leftrightarrow 2 \leftrightarrow 1 \leftrightarrow 5')$$

$$\left. + {}_{\{m+1\}}\bar{q}_{mm}^{(2s-1)}(m \leftrightarrow m-1 \leftrightarrow \cdots \leftrightarrow 2 \leftrightarrow 1 \leftrightarrow 6') \right]$$

$$+ \pi_{m+2} q_{m+2,m+1}^2 \left[\left(\mathbf{q_{m+s+1}} + 2\sum_{k=m+2}^{m+s} q_k \right) \bar{q}(m+2, m+3, \cdots, m+s+1) \right.$$

$$\left. + {}_{\{m+1\}}\bar{q}_{m+2,m+2}^{(2s-1)}(m+2 \leftrightarrow m+3 \leftrightarrow \cdots \leftrightarrow m+s) \right].$$

(c) 若 $m > s-1$, 则

$$c_{2s+1}^{(m+1)} = \pi_m q_{m,m+1}^2 \, {}_{\{m+1\}}\bar{q}_{mm}^{(2s-1)} + \pi_{m+2} q_{m+2,m+1}^2 \, {}_{\{m+1\}}\bar{q}_{m+2,m+2}^{(2s-1)}$$

$$= \pi_m q_{m,m+1}^2 \left[\left(\mathbf{q_{m-s+1}} + 2\sum_{k=0}^{s-2} q_{m-k} \right) \bar{q}(m, m-1, \cdots, m-s+1) \right.$$

$$\left. + {}_{\{m+1\}}\bar{q}_{mm}^{(2s-1)}(m \leftrightarrow m-1 \leftrightarrow \cdots \leftrightarrow m-s+2) \right]$$

$$+ \pi_{m+2} q_{m+2,m+1}^2 \left[\left(\mathbf{q_{m+s+1}} + 2\sum_{k=m+2}^{m+s} q_k \right) \bar{q}(m+2, \cdots, m+s+1) \right.$$

$$\left. + {}_{\{m+1\}}\bar{q}_{m+2,m+2}^{(2s-1)}(m+2 \leftrightarrow m+3 \leftrightarrow \cdots \leftrightarrow m+s) \right].$$

(2) 当 $n = 2s+2$ 时:

(d) 若 $m < s$, 则

$$c_{2s+2}^{(m+1)} = \pi_m q_{m,m+1}^2 \, {}_{\{m+1\}}\bar{q}_{mm}^{(2s)} + \pi_{m+2} q_{m+2,m+1}^2 \, {}_{\{m+1\}}\bar{q}_{m+2,m+2}^{(2s)}$$

$$= \pi_m q_{m,m+1}^2 [q_{N-s+m+1,N-s+m} \mathbf{q_{N-s+m,N-s+m+1}}$$

$$\cdot \bar{q}(m, m-1, \cdots, 1, N, \cdots, N-s+m+1)$$

$$+ {}_{\{m+1\}}\bar{q}_{mm}^{(2s)}(m \leftrightarrow m-1 \leftrightarrow \cdots \leftrightarrow 1 \leftrightarrow N \leftrightarrow \cdots \leftrightarrow N-s+m+1)$$

$$+ {}_{\{m+1\}}\bar{q}_{mm}^{(2s)}(m \leftrightarrow m-1 \leftrightarrow \cdots \leftrightarrow 1 \leftrightarrow 5' \leftrightarrow 1')$$

$$+ {}_{\{m+1\}}\bar{q}_{mm}^{(2s)}(m \leftrightarrow m-1 \leftrightarrow \cdots \leftrightarrow 1 \leftrightarrow 5' \leftrightarrow 2')$$

$$+ {}_{\{m+1\}}\bar{q}_{mm}^{(2s)}(m \leftrightarrow m-1 \leftrightarrow \cdots \leftrightarrow 1 \leftrightarrow 6' \leftrightarrow 3')$$

$$+ {}_{\{m+1\}}\bar{q}_{mm}^{(2s)}(m \leftrightarrow m-1 \leftrightarrow \cdots \leftrightarrow 1 \leftrightarrow 6' \leftrightarrow 4')]$$

$$+ \pi_{m+2}q_{m+2,m+1}^2[q_{m+s,m+s+1}\mathbf{q_{m+s+1,m+s}}\bar{q}(m+2,m+3,\cdots,m+s)$$

$$+ {}_{\{m+1\}}\bar{q}_{m+2,m+2}^{(2s)}(m+2 \leftrightarrow m+3 \leftrightarrow \cdots \leftrightarrow m+s)].$$

(e) 若 $m = s$, 则

$$c_{2s+2}^{(m+1)} = \pi_m q_{m,m+1}^2 {}_{\{m+1\}}\bar{q}_{mm}^{(2s)} + \pi_{m+2}q_{m+2,m+1}^2 {}_{\{m+1\}}\bar{q}_{m+2,m+2}^{(2s)}$$

$$= \pi_m q_{m,m+1}^2[q_{1N}\mathbf{q_{N1}}\bar{q}(m,m-1,\cdots,2,1)$$

$$+ {}_{\{m+1\}}\bar{q}_{mm}^{(2s)}(m \leftrightarrow m-1 \leftrightarrow \cdots \leftrightarrow 1)$$

$$+ {}_{\{m+1\}}\bar{q}_{mm}^{(2s)}(m \leftrightarrow m-1 \leftrightarrow \cdots \leftrightarrow 1 \leftrightarrow 5')$$

$$+ {}_{\{m+1\}}\bar{q}_{mm}^{(2s)}(m \leftrightarrow m-1 \leftrightarrow \cdots \leftrightarrow 1 \leftrightarrow 6')]$$

$$+ \pi_{m+2}q_{m+2,m+1}^2[q_{m+s,m+s+1}\mathbf{q_{m+s+1,m+s}}\bar{q}(m+2,m+3,\cdots,m+s)$$

$$+ {}_{\{m+1\}}\bar{q}_{m+2,m+2}^{(2s)}(m+2 \leftrightarrow m+3 \leftrightarrow \cdots \leftrightarrow m+s)].$$

(f) 若 $m > s$, 则

$$c_{2s+2}^{(m+1)} = \pi_m q_{m,m+1}^2 {}_{\{m+1\}}\bar{q}_{mm}^{(2s)} + \pi_{m+2}q_{m+2,m+1}^2 {}_{\{m+1\}}\bar{q}_{m+2,m+2}^{(2s)}$$

$$= \pi_m q_{m,m+1}^2[q_{m-s+1,m-s}\mathbf{q_{m-s,m-s+1}}\bar{q}(m,m-1,\cdots,m-s+1)$$

$$+ {}_{\{m+1\}}\bar{q}_{mm}^{(2s)}(m \leftrightarrow m-1 \leftrightarrow \cdots \leftrightarrow m-s+1)]$$

$$+ \pi_{m+2}q_{m+2,m+1}^2[q_{m+s+1,m+s+2}\mathbf{q_{m+s+2,m+s+1}}\bar{q}(m+2,\cdots,m+s+1)$$

$$+ {}_{\{m+1\}}\bar{q}_{m+2,m+2}^{(2s)}(m+2 \leftrightarrow m+3 \leftrightarrow \cdots \leftrightarrow m+s+1)].$$

每个式子中都含有未知量 (粗体部分), 经推导可求出所有的转移速率.

5) 主要结论

定理 3.7.18 观测树形链部分的叶子状态 $i'(i = 1',2',3',4')$, 以及环形中任意两相邻状态 $m, m+1$, 则下面结论成立.

当 $m > s$ 时,

(a) $\pi_{1'}, \pi_{2'}, \pi_{3'}, \pi_{4'}, \pi_m, \pi_{m+1}, q_{1'}, q_{1'5'}, q_{2'}, q_{2'5'}, q_{3'}, q_{3'6'}, q_{4'}, q_{4'6'}$ 都能够表示成 $E\sigma^{(i)}, c_1^{(i)}$ $(i = 1',2',3',4',m,m+1)$ 的实函数.

(b) $\pi_{5'}, \pi_{6'}, \pi_{7'}, \pi_{m-1}, \pi_{m+2}, q_{5'1'}, q_{5'2'}, q_{5'}, q_{5'7'}, q_{6'3'}, q_{6'4'}, q_{6'6'}, q_{6'1}, q_{15'}, q_{16'},$ $q_1, q_{15'}, q_{m,m-1}, q_{m+1,m+2}$ 都能够表示成 $E\sigma^{(i)}, c_1^{(i)}, \cdots, c_5^{(i)}$ $(i = 1',2',3',4'), E\sigma^{(m)},$ $E\sigma^{(m+1)}, c_1^{(m,m+1)}, c_2^{(m,m+1)}$ 的实函数.

(c) $q_{m-s}, q_{m-s,m-s+1}, q_{m-s+1}, q_{m-s+1,m-s}$ 都能够表示成 $c_1^{(m)}, \cdots, c_{2s+1}^{(m)}$, $c_1^{(m+1)}, \cdots, c_{2s+1}^{(m+1)}, E\sigma^{(m)}, E\sigma^{(m+1)}, c_1^{(m,m+1)}, c_2^{(m,m+1)}$ 的实函数.

(d) $\pi_{m-s+1}, q_{m-s+1,m-s}, \pi_{m-s}, q_{m-s,m-s+1}$ 都能够表示成 $c_1^{(m)}, \cdots, c_{2s+2}^{(m)}$, $c_1^{(m+1)}, \cdots, c_{2s+2}^{(m+1)}, E\sigma^{(m)}, E\sigma^{(m+1)}, c_1^{(m,m+1)}, c_2^{(m,m+1)}$ 的实函数.

当 $m \leqslant s$ 时,

(e) $\pi_{1'}, \pi_{2'}, \pi_{3'}, \pi_{4'}, \pi_m, \pi_{m+1}, q_{1'}, q_{1'5'}, q_{2'}, q_{2'5'}, q_{3'}, q_{3'6'}, q_{4'}, q_{4'6'}$ 都能够表示成 $E\sigma^{(i)}, c_1^{(i)}$ $(i = 1', 2', 3', 4', m, m+1)$ 的实函数.

(f) $\pi_{5'}, \pi_{6'}, \pi_{7'}, \pi_{m-1}, \pi_{m+2}, q_{5'1'}, q_{5'2'}, q_{5'}, q_{5'7'}, q_{6'3'}, q_{6'4'}, q_{6'6'}, q_{6'1}, q_{15'}, q_{16'}$, $q_1, q_{15'}, q_{m,m-1}, q_{m+1,m+2}$ 都能够表示成 $E\sigma^{(i)}, c_1^{(i)}, \cdots, c_5^{(i)}$ $(i = 1', 2', 3', 4')$, $E\sigma^{(m)}, E\sigma^{(m+1)}, c_1^{(m,m+1)}, c_2^{(m,m+1)}$ 的实函数.

(g) $q_{N-s+m}, q_{N-s+m,N-s+m+1}, q_{m+s+1}, q_{m+s+1,m+s}$ 都能够表示成 $c_1^{(m)}, \cdots$, $c_{2s+1}^{(m)}, c_1^{(m+1)}, \cdots, c_{2s+1}^{(m+1)}$ 及 $E\sigma^{(m)}, E\sigma^{(m+1)}, c_1^{(m,m+1)}, c_2^{(m,m+1)}$ 的实函数.

(h) $\pi_{N-s+m+1}, q_{N-s+m+1,N-s+m}, \pi_{m+s}, q_{m+s,m+s+1}$ 都能够表示成 $c_1^{(m)}, \cdots$, $c_{2s+2}^{(m)}, c_1^{(m+1)}, \cdots, c_{2s+2}^{(m+1)}$ 及 $E\sigma^{(m)}, E\sigma^{(m+1)}, c_1^{(m,m+1)}, c_2^{(m,m+1)}$ 的实函数.

综上所述, 可得主要定理.

定理 3.7.19   对于上述深度为 2 的二叉树和环形链组成的单环链, 若初始分布是其平稳分布, 则其生成元可通过树中**四个叶子状态和环中任意两相邻状态**的观测统计计算唯一确认.

进一步推广到更一般的树形子链, 根据树形马尔可夫链的结论, 通过所有叶子状态的观测就可以确认出整个树形子链, 于是可得如下一般性结论.

定理 3.7.20   对于由一个树形链和环形链组成的单环链, 若初始分布是其平稳分布, 则其生成元可通过树中**所有叶子状态和环中任何两相邻状态**的观测统计计算唯一确认.

说明 3.7.4   证明和求解思路基本同蝌蚪图情形, 通过两相邻状态的观测确认二者之间的转移信息后, 相当于在二者之间断开, 从而成为一般的树形链. 不是所有叶子状态都需要观测. 理论上, 当所有的叶子中只有任意一个不观测时, 它也是可确认的. 然而, 对所有叶子的观测应该是最优的, 这样可以最小化误差传播.

形象演示   在子环中某相邻状态之间剪断, 变成无环的树形链 (比原树形链多了两个线形分枝), **可逆性保证从子环的任意两相邻状态处剪断后得到的衍生树形链与原单环链具有相同的平稳分布**. 再参照树形链的计算逐个进行 "剪切" 计算即可.

3.7.5 双环链

作为含有多个环的有环链的代表, 主要考虑含有两个环的有环链. 对于含有两个环的有环链, 由于树形子链可由叶子状态的观测统计计算得以确认, 故仅考虑双环链 (没有树和叶子) 的统计计算问题.

1) 哑铃型

首先论证哑铃型双环链, 即由一条边连接的双环形链, 参见图 3.7.18 所示的哑铃型双环链示意图.

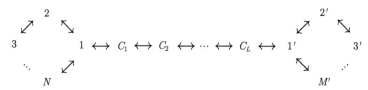

图 3.7.18   哑铃型双环链的示意图

如前所述, 需要分别观测左环中两相邻状态和右环中另两相邻状态来打开两个环. 因此, 可以得出下面的通过最少的状态观测的结论.

定理 3.7.21   对于图 3.7.18 所示的哑铃型双环链, 若初始分布是其平稳分布, 则其生成元可通过**左环中任何两相邻状态和右环中任何两相邻状态**的观测统计计算唯一确认.

证明   关键的方法是将两个环分别打开. 正如蝌蚪图单环链的统计计算理论中所述, 两相邻状态距离分支点状态越远 (指到分支点状态路径长度距离大), 越容易确认出该环的转移速率, 特别是当两个相邻状态处于该环的中心状位置时. 而且, 应该先确认状态数较少的环. 不失一般性, 假设左环内状态数少于右环内状态数, 即 $N < M'$.

先考虑左边的环. 类似于环形链情形, 观测满足条件 $m - 2 \leqslant N - (m+1)$ 的两相邻状态 m 和 $m+1$, 可以确认左环和线形部分的转移速率, 具体如下:

类似于前面小节中的蝌蚪图单环链, 可以很容易地打开左边的环, 然后确认状态 1 和 $2m$ 之间的转移速率. 在后续的从状态 $2m+1$ 到 N 之间转移速率的求解过程中, $c_n^{(m)}$ $(n > m)$ 中不仅包含线形部分的转移速率, 而且可能包含右边环中的转移速率. 然而, 它们可以类似于定理 3.7.16 证明中那样, 被 $c_{n+2}^{(m+1)}$ $(n > m)$ 中相同部分来代替. 进一步可以确认线形部分的转移速率.

再继续通过观测右环中任何两相邻状态来确认其右环的转移速率.

说明 3.7.5   以上两个子环中存在两个分支点状态, 即图 3.7.18 中的状态 1 和状态 $1'$. 如果左环中两相邻状态包含状态 1, 且右环中另两相邻状态包含状态 $1'$, 则第一步将无法打开任何一个子环. 如果两个环中间没有线性的部分, 且共一个节点状态, 比如, 状态 1 和状态 $1'$ 重合, 形成一个 "8" 字型 (图 3.7.19), 此时, 状态 1 是两个环的公共状态.

形象演示   观测左环中某两相邻状态 (m 和 $m+1$) 得到二者之间的全部转移信息后, 在二者之间剪断, 观测右环中某两相邻状态 (m' 和 $(m+1)'$) 得到二者之间的全部转移信息后, 在二者之间剪断, 得到 "H" 字型树形链, **可逆性保证从两个子环中任意两相邻状态处剪断后得到的衍生树形链与原双环链具有相同的平稳分布**; 然后相当于左侧观测叶子状态 m 和 $m+1$, 得到与之相邻的状态 $m-1$ 和 $m+2$ 之间的转移信息, 并将 m 和 $m+1$ "剪切", 此时 $m-1$ 和 $m+2$ 变成叶子状态; 右侧观测叶子状态 m' 和 $(m+1)'$, 得到与之相邻的状态 $(m-1)'$ 和 $(m+2)'$ 之间的转移信息, 并将 m' 和 $(m+1)'$ "剪切", 此时 $(m-1)'$ 和 $(m+2)'$ 变成叶子状态. 以此类推, 直到成为一个两状态的生灭链, 从而确认全部转移速率. 当然, 这只是一种形象的演示计算过程, 因为具体的计算远没有这么简单, 但不再详述.

2) "8" 字型

定理 3.7.22   对于如图 3.7.19 所示的 "8" 字型双环链, 若初始分布是其平稳分布, 则其生成元可通过**每个环中任意两个相邻状态** (即两对两相邻状态) 的观测统计计算唯一确认.

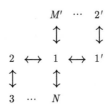

图 3.7.19   "8" 字型的双环链示意图

说明 3.7.6   根据下面的命题 3.7.1, 当有一个环中的状态数不超过 4 时, 该链还可由分支点状态 1 和两个环中与之相邻的各一个状态的观测统计计算确认 (例如, $\{1, 2, 1'\}$, $\{1, N, 1'\}$ 等).

命题 3.7.1   如果其中一个环中不超过 4 个状态, 那么观测的两个相邻状态中包括分支点状态时也是可确认的. 例如, 当 $N \leqslant 4$ 时, 图 3.7.19 中下面的环可通过状态 1 和状态 2 的观测统计计算确认.

首先, (3.6.134)-(3.6.135) 式被替换为

$$c_1^{(1,2)} = \pi_2 q_{23} + \pi_1 q_{1N} + \pi_1 q_{11'} + \pi_1 q_{1M'}, \tag{3.7.245}$$

$$c_2^{(1,2)} = (\pi_2 q_{23} - R) q_{23} + \pi_1 \sum_{s \in U} {}_{\{1\}} \overline{q}_{11}^{(2)} (1 \leftrightarrow s). \tag{3.7.246}$$

其次, 通过状态 1 的观测可得

$$c_1^{(1)} = \pi_2 q_{21} + \pi_N q_{N1} + \pi_1 q_{11'} + \pi_1 q_{1M'}, \tag{3.7.247}$$

$$c_2^{(1)} = (\pi_2 q_{21} + R)q_{21} + \pi_1 \sum_{s \in U} {}_{\{1\}}\overline{q}_{11}^{(2)}(1 \leftrightarrow s), \tag{3.7.248}$$

$$c_3^{(1)} = (\pi_2 q_{21} + R)q_{21}q_2 + \pi_1 \sum_{s \in U} {}_{\{1\}}\overline{q}_{11}^{(3)}(1 \leftrightarrow s) \tag{3.7.249}$$

$$c_4^{(1)} = (\pi_2 q_{21} + R)q_{21}(q_2^2 + q_{23}q_{32})$$
$$+ \pi_1 \sum_{s \in U, h \in V} {}_{\{1\}}\overline{q}_{11}^{(4)}(1 \leftrightarrow s \leftrightarrow h), \tag{3.7.250}$$

其中, $U = \{N, 1', M'\}$, $V = \{N-1, 2', (M-1)'\}$.

同理, 通过状态 2 的观测可得

$$c_1^{(2)} = \pi_3 q_{32} + \pi_1 q_{12}, \tag{3.7.251}$$

$$c_2^{(2)} = (\pi_3 q_{32} + R)q_{32} + (\pi_1 q_{12} - R)q_{12}, \tag{3.7.252}$$

$$c_3^{(2)} = (\pi_3 q_{32} + R)q_{32}q_3 + (\pi_1 q_{12} - R)q_{12}q_1, \tag{3.7.253}$$

$$c_4^{(2)} = (\pi_3 q_{32} + R)q_{32}(q_3^2 + q_{34}q_{43}) + (\pi_1 q_{12} - R)q_{12}$$
$$\cdot \left[q_1^2 + \sum_{s \in U} {}_{\{1\}}\overline{q}_{11}^{(2)}(1 \leftrightarrow s) \right], \tag{3.7.254}$$

$$c_5^{(2)} = (\pi_3 q_{32} + R)q_{32}[q_3^3 + q_{34}q_{43}(2q_3 + q_4)] + (\pi_1 q_{12} - R)q_{12}$$
$$\cdot \left[q_1^3 + 2q_1 \sum_{s \in U} {}_{\{1\}}\overline{q}_{11}^{(2)}(1 \leftrightarrow s) + \sum_{s \in U} {}_{\{1\}}\overline{q}_{11}^{(3)}(1 \leftrightarrow s) \right], \tag{3.7.255}$$

$$c_6^{(2)} = (\pi_3 q_{32} + R)q_{32}[q_{34}q_{45}q_{54}q_{43} + {}_{\{2\}}\overline{q}_{11}^{(4)}(3 \leftrightarrow 4)] + (\pi_1 q_{12} - R)q_{12}$$
$$\cdot \left[q_1^4 + 2q_1^2 \sum_{s \in U} {}_{\{1\}}\overline{q}_{11}^{(2)}(1 \leftrightarrow s) + \sum_{h \in V} {}_{\{1\}}\overline{q}_{11}^{(4)}(1 \leftrightarrow \cdots \leftrightarrow h) \right.$$
$$\left. + \sum_{s, h \in U} {}_{\{1\}}\overline{q}_{11}^{(4)}(s \leftrightarrow 1 \leftrightarrow h) \right]. \tag{3.7.256}$$

最后, (3.7.254)-(3.7.255) 式中的 $\sum_{s \in U} {}_{\{1\}}\overline{q}_{11}^{(2)}(1 \leftrightarrow s)$ 和 $\sum_{s \in U} {}_{\{1\}}\overline{q}_{11}^{(3)}(1 \leftrightarrow s)$ 可以通过 (3.7.248)-(3.7.249) 式中的相同部分进行替换. 类似地, (3.7.256) 式中的 $\sum_{h \in V} {}_{\{1\}}\overline{q}_{11}^{(4)}(1 \leftrightarrow \cdots \leftrightarrow h)$ 也可以通过 (3.7.250) 式中的相同部分替换. 然而, (3.7.256) 式中有个更复杂的 $\sum_{s, h \in U} {}_{\{1\}}\overline{q}_{11}^{(4)}(s \leftrightarrow 1 \leftrightarrow h)$ 不包含在 (3.7.250) 式中,

无法替换. 因此, 无法求出任意有限个状态情形的余下转移速率, 只能计算出状态 1 与状态 4 之间的转移速率.

命题 3.7.2   对于一个节点度数为 n 的分支点 i, 即经过它的路径 (或边) 有 n 条 (例如, 当它在一个环中时, 就有两条路径), 如果其中的 $n-1$ 条路径上的转移速率都已经被确认, 那么第 n 条路径上的转移速率能够通过状态 i (或前 $n-1$ 条路径上的其他状态) 的观测统计计算确认; 如果其中的 $n-2$ 条路径上的转移速率都已经被确认, 且余下的两条路径在一个环中, 那么该环上的转移速率能够通过状态 i 及 (该环上的) 任一个相邻状态的观测统计计算确认. 例如, 如果图 3.7.19 上面的环已经被确认, 那么下面的环可通过状态 1 和状态 2 的观测统计计算确认.

形象演示   分别在两个环中某相邻状态之间剪断, 变成含有四个分枝的星形分枝链, **可逆性保证从两环中任意两相邻状态处剪断后得到的衍生的星形分枝链与原双环链具有相同的平稳分布**. 再参照星形分枝链的计算逐个进行 "剪切" 计算即可.

3) "日" 字型

然后, 考虑一个更复杂的情形, 即有公共边的双环链, 如图 3.7.20, 亦可形象地称为 "日" 字型.

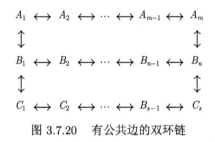

图 3.7.20   有公共边的双环链

定理 3.7.23   对于图 3.7.20 所示有公共边的双环链, 若初始分布是其平稳分布, 则它可以通过上面子环中任意两相邻状态和下面子环中任意两相邻状态 (即从 3 对两相邻状态中任选 2 对; 边 $\{A_1, \cdots, A_m\}$ 中任意两相邻状态, 边 $\{B_2, \cdots, B_{n-1}\}$ 中任意两相邻状态, 边 $\{C_1, \cdots, C_s\}$ 中任意两相邻状态) 的观测统计计算唯一确认.

进一步可得出另一个结论, 所需观测的状态数最少.

定理 3.7.24   对于图 3.7.20 所示有公共边的双环链, 若初始分布是其平稳分布, 则其生成元可通过**任何一个分支点状态和另外两个与之相邻状态**的观测统计计算唯一确认.

说明 3.7.7   这是命题 3.7.1 的直接结论, 例如, 观测状态 B_n, A_1, C_1, 或状态 B_1, A_m, C_s. 进一步考虑其特例, 即只有 6 个状态的情形, 此时 $m = n = s = 2$,

通过 3 个状态的观测满足定义 2.3.1 中的温和条件限制.

对于最极端的情形, 即只有 4 个状态的有公共边的双环链, 此时, 图 3.7.20 中 $m = s = 1$ 且 $n = 2$, 它可通过任意两相邻状态的观测统计计算确认, 同样满足对状态数的温和条件限制. 当然, 其确认还需用到击中时分布的矩性质和击中分布指数的对称函数性质, 参见 2.1.3节和 2.1.4节.

形象演示 从三条边中任选两条, 在某相邻状态之间剪断, 变成无环的树形链, **可逆性保证从任意两条边的两相邻状态处剪断后得到的衍生树形链与原双环链具有相同的平稳分布.** 例如, 剪断最上面一条边 $\{A_1, \cdots, A_m\}$ 中任意两相邻状态处和下面一条边 $\{C_1, \cdots, C_s\}$ 中任意两相邻状态处, 得到 "H" 字型树形链; 若剪断最上面一条边 $\{A_1, \cdots, A_m\}$ 中任意两相邻状态处和中间公共边 $\{B_2, \cdots, B_{n-1}\}$ 中任意两相邻状态处, 也得到 "H" 字型树形链. 再参照哑铃型的 "剪切" 过程进行即可.

3.8 一般马尔可夫链的统计计算

对于一般马尔可夫链, 需要观测多少个状态, 观测哪些状态呢? 由于一般马尔可夫链的结构复杂多样, 无法一一穷尽. 但它总是由许多不同的子模型构成的, 如环形、线形、树形等, 如果能通过观测统计计算确认各子模型的转移速率, 那么就可以确认整个马尔可夫链的转移速率. 为了便于确认一般马尔可夫链的转移速率, 先给出一些基本的结论和准则, 然后总结性地给出有关充分性的统计计算结论.

3.8.1 马尔可夫链子模型的统计计算

总的来说, 任何一个马尔可夫链都由树形、环形等子模型连接而成. 但大多 (或进一步分解后) 由线形和环形子模型连接而成, 因此, 主要考虑这两类子模型的观测统计问题.

3.8.1.1 线形子链

考虑图 3.8.21 所示的马尔可夫链, 其中, 状态 $\{0, 1, \cdots, M-1, M\}$ 构成一个线形马尔可夫链子模型. 其状态空间为 $S = \{0, 1, \cdots, M-1, M, M+1, \cdots, N\}$.

$$\vdots$$
$$0 \longleftrightarrow 1 \longleftrightarrow \cdots \longleftrightarrow M-1 \longleftrightarrow M \longleftrightarrow M+1 \cdots$$
$$\vdots$$

图 3.8.21 以线形链为子链的马尔可夫链示意图

下面, 证明该子模型部分的转移速率能够由一个叶子状态 (0) 或两相邻状态的观测统计确认.

1) 由叶子状态的观测确认

此时 $O = 0$. 记 $\sigma^{(0)}$ 和 $\tau^{(0)}$ 为状态 0 的逗留时和击中时, 由定理 2.1.1 和推论 2.1.1 得: 逗留时 $\sigma^{(0)} \sim \mathrm{Exp}(q_0)$, 击中时 $\tau^{(0)}$ 服从 N-混合指数分布, 记为 $\tau^{(0)} \sim \mathrm{MExp}(\omega_1^{(0)}, \cdots, \omega_N^{(0)}; \alpha_1^{(0)}, \cdots, \alpha_N^{(0)})$.

对 $n \geqslant 1$, 令

$$d_n^{(0)} = \sum_{i=1}^{N} \omega_i^{(0)}(\alpha_i^{(0)})^n, \quad c_n^{(0)} = (1 - \pi_0)d_n^{(0)}.$$

类似于 3.2.1 节讨论, 可得如下引理.

引理 3.8.1　下列结论成立:

(a) $q_0 = \dfrac{1}{E\sigma^{(0)}}, \pi_0 = \dfrac{d_1}{q_0 + d_1} = c_1^{(0)} E\sigma^{(0)}$.

(b) $q_n, q_{n,n+1}$ 能表示成 $E\sigma^{(0)}, c_1^{(0)}, c_2^{(0)}, \cdots, c_{2n+1}^{(0)}$ 的实函数, $1 \leqslant n \leqslant M$.

(c) $\pi_n, q_{n,n-1}$ 能表示成 $E\sigma^{(0)}, c_1^{(0)}, c_2^{(0)}, \cdots, c_{2n}^{(0)}$ 的实函数, $1 \leqslant n \leqslant M+1$.

由引理 3.8.1, 可得

引理 3.8.2　$\{X_t, t \geqslant 0\}$ 是图 3.8.21 所示的马尔可夫链, 若初始分布是其平稳分布 $\{\pi_i, i \in S\}$, 则线形子模型部分的转移速率 $(\pi_1, \cdots, \pi_{M+1}, q_1, \cdots, q_{M+1}, q_{01}, \cdots, q_{M,M+1}, q_{10}, \cdots, q_{M+1,M})$ 能表示成 $E\sigma^{(0)}, c_1^{(0)}, c_2^{(0)}, \cdots, c_{2M+3}^{(0)}$ 的实函数.

也就是说,

定理 3.8.1　一个含有线形子链的马尔可夫链, 若初始分布是其平稳分布, 则其线形子链上的转移速率能通过**该线形子链叶子状态**的观测统计计算唯一确认.

说明 3.8.1　其计算过程同 3.2.1 节对应的算法 6.1.4.

2) 由两相邻状态的观测确认

根据 3.1.3 节讨论知, 由线形子链中两相邻状态 $\{i, i+1\}$ 的观测确认其转移速率时, 先计算 $\pi_i, q_i, q_{i,i-1}$ 和 $\pi_{i+1}, q_{i+1}, q_{i+1,i+2}$, 再计算 $\pi_{i-1}, q_{i-1}, q_{i-1,i}$ 和 $\pi_{i+2}, q_{i+2}, q_{i+2,i+1}, \cdots$, 这样, 从状态 i 和 $i+1$ 开始, 沿线形子链依次计算相邻状态之间的转移速率. 因此, 可按 3.1.3 节方法计算出线形子链中各状态间的转移速率, 即有

定理 3.8.2　$\{X_t, t \geqslant 0\}$ 是图 3.8.21 所示的马尔可夫链, 若初始分布是其平稳分布 $\{\pi_i, i \in S\}$, 则线形子链部分的转移速率 $(q_0, \cdots, q_{M+1}, q_{01}, \cdots, q_{M,M+1}, q_{10}, \cdots, q_{M+1,M}$ 及 $\pi_0, \cdots, \pi_{M+1})$ 能由**该线形子链中任意两相邻状态**的观测统计计算唯一确认.

说明 3.8.2　其计算过程同 3.1.3 节对应的算法 6.1.3, 只是将状态 i 和 $i+1$ 分别看成 3.1.3 节中状态 N 和 0.

3.8.1.2 环形子链

环形马尔可夫链是马尔可夫链中常见的子模型, 其统计计算对一般马尔可夫链的统计计算起重要作用. 考虑一个能够被描述为如图 3.8.22 所示的可逆马尔可夫链 $\{X_t, t \geqslant 0\}$, 状态空间为 $S = \{0, 1, \cdots, M-1, M, M+1, \cdots, N\}$.

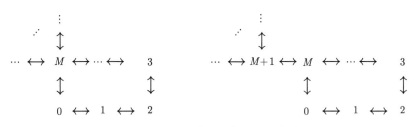

图 3.8.22　以环形链为子链的马尔可夫链示意图

下面证明该子模型部分的全部 (或部分) 转移速率能够由环中两相邻状态的观测统计计算确认.

根据 3.6 节讨论, 由两相邻状态的观测确认线形马尔可夫链和对应的环形马尔可夫链转移速率的方法是相似的. 线形链可以看成环形链的特殊情形, 因此, 由环形马尔可夫链中两相邻状态 $\{i, i+1\}$ 的观测确认其转移速率时, 先计算 $\pi_i, q_i, q_{i,i-1}$ 和 $\pi_{i+1}, q_{i+1}, q_{i+1,i+2}$, 再计算 $\pi_{i-1}, q_{i-1}, q_{i-1,i}$ 和 $\pi_{i+2}, q_{i+2}, q_{i+2,i+1}, \cdots$, 这样, 从状态 i 和 $i+1$ 开始, 沿环形链依次计算相邻状态之间的转移速率.

如果 $i > \left[\dfrac{M-1}{2}\right]$, 一方面, 可以从状态 $i+1$ 开始, 沿环形链依次计算出状态 $i+2, i+3, \cdots, M$ 之间的转移速率; 另一方面, 从状态 i 开始, 沿环形链依次计算出状态 $i-1, i-2, \cdots, i-(M-i-1) = 2i+1-M > 0$ 之间的转移速率. 此时, 还有状态 $0, \cdots, 2i+1-M$ 之间的转移速率未计算出来. 根据 3.6.2 节关于环形与线形组合链的方法和结论, 尽管它们的计算涉及此环形链以外状态的转移速率, 但它们会出现在两个状态各自观测的表达式中, 通过类似的替换也是可以计算的.

如果 $1 \leqslant i < \left[\dfrac{M-1}{2}\right]$, 一方面, 从状态 i 开始, 沿环形链依次计算出状态 $i-1, i-2, \cdots, 0$ 之间的转移速率; 另一方面, 沿环形链依次计算出状态 $i+2, i+3, \cdots, 2i+1 < M$ 之间的转移速率. 此时, 还有状态 $2i+1, \cdots, M$ 之间的转移速率未计算出来. 根据 3.6.2 节关于环形与线形组合链的方法和结论, 尽管它们的计算涉及此环形链以外状态的转移速率, 但它们会出现在两个状态各自观测的表达式中, 通过类似的替换同样是可以计算的.

定理 3.8.3　$\{X_t, t \geqslant 0\}$ 是如图 3.8.22 所示的马尔可夫链, 若初始分布是其平稳分布 $\{\pi_i, i \in S\}$, 则该环形子链部分的转移速率 $(q_0, \cdots, q_M, q_{0M}, q_{01}, \cdots,$

$q_{M-1,M}, q_{10}, \cdots, q_{M,M-1}, q_{M0}$ 及 $\pi_0, \cdots, \pi_M$) 能通过**该环形子链中任意两相邻状态** (不含分支点 M) 的观测统计计算唯一确认.

说明 3.8.3   其计算过程同 3.6.3 节对应的算法 6.1.16, 只是将状态 i 和 $i+1$ 分别看成 3.6.3 节中的状态 N 和 0.

3.8.1.3   一类特殊环形子链

若 3 个状态的环形子链是马尔可夫链中常见的子模型 (作为例子, 见图 3.8.23), 该怎样确认该子模型的转移速率.

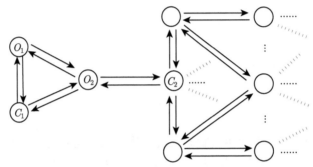

图 3.8.23   最小环形链为子链的马尔可夫链示例

设 $\{X_t, t \geqslant 0\}$ 是如图 3.8.23 所示可逆马尔可夫链, 其状态空间为 $S = \{C_2, O_2, C_1, O_1, S_0\}$, 其中, S_0 表示马尔可夫链中的其他状态, 且 $\|S_0\| = M$ (为方便起见, 将状态空间简记为 $S = \{0, 1, 2, 3, 4, \cdots, M+3\}$), 则其速率矩阵具有如下形式

$$Q = \begin{pmatrix} -\left(\lambda_0 + \sum\limits_{i=1}^{M} a_i\right) & \lambda_0 & 0 & 0 & a_1 & \cdots & a_M \\ \mu_1 & -(\lambda_1 + \mu_1 + \mu_0) & \lambda_1 & \mu_0 & 0 & \cdots & 0 \\ 0 & \mu_2 & -(\lambda_2 + \mu_2) & \lambda_2 & 0 & \cdots & 0 \\ 0 & \lambda_3 & \mu_3 & -(\lambda_3 + \mu_3) & 0 & \cdots & 0 \\ b_1 & 0 & 0 & 0 & c_{11} & \cdots & c_{1M} \\ \vdots & \vdots & \vdots & \vdots & \vdots & \ddots & \vdots \\ b_M & 0 & 0 & 0 & c_{M1} & \cdots & c_{MM} \end{pmatrix},$$

这里, $\lambda_i > 0, \mu_i > 0$ $(0 \leqslant i \leqslant 3)$, $A = (a_1, \cdots, a_M)$, $B = [b_1, \cdots, b_M]$ 是不全为 0 的向量, 表示状态 0 与 S_0 中状态之间的转移速率; $C = (c_{ij})$ 是不全为 0 的 M 阶方阵, 表示 S_0 中各状态之间的转移速率.

设相应平稳分布为 $\{\pi_0, \pi_1, \pi_2, \pi_3, \cdots, \pi_{M+3}\}$. 此时可观测状态为 1 和 3.

1) 状态 1 的观测

对于状态 1 的观测. 此时 $O = \{1\}$, 记 $\sigma^{(1)}$ 和 $\tau^{(1)}$ 分别是状态 1 的逗留时和击中时. 由定理 2.1.1 和推论 2.1.1 得: 逗留时 $\sigma^{(1)} \sim \mathrm{Exp}(q_1)$, 击中时 $\tau^{(1)}$ 服从 $(M+3)$-混合指数分布, 记为 $\tau^{(1)} \sim \mathrm{MExp}(\omega_1^{(1)}, \cdots, \omega_{M+3}^{(1)}; \alpha_1^{(1)}, \cdots, \alpha_{M+3}^{(1)})$.

令

$$d_n^{(1)} = \sum_{i=1}^{M+3} \omega_i^{(1)} (\alpha_i^{(1)})^n, \quad c_n^{(1)} = (1 - \pi_1) d_n^{(1)}, \quad n \geqslant 1.$$

由定理 2.1.4 得到 $c_n^{(1)}$ 与 q_{ij} 关系的如下引理.

引理 3.8.3　下列方程成立

$$c_1^{(1)} = \pi_0 q_{01} + \pi_2 q_{21} + \pi_3 q_{31}, \tag{3.8.257}$$

$$c_2^{(1)} = \pi_0 q_{01}^2 + \pi_2 q_{21}^2 + \pi_3 q_{31}^2, \tag{3.8.258}$$

$$c_3^{(1)} = \pi_0 q_{01}^2 q_0 + \pi_2 q_{21}^2 q_2 + \pi_3 q_{31}^2 q_3. \tag{3.8.259}$$

2) 状态 3 的观测

对于状态 3 的观测. 此时 $O = \{3\}$, 记 $\sigma^{(3)}$ 和 $\tau^{(3)}$ 分别是状态 3 的逗留时和击中时. 由定理 2.1.1 和推论 2.1.1 得: 逗留时 $\sigma^{(3)} \sim \mathrm{Exp}(q_3)$, 击中时 $\tau^{(3)}$ 服从 $(M+3)$-混合指数分布, 记为 $\tau^{(3)} \sim \mathrm{MExp}(\omega_1^{(3)}, \cdots, \omega_{M+3}^{(3)}; \alpha_1^{(3)}, \cdots, \alpha_{M+3}^{(3)})$.

令

$$d_n^{(3)} = \sum_{i=1}^{M+3} \omega_i^{(3)} (\alpha_i^{(3)})^n, \qquad c_n^{(3)} = (1 - \pi_3) d_n^{(3)}, \quad n \geqslant 1.$$

由定理 2.1.4 得到 $c_n^{(3)}$ 与 q_{ij} 关系的如下引理.

引理 3.8.4　下列方程成立

$$c_1^{(3)} = \pi_1 q_{13} + \pi_2 q_{23}, \tag{3.8.260}$$

$$c_2^{(3)} = \pi_1 q_{13}^2 + \pi_2 q_{23}^2, \tag{3.8.261}$$

$$c_3^{(3)} = \pi_1 q_{13}^2 q_1 + \pi_2 q_{23}^2 q_2. \tag{3.8.262}$$

3) 状态 $\{1, 3\}$ 的观测

此时 $O = \{1, 3\}$, 记 $\sigma^{(1,3)}$ 是其逗留时. 由推论 2.1.1 知, 逗留时 $\sigma^{(1,3)}$ 服从 2-混合指数分布, 记为 $\sigma^{(1,3)} \sim \mathrm{MExp}(\omega_1^{(1,3)}, \omega_2^{(1,3)}; \alpha_1^{(1,3)}, \alpha_2^{(1,3)})$.

令

$$d_n^{(1,3)} = \sum_{i=1}^{2} \omega_i^{(1,3)} (\alpha_i^{(1,3)})^n, \quad c_n^{(1,3)} = (\pi_1 + \pi_3) d_n^{(3)}, \quad n \geqslant 1.$$

由定理 2.1.4 得到 $c_n^{(1,3)}$ 与 q_{ij} 关系的如下引理.

引理 3.8.5 下列方程成立

$$c_1^{(1,3)} = \pi_1(q_{10} + q_{12}) + \pi_3 q_{32}, \tag{3.8.263}$$

$$c_2^{(1,3)} = \pi_1(q_{10} + q_{12})^2 + \pi_3 q_{32}^2. \tag{3.8.264}$$

4) 主要定理

定理 3.8.4 设 $\{X_t, t \geqslant 0\}$ 是如图 3.8.23 所示可逆马尔可夫链, 若初始分布是其平稳分布 $\{\pi_i, i \in S\}$, 则该子模型的转移速率 q_{ij} $(i, j = 0, 1, 2, 3)$ 可表示成 $E\sigma^{(1)}, c_1^{(1)}, c_2^{(1)}, E\sigma^{(3)}, c_1^{(3)}, c_2^{(3)}, c_3^{(3)}$ 及 $c_1^{(1,3)}, c_2^{(1,3)}$ 的实函数.

证明 假设已经由观测统计分别得到状态 1 和 3 的逗留时和击中时 PDF 及状态集 $\{1, 3\}$ 的逗留时 PDF, 并求出了相应的 $E\sigma^{(1)}, c_1^{(1)}, c_2^{(1)}, E\sigma^{(3)}, c_1^{(3)}, c_2^{(3)}, c_3^{(3)}$ 及 $c_1^{(1,3)}, c_2^{(1,3)}$.

首先,

$$q_3 = \frac{1}{E\sigma^{(3)}}, \quad \pi_3 = \frac{d_1^{(3)}}{q_3 + d_1^{(3)}} = c_1^{(3)} E\sigma^{(3)},$$

$$q_1 = \frac{1}{E\sigma^{(1)}}, \quad \pi_1 = \frac{d_1^{(1)}}{q_1 + d_1^{(1)}} = c_1^{(1)} / E\sigma^{(1)}.$$

其次, 由式 (3.8.263) 和 (3.8.264), 可求出 q_{32} 和 $q_{10} + q_{12}$. 进而求出

$$q_{31} = q_3 - q_{32},$$
$$q_{13} = q_1 - (q_{10} + q_{12}).$$

再由式 (3.8.260) 和 (3.8.261), 可求出 π_2, q_{23}.

接着, 由式 (3.8.262) 可求出 q_2, 从而求出 $q_{21} = q_2 - q_{23}$. 再由式 (3.8.257) 和 (3.8.258) 可求出 π_0, q_{01}.

最后, 由式 (2.1.2) 求得 $q_{10} = \dfrac{\pi_0 q_{01}}{\pi_1}$. 得证.

定理 3.8.5 对于如图 3.8.23 所示可逆马尔可夫链, 若初始分布是其平稳分布 $\{\pi_i, i \in S\}$, 则该环形子链的转移速率 q_{ij} $(i, j = 0, 1, 2, 3)$ 能够通过**状态 1 和 3** 的观测统计计算唯一确认.

如果开状态是 2 和 3, 则由 3.8.1.2 节讨论知, 由状态 2 和 3 的观测能确认的转移速率要少一些, 只有 q_{ij} $(i, j = 1, 2, 3)$, 即

定理 3.8.6 对于如图 3.8.23 所示可逆马尔可夫链, 若初始分布是其平稳分布 $\{\pi_i, i \in S\}$, 则该环形子链的转移速率 q_{ij} $(i, j = 1, 2, 3)$ 能够由**状态 2 和 3** 的观测统计计算唯一确认.

3.8.2 基本结论和准则

在实际的马尔可夫链活动中, 通过单个开状态观测提供的信息对于确认整个马尔可夫链或其子模型的转移速率是非常重要的, 因此, 有必要对单个开状态观测提供的信息进行讨论, 给出相应的公式, 并适当解释其概率意义, 以便于在观测统计中快速准确地列出 c_n 与 q_{ij} 关系的约束方程, 从而便于求解转移速率, 特别是状态数不多时, 极为方便. 必要时, 还需要将几个状态看成一个整体进行观测 (即对状态集进行观测, 特别是两个状态的集合), 也主要利用其逗留时 PDF 在 $t = 0$ 时各阶导数 c_n 与 q_{ij} 满足的约束方程, 因此, 也给出状态集观测所得的结论, 以便于快速准确地列出相应 c_n 与 q_{ij} 关系的约束方程 ($n = 1, 2$ 的情形).

3.8.2.1 观测单个和两个状态的基本结论

当观测一个状态 i 时, 记 $\sigma^{(i)}$ 和 $\tau^{(i)}$ 分别是状态 i 的逗留时和击中时. 由定理 2.1.4 得到 $E\sigma^{(i)}, c_n^{(i)}$ 与 q_{ij} 满足的约束方程组

$$q_i = \frac{1}{E\sigma^{(i)}}, \tag{3.8.265}$$

$$\pi_i = c_1^{(i)} E\sigma^{(i)}, \tag{3.8.266}$$

$$c_1^{(i)} = \sum_{j \neq i} \pi_j q_{ji}, \tag{3.8.267}$$

$$c_2^{(i)} = \sum_{j \neq i} \pi_j q_{ji}^2, \tag{3.8.268}$$

$$c_3^{(i)} = \sum_{j \neq i} \pi_j q_{ji}^2 q_j, \tag{3.8.269}$$

$$c_4^{(i)} = \sum_{j \neq i} \pi_j q_{ji}^2 \sum_{k \neq i} q_{jk} q_{kj}, \tag{3.8.270}$$

$$c_n^{(i)} - \sum_{j \neq i} \pi_j q_{ji}^2 \, {}_{\{i\}}\overline{q}_{jj}^{(n-2)}. \tag{3.8.271}$$

等式 (3.8.267) 右边解释为: **流入状态 i 的速率流**. 如果状态 i 只与 n 个状态直接互通 (即其转移速率大于 0), 那么等式 (3.8.267) 右边是 n 项之和, 每一项是与状态 i 直接互通的某状态 j 流入状态 i 的速率流, 即状态 j 的平稳概率与状态 j 到状态 i 的转移速率的乘积. 在正确给出式 (3.8.267) 基础上, 可以快速写出 (3.8.268)—(3.8.270) 式.

根据可逆性, 等式 (3.8.267) 右边也可解释为: **流出状态 i 的速率流**.

特别, 当一个状态 i 是**叶子状态**时, 即状态 i 只与一个状态 (不妨记为 j) 直接互通时, 由该状态 i 的观测至少可以求出转移速率 $\pi_i, \pi_j, q_i, q_j, q_{ij}, q_{ji}$.

命题 3.8.1　当一个状态 i 只与一个状态 (设为 j) 直接互通, 即 $q_i = q_{ij} > 0$ 时, 由该状态 i 的观测至少可以求出转移速率 $\pi_i, \pi_j, q_i, q_j, q_{ij}, q_{ji}$.

进一步, 当与状态 i 直接互通的状态 j 的节点度数为 2, 即状态 j 只与状态 i 和另外一个状态 (不妨记为 k) 直接互通时, 由状态 i 的观测可确认更多的转移速率.

命题 3.8.2　当状态 i 只与一个状态 (设为 j) 直接互通, 且状态 j 只与状态 i 和另外一个状态 (不妨记为 k) 直接互通时, 即 $q_i = q_{ij} > 0, q_{jk} > 0$ 且 $q_j = q_{ji} + q_{jk}$ 时, 通过状态 i 的观测至少可以计算转移速率 $\pi_i, \pi_j, \pi_k, q_i, q_j, q_k, q_{ij}, q_{ji}, q_{jk}, q_{kj}$.

更一般地,

命题 3.8.3　一个线形马尔可夫链作为马尔可夫链的子模型且存在可观测的叶子状态, 通过该叶子状态的观测可以确认该线形子链部分的全部转移速率.

在通过单个开状态的观测不能确认转移速率时, 就需要联合它们中的一部分, 将它们看成一个整体进行观测, 在实际的马尔可夫链应用中, 大多数情形下只需观测两个状态构成的整体. 记 $\sigma^{(i,j)}$ 是状态集 $\{i,j\}$ 的逗留时. 由定理 2.1.4 得到 $c_n^{(i,j)}$ $(n=1,2)$ 与 q_{ij} 满足的约束方程组

$$c_1^{(i,j)} = \pi_i(q_i - q_{ij}) + \pi_j(q_j - q_{ji}), \tag{3.8.272}$$

$$c_2^{(i,j)} = \pi_i(q_i - q_{ij})^2 + \pi_j(q_j - q_{ji})^2. \tag{3.8.273}$$

等式 (3.8.272) 右边解释为: **流出状态集 $\{i,j\}$ 的速率流**. 在正确给出式 (3.8.272) 基础上, 可以快速写出式 (3.8.273). 而且, 通过状态 $\{i,j\}$ 的观测, 可以求出 $q_i - q_{ij}$ 和 $q_j - q_{ji}$. 这对确认环形链和有环链的转移速率起重要的突破作用.

但是, 当这两个观测状态 i 和 j 之间不直接互通时, 即 $q_{ij} = q_{ji} = 0$, 二者整体的逗留时序列就是由它们各自逗留时序列重排构成的序列, 此时, 式 (3.8.272) 和 (3.8.273) 为

$$c_1^{(i,j)} = \pi_i q_i + \pi_j q_j, \tag{3.8.274}$$

$$c_2^{(i,j)} = \pi_i q_i^2 + \pi_j q_j^2. \tag{3.8.275}$$

由式 (3.8.274) 和 (3.8.275) 知, 二者构成的整体的观测不能提供新信息.

命题 3.8.4　当状态 i 和 j 之间不直接互通时, 即 $q_{ij} = q_{ji} = 0$ 时, 通过状态 i 和 j 整体的观测不能为转移速率的计算提供新信息 (不能计算出新的转移速率).

类似地, 当这两个观测状态 i 和 j 直接互通但其中一个状态 (如状态 i) 是叶子状态 (即 $q_i = q_{ij} > 0$) 时, 二者构成的整体的观测一般不能为求解转移速率提供帮助, 因为二者观测所得的约束方程组 (3.8.276)-(3.8.277)

$$c_1^{(i,j)} = \pi_j(q_j - q_{ji}), \tag{3.8.276}$$

$$c_2^{(i,j)} = \pi_j(q_j - q_{ji})^2. \tag{3.8.277}$$

右边的量都可以通过状态 i 观测所得方程组 (3.8.278)-(3.8.279) 及状态 j 观测所得方程组 (3.8.281)-(3.8.282) 求出.

$$c_1^{(i)} = \pi_j q_{ji}, \tag{3.8.278}$$

$$c_2^{(i)} = \pi_j q_{ji}^2, \tag{3.8.279}$$

$$c_3^{(i)} = \pi_j q_{ji}^2 q_j. \tag{3.8.280}$$

$$c_1^{(j)} = \sum_{i \neq j} \pi_i q_{ij}, \tag{3.8.281}$$

$$c_2^{(j)} = \sum_{i \neq j} \pi_i q_{ij}^2, \tag{3.8.282}$$

$$c_3^{(j)} = \sum_{i \neq i} \pi_i q_{ij}^2 q_i. \tag{3.8.283}$$

于是, 得到如下结论:

命题 3.8.5 当状态 i 和状态 j 中有一个是叶子状态时, 例如状态 i 是叶子状态, 即 $q_i = q_{ij} > 0$ 时, 那么通过状态 i 和 j 整体的观测一般不能计算出新的转移速率.

3.8.2.2 等价性

交换图 3.7.14 左上图中 O_1 和 C_1 的位置得到的马尔可夫链与左上图所示马尔可夫链的可确认性结论是一样的, 故不加区分, 称为这两个马尔可夫链是**等价**的. 考虑图 3.7.15 所示的马尔可夫链, 由 3.8.1.1 节讨论, 其线形链子模型的转移速率可以由状态 0 的观测统计确认. 因此, 当状态 0 是开状态时, 图 3.7.15 所示的马尔可夫链和图 3.7.13 右所示的马尔可夫链的可确认性取决于它们的环中是否存在两相邻的开状态, 此时, 也称这两个马尔可夫链是**等价**的. 按前面的讨论, 得到如下结论.

命题 3.8.6 对于图 3.7.13 所示的马尔可夫链和图 3.7.15 所示的马尔可夫链, 当叶子状态是开状态时, 它们是等价的.

命题 3.8.7   对于图 3.8.24 左所示的马尔可夫链和图 3.8.24 右所示的马尔可夫链, 当所有的叶子状态是开状态时, 它们是等价的.

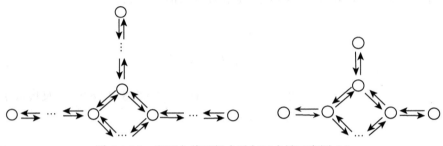

图 3.8.24   环形与线形组合马尔可夫链示意图 (a)

命题 3.8.8   对于图 3.8.25 左所示的马尔可夫链和图 3.8.25 右所示的马尔可夫链, 当所有的叶子状态是开状态时, 它们是等价的.

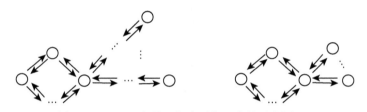

图 3.8.25   环形与线形组合马尔可夫链示意图 (b)

命题 3.8.9   对于图 3.8.26 左所示的马尔可夫链和图 3.8.26 右所示的马尔可夫链, 当所有的叶子状态是开状态时, 它们是等价的.

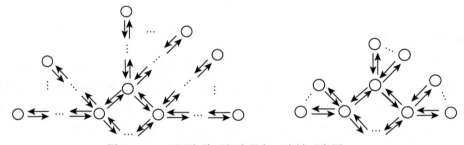

图 3.8.26   环形与线形组合马尔可夫链示意图 (c)

3.8.2.3   可确认性结论

对于一个马尔可夫链, 其中开状态 (可观测的状态) 的位置是不确定的, 按照马尔可夫链反演方法, 如果通过其开状态的观测统计能够确认马尔可夫链的转移速率, 则此马尔可夫链是可确认的 (见定义 2.3.1), 否则, 它是不可确认的. 有时, 如果通过某些开状态的观测统计能够确认马尔可夫链的转移速率, 也表述成它是可确认的.

按前面各节的讨论、等价性, 以及线形子链和环形子链的结论, 可得如下可确认性的结论.

命题 3.8.10 对于环形马尔可夫链, 当环中存在两相邻的开状态时, 它是可确认的; 否则, 它是不可确认的.

命题 3.8.11 对于线形马尔可夫链, 当任意一个叶子状态是开状态或链中存在两相邻的开状态时, 它是可确认的; 否则, 它是不可确认的.

命题 3.8.12 对于星形马尔可夫链, 当中心状态是开状态时, 它是可确认的.

命题 3.8.13 对于星形分枝马尔可夫链, 当各分枝叶子状态是开状态或中心状态及相邻状态是开状态, 或各分枝中存在两相邻的开状态时, 它是可确认的.

命题 3.8.14 对于层次模型马尔可夫链, 当最底层 (叶子) 状态都是开状态或中间层状态都是开状态时, 它是可确认的.

命题 3.8.15 对于树形马尔可夫链, 当所有叶子状态都是开状态或所有非叶子状态都是开状态时, 它是可确认的.

命题 3.8.16 对于环形或线形子链, 当存在两相邻的开状态时, 它是可确认的或部分可确认的.

命题 3.8.17 对于蝌蚪图单环链, 如图 3.7.15 所示, 当环中存在两相邻的开状态时 (除分支点), 它是可确认的.

命题 3.8.18 对于蝌蚪图单环链, 如图 3.7.15 所示, 当叶子状态是开状态且环中存在两相邻的开状态时, 它是可确认的.

特别: 当环中只有 4 个状态时, 除叶子状态及分支点状态外的 3 个状态中, 若存在两相邻的开状态, 它是可确认的; 当环中只有 3 个状态时, 即最简单的单环链 (爪子图), 若存在两个开状态[①], 它是可确认的.

命题 3.8.19 对于蝌蚪图单环链, 如图 3.7.15 所示, 当线形子链和环中分别存在两相邻开状态时, 它是可确认的.

推广到环与多条直线的组合.

命题 3.8.20 对于环与多条线形链组合的单环链, 如图 3.8.24 所示, 当所有的叶子状态是开状态且环中存在两相邻开状态时, 它是可确认的.

命题 3.8.21 对于环与多条线形链组合的单环链, 如图 3.8.24 所示, 当环中存在两相邻的开状态且各个线形子链中存在两相邻的开状态或其叶子状态是开状态时, 它是可确认的.

---

① 当叶子状态及分支点状态是开状态时, 转移速率的确认需要用到其他约束方程组, 详见 3.7.2 节定理 3.7.13 及相关证明.

命题 3.8.22   对于如图 3.8.25 所示的单环链, 当所有的叶子状态是开状态且环中存在两相邻开状态时, 它们是可确认的.

命题 3.8.23   对于如图 3.8.25 左所示的单环链, 当环中存在两相邻的开状态且各个线形子链中存在两相邻的开状态 (或其叶子状态是开状态) 时, 它是可确认的.

命题 3.8.24   对于如图 3.8.26 所示的单环链, 当所有的叶子状态是开状态且环中存在两相邻开状态时, 它们是可确认的.

命题 3.8.25   对于如图 3.8.26 左所示的单环链, 当环形链存在两相邻的开状态, 且各个线形链中存在两相邻的开状态 (或其叶子状态是开状态) 时, 它是可确认的.

进一步推广到环与树的组合,

命题 3.8.26   对于一般的单环链, 当所有叶子状态是开状态且环中存在两相邻的开状态时, 它是可确认的.

最后, 推广到多个环以及与树形链的组合,

命题 3.8.27   对于双环链, 当两个子环中分别存在两相邻的开状态时, 它是可确认的.

命题 3.8.28   对于含有 n 个环的马尔可夫链, 当 n 个子环中分别存在两相邻的开状态时, 它是可确认的.

命题 3.8.29   对于一般的有环链, 当所有叶子状态是开状态且各子环中存在两相邻的开状态时, 它是可确认的.

3.8.3   一般性通用结论

现将本章各种模型的结果归纳总结为如下的通用结论, 包括必要性结论、充分性结论、充分必要性结论等.

定理 3.8.7   对于连续时间可逆有环链, 若初始分布是其平稳分布, 则如下结论成立.

(a) 观测所有叶子状态是确认无环子链的充分条件, 也是首选方法.

(b) 观测两相邻状态是确认一个环或子环的必要条件, 也是打开环或子环的关键方法; 如果它有 k 个子环, 那么观测来自每个子环的 k 对两相邻状态是确认它的必要条件.

定理 3.8.8 (充分条件)   对于连续时间可逆有环链, 若初始分布是其平稳分布, 则其生成元可通过**所有叶子状态和每个环中的任何两相邻状态**的观测统计计算唯一确认.

定理 3.8.9 (充分必要条件)   对于连续时间可逆环形链, 若初始分布是其平稳分布, 则观测**两个相邻状态**是确认其生成元的充分必要条件.

推论 3.8.1 (充分条件) 对于连续时间无环链, 若初始分布是其平稳分布, 则其生成元可通过**所有叶子状态**的观测统计计算唯一确认.

其中一些具体的结论是惊人的, 例如, 对生灭链或环形链, 只需要通过一个状态或两个状态的观测就可确认整个马尔可夫链.

有环和无环的连续时间可逆马尔可夫链的统计计算问题均可用马尔可夫链反演法执行解决, 标志着在可逆性条件下连续时间有限马尔可夫链的统计计算已经形成了较为系统的理论和较为成熟的算法. 当然, 这里所说的有环链暂不包括复杂的网络结构情形, 如全连接网络, 下同.

第 4 章　离散时间可逆马尔可夫链的统计计算

本章研究离散时间马尔可夫链的统计计算, 无论是理论研究还是实际应用分析, 都具有重要的学术价值和实际意义.

由于模型的拓扑结构与连续时间马尔可夫链是一致的, 因此, 主要结论基本与第 3 章对应, 作为示例, 只简要讨论线形和环形马尔可夫链的统计计算.

4.1　离散时间线形马尔可夫链的统计计算

设 $\{X_n, n \in N^+\}$ 是一个离散时间线形马尔可夫链

$$N \underset{\lambda_{N-1}}{\overset{\mu_N}{\rightleftarrows}} N-1 \rightleftarrows \cdots \underset{\lambda_2}{\overset{\mu_3}{\rightleftarrows}} 2 \underset{\lambda_1}{\overset{\mu_2}{\rightleftarrows}} 1 \underset{\lambda_0}{\overset{\mu_1}{\rightleftarrows}} 0,$$

状态空间为 $S = \{0, 1, 2, \cdots, N\}$, 其转移矩阵为

$$P = (p_{ij})_{S \times S} = \begin{pmatrix} 1 - \lambda_0 & \lambda_0 & 0 & 0 & \cdots & 0 \\ \mu_1 & 1 - (\lambda_1 + \mu_1) & \lambda_1 & 0 & \cdots & 0 \\ 0 & \mu_2 & 1 - (\lambda_2 + \mu_2) & \lambda_2 & \cdots & 0 \\ \vdots & \vdots & \vdots & \vdots & \ddots & \vdots \\ 0 & 0 & 0 & \mu_N & \cdots & 1 - \mu_N \end{pmatrix},$$

$$\tag{4.1.1}$$

即

$$\begin{aligned} &p_{i,i+1} = \lambda_i > 0, \quad 0 \leqslant i \leqslant N-1, \\ &p_{i,i-1} = \mu_i > 0, \quad 1 \leqslant i \leqslant N, \\ &p_{ii} = p_i = 1 - (\lambda_i + \mu_i) > 0, \quad 1 \leqslant i \leqslant N-1, \\ &p_{00} = p_0 = 1 - \lambda_0 > 0, \\ &p_{NN} = p_N = 1 - \mu_N > 0. \end{aligned}$$

其中, 状态 0 和 N 是两个叶子状态.

令

$$\pi_0 = \left(1 + \sum_{i=1}^{N} \frac{\lambda_0 \lambda_1 \cdots \lambda_{i-1}}{\mu_1 \mu_2 \cdots \mu_i}\right)^{-1}, \quad \pi_i = \frac{\lambda_0 \lambda_1 \cdots \lambda_{i-1}}{\mu_1 \mu_2 \cdots \mu_i} \pi_0, \quad 1 \leqslant i \leqslant N. \tag{4.1.2}$$

则 $\{\pi_0, \pi_1, \cdots, \pi_N\}$ 是其唯一平稳分布, 满足式 (2.2.42)-(2.2.43).

下面给出关于其充分性的一般性结论.

定理 4.1.1 对于离散时间线形马尔可夫链, 若初始分布是其平稳分布, 则其生成元可通过**任意一个叶子状态**或**任意两相邻状态**的观测统计计算确认.

下面将给出通过任意一个叶子状态的观测确认的证明, 通过任意两相邻状态的观测确认的证明可参见更加复杂的环形链的证明.

证明 观测状态 0, 此时 $O = \{0\}$. 记 $\sigma^{(0)}$ 和 $\tau^{(0)}$ 为状态 0 的逗留时和击中时. 由定理 2.2.1 和推论 2.2.2 得: 逗留时 $\sigma^{(0)} \sim \mathrm{Ge}(1 - p_0)$, 击中时 $\tau^{(0)}$ 服从参数为 N-混合几何分布, 记为 $\tau^{(0)} \sim \mathrm{MGe}(\gamma_1^{(0)}, \cdots, \gamma_N^{(0)}; 1 - b_1^{(0)}, \cdots, 1 - b_N^{(0)})$.

对 $n \geq 1$, 令

$$d_n^{(0)} = \sum_{i=1}^{N} \gamma_i^{(0)} (1 - b_i^{(0)})(b_i^{(0)})^{n-1},$$

$$c_n^{(0)} = (1 - \pi_0) \sum_{k=0}^{n-1} (-1)^k \binom{n-1}{k} d_{k+1}^{(0)}.$$

根据推论 2.2.4, 可得

$$p_0 = 1 - \frac{1}{E\sigma^{(0)}}, \quad \pi_0 = c_1^{(0)} E\sigma^{(0)}. \tag{4.1.3}$$

再由推论 2.2.6, 可得

$$c_1^{(0)} = \pi_1 p_{10}, \tag{4.1.4}$$

$$c_2^{(0)} = \pi_1 p_{10}^2, \tag{4.1.5}$$

$$c_3^{(0)} = \pi_1 p_{10}^2 (1 - \mathbf{p_1}), \tag{4.1.6}$$

$$c_4^{(0)} = \pi_1 p_{10}^2 [(1 - p_1)^2 + p_{12} \, \mathbf{p_{21}}], \tag{4.1.7}$$

$$c_n^{(0)} = \pi_1 p_{10}^2 \, {}_{\{1\}} \overline{p}_{11}^{(n-2)} (1 \leftrightarrow 2 \leftrightarrow \cdots \leftrightarrow [n/2]). \tag{4.1.8}$$

每个公式比前一个公式中多了一个粗体字的量, 它是给定转移步数的情形下可能到达的离状态 0 路径最远的新的未知转移概率.

显然, 由 (4.1.4)-(4.1.5) 式可得

$$p_{10} = \frac{\pi_1 p_{10}^2}{\pi_1 p_{10}} = \frac{c_2^{(0)}}{c_1^{(0)}}, \tag{4.1.9}$$

$$\pi_1 = \frac{(\pi_1 p_{10})^2}{\pi_1 p_{10}^2} = \frac{(c_1^{(0)})^2}{c_2^{(0)}}. \tag{4.1.10}$$

由 (4.1.6) 式可得

$$p_1 = 1 - \frac{c_3^{(0)}}{\pi_1 p_{10}^2} = 1 - \frac{c_3^{(0)}}{c_2^{(0)}}, \tag{4.1.11}$$

$$p_{12} = 1 - p_1 - p_{10} = \frac{c_3^{(0)}}{c_2^{(0)}} - \frac{c_2^{(0)}}{c_1^{(0)}}. \tag{4.1.12}$$

然后, 由 (4.1.7) 式可知

$$p_{21} = \frac{c_4^{(0)} - \pi_1 p_{10}^2 (1-p_1)^2}{\pi_1 p_{10}^2 p_{12}} = \frac{c_4^{(0)} - \dfrac{(c_3^{(0)})^2}{c_2^{(0)}}}{c_3^{(0)} - \dfrac{(c_2^{(0)})^2}{c_1^{(0)}}}. \tag{4.1.13}$$

以此类推, 可求出全部转移概率.

　　同理, 该马尔可夫链也可由另一个叶子状态 N 的观测统计计算确认.

　　类似于连续时间线形链情形, 亦可给出相应的归纳证明, 并给出相应的迭代计算算法, 本书不再赘述.

4.2　离散时间可逆环形马尔可夫链的统计计算

　　设 $\{X_n, n \in N^+\}$ 是图 3.6.12 所示的离散时间可逆环形马尔可夫链, 其状态空间为 $S = \{0, 1, 2, \cdots, N\}$, 转移矩阵为

$$P = (p_{ij})_{S \times S} =$$

$$\begin{pmatrix} 1-(\lambda_0+\mu_0) & \lambda_0 & 0 & 0 & \cdots & \mu_0 \\ \mu_1 & 1-(\lambda_1+\mu_1) & \lambda_1 & 0 & \cdots & 0 \\ 0 & \mu_2 & 1-(\lambda_2+\mu_2) & \lambda_2 & \cdots & 0 \\ \vdots & \vdots & \vdots & \vdots & \ddots & \vdots \\ \lambda_N & 0 & 0 & \mu_N & \cdots & 1-(\lambda_N+\mu_N) \end{pmatrix},$$

$$\tag{4.2.14}$$

即

$$p_{i,i+1} = \lambda_i > 0, \quad 0 \leqslant i \leqslant N-1,$$

$$p_{i,i-1} = \mu_i > 0, \quad 1 \leqslant i \leqslant N,$$

$$p_{ii} = p_i = 1 - (\lambda_i + \mu_i) < 0, \quad 0 \leqslant i \leqslant N,$$
$$p_{0N} = \mu_0 > 0,$$
$$p_{N0} = \lambda_N > 0,$$

且满足可逆性

$$\lambda_0 \lambda_1 \cdots \lambda_N = \mu_0 \mu_1 \cdots \mu_N. \tag{4.2.15}$$

设

$$\pi_0 = \left(1 + \sum_{i=1}^{N} \frac{\lambda_0 \lambda_1 \cdots \lambda_{i-1}}{\mu_1 \mu_2 \cdots \mu_i} \right)^{-1}, \quad \pi_i = \frac{\lambda_0 \lambda_1 \cdots \lambda_{i-1}}{\mu_1 \mu_2 \cdots \mu_i} \pi_0, \quad 1 \leqslant i \leqslant N. \tag{4.2.16}$$

那么 $\{\pi_0, \pi_1, \cdots, \pi_N\}$ 是其唯一平稳分布, 满足式 (2.2.42)-(2.2.43).

易知, (4.2.16) 式与 (4.1.2) 式完全一样, 这是环形链可逆性 (4.2.15) 的结果, 即相比线形链生成元 P 中多出来的 0 与 N 之间转移 $p_{0N} = \mu_0$ 和 $p_{N0} = \lambda_N$ 满足可逆性要求.

定理 4.2.1 对于可逆的离散时间环形马尔可夫链, 若初始分布是其平稳分布, 则其生成元可通过**任意两个相邻状态**的观测统计计算确认.

4.2.1 借鉴线形链证明

假设观测状态 m 和 $m+1$. 将环形链的状态 m 和 $m+1$ 之间剪断, 即状态 m 和 $m+1$ 之间不再直接可达, 相应地变成一个线形链, 记其转移矩阵为 $\tilde{P} = (\tilde{p}_{ij})$, 其中

$$\tilde{p}_{m,m+1} = \tilde{p}_{m+1,m} = 0,$$
$$\tilde{p}_{m,m} = 1 - p_{m,m-1},$$
$$\tilde{p}_{m+1,m+1} = 1 - p_{m+1,m+2}.$$

以 $\tilde{P}$ 为转移矩阵的线形链被称为**由离散时间环形链 P 衍生的线形链**, 等同于以 (4.1.1) 式为转移矩阵 P 的离散时间线形链 (图 3.1.1), 此时, 状态 m 和 $m+1$ 是两个叶子状态.

假设 $c_n^{(m)}, c_n^{(m+1)}$ 和 $\tilde{c}_n^{(m)}, \tilde{c}_n^{(m+1)}$ 分别对应于环形链和衍生的线形链.

由 (4.2.16) 式与 (4.1.2) 式可知, 离散时间**环形链与其衍生的线形链具有相同的平稳分布** (这是环形链可逆性 (4.2.15) 保证的), 因此, $c_n^{(m)}, c_n^{(m+1)}$ 和 $\tilde{c}_n^{(m)}, \tilde{c}_n^{(m+1)}$ 中涉及的 π_i $(i \in S)$ 是完全一致的.

引理 4.2.1　以下各式成立:

$$c_1^{(m)} = \pi_m(1 - p_m) = \tilde{c}_1^{(m)} + \pi_{m+1}p_{m+1,m}, \tag{4.2.17}$$

$$c_1^{(m+1)} = \pi_{m+1}(1 - p_{m+1}) = \tilde{c}_1^{(m+1)} + \pi_m p_{m,m+1}, \tag{4.2.18}$$

$$c_2^{(m)} = \tilde{c}_2^{(m)} + \pi_{m+1}p_{m+1,m}^2, \tag{4.2.19}$$

$$c_2^{(m+1)} = \tilde{c}_2^{(m+1)} + \pi_m p_{m,m+1}^2, \tag{4.2.20}$$

$$\cdots\cdots$$

$$c_n^{(m)} = \tilde{c}_n^{(m)} + \pi_{m+1}p_{m+1,m}^2 \tilde{c}_{n-2}^{(m+1)}, \tag{4.2.21}$$

$$c_n^{(m+1)} = \tilde{c}_n^{(m+1)} + \pi_m p_{m,m+1}^2 \tilde{c}_{n-2}^{(m)}. \tag{4.2.22}$$

其中,

$$\tilde{c}_1^{(m)} = \pi_{m-1}p_{m-1,m}, \quad \tilde{c}_1^{(m+1)} = \pi_{m+2}p_{m+2,m+1}$$

$$\tilde{c}_2^{(m)} = \pi_{m-1}p_{m-1,m}^2, \quad \tilde{c}_2^{(m+1)} = \pi_{m+2}p_{m+2,m+1}^2$$

$$\cdots\cdots$$

$$\tilde{c}_n^{(m)} = \pi_{m-1}p_{m-1,m}^2 \tilde{c}_{n-2}^{(m-1)}, \quad \tilde{c}_n^{(m+1)} = \pi_{m+2}p_{m+2,m+1}^2 \tilde{c}_{n-2}^{(m+2)}.$$

定理 4.2.1 的证明　首先, 通过状态 m 和 $m+1$ 的观测, 可求得状态 m 和 $m+1$ 之间的全部转移概率. 事实上, 由 (4.2.17)-(4.2.18) 式知

$$p_m = 1 - c_0^{(m)} \equiv 1 - \frac{1}{E\sigma^{(m)}}, \quad p_{m+1} = 1 - c_0^{(m+1)} \equiv 1 - \frac{1}{E\sigma^{(m+1)}},$$

且

$$\pi_m = \frac{c_1^{(m)}}{1 - p_m}, \quad \pi_{m+1} = \frac{c_1^{(m+1)}}{1 - p_{m+1}}.$$

因此, $p_{m,m-1}$ 和 $p_{m+1,m+2}$ 可由 (4.2.30) 式和 (4.2.31) 式求得. 进而

$$p_{m,m+1} = 1 - p_m - p_{m,m-1},$$

$$p_{m+1,m} = 1 - p_{m+1} - p_{m+1,m+2}.$$

其次, 根据离散时间线形链的统计计算, 由 (4.2.17) 式和 (4.2.19) 式可求得 $\pi_{m-1}, p_{m-1,m}$; 由 (4.2.18) 式和 (4.2.20) 式可求出 $\pi_{m+2}, p_{m+2,m+1}$.

最后, 在 (4.2.21) 式中 $c_n^{(m)}$ 的计算中 (相应地, (4.2.22) 式中 $c_n^{(m+1)}$ 的计算中), 右手边的第二个表达式可通过交替迭代计算方法被首先确认, 从而被当作是已知的量. 因此, (4.2.21) 式和 (4.2.22) 式意味着: 余下的转移概率都可按照其衍生的线形链的证明, 通过交替迭代计算方法求得. 得证.

衍生链证明的直观理解 通过两相邻状态的观测, 首先可以得到二者之间的转移信息以及转移到二者之外的信息, 相当于环形链在此断开成为衍生的线形链 (这两个状态成为衍生的线形链的叶子状态), **可逆性保证它与断开之后衍生的线形链具有相同的平稳分布**. 从而相当于通过叶子的观测来确认无环的线形链, 但又不完全等同线形链的观测, 毕竟不能分别得到这两个衍生出来的叶子状态的击中分布, 所以需要同时观测两个叶子状态才能向两边逐个交替求解, 直到全部转移概率得到确认. 例如, 依图 3.6.12 所示, 先从 m 开始沿逆时针方向计算与 $m-1$ 之间的转移, 同时从 $m+1$ 开始沿顺时针方向计算与 $m+2$ 之间的转移; 然后, 从 $m-1$ 开始沿逆时针方向计算与 $m-2$ 之间的转移, 同时从 $m+2$ 开始沿顺时针方向计算与 $m+3$ 之间的转移; 以此类推, 这样沿两个方向交替进行计算, 即一边沿逆时针方向 $m \to m-1 \to m-2 \to \cdots$ 计算, 同时另一边沿顺时针方向 $m+1 \to m+2 \to m+3 \to \cdots$ 计算, 交替进行 (下同). 下面 4.2.2 节证明过程就是这一直观的体现.

进一步形象演示 观测两相邻状态 m 和 $m+1$, 得到二者之间的全部转移信息后, 在二者之间剪断, 得到衍生的线形链; 然后相当于分别观测这两个叶子状态, 得到与之相邻的状态 ($m-1$ 和 $m+2$) 之间的转移信息, 并将 m 和 $m+1$ 剪掉得到新的线形链, 此时 $m-1$ 和 $m+2$ 变成叶子状态; 分别观测叶子状态 $m-1$ 和 $m+2$, 可分别确认它们与 $m-2$ 和 $m+3$ 之间的转移, 再分别剪掉 $m-2$ 和 $m+3$ 得到新的线形链. 以此类推, 直到成为一个仅有两状态的线形链, 从而确认全部转移概率. 当然, 这只是一种形象的演示计算过程, 因为具体的计算远没有这么简单, 详见 4.2.2 节证明过程.

4.2.2 任意两相邻状态观测的证明

参照 3.6.2 节关于连续时间情形的证明, 简要给出相应的证明梗概.

下面的引理可由推论 2.2.6 得出.

引理 4.2.2 接下来的方程对任意的 $1 \leqslant i \leqslant N$ 和 $2 \leqslant s \leqslant \left[\dfrac{N-1}{2}\right]$ 成立.

$$\frac{1}{E\sigma^{(i)}} = 1 - p_i = p_{i,i+1} + p_{i,i-1}, \tag{4.2.23}$$

$$c_1^{(i)} = \pi_{i-1}p_{i-1,i} + \pi_{i+1}p_{i+1,i}, \tag{4.2.24}$$

$$c_2^{(i)} = \pi_{i-1}p_{i-1,i}^2 + \pi_{i+1}p_{i+1,i}^2, \tag{4.2.25}$$

$$c_3^{(i)} = \pi_{i-1}p_{i-1,i}^2 \left(1 - \mathbf{p_{i-1}}\right) + \pi_{i+1}p_{i+1,i}^2 \left(1 - q_{i+1}\right), \tag{4.2.26}$$

$$c_4^{(i)} = \pi_{i-1}p_{i-1,i}^2[(1 - p_{i-1})^2 + p_{i-1,i-2}\,\mathbf{p_{i-2,i-1}}]$$

$$+ \pi_{i+1} p_{i+1,i}^2 [(1 - p_{i+1})^2 + p_{i+1,i+2}\, p_{i+2,i+1}], \tag{4.2.27}$$

$$c_{2s+1}^{(i)} = \pi_{i-1} p_{i-1,i}^2 \left[\left(1 - \mathbf{p_{i-s}} + 2 \sum_{k=1}^{s-1}(1 - p_{i-k}) \right) \overline{p}(i-1, i-2, \cdots, i-s) \right.$$

$$\left. + {}_{\{i\}}\, \overline{p}_{i-1,i-1}^{(2s-1)}(i-1 \leftrightarrow i-2 \leftrightarrow \cdots \leftrightarrow i-s+1) \right]$$

$$+ \pi_{i+1} p_{i+1,i}^2 \left[\left(1 - \mathbf{p_{i+s}} + 2 \sum_{k=1}^{s-1}(1 - p_{i+k}) \right) \overline{p}(i+1, i+2, \cdots, i+s) \right.$$

$$\left. + {}_{\{i\}}\, \overline{p}_{i+1,i+1}^{(2s-1)}(i+1 \leftrightarrow i+2 \leftrightarrow \cdots \leftrightarrow i+s-1) \right], \tag{4.2.28}$$

$$c_{2s+2}^{(i)} = \pi_{i-1} p_{i-1,i}^2 [p_{i-s,i-s-1}\mathbf{p_{i-s-1,i-s}}\, \overline{p}(i-1, i-2, \cdots, i-s)$$

$$+ {}_{\{i\}}\, \overline{p}_{i-1,i-1}^{(2s)}(i-1 \leftrightarrow i-2 \leftrightarrow \cdots \leftrightarrow i-s)]$$

$$+ \pi_{i+1} p_{i+1,i}^2 [p_{i+s,i+s+1}\mathbf{p_{i+s+1,i+s}}\, \overline{p}(i+1, i+2, \cdots, i+s)$$

$$+ {}_{\{i\}}\, \overline{p}_{i+1,i+1}^{(2s)}(i+1 \leftrightarrow i+2 \leftrightarrow \cdots \leftrightarrow i+s)]. \tag{4.2.29}$$

式 (4.2.28) 或 (4.2.29) 右边表明仅有两个粗体部分可能是较前一个公式新增的未知量.

但是, 在后续通过两个给定的相邻状态的观测来计算求解过程中, 每个方程中都仅有一个是真正新增的未知转移概率, 具体地说, 当观测两个相邻状态中较小 (相应地, 较大) 的那个状态时, 只有第一个 (相应地, 第二个) 粗体部分是未知量. 例如, 如果观测状态为 m 和 $m+1$, 则 $c_n^{(m)}$ 中第一个才是新的未知量, $c_n^{(m+1)}$ 中第二个才是新的未知量.

不失一般性, 设 m 和 $m+1$ ($1 \leqslant m, m+1 \leqslant N$) 是观测的两相邻状态.

引理 4.2.3　观测 $O = \{m, m+1\}$ ($1 \leqslant m, m+1 \leqslant N$) 时, 下列方程成立:

$$c_1^{(m,m+1)} = \pi_m p_{m,m-1} + \pi_{m+1} p_{m+1,m+2}, \tag{4.2.30}$$

$$c_2^{(m,m+1)} = \pi_m p_{m,m-1}^2 + \pi_{m+1} p_{m+1,m+2}^2. \tag{4.2.31}$$

定理 4.2.1 的证明　首先, 环是可打开的. 根据 (4.2.23) 式, $p_i = 1 - 1/E\sigma^{(i)}$, $\pi_i = c_1^{(i)} E\sigma^{(i)}$ 分别对 $i = m$ 和 $i = m+1$ 成立. 又 $p_{m,m-1}$ 和 $p_{m+1,m+2}$ 是方程组 (4.2.30)-(4.2.31) 的两个实根, 故也是关于 $c_n^{(m,m+1)}$ ($n = 1, 2$) 和 $c_1^{(m)}, c_1^{(m+1)}$ 的实函数. 于是有 $p_{m,m+1} = 1 - p_m - p_{m,m-1}$ 和 $p_{m+1,m} = 1 - p_{m+1} - p_{m+1,m+2}$ 成立.

其次, 当 $i = m$ 和 $i = m+1$ 时, 由方程 (4.2.24)-(4.2.25) 分别可求得

$\pi_{m-1}, p_{m-1,m}$ 和 $\pi_{m+2}, p_{m+2,m+1}$, 即

$$p_{m-1,m} = \frac{c_2^{(m)} - \pi_{m+1}p_{m+1,m}^2}{c_1^{(m)} - \pi_{m+1}p_{m+1,m}}, \quad \pi_{m-1} = \frac{c_1^{(m)} - \pi_{m+1}p_{m+1,m}}{p_{m-1,m}},$$

$$p_{m+2,m+1} = \frac{c_2^{(m+1)} - \pi_m p_{m,m+1}^2}{c_1^{(m+1)} - \pi_m p_{m,m+1}}, \quad \pi_{m+2} = \frac{c_1^{(m+1)} - \pi_m p_{m,m+1}}{p_{m+2,m+1}}. \tag{4.2.32}$$

然后, 当 $i = m$ 和 $i = m+1$ 时, 由 (4.2.26) 式可分别求得

$$p_{m-1} = 1 - \frac{c_3^{(m)} - \pi_{m+1}p_{m+1,m}^2(1-p_{m+1})}{\pi_{m-1}p_{m-1,m}^2},$$

$$p_{m+2} = 1 - \frac{c_3^{(m+1)} - \pi_m p_{m,m+1}^2(1-p_m)}{\pi_{m+2}p_{m+2,m+1}^2}, \tag{4.2.33}$$

$$p_{m-1,m-2} = 1 - p_{m-1} - p_{m-1,m},$$

$$p_{m+2,m+3} = 1 - p_{m+2} - p_{m+2,m+1}.$$

进一步, 当 $i = m, m+1$ 时, 根据 (4.2.27) 可得

$$p_{m-2,m-1} = \frac{c_4^{(m)} - \pi_{m+1}p_{m+1,m}^2[(1-p_{m+1})^2 + p_{m+1,m+2}\,p_{m+2,m+1}]}{\pi_{m-1}p_{m-1,m}^2 p_{m-1,m-2}}$$

$$- \frac{\pi_{m-1}p_{m-1,m}^2(1-p_{m-1})^2}{\pi_{m-1}p_{m-1,m}^2 p_{m-1,m-2}},$$

$$p_{m+3,m+2} = \frac{c_4^{(m+1)} - \pi_m p_{m,m+1}^2[(1-p_m)^2 + p_{m,m-1}p_{m-1,m}]}{\pi_{m+2}p_{m+2,m+1}^2 p_{m+2,m+3}}$$

$$- \frac{\pi_{m+2}p_{m+2,m+1}^2(1-p_{m+2})^2}{\pi_{m+2}p_{m+2,m+1}^2 p_{m+2,m+3}},$$

$$\pi_{m-2} = \frac{\pi_{m-1}p_{m-1,m-2}}{p_{m-2,m-1}},$$

$$\pi_{m+3} = \frac{\pi_{m+2}p_{m+2,m+3}}{p_{m+3,m+2}}. \tag{4.2.34}$$

这意味着当 $i = m$ (或 $i = m+1$) 时, 根据 (4.2.28) 式可以沿逆时针方向 (或沿顺时针方向) 移动得到 p_{m-s} 和 $p_{m-s,m-s-1} = 1 - p_{m-s} - p_{m-s,m-s+1}$ (或 p_{m+s+1} 和 $p_{m+s+1,m+s+2} = 1 - p_{m+s+1} - p_{m+s+1,m+s}$), 于是, 当 $i = m$ (或

$i = m + 1$) 时, 也可以根据 (4.2.29) 式沿逆时针方向 (或沿顺时针方向) 移动得到 $p_{m-s-1,m-s}$ (或 $p_{m+s+2,m+s+1}$).

最后, 可依次类推, 用数学归纳法证明该结论, 此处不再赘述其证明细节.

因此, 两相邻状态的观测也是确认一个离散时间可逆环形链的充分必要条件, 即先通过任意两个相邻状态的观测打开环, 然后向左向右 (沿逆时针方向和沿顺时针方向) 依次计算其余的转移概率, 这也是离散时间可逆有环链的统计计算的一个关键思想.

4.3　一般性通用结论

综上所述, 离散时间马尔可夫链的统计计算与连续时间马尔可夫链的统计计算具有相同的结论, 只是技术手段和具体计算有所不同. 下面给出总结性结果, 当前只对线形马尔可夫链和环形马尔可夫链进行了统计计算的演示, 其他模型不再一一赘述.

定理 4.3.1　对于离散时间可逆有环链, 若初始分布是其平稳分布, 则如下结论成立.

(a) 观测所有叶子状态是确认无环子链的充分条件, 也是首选方法.

(b) 观测两相邻状态是确认一个环或子环的必要条件, 也是打开环或子环的关键方法; 如果它有 k 个子环, 那么观测来自每个子环的 k 对两相邻状态是确认它的必要条件.

定理 4.3.2 (充分条件)　对于离散时间可逆有环链, 若初始分布是其平稳分布, 则其生成元可通过**所有叶子状态和每个环中任何两相邻状态**的观测统计计算唯一确认.

定理 4.3.3 (充分必要条件)　对于离散时间可逆环形链, 若初始分布是其平稳分布, 则观测**两个相邻状态**是确认其生成元的充分必要条件.

推论 4.3.1 (充分条件)　对于连续时间无环链, 若初始分布是其平稳分布, 则其生成元可通过**所有叶子状态**的观测统计计算唯一确认.

其中一些具体的结论同样是惊人的, 例如, 对离散时间线形链或环形链, 只需要通过一个状态或两个状态的观测就可确认整个马尔可夫链.

连续时间和离散时间可逆马尔可夫链的统计计算问题均可用马尔可夫链反演法执行解决, 标志着在可逆性条件下有限马尔可夫链的统计计算已经形成了较为系统的理论和较为成熟的算法. 同样, 这里所说的有环链暂不包括复杂的网络结构情形, 如全连接网络, 下同.

第 5 章   不可逆平稳马尔可夫链的统计计算

根据第 3 章和第 4 章讨论可知, 连续时间和离散时间的可逆马尔可夫链的统计计算的结论是一致的. 对于不可逆平稳马尔可夫链, 连续时间与离散时间情形也是如此, 故本章以有限状态空间上的连续时间不可逆平稳马尔可夫链为例, 讨论其统计计算问题.

5.1   连续时间不可逆平稳马尔可夫链的击中分布及性质

设 $\{X_t, t \geqslant 0\}$ 是连续时间不可约平稳马尔可夫链, $S = \{0, 1, \cdots, M\}$ 为状态空间, 速率矩阵 $Q = (q_{ij})_{S \times S}$ 是保守的, $\tilde{\pi} = (\pi_0, \pi_1, \cdots, \pi_M)$ 是其平稳分布, 满足

$$\begin{aligned} \tilde{\pi}\mathbf{1} &= 1, \\ \tilde{\pi}Q &= \mathbf{0}. \end{aligned} \tag{5.1.1}$$

假定马尔可夫链是不可逆的, 则其平稳分布不再满足 (2.1.2) 式, 这给问题求解带来了巨大的困难.

参照第 2 章, 考虑观测子集 O, 满足可区分性条件. 令 $C = S - O$, 那么可以将速率矩阵写成如下的分块矩阵

$$Q = \begin{pmatrix} Q_{oo} & Q_{oc} \\ Q_{co} & Q_{cc} \end{pmatrix}. \tag{5.1.2}$$

同样为了方便, 分别称 Q_{oo} 和 Q_{cc} 为**观测状态分块矩阵**和**不观测状态分块矩阵**. 相应地, 其平稳分布可记为 $\tilde{\pi} = (\tilde{\pi}_o, \tilde{\pi}_c)$.

5.1.1   击中分布

仍假设 $\tau = \inf\{t > 0, X_t \in O\}$ (相应地, $\sigma = \inf\{t > 0, X_t \notin O\}$) 为状态子集 O 的击中时 (相应地, 逗留时).

令 P 是使马尔可夫链 $\{X_t, t \geqslant 0\}$ 具有初始分布 $\{\pi_0, \pi_1, \cdots, \pi_M\}$ 和速率矩阵 Q 的概率测度, P^c (或 P^o) 是 P 限制在 C (或 O) 上的概率测度,

$$p_{ij}^c(t) = \mathrm{P}\{X_t = j, X_s \in C, 0 \leqslant s \leqslant t | X_0 = i\}, \quad i, j \in C. \tag{5.1.3}$$

$P^c(t) \equiv [p_{ij}^c(t)]$ 满足微分方程

$$\frac{dP^c(t)}{dt} = P^c(t)Q_{cc}. \tag{5.1.4}$$

向前方程表明 $P^c(t) = e^{Q_{cc}t}$.

令 $N = \|C\|$, 为记号简便, 不妨令 $C \equiv \{1, 2, \cdots, N\}$, $\Pi_c \equiv \mathrm{diag}(\pi_1, \cdots, \pi_N)$.

由于马尔可夫链不是可逆的, 因此, 显然不再像第 2 章那样保证其不观测状态分块矩阵 Q_{cc} 是可正交对角化的, 甚至无法保证 Q_{cc} 是可相似对角化的. 当 Q_{cc} 无法相似对角化时, 则无法得出后面的击中时分布, 从而不能适用马尔可夫链反演法. 故本章需要对马尔可夫链做适当的限制, 即对任意的 $O = \{i\}$ (这里, i 是状态空间中任意一个状态), 其不观测状态分块矩阵 Q_{cc} 是可相似对角化的; 由于有环的链还需要观测两相邻状态, 故还要求对任意的两相邻状态集 $O = \{i, j+1\}$, 其不观测状态分块矩阵 Q_{oo} 也是可相似对角化的[①].

在此之前, 先给出关于矩阵对角化的判别方法.

引理 5.1.1　n 阶方阵 A 可对角化当且仅当 A 的属于不同特征值的特征子空间维数之和为 n.

实际判断方法: 先求特征值, 如果没有相同的特征值, 则一定可对角化; 如果有相同的特征值 λ_k, 其重数为 k, 那么通过解方程 $(\lambda_k I - A)X = 0$ 得到的基础解系中的解向量若也为 k 个, 则 A 可对角化, 若小于 k, 则 A 不可对角化.

下面, 首先证明对任意的**直接互通的两相邻状态** (这也是该方法中观测两个状态集合的常规做法), 即对任意的 $O = \{i, j\}$, 当 $q_{ij}q_{ji} > 0$ 时, 其观测状态分块矩阵 Q_{oo} 一定是可相似对角化的.

引理 5.1.2　对马尔可夫链速率矩阵, 观测任意两个状态 $O = \{i, i\}$, 则其观测状态分块矩阵 Q_{oo} 可相似对角化当且仅当满足下列条件之一: ① $q_i \neq q_j$; ② $q_{ij}q_{ji} > 0$; ③ $q_{ij} = q_{ji} = 0$.

证明　为记号简便, 不妨将

$$Q_{oo} = \begin{pmatrix} -q_i & q_{ij} \\ q_{ji} & -q_j \end{pmatrix}$$

记为

$$Q_{oo} = \begin{pmatrix} -a & b \\ c & -d \end{pmatrix}$$

---

① 尽管无环的树形链的统计计算中可能需要观测多个叶子状态, 但一般不要求将状态集作为整体进行观测, 只要单独观测各个叶子状态即可. 因此, 对不可逆平稳马尔可夫链, 一般考虑到观测两个相邻状态集时能够相似对角化即可.

其中, $a \geqslant b \geqslant 0, d \geqslant c \geqslant 0$.

易知, Q_{oo} 的特征方程为

$$|\lambda I - Q_{oo}| = \lambda^2 - (a+d)\lambda + ad - bc = 0.$$

其根的判别式为

$$\Delta = (a+d)^2 + 4bc - 4ad = (a-d)^2 + 4bc.$$

于是, $\Delta = 0$ 当且仅当 $a = d$ 且 $bc = 0$.

(1) 当 $a = d$ 且 b, c 有一个为 0 (即两个状态单向直接可达且逗留分布相同) 时, 其 Q_{oo} 有两个相同的实特征值 $-a$, 但方程 $(-aI - Q_{oo})X = 0$ 得到的基础解系中解向量为 1 (即 $\text{tr}(-aI - Q_{oo}) = 1$), 小于实特征值的重数 2, 故由引理 5.1.1 知, Q_{oo} 不可相似对角化.

特别, 当 $a = d$ 且 $b = c = 0$ (即两个状态不直接可达) 时, 则 Q_{oo} 本身就是对角矩阵. 但实际应用中一般不会选取这样的两个状态进行观测, 正如此前已证明的: 如此两状态的观测不会提供新的信息.

(2) 当 $a \neq d$ 或 $bc > 0$ (即两个状态逗留分布不同或直接互通) 时, 则 Q_{oo} 有两个不相同的实特征值, 从而一定可相似对角化.

证毕.

推论 5.1.1 对马尔可夫链速率矩阵 Q, 观测任意两个状态 $O = \{i, j\}$, 若 $q_{ij}q_{ji} > 0$ (二者直接互通), 则其观测状态分块矩阵 Q_{oo} 可相似对角化.

因此, 只需要求对任意的单个状态进行观测时, 对应的不观测状态分块矩阵 Q_{cc} 可相似对角化 (即对速率矩阵 Q, 若 Q 为 n 阶方阵, 只需其任意的 $(n-1)$ 阶主子式可相似对角化即可). 于是将满足此条件的马尔可夫链进行定义.

定义 5.1.1 记 $\mathcal{D} \equiv \{$以 n 阶方阵 Q 为生成元的 (连续时间) 不可逆平稳马尔可夫链 $|Q$ 的任意 $(n-1)$ 阶主子式可相似对角化$\}$, 称 $\mathcal{D}$ 中的马尔可夫链为 (连续时间) $\mathcal{D}$-**马尔可夫链**.

或等价地

定义 5.1.2 记 $\mathcal{D} \equiv \{$以 Q 为生成元的 (连续时间) 不可逆平稳马尔可夫链 $|$ 当观测其中的任意单个状态时, 其不观测状态分块矩阵 Q_{cc} 可相似对角化$\}$, 称 $\mathcal{D}$ 中的马尔可夫链为 (连续时间)$\mathcal{D}$-**马尔可夫链**.

也就是说, 在保证观测链中任意单个状态时其不观测状态分块矩阵可相似对角化的情形下, 当对环形子链部分进行观测确认时, 只需观测直接互通的两相邻状态即可; 亦或是观测单向直接可达的两个状态, 且二者的逗留分布参数不同.

问题 5.1.1 (开问题) 马尔可夫链满足什么条件, 或其速率矩阵满足什么条件时, 它是 $\mathcal{D}$-马尔可夫链?

　　该问题实则是 $\mathcal{D}$-马尔可夫链的判定标准问题, 由于矩阵相似对角化问题本身的复杂性导致速率矩阵各阶主子式可相似对角化的极其复杂性, 目前仍是开问题. 不过, 一些已知类型的马尔可夫链一定满足上述条件; 例如, 双向环形链 (环上任意两相邻状态均直接互通, 见 5.3.1 节相关讨论). 这就表明 $\mathcal{D}$-马尔可夫链一定是存在的.

　　除非特别说明, 本章所说的马尔可夫链通常指有限状态连续时间不可逆平稳 $\mathcal{D}$-马尔可夫链.

　　回到连续时间不可逆平稳马尔可夫链 $\{X_t, t \geqslant 0\}$, 单就对任意的观测状态子集 O 的击中分布 (定理 5.1.1) 及其微分性质 (定理 5.1.2, 推论 5.1.4 和定理 5.1.3) 来说, 仅假设它是 $\mathcal{D}$-马尔可夫链还不够, 还需满足下面更严格的假设, 即所谓的严格 $\mathcal{D}$-马尔可夫链.

　　定义 5.1.3　设 $\{X_t, t \geqslant 0\}$ 以 n 阶方阵 Q 为生成元的 (连续时间) $\mathcal{D}$-马尔可夫链, 若 Q 的任意 $j\ (j < n)$ 阶主子式可相似对角化, 则称之为 (连续时间) **严格 $\mathcal{D}$-马尔可夫链**.

　　由于不观测状态分块矩阵 Q_{cc} 可相似对角化,

　　令 $D = E^{-1}$ 和 $A = \mathrm{diag}(\alpha_1, \alpha_2, \cdots, \alpha_N)$, 可得

$$Q_{cc} = -D^{-1}AD, \quad DQ_{cc} = -AD, \quad \Pi_c Q_{cc} = -\Pi_c D^{-1}AD. \tag{5.1.5}$$

再由式 (5.1.3) 和 (5.1.5),

$$P(\tau > t) = \sum_{i=1}^{N} P(\tau > t|X_0 = i)P^c(X_0 = i)$$

$$= \pi^* \sum_{i=1}^{N} \pi_i (P^c(t)\mathbf{1})_i$$

$$= \pi^* \sum_{i=1}^{N} \pi_i (e^{Q_{cc}t}\mathbf{1})_i$$

$$= \pi^* \sum_{i=1}^{N} \pi_i (e^{-D^{-1}ADt}\mathbf{1})_i$$

$$= \pi^* \mathbf{1}^\top \Pi_c D^{-1} e^{-At} D\mathbf{1}. \tag{5.1.6}$$

其中, $\pi^* = (\widetilde{\pi}_c \mathbf{1})^{-1}$.

　　其击中时分布亦是混合指数分布, 即满足如下定理.

定理 5.1.1 O 的击中时 τ (相应地, C 的逗留时) 服从 N-混合指数分布, 即 PDF 为

$$f_\tau(t) = (\widetilde{\pi}_c\mathbf{1})^{-1}\mathbf{1}^\top\Pi_c D^{-1}Ae^{-At}D\mathbf{1} = \sum_{i=1}^N \gamma_i e^{-\alpha_i t}, \quad t > 0,$$

其中, $-Q_{cc}$ 的特征值 α_i 为其指数参数, $\omega_i = \gamma_i/\alpha_i = (\mathbf{1}^\top\Pi_c D^{-1})_i(D\mathbf{1})_i(\widetilde{\pi}_c\mathbf{1})^{-1}$ 是第 i 个指数密度的权值. 记为 $\tau \sim \mathrm{MExp}(\omega_1, \cdots, \omega_N; \alpha_1, \cdots, \alpha_N)$.

注意: 这里 $\omega_i = (\widetilde{\pi}_c\mathbf{1})^{-1}(\mathbf{1}^\top\Pi_c D^{-1})_i(D\mathbf{1})_i$, 不同于可逆情形的 $\omega_i = (\widetilde{\pi}_c\mathbf{1})^{-1}(W\mathbf{1})_i^\top(W\mathbf{1})_i$.

推论 5.1.2   单个状态 i 的逗留时 $\sigma \sim \mathrm{Exp}(q_i)$, 即 PDF 为

$$f_\sigma(t) = q_i e^{-q_i t}, \quad t > 0.$$

5.1.2   禁忌速率刻画击中分布的微分性质

同第 2 章, 令 $\Gamma = (\gamma_1, \cdots, \gamma_N)$. 对 $n \geqslant 1$, 令

$$d_n = \Gamma A^{n-1}\mathbf{1} = \sum_{i=1}^N \gamma_i \alpha_i^{n-1} = \sum_{i=1}^N \omega_i \alpha_i^n,$$

$$c_n = (\widetilde{\pi}_c\mathbf{1})d_n = (1 - \widetilde{\pi}_o\mathbf{1})d_n, \tag{5.1.7}$$

则 $(-1)^{n+1}d_n$ 是 O 的击中时分布函数在零时刻的 n 阶微分.

由推论 5.1.2 和 (5.1.7) 式, 可得其击中分布满足的微分性质.

为表达方便, 仍采用与 d_n 相差一个常数倍的已知量, 即 $c_n \equiv \widetilde{\pi}_c\mathbf{1}d_n$ 来代替 d_n, 给出击中时分布在零时刻的各阶微分与生成元之间的一类最重要的约束关系.

定理 5.1.2   基于 O 的观测, 如下微分关系成立

$$c_n = (-1)^n\mathbf{1}^\top\Pi_c Q_{cc}^n\mathbf{1} = (-1)^n\sum_{i\in C}\pi_i\sum_{j\in C}(Q_{cc}^n)_{ij}. \tag{5.1.8}$$

证明   由式 (5.1.7), 可得 $d_n = (\pi_c^\top\mathbf{1})^{-1}\mathbf{1}^\top\Pi_c D^{-1}A^n D\mathbf{1}$. 由式 (5.1.5) 知, $DQ_{cc} = -AD$, 进而有 $D^{-1}A^2 D = -D^{-1}ADQ_{cc} = (-1)^2(Q_{cc})^2$. 以此类推, $D^{-1}A^n D = (-1)^n(Q_{cc})^n$. 因此, $\mathbf{1}^\top\Pi_c D^{-1}A^n D\mathbf{1} = (-1)^n\mathbf{1}^\top\Pi_c(Q_{cc})^n\mathbf{1}$, 这蕴涵了定理的结论.

上述定理中间矩阵表达式虽然简洁, 但无法直接呈现其实际的构成, 因此, 还需进行深入剖析.

推论 5.1.3   设单个状态 i 的平均逗留时为 $E\sigma$, 则 q_i 和 π_i 可由下式得出

$$q_i = 1/E\sigma, \quad \pi_i = d_1/(q_i + d_1) = c_1 E\sigma. \tag{5.1.9}$$

同可逆情形, 一旦通过 O 的观测数据拟合得到其击中时 PDF, 相应的 c_n ($n \geqslant 1$) 就相当于已知常数了.

下面, 借助禁忌速率进行深入剖析.

首先, 由定理 5.1.2 可得

推论 5.1.4   关于 O 的微分关系可用禁忌速率表达成: 对 $n \geqslant 1$,

$$c_n = (-1)^n \sum_{i \in C} \pi_i \sum_{j \in C} (Q_{cc}^n)_{ij} = (-1)^n \sum_{i \in C} \pi_i \sum_{j \in C} {}_O\bar{q}_{ij}^{(n)}. \tag{5.1.10}$$

另一个替代表达式如下.

定理 5.1.3   关于 O 的微分关系可用禁忌速率表达成: 对 $n \geqslant 1$,

$$c_n = (-1)^{n+1} \sum_{j \in O} \sum_{i \in C} \pi_i \, {}_O\bar{q}_{ij}^{(n)}. \tag{5.1.11}$$

证明   只需证明, 对给定的 $i \in C$,

$$\sum_{j \in C} {}_O\bar{q}_{ij}^{(n)} = -\sum_{j \in O} {}_O\bar{q}_{ij}^{(n)}. \tag{5.1.12}$$

下面用数学归纳法进行证明.

当 $n = 1$ 时, 由速率矩阵的保守性 $\sum\limits_{j \in S} q_{ij} = \sum\limits_{j \in C} q_{ij} + \sum\limits_{j \in O} q_{ij} = 0$ 可得

$$\sum_{j \in C} {}_O\bar{q}_{ij}^{(1)} = \sum_{j \in C} q_{ij} = -\sum_{j \in O} q_{ij} = -\sum_{j \in O} {}_O\bar{q}_{ij}^{(1)}. \tag{5.1.13}$$

因此, 归纳假设对 $n = 1$ 成立.

假设 $n = m$ 时 (5.1.12) 式成立, 即

$$\sum_{j \in C} {}_O\bar{q}_{ij}^{(m)} = -\sum_{j \in O} {}_O\bar{q}_{ij}^{(m)}. \tag{5.1.14}$$

那么, 当 $n = m + 1$ 时, 由 C-K 方程 (1.6.61) 和归纳假设可得

$$\sum_{j \in C} {}_O\bar{q}_{ij}^{(m+1)} = \sum_{j \in C} \sum_{k \in C} {}_O\bar{q}_{ik}^{(1)} \, {}_O\bar{q}_{kj}^{(m)} = \sum_{k \in C} q_{ik} \sum_{j \in C} {}_O\bar{q}_{kj}^{(m)}$$

$$= -\sum_{k \in C} q_{ik} \sum_{j \in O} {}_O \overline{q}_{kj}^{(m)} = -\sum_{j \in O} \sum_{k \in C} {}_O \overline{q}_{ik}^{(1)} \, {}_O \overline{q}_{kj}^{(m)}$$

$$= -\sum_{j \in O} {}_O \overline{q}_{ij}^{(m+1)}. \tag{5.1.15}$$

表明归纳假设对 $n = m + 1$ 也成立. 证毕.

特别地, 若 $O = \{i\}$, 可得出更加清晰的可视化表达.

推论 5.1.5   关于 i 的微分关系, 可用禁忌速率解码为: 对 $n \geqslant 1$,

$$c_n = (-1)^n \sum_{k \neq i} \pi_k \sum_{j \neq i} {}_{\{i\}} \overline{q}_{kj}^{(n)} = (-1)^{n+1} \pi_i \sum_{j \neq i} {}_{\{i\}} \overline{q}_{ij}^{(n)}. \tag{5.1.16}$$

推论 5.1.6   关于 i 的微分关系, 可用禁忌速率解码为: 对 $n \geqslant 2$,

$$c_n = (-1)^{n+1} \pi_i \sum_{j \neq i} {}_{\{i\}} \overline{q}_{ij}^{(n)} = (-1)^n \pi_i \, {}_{\{i\}} \overline{q}_{ii}^{(n)}. \tag{5.1.17}$$

证明   只需证明, 对 $n \geqslant 2$,

$$\sum_{j \neq i} {}_{\{i\}} \overline{q}_{ij}^{(n)} = - {}_{\{i\}} \overline{q}_{ii}^{(n)}. \tag{5.1.18}$$

事实上, 由 C-K 方程 (1.6.61) 和速率矩阵的保守性, 可得

$$\sum_{j \neq i} {}_{\{i\}} \overline{q}_{ij}^{(n)} = \sum_{j \neq i} \sum_{k \neq i} {}_{\{i\}} \overline{q}_{ik}^{(n-1)} \, {}_{\{i\}} \overline{q}_{kj}^{(1)} = \sum_{j \neq i} \sum_{k \neq i} {}_{\{i\}} \overline{q}_{ik}^{(n-1)} q_{kj}$$

$$= \sum_{k \neq i} {}_{\{i\}} \overline{q}_{ik}^{(n-1)} \sum_{j \neq i} q_{kj} = \sum_{k \neq i} {}_{\{i\}} \overline{q}_{ik}^{(n-1)} (-q_{ki})$$

$$= -\sum_{k \neq i} {}_{\{i\}} \overline{q}_{ik}^{(n-1)} \, {}_{\{i\}} \overline{q}_{ki}^{(1)} = - {}_{\{i\}} \overline{q}_{ii}^{(n)}. \tag{5.1.19}$$

得证.

进一步, 推论 5.1.6 为

定理 5.1.4   如果状态 i 不属于任何一个环 (或属于含有 m 个状态的环), 那

么关于 i 的微分关系, 可以用禁忌速率解码为: 对 $n > 2$ (或 $2 < n < m$),

$$
\begin{aligned}
c_1 &= \pi_i \sum_{j \neq i} {}_{\{i\}}\overline{q}_{ij}^{(1)} = \sum_{j \neq i} \pi_i q_{ij}, \\
c_2 &= \pi_i {}_{\{i\}}\overline{q}_{ii}^{(2)} = \sum_{j \neq i} \pi_i q_{ij} q_{ji}, \\
c_3 &= \pi_i {}_{\{i\}}\overline{q}_{ii}^{(3)} = \sum_{j \neq i} \pi_i q_{ij} {}_{\{i\}}\overline{q}_{jj}^{(1)} q_{ji} = \sum_{j \neq i} \pi_i q_{ij} q_j q_{ji}, \\
c_4 &= \pi_i {}_{\{i\}}\overline{q}_{ii}^{(4)} = \sum_{j \neq i} \pi_i q_{ij} {}_{\{i\}}\overline{q}_{jj}^{(2)} q_{ji} = \sum_{j \neq i} \pi_i q_{ij} \left[\sum_{k \neq i} q_{jk} q_{kj} \right] q_{ji}, \\
c_n &= \pi_i {}_{\{i\}}\overline{q}_{ii}^{(n)} = \sum_{j \neq i} \pi_i q_{ij} {}_{\{i\}}\overline{q}_{jj}^{(n-2)} q_{ji}.
\end{aligned}
\tag{5.1.20}
$$

第一个方程右边就是所有流出 (或流入) 状态 i 的速率流. 为了记号简洁, 可去掉 c_n 右边的系数 $(-1)^n$, 只需让 $q_{kk} = q_k$ 保证 $c_n \geqslant 0$ 即可.

证明　根据推论 5.1.6 和 C-K 方程 (1.6.61), 对 $n \geqslant 2$ (或 $2 \leqslant n < m$), 有

$$
c_n = (-1)^n \pi_i {}_{\{i\}}\overline{q}_{ii}^{(n)} = (-1)^n \sum_{j \neq i} \pi_i q_{ij} {}_{\{i\}}\overline{q}_{jj}^{(n-2)} q_{ji}.
\tag{5.1.21}
$$

定理得证.

定理 5.1.4 所述的转移表达解码了 Q_{cc} 和 c_n 之间的信息, 使得大部分的转移都可由 c_n 求解出. 特别是, 通过 (5.1.20) 式中前 4 个可以看出, 单个状态 i 观测的 c_n 具有更加简洁明晰和可视化的表达形式. 因此, 禁忌速率刻画击中分布的微分性质也是最重要和最强有力的 $\mathcal{D}$-马尔可夫链统计计算工具.

亦由此可知, 为了求解过程简单和计算的精确性, 通常叶子状态观测是首选.

5.1.3　击中分布的矩性质

由击中分布的矩性质可得出击中分布与速率矩阵之间的另一类约束关系.

令 $e_n = \widetilde{\pi}_c \mathbf{1}/(n!) \sum_{i \in C} \gamma_i \alpha_i^{-(n+1)}$.

定理 5.1.5　基于观测 O 的如下矩关系成立.

$$
e_n = (-1)^n \mathbf{1}^\top \Pi Q_{cc}^{-n} \mathbf{1} = (-1)^n \sum_{i \in C} \pi_i \sum_{j \in C} (Q_{cc}^{-n})_{ij}, \quad n \geqslant 1.
\tag{5.1.22}
$$

这里, 击中分布的各阶矩 m_n 用等价的量 $e_n \equiv \widetilde{\pi}_c \mathbf{1}/(n!) m_n$ 替代 (仅相差一个已知常数倍).

最常用的就是 $n = 1$ 的情形, 它给出了其平均击中时

$$\sum_{i=1}^{N} \gamma_i / \alpha_i^2 = -\sum_{i \in C} \pi_i \sum_{j \in C} (Q_{cc}^{-1})_{ij}. \tag{5.1.23}$$

此外, 击中分布本身也给出了一个平凡的约束方程

$$\sum_{i=1}^{N} \frac{\gamma_i}{\alpha_i} = 1. \tag{5.1.24}$$

尽管该性质表达是简洁漂亮的, 蕴含了许多约束方程, 但二阶矩及以上的约束方程都是难利用的, 因此, 此类约束只在微分性质无法求解时才考虑利用.

与连续时间可逆马尔可夫链一样 (详见 2.1.4 节), 在必要时, 击中分布指数的对称函数性质 (即 Q_{cc} 的特征值性质) 同样可提供补充帮助, 此处不再赘述.

5.2 马尔可夫链的环流和环流分解

为了进一步的研究, 本节简要介绍马尔可夫链的环流和环流分解.

马尔可夫链的可逆性得到了许多学者的研究, 给出了若干可逆性准则, 参见文献 [70] 等. 20 世纪 70 年代末至 80 年代初, 钱敏平等一批学者研究了离散时间和连续时间马尔可夫链 (不) 可逆性与环流分解, 建立了马尔可夫链 (不) 可逆性的环流分解判别准则, 以及最近对马尔可夫链环流波动的研究[63,74,101,103–105,144].

先看下述例子:

例 5.2.1 设状态空间为 $S = \{1, 2, 3\}$, 速率矩阵为

$$Q = \begin{pmatrix} -1 & 1 & 0 \\ 0 & -1 & 1 \\ 1 & 0 & -1 \end{pmatrix},$$

相应的 Q-过程是 $P(t) = [p_{ij}(t)]_{S \times S}$:

$$p_{11}(t) = p_{22}(t) = p_{33}(t) = \frac{1}{3} + \frac{2}{3} e^{-3t/2} \cos(\sqrt{3}t/2),$$

$$p_{12}(t) = p_{23}(t) = p_{31}(t) = \frac{1}{3} + \frac{2}{3} e^{-3t/2} \cos\left(\frac{\sqrt{3}}{2}t - \frac{2\pi}{3}\right),$$

$$p_{13}(t) = p_{32}(t) = p_{21}(t) = \frac{1}{3} + \frac{2}{3} e^{-3t/2} \cos\left(\frac{\sqrt{3}}{2}t + \frac{2\pi}{3}\right),$$

其平稳分布是 $\pi_1 = \pi_2 = \pi_3 = \dfrac{1}{3}$.

对于每一个 t,

$$\pi_1 p_{12}(t) - \pi_2 p_{21}(t) = \pi_2 p_{23}(t) - \pi_3 p_{32}(t) = \pi_3 p_{31}(t) - \pi_1 p_{13}(t)$$

$$\equiv r(t) \equiv (2\sqrt{3}/9)e^{-3t/2}\sin(\sqrt{3}t/2).$$

当 $r(t) \neq 0$ 时, 也有环流, 环流量为 $r(t)$; 但 $r(t) = 0$ 时, 环流消失.

这表明, 不同的时刻, 环流分解可以不同. 然而, 研究表明: 在某些条件下, 环流分解是几乎稳定的.

由于

$$\pi_1 q_{12} - \pi_2 q_{21} = \pi_2 q_{23} - \pi_3 q_{32} = \pi_3 q_{31} - \pi_1 q_{13} = 1/3.$$

所以, $Q = (q_{ij})$ 有稳定的环流, 环流量为 $1/3$ (图 5.2.1).

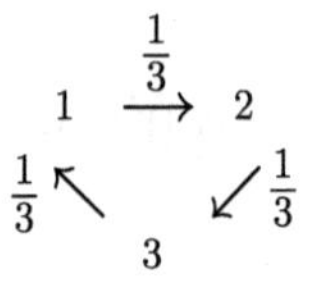

$$1 \xrightarrow{\frac{1}{3}} 2$$

$$\frac{1}{3} \nwarrow \quad \swarrow \frac{1}{3}$$

$$3$$

图 5.2.1　例 5.2.1 的稳定环流示意图

定义 5.2.1　矩阵 $R = (R_{ij})$ 称为一个**环流矩阵**, 如果

$$R_{ij} = \begin{cases} a, & (i,j) \in J_R, \\ 0, & (i,j) \notin J_R, \end{cases}$$

其中, $J_R \equiv (i_1, i_2, \cdots, i_n, i_1) \equiv \{(i_1, i_2), (i_2, i_3) \cdots, (i_{n-1}, i_n), (i_n, i_1)\}$ 称为环流 R 的路径 $(i_1, i_2, \cdots, i_n$ 彼此不同).

$S_R = \{i_1, i_2, \cdots, i_n\}$ 为环流阵 R 经过的状态集; $a > 0$, 称为 R 的**环流量**.

令

$$d_{ij} = \pi_i q_{ij} \wedge \pi_j q_{ji},$$

$$q_{ij}^{(d)} = \begin{cases} \dfrac{\pi_i q_{ij} \wedge \pi_j q_{ji}}{\pi_i}, & \pi_i > 0, \\ q_{ij}, & \pi_i = 0, \end{cases} \qquad (5.2.25)$$

$$q_{ii}^{(d)} = -\sum_{j \neq i} q_{ij}^{(d)}.$$

分别称 d_{ij} 和 $q_{ii}^{(d)}$ 为马尔可夫链的**速率流 (概率流) 的细致平衡部分**和**转移速率的细致平衡部分**.

在马尔可夫链的速率流中扣除细致平衡部分后, 余下的部分一定是若干 (最多可列个) 环流矩阵之和, 故有关于平稳马尔可夫链环流分解的下述论断[101,105].

引理 5.2.1 对于平稳马尔可夫链 $\{X_t, t \geqslant 0\}$, 若状态空间为 S, 速率矩阵为 $Q = (q_{ij})$, 平稳分布为 $\{\pi_i, i \in S\}$, 则以下分解成立.

$$\pi_i q_{ij} = \pi_i q_{ij}^{(d)} + \sum_k r_{ij}^{(k)}, \quad \forall i, j \in S, \tag{5.2.26}$$

其中, $R^{(k)} = (r_{ij}^{(k)})$ 是相应的环流矩阵 (其定义参见 [103,105]), $Q^{(d)} = (q_{ij}^{(d)})$ 是可逆的部分 (即微观可逆或细致平衡的部分), 使得 $\pi_i q_{ij}^{(d)} = \pi_j q_{ji}^{(d)}$.

所以, 称 $(\pi_i q_{ij} - d_{ij})$ 为马尔可夫链**速率流的环流部分**, 记为 $C = (c_{ii})$.

推论 5.2.1 $\{X_t, t \geqslant 0\}$ 是一个平稳马尔可夫链, 状态空间为 S, 马尔可夫链 $\{X_t, t \geqslant 0\}$ 是**可逆**的, 当且仅当 $\pi_i q_{ij} - \pi_i q_{ij}^{(d)} = \sum_k r_{ij}^{(k)} \equiv c_{ii} \equiv 0 \ (\forall i, j \in S)$.

推论 5.2.2 $\{X_t, t \geqslant 0\}$ 是一个平稳马尔可夫链, 状态空间为 S, 若平稳分布为 $\{\pi_i, i \in S\}$, 则以下条件等价.

(a) $\{X_t, t \geqslant 0\}$ 可逆.

(b) $\pi_i q_{ij} = \pi_j q_{ji} \ (\forall i, j \in S)$.

(c) 对任一可能的环 R, 有 $J_R = J_{R-}$ (J_{R-} 是 J_R 的反向环).

(d) $\sum\limits_R J_R \ln \dfrac{J_R}{J_{R-}} = 0$.

5.3 连续时间不可逆平稳有环链的统计计算

不失一般性, 仅以连续时间不可逆平稳马尔可夫链为例进行讨论. 正如可逆马尔可夫链的统计计算中所述, 所有树形马尔可夫链一定是可逆的, 故只需考虑不可逆平稳有环链的统计计算问题.

5.3.1 环形链的统计计算

设 $\{X_t, t \geqslant 0\}$ 是一个连续时间不可逆平稳环形马尔可夫链 (图 3.6.12), 其状态空间为 $S = \{1, \cdots, N\}$, 速率矩阵为 $Q = (q_{ij})_{iS \times S}$, $\{\pi_1, \cdots, \pi_N\}$ 是其平稳分布.

引理 5.3.1 环流是稳定的, 也就是说, 令 $R_i \equiv R_{i,i+1} \equiv \pi_i q_{i,i+1} - \pi_{i+1} q_{i+1,i}$ ($\forall i = 1, 2, \cdots, N-1$), 且 $R_N \equiv R_{N1} \equiv \pi_N q_{N1} - \pi_1 q_{1N}$, 则

$$R_i \equiv R_j, \quad \forall i, j = 1, 2, \cdots, N. \tag{5.3.27}$$

证明 由式 (2.1.1) 可知, 对 $\forall i = 2, 3, \cdots, N-1$,

$$(\pi_1, \pi_2, \cdots, \pi_N) Q_i = \pi_{i-1} q_{i-1,i} + \pi_i q_{i,i} + \pi_{i+1} q_{i+1,i}$$

$$= \pi_{i-1}q_{i-1,i} - \pi_i q_{i,i-1} - \pi_i q_{i,i+1} + \pi_{i+1}q_{i+1,i} = 0.$$

故 $R_{i-1} = R_i$. 这意味着 $R_1 = R_2 = \cdots = R_{N-1}$.

同理, 由 $(\pi_1, \pi_2, \cdots, \pi_N)Q_1 = 0$, 可得 $R_1 = R_N$.

定理得证.

5.3.1.1　最小环形链的统计计算

只有三个状态的环形链称为最小环形链, 可以非常全面地讨论其是否属于 $\mathcal{D}$-马尔可夫链及统计计算问题.

不妨设 $\{X_t, t \geqslant 0\}$ 是一个不可逆平稳的不可约马尔可夫链, 其状态空间为 $S = \{1, 2, 3\}$, 相应的速率矩阵为 $Q = (q_{ij})_{S \times S}$, 平稳分布为 $\widetilde{\pi} = (\pi_1, \pi_2, \pi_3)$.

根据两相邻状态观测时是否可对角化问题的讨论结果 (引理 5.1.2), 考虑到状态位置交换导致的等价性以及环流方向导致的相似性, 可将其分为如下几种情形.

情形一　$\forall i, j \in S$, $q_{ij} \neq 0$, 此即双向环形链, 如图 5.3.2(a), 则观测任意一个状态或两个状态时都是可对角化的, 从而可适用后面的双向环形链的统计计算 (5.3.1.3 节), 由任意两状态的观测可确认此链, 此处不再重复讨论细节.

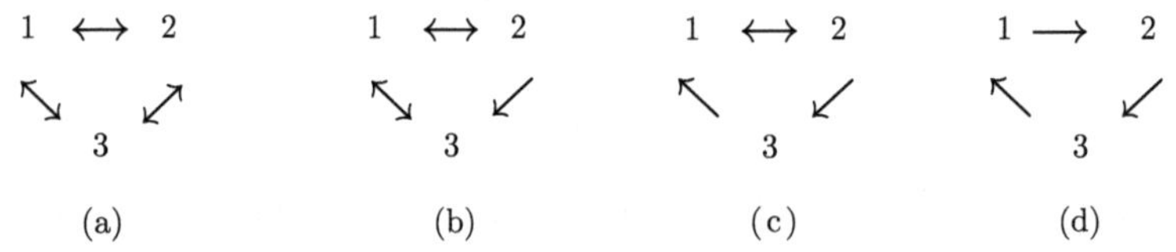

图 5.3.2　最小单向环形链示意图

情形二　$\forall i \neq j \in S$, 有且仅有一个 $q_{ij} = 0$. 不妨设为如图 5.3.2(b), 其速率矩阵为

$$\begin{pmatrix} -q_1 & q_{12} & q_{13} \\ q_{21} & -q_2 & q_{23} \\ q_{31} & 0 & -q_3 \end{pmatrix}. \tag{5.3.28}$$

观测状态 2 时, 则其 Q_{cc} 可对角化, 可根据其逗留时 PDF 求出 q_2, 并根据其击中时 PDF 可求出 π_2. 然后,

$$c_1^{(2)} = \pi_2 q_{21} + \pi_2 q_{23} = \pi_1 q_{12} + \pi_3 q_{32} = \pi_1 q_{12}, \tag{5.3.29}$$

$$c_2^{(2)} = \pi_2 q_{21} q_{12} + \pi_2 q_{23} q_{32} = \pi_2 q_{21} q_{12}, \tag{5.3.30}$$

$$c_3^{(2)} = \pi_2 q_{21} q_{12} q_1 - \pi_2 q_{23} q_{31} q_{12}. \tag{5.3.31}$$

观测状态 3 时, 则其 Q_{cc} 可对角化, 可根据其逗留时 PDF 求出 q_3, 并根据其击中时 PDF 可求出 π_3. 然后,

$$c_1^{(3)} = \pi_3 q_{31} + \pi_3 q_{32} = \pi_3 q_{31}, \tag{5.3.32}$$

$$c_2^{(3)} = \pi_3 q_{31} q_{13} + \pi_3 q_{32} q_{23} = \pi_3 q_{31} q_{13}, \tag{5.3.33}$$

$$c_3^{(3)} = \pi_3 q_{31} q_{13} q_3 - \pi_3 q_{31} q_{12} q_{23}. \tag{5.3.34}$$

假设环中的稳定环流为 R, 则可得

$$\pi_3 q_{31} - \pi_1 q_{13} = \pi_1 q_{12} - \pi_2 q_{21} = \pi_2 q_{23} = R. \tag{5.3.35}$$

观测状态 1 时, 若 $q_2 \neq q_3$, 则其 Q_{cc} 可对角化, 即观测任意两个状态, 均可按马尔可夫链反演法通常方法进行, 此时较情形一更简单; 若 $q_2 = q_3$, 则其 Q_{cc} 不可对角化, 故只能根据其逗留时 PDF 求出 q_1.

下面讨论在 $q_2 = q_3$ 情形下观测任意两相邻状态时的统计计算结论.

当观测的两相邻状态为 2 和 3 时, 此时已有 π_2, π_3 和 $q_2 = q_3 = q_{31}$, 且可求得 $\pi_1 = 1 - \pi_2 - \pi_3$, 于是由 (5.3.32)-(5.3.33) 式可求得

$$q_{13} = \frac{c_2^{(3)}}{c_1^{(3)}}.$$

进一步由 (5.3.29)-(5.3.30) 式可求得

$$q_{12} = \frac{c_1^{(2)}}{\pi_1}, \quad q_{21} = \frac{c_2^{(2)}}{\pi_2 q_{12}}, \quad q_{23} = q_2 - q_{21}.$$

至此, 已求出全部转移速率.

当观测的两相邻状态为 1 和 3 时, 此时已有 π_3 和 $q_1, q_3 = q_{31} = q_2$, 于是由 (5.3.32)-(5.3.33) 式可求得

$$q_{13} = \frac{c_2^{(3)}}{c_1^{(3)}}, \quad q_{12} = q_1 - q_{13}.$$

再由 (5.3.34) 式可求得

$$q_{23} = \frac{\pi_3 q_{31} q_{13} q_3 - c_3^{(3)}}{\pi_3 q_{31} q_{12}}, \quad q_{21} = q_2 - q_{23}.$$

至此, 已求出全部转移速率.

当观测的两相邻状态为 1 和 2 时, 此时已有 π_2 和 $q_1, q_2 = q_3 = q_{31}$, 但 R 未知, 由 (5.3.29) 式可求得 $\pi_2 q_{21} = c_1^{(2)} - R$. 再由 (5.3.30) 式可得

$$q_{12} = \frac{c_2^{(2)}}{\pi_2 q_{21}} = \frac{c_2^{(2)}}{c_1^{(2)} - R}. \tag{5.3.36}$$

进一步

$$c_3^{(2)} = c_2^{(2)} q_1 - R q_2 q_{12}. \tag{5.3.37}$$

将 (5.3.36) 式代入 (5.3.37) 式可求得

$$R = \frac{c_1^{(2)}(c_2^{(2)} q_1 - c_3^{(2)})}{c_2^{(2)} q_1 + c_2^{(2)} q_2 - c_3^{(2)}}.$$

即由 (5.3.36) 式求得了 q_{12}, 所以 $q_{13} = q_1 - q_{12}$ 且

$$q_{21} = \frac{c_2^{(2)}}{\pi_2 q_{12}}, \quad q_{23} = q_2 - q_{21}.$$

至此, 已求出全部转移速率.

综上所述, 该情形下均可通过两 (相邻) 状态的观测统计计算确认.

情形三　$\forall i \neq j \neq k \in S$, 有 $q_{ij} = q_{jk} = 0$. 不妨设为如图 5.3.2(c), 其速率矩阵为

$$\begin{pmatrix} -q_1 & q_{12} & 0 \\ q_{21} & -q_2 & q_{23} \\ q_{31} & 0 & -q_3 \end{pmatrix}. \tag{5.3.38}$$

观测状态 3 时, 则其 Q_{cc} 可对角化, 可根据其逗留时 PDF 求出 q_3, 并根据其击中时 PDF 可求出 π_3. 然后,

$$c_1^{(3)} = \pi_3 q_{31} + \pi_3 q_{32} = \pi_3 q_{31}, \tag{5.3.39}$$

$$c_2^{(3)} = \pi_3 q_{31} q_{13} + \pi_3 q_{32} q_{23} = 0, \tag{5.3.40}$$

$$c_3^{(3)} = \pi_3 q_{31} q_{12} q_{23}. \tag{5.3.41}$$

同样假设环中的稳定环流为 R, 则可得

$$\pi_3 q_{31} = \pi_1 q_{12} - \pi_2 q_{21} = \pi_2 q_{23} = R. \tag{5.3.42}$$

观测状态 1 时, 若 $q_2 = q_3$, 则其 Q_{cc} 不可对角化, 故只能根据其逗留时 PDF 求出 q_1; 若 $q_2 \neq q_3$, 则其 Q_{cc} 可对角化, 此时有

$$c_1^{(1)} = \pi_1 q_{12}, \tag{5.3.43}$$

$$c_2^{(1)} = \pi_1 q_{12} q_{21}, \tag{5.3.44}$$

$$c_3^{(1)} = \pi_1 q_{12} q_{21} q_2 - \pi_1 q_{12} q_{23} q_{31}. \tag{5.3.45}$$

观测状态 2 时, 若 $q_1 = q_3$, 则其 Q_{cc} 不可对角化, 故只能根据其逗留时 PDF 求出 q_2; 若 $q_1 \neq q_3$, 则其 Q_{cc} 可对角化, 此时有

$$c_1^{(2)} = \pi_2 q_{21} + \pi_2 q_{23} = \pi_1 q_{12}, \tag{5.3.46}$$

$$c_2^{(2)} = \pi_2 q_{21} q_{12}, \tag{5.3.47}$$

$$c_3^{(2)} = \pi_2 q_{21} q_{12} q_1 - \pi_2 q_{23} q_{31} q_{12}. \tag{5.3.48}$$

(1) 若 $q_1 = q_2 = q_3$, 即 $q_1 = q_2 = q_3 = q_{31} = q_{12}$, 则观测状态 1 或 2 时, 其 Q_{cc} 不可对角化.

当观测的两相邻状态为 1 和 2 时, 此时已有 $q_1 = q_2 = q_3 = q_{31} = q_{12}$, 需要确认 q_{21} 和 q_{23}. 状态集 $\{1, 2\}$ 的逗留时相当于状态 3 的击中时, 于是由 (5.3.39)—(5.3.41) 式成立. 故由 (5.3.39) 式可求得

$$\pi_3 = \frac{c_1^{(3)}}{q_{31}}.$$

再由 (5.3.41) 式可求得

$$q_{23} = \frac{c_3^{(3)}}{\pi_3 q_{31} q_{12}}, \quad q_{21} = q_2 - q_{23}.$$

至此, 已求出全部转移速率.

当观测的两相邻状态为 1 和 3 时, 此时已有 π_3 和 $q_1 = q_2 = q_3 = q_{31} = q_{12}$, 需要确认 q_{21} 和 q_{23}. 直接由 (5.3.41) 式可求得

$$q_{23} = \frac{c_3^{(3)}}{\pi_3 q_{31} q_{12}}, \quad q_{21} = q_2 - q_{23}.$$

至此, 已求出全部转移速率.

当观测的两相邻状态为 2 和 3 时, 同观测两相邻状态为 1 和 3 的情形.

(2) 若 $q_2 = q_3 \neq q_1$, 即 $q_2 = q_3 = q_{31}$, 则仅观测状态 1 时其 Q_{cc} 不可对角化.

当观测的两相邻状态为 1 和 2 时, 此时已有 $q_1 = q_{12}, \pi_2, q_2 = q_3 = q_{31}$, 需要确认 q_{21} 和 q_{23}. 求解过程同 (2) 中观测两相邻状态为 1 和 2 的情形.

当观测的两相邻状态为 1 和 3 时, 此时已有 π_3 和 $q_1 = q_{12}, q_2 = q_3 = q_{31}$, 需要确认 q_{21} 和 q_{23}. 求解过程同 (2) 中观测两相邻状态为 1 和 3 的情形.

当观测的两相邻状态为 2 和 3 时, 此时已有 π_2, π_3 和 $q_2 = q_3 = q_{31}$, 需要确认 q_{21}, q_{23} 和 q_{12}. 首先, $\pi_1 = 1 - \pi_2 - \pi_3$. 然后由 (5.3.46)-(5.3.47) 式可求得

$$q_{12} = \frac{c_1^{(2)}}{\pi_1}, \quad q_{21} = \frac{c_2^{(2)}}{\pi_2 q_{12}}, \quad q_{23} = q_2 - q_{21}.$$

至此, 已求出全部转移速率.

(3) 若 $q_1 = q_3 \neq q_2$, 相当于交换状态 1 和 2 的位置, 与 (2) 情形等价.

情形四　$\forall i \neq j \neq k \in S$, 有 $q_{ij} = q_{jk} = q_{ki} = 0$. 不妨设为如图 5.3.2(d), 其速率矩阵为

$$\begin{pmatrix} -q_1 & q_{12} & 0 \\ 0 & -q_2 & q_{23} \\ q_{31} & 0 & -q_3 \end{pmatrix}. \tag{5.3.49}$$

此即三个状态的单向环形链, 显然可通过任意两个状态的观测统计计算确认, 详见 5.3.1.2 节关于单向环形链的统计计算.

5.3.1.2　单向环形链的统计计算

先考虑一类极其特殊的环形链: 单向环形链, 即环中各状态只能按一个方向 (顺时针或逆时针) 转移形成单向环, 如图 5.3.3, 其速率矩阵为

$$Q = \begin{pmatrix} -\lambda_1 & \lambda_1 & 0 & 0 & \cdots & 0 \\ 0 & -\lambda_2 & \lambda_2 & 0 & \cdots & 0 \\ 0 & 0 & -\lambda_3 & \lambda_3 & \cdots & 0 \\ \vdots & \vdots & \vdots & \vdots & \ddots & \vdots \\ \lambda_N & 0 & 0 & 0 & \cdots & -\lambda_N \end{pmatrix} \tag{5.3.50}$$

或

$$Q = \begin{pmatrix} -\mu_1 & 0 & 0 & 0 & \cdots & \mu_1 \\ \mu_2 & -\mu_2 & 0 & 0 & \cdots & 0 \\ 0 & \mu_3 & -\mu_3 & 0 & \cdots & 0 \\ \vdots & \vdots & \vdots & \vdots & \ddots & \vdots \\ 0 & 0 & 0 & \mu_N & \cdots & -\mu_N \end{pmatrix}. \tag{5.3.51}$$

图 5.3.3 单向环形马尔可夫链示意图 (左: 顺时针转移; 右: 逆时针转移)

不失一般性, 以顺时针方向转移为例进行讨论, 即速率矩阵满足 (5.3.50) 式. 下面将证明它是不能通过任意两相邻状态的观测来统计确认的.

情形一 若 $\lambda_1, \cdots, \lambda_N$ 中有不少于 3 个是取值相同的 (例如 $\lambda_i = \lambda_j = \lambda_k$) 或至少有两组是取值相同的 (例如 $\lambda_i = \lambda_j$ 且 $\lambda_k = \lambda_t$), 但不全相等. 当观测任意一个状态 m 时, 其 Q_{cc} 的特征值为 $-\lambda_1, \cdots, -\lambda_{m-1}, -\lambda_{m+1}, \cdots, -\lambda_N$, 显然至少有 2 重特征值 (例如 $-\lambda_i = -\lambda_j$), 由引理 5.1.1 易证 Q_{cc} 不可相似对角化, 因而该马尔可夫链不是 $\mathcal{D}$-马尔可夫链, 这意味着通过任意状态 m 的观测都只能求出 λ_m(由其逗留时 PDF 得到), 故不能通过两相邻状态的观测来统计确认.

特别: 若 $\lambda_1 = \lambda_2 = \cdots = \lambda_N$, 则可通过单个状态的逗留时 PDF 求得.

情形二 若 $\lambda_1, \cdots, \lambda_N$ 中有且仅有 2 个是取值相同的 (例如 $\lambda_i = \lambda_j$). 当观测任意一个状态 m 时, 若 $m \neq i$ 或 $m \neq j$, 则 Q_{cc} 不可相似对角化, 因而该马尔可夫链不是 $\mathcal{D}$-马尔可夫链, 这意味着通过任意状态 m 的观测都只能求出 λ_m, 故不能通过两相邻状态的观测来统计确认; 若观测状态 i 和 j, 即使二者是两相邻状态, 也不能通过两相邻状态的观测来统计确认, 参见下面更一般的情形三.

情形三 若 $\lambda_1, \cdots, \lambda_N$ 全不相同, 则 Q_{cc} 可相似对角化, 因而该马尔可夫链是 $\mathcal{D}$-马尔可夫链. 但一般仍不能通过两相邻状态的观测来统计确认, 除非状态数不超过 4 或所有单向转移速率都是相同的.

此时, 假设观测状态 m 和 $m+1$, 可得如下引理.

引理 5.3.2 下列各式成立, 对 $1 \leqslant i = m, m+1 \leqslant N$,

$$c_0^{(i)} = \frac{1}{E\sigma^{(i)}} = q_i = q_{i,i+1} = \lambda_i, \tag{5.3.52}$$

$$c_1^{(i)} = \pi_i q_i = \pi_i q_{i,i+1} = \pi_i \lambda_i, \tag{5.3.53}$$

$$c_n^{(i)} = 0, \quad 1 < n < N, \tag{5.3.54}$$

$$c_N^{(i)} = \pi_i q_{i,i+1} q_{i+1,i+2} \cdots q_{N1} q_{12} \cdots q_{i-1,i}$$
$$= \pi_i \lambda_1 \lambda_2 \cdots \lambda_N. \tag{5.3.55}$$

引理 5.3.3 由 $O = \{m, m+1\}$ $(1 \leqslant m, m+1 \leqslant N)$ 的逗留时 PDF 可得

$$c_1^{(m,m+1)} = \pi_{m-1} q_{m-1,m} = \pi_{m-1} \lambda_{m-1}, \tag{5.3.56}$$

$$c_2^{(m,m+1)} = 0, \tag{5.3.57}$$

$$c_3^{(m,m+1)} = \pi_{m-1}q_{m-1,m}q_{m,m+1}q_{m+1,m+2} = \pi_{m-1}\lambda_{m-1}\lambda_m\lambda_{m+1}. \tag{5.3.58}$$

由于引理 5.3.2 和引理 5.3.3 各式中提供的转移信息非常有限, 因而一般无法据此求出全部的转移速率.

特别, 考虑状态数为 4 的情形, 即 $N = 4$, 不妨观测状态 1 和 2. 由引理 5.3.2 可求出

$$q_{12} = \lambda_1 = c_0^{(1)}, \quad \pi_1 = \frac{c_1^{(1)}}{\lambda_1} = \frac{c_1^{(1)}}{c_0^{(1)}}, \tag{5.3.59}$$

$$q_{23} = \lambda_2 = c_0^{(2)}, \quad \pi_2 = \frac{c_1^{(2)}}{\lambda_2} = \frac{c_1^{(2)}}{c_0^{(2)}}, \tag{5.3.60}$$

以及

$$\lambda_3\lambda_4 = \frac{c_4^{(1)}}{\pi_1\lambda_1\lambda_2} = \frac{c_4^{(1)}}{c_1^{(1)}c_0^{(2)}}. \tag{5.3.61}$$

另假设环流为 R, 则 $R = \pi_1\lambda_1 = \pi_2\lambda_2 = \pi_3\lambda_3 = \pi_4\lambda_4 = c_1^{(1)} = c_1^{(2)}$, 故

$$\pi_3 = \frac{R}{\lambda_3} = \frac{c_1^{(1)}}{\lambda_3}, \quad \pi_4 = \frac{R}{\lambda_4} = \frac{c_1^{(1)}}{\lambda_4}, \tag{5.3.62}$$

进而由 $\pi_3 + \pi_4 = 1 - \pi_1 - \pi_2$ 可得

$$\pi_3 + \pi_4 = \frac{c_1^{(1)}}{\lambda_3} + \frac{c_1^{(1)}}{\lambda_4} = 1 - \frac{c_1^{(1)}}{c_0^{(1)}} - \frac{c_1^{(2)}}{c_0^{(2)}}. \tag{5.3.63}$$

由式 (5.3.61) 和 (5.3.63) 可分别求得 λ_3, λ_4, 即求得了 $N = 4$ 时的全部转移速率.

综上所述, 对于单向环形链, 一般无法通过任意两状态的观测统计进行确认, 除非状态数不超过 4 或所有单向转移速率都是相同的.

命题 5.3.1　对于单向环形马尔可夫链, 无法通过两个相邻状态的观测统计确认其生成元, 除非状态数不超过 4 或所有单向转移速率都是相同的.

5.3.1.3　双向环形链的统计计算

对于一般的环形链, 要判断其是否属于 $\mathcal{D}$-马尔可夫链是极其复杂的, 暂属于开问题. 然而, 其中一类是有必要且有可能研究清楚的, 即双向环形链 (图 5.3.4), 也就是说, 对于其中任意的两状态 i 和 j, 如果 $q_{ij} > 0$, 则 $q_{ji} > 0$. 此时, 其速率矩阵仍满足 (3.6.125) 式, 只是不满足可逆性条件 (3.6.126) 式.

$$1 \longleftrightarrow 2 \longleftrightarrow 3$$
$$\updownarrow \qquad\qquad \updownarrow$$
$$N \longleftrightarrow \cdots \longleftrightarrow 4$$

图 5.3.4　双向环形马尔可夫链示意图

命题 5.3.2　不可逆平稳双向环形链一定是 $\mathcal{D}$-马尔可夫链.

证明　设 $\{X_t, t \geqslant 0\}$ 是一个不可逆平稳双向环形马尔可夫链, 如图 5.3.4 所示, 其状态空间为 $S = \{1, \cdots, N\}$, 平稳分布为 $\{\pi_i, i \in S\}$, 速率矩阵为

$$Q =$$

$$\begin{pmatrix}
-(q_{12}+q_{1N}) & q_{12} & 0 & 0 & \cdots & q_{1N} \\
q_{21} & -(q_{21}+q_{23}) & q_{23} & 0 & \cdots & 0 \\
0 & q_{32} & -(q_{32}+q_{34}) & q_{34} & \cdots & 0 \\
\vdots & \vdots & \vdots & \vdots & \ddots & \vdots \\
q_{N1} & 0 & 0 & q_{N,N-1} & \cdots & -(q_{N1}+q_{N,N-1})
\end{pmatrix}.$$

$$(5.3.64)$$

不妨设环流为 R, 则

$$R = \pi_1 q_{12} - \pi_2 q_{21} = \cdots = \pi_{N-1}q_{N-1,N} - \pi_N q_{N,N-1} = \pi_N q_{N1} - \pi_1 q_{1N}.$$

不失一般性, 观测状态 1. 此时, $O = \{1\}$, $C = \{2, 3, \cdots, N\}$, 其不观测状态分块矩阵

$$Q_{cc} = \begin{pmatrix}
-(q_{21}+q_{23}) & q_{23} & 0 & \cdots & 0 \\
q_{32} & -(q_{32}+q_{34}) & q_{34} & \cdots & 0 \\
\vdots & \vdots & \vdots & \ddots & \vdots \\
0 & 0 & q_{NN-1} & \cdots & -(q_{N1}+q_{NN-1})
\end{pmatrix}.$$

$$(5.3.65)$$

下面证明 Q_{cc} 可对角化.

类似于可逆环形链情形, 考虑将该双向环形链在状态 1 和 N 之间剪断, 即状态 1 和 N 之间不再直接可达, 相应地变成一个生灭链, 记其速率矩阵为 $\tilde{Q} = (\tilde{q}_{ij})$, 其中

$$\tilde{q}_{1N} = \tilde{q}_{N1} = 0,$$
$$\tilde{q}_{11} = -q_{12},$$

$$\tilde{q}_{NN} = -q_{NN-1}.$$

由 $\tilde{Q}$ 生成的生灭链被称为**由双向环形链 Q 衍生的生灭链**, 并设其平稳分布为 $\{\tilde{\pi}_i, i \in S\}$, 满足 $\tilde{\pi}_i q_{ij} = \tilde{\pi}_j q_{ji}$ $(\forall i, j \in S)$. 与可逆环形链不同的是: **双向环形链与其衍生的生灭链不再具有相同的平稳分布**, 即 $\tilde{\pi}_i \neq \pi_i$ $(\forall i \in S)$.

当观测以 $\tilde{Q}$ 为生成元的 (衍生的) 生灭链中相同状态 1 时, 相应的 $\tilde{Q}_{cc}$ 也是 (5.3.65) 式, 即 (5.3.65) 式可看作是 (衍生的) 生灭链中观测相同状态 1 得到的不观测状态分块矩阵 $\tilde{Q}_{cc}$. 而生灭链一定是可逆的, 观测其中任意一个状态 (集) 时, 其不观测状态分块矩阵一定可对角化. 因此, 上述不观测状态分块矩阵 Q_{cc} 一定可对角化.

综上所述, 观测不可逆平稳双向环形链中任意一个状态时, 对应的 Q_{cc} 一定可对角化, 从而证明了不可逆平稳双向环形链一定是 $\mathcal{D}$-马尔可夫链.

于是可得关于击中时微分性质的如下论断.

推论 5.3.1　如果单个状态 i 在一个 N $(N > 3)$ 个状态的环中, 且其环流为 R, 那么通过其微分性质可解码如下 $(3 \leqslant n < N)$.

$$c_1^{(i)} = \pi_i q_i = \pi_i q_{i,i-1} + \pi_i q_{i,i+1} = \pi_{i+1} q_{i+1,i} + \pi_{i-1} q_{i-1,i},$$

$$c_2^{(i)} = \pi_{i+1} q_{i+1,i}^2 + q_{i+1,i} R + \pi_{i-1} q_{i-1,i}^2 - q_{i-1,i} R$$

$$= (\pi_{i+1} q_{i+1,i} + R) q_{i+1,i} + (\pi_{i-1} q_{i-1,i} - R) q_{i-1,i},$$

$$c_3^{(i)} = \pi_{i+1} q_{i+1,i}^2 q_{i+1} + q_{i+1} q_{i+1,i} R + \pi_{i-1} q_{i-1,i}^2 q_{i-1} - q_{i-1} q_{i-1,i} R,$$

$$= (\pi_{i+1} q_{i+1,i} + R) q_{i+1,i} q_{i+1} + (\pi_{i-1} q_{i-1,i} - R) q_{i-1,i} \mathbf{q_{i-1}}, \qquad (5.3.66)$$

$$c_4^{(i)} = (\pi_{i+1} q_{i+1,i} + R) q_{i+1,i} (q_{i+1}^2 + q_{i+1,i+2} q_{i+2,i+1})$$

$$+ (\pi_{i-1} q_{i-1,i} - R)(q_{i-1}^2 q_{i-1,i} + q_{i-1,i-2} \mathbf{q_{i-2,i-1}}),$$

$$c_n^{(i)} = (\pi_{i+1} q_{i+1,i} + R) \,_{\{i\}} \overline{q}_{i+1,i+1}^{(n-2)} q_{i+1,i}$$

$$+ (\pi_{i-1} q_{i-1,i} - R) \,_{\{i\}} \overline{q}_{i-1,i-1}^{(n-2)} q_{i-1,i}.$$

显然, 可逆环形链的情形正是 $R = 0$ 的特例.

再进一步可得如下引理.

引理 5.3.4　下列各式成立, 对 $1 \leqslant i \leqslant N$, $2 \leqslant s \leqslant \left[\dfrac{N-1}{2}\right]$.

$$c_0^{(i)} = \frac{1}{E\sigma^{(i)}} = q_i = q_{i,i+1} + q_{i,i-1}, \qquad (5.3.67)$$

$$c_1^{(i)} = \pi_i q_i = \pi_i q_{i,i-1} + \pi_i q_{i,i+1} = \pi_{i-1} q_{i-1,i} + \pi_{i+1} q_{i+1,i}, \qquad (5.3.68)$$

$$c_2^{(i)} = (\pi_{i-1}q_{i-1,i} - R)q_{i-1,i} + (\pi_{i+1}q_{i+1,i} + R)q_{i+1,i}, \tag{5.3.69}$$

$$c_3^{(i)} = (\pi_{i-1}q_{i-1,i} - R)q_{i-1,i}\,\mathbf{q_{i-1}} + (\pi_{i+1}q_{i+1,i} + R)q_{i+1,i}\,\mathbf{q_{i+1}}, \tag{5.3.70}$$

$$c_4^{(i)} = (\pi_{i-1}q_{i-1,i} - R)q_{i-1,i}(q_{i-1}^2 + q_{i-1,i-2}\,\mathbf{q_{i-2,i-1}})$$
$$+ (\pi_{i+1}q_{i+1,i} + R)q_{i+1,i}(q_{i+1}^2 + q_{i+1,i+2}\,\mathbf{q_{i+2,i+1}}), \tag{5.3.71}$$

$$c_{2s+1}^{(i)} = (\pi_{i-1}q_{i-1,i} - R)q_{i-1,i}\left[\left(\mathbf{q_{i-s}} + 2\sum_{k=1}^{s-1} q_{i-k}\right)\overline{q}(i-1, i-2, \cdots, i-s)\right.$$

$$\left. +_{\{i\}}\overline{q}_{i-1,i-1}^{(2s-1)}(i-1 \leftrightarrow i-2 \leftrightarrow \cdots \leftrightarrow i-s+1)\right]$$

$$+ (\pi_{i+1}q_{i+1,i} + R)q_{i+1,i}\left[\left(\mathbf{q_{i+s}} + 2\sum_{k=1}^{s-1} q_{i+k}\right)\overline{q}(i+1, i+2, \cdots, i+s)\right.$$

$$\left. +_{\{i\}}\overline{q}_{i+1,i+1}^{(2s-1)}(i+1 \leftrightarrow i+2 \leftrightarrow \cdots \leftrightarrow i+s-1)\right], \tag{5.3.72}$$

$$c_{2s+2}^{(i)} = (\pi_{i-1}q_{i-1,i} - R)q_{i-1,i}[q_{i-s,i-s-1}\mathbf{q_{i-s-1,i-s}}\,\overline{q}(i-1, i-2, \cdots, i-s)$$

$$+_{\{i\}}\overline{q}_{i-1,i-1}^{(2s)}(i-1 \leftrightarrow i-2 \leftrightarrow \cdots \leftrightarrow i-s)]$$

$$+ (\pi_{i+1}q_{i+1,i} + R)q_{i+1,i}[q_{i+s,i+s+1}\mathbf{q_{i+s+1,i+s}}\,\overline{q}(i+1, i+2, \cdots, i+s)$$

$$+_{\{i\}}\overline{q}_{i+1,i+1}^{(2s)}(i+1 \leftrightarrow i+2 \leftrightarrow \cdots \leftrightarrow i+s)]. \tag{5.3.73}$$

与可逆环形链的引理 3.6.3 中各式相比, 只是多了个常数 R. 当然, 其他未明确体现的有关计算中也会有差别, 即原来利用可逆性计算的量需要改为利用环流 $(\pi_i q_{ij} - \pi_j q_{ji} = R)$ 来计算, 更为关键的是先求出 R.

不失一般性, 假设观测状态 m 和 $m+1$.

引理 5.3.5　由 $O = \{m, m+1\}$ $(1 \leqslant m, m+1 \leqslant N)$ 的逗留时可得

$$c_1^{(m,m+1)} = \pi_m q_{m,m-1} + \pi_{m+1}q_{m+1,m+2}, \tag{5.3.74}$$

$$c_2^{(m,m+1)} = (\pi_m q_{m,m-1} + R)q_{m,m-1}$$

$$+ (\pi_{m+1}q_{m+1,m+2} - R)q_{m+1,m+2}. \tag{5.3.75}$$

下面给出不可逆环形链最关键的预备结果.

定理 5.3.1　环流 R 可由任意两相邻状态的观测统计计算确认. 具体地说, 若观测 m 和 $m+1$, 则环流 R 和 $\pi_m, \pi_{m+1}, q_{m+1,m+2}, q_{m,m-1}, q_{m,m+1}, q_{m+1,m}$ 均能够表示成 $c_s^{(m)}, c_s^{(m+1)}$ $(s=0,1)$ 和 $c_t^{(m,m+1)}$ $(t=1,2)$ 的实函数.

证明　首先, 分别对 $i = m$ 和 $i = m + 1$ 运用式 (5.3.67), 可得

$$q_m = c_0^{(m)} = \frac{1}{E\sigma^{(m)}}, \quad q_{m+1} = c_0^{(m+1)} = \frac{1}{E\sigma^{(m+1)}},$$

$$\pi_m = \frac{c_1^{(m)}}{q_m} = \frac{c_1^{(m)}}{c_0^{(m)}}, \quad \pi_{m+1} = \frac{c_1^{(m+1)}}{q_{m+1}} = \frac{c_1^{(m+1)}}{c_0^{(m+1)}}. \tag{5.3.76}$$

其次, 由引理 5.3.4 和引理 5.3.5 可知

$$
\begin{aligned}
c_1^{(m)} &= \pi_{m+1}q_{m+1,m} + \pi_{m-1}q_{m-1,m} \\
&= \pi_{m+1}q_{m+1,m} + \pi_m q_{m,m-1} + R,
\end{aligned}
\tag{5.3.77}
$$

$$
\begin{aligned}
c_1^{(m,m+1)} &= \pi_m q_{m,m-1} + \pi_{m+1}q_{m+1,m+2} \\
&= \pi_m q_{m,m-1} + \pi_{m+1}q_{m+1} - \pi_{m+1}q_{m+1,m},
\end{aligned}
\tag{5.3.78}
$$

然后,

$$c_1^{(m,m+1)} + c_1^{(m)} - c_1^{(m+1)} = 2\pi_m q_{m,m-1} + R. \tag{5.3.79}$$

令

$$\lambda \equiv c_1^{(m,m+1)} + c_1^{(m)} - c_1^{(m+1)}, \tag{5.3.80}$$

$$\mu \equiv \lambda - 2c_1^{(m,m+1)} \equiv c_1^{(m)} - c_1^{(m+1)} - c_1^{(m,m+1)}. \tag{5.3.81}$$

于是

$$2\pi_m q_{m,m-1} = \lambda - R. \tag{5.3.82}$$

若将 (5.3.82) 式代入 (5.3.74) 式, 可得

$$R = \lambda - 2c_1^{(m,m+1)} + 2\pi_{m+1}q_{m+1,m+2}. \tag{5.3.83}$$

再进一步将式 (5.3.82) 和式 (5.3.83) 代入 (5.3.75) 式, 可得

$$
\begin{aligned}
&4\pi_m c_2^{(m,m+1)} \\
&= (2\pi_m q_{m,m-1} + 2R)2\pi_m q_{m,m-1} + 4\pi_m(\pi_{m+1}q_{m+1,m+2} - R)q_{m+1,m+2} \\
&= (\lambda + R)(\lambda - R) - 4\pi_m q_{m+1,m+2}R + 4\pi_m\pi_{m+1}q_{m+1,m+2}^2 \\
&= \lambda^2 - 4\pi_{m+1}^2 q_{m+1,m+2}^2 - 4\mu\pi_{m+1}q_{m+1,m+2} - \mu^2 \\
&\quad - 4\pi_m\pi_{m+1}q_{m+1,m+2}^2 - 4\mu\pi_m q_{m+1,m+2}.
\end{aligned}
\tag{5.3.84}
$$

故可知, $q_{m+1,m+2}$ 是以下方程的实根

$$0 = -4\pi_{m+1}(\pi_m + \pi_{m+1})q_{m+1,m+2}^2 + 4\mu(\pi_m + \pi_{m+1})q_{m+1,m+2}$$

$$+ \mu^2 - \lambda^2 + 4\pi_m c_2^{(m,m+1)}, \tag{5.3.85}$$

即 $q_{m+1,m+2}$ 可表示成 $c_s^{(m)}, c_s^{(m+1)}(s = 0, 1)$ 和 $c_t^{(m,m+1)}(t = 1, 2)$ 的实函数.

最后, 回到式 (5.3.83), 可得

$$R = 2\pi_{m+1}q_{m+1,m+2} + \lambda - 2c_1^{(m,m+1)} = 2\pi_{m+1}q_{m+1,m+2} + \mu. \tag{5.3.86}$$

表明 R 可表示成 $c_s^{(m)}, c_s^{(m+1)}(s = 0, 1)$ 和 $c_t^{(m,m+1)}(t = 1, 2)$ 的实函数.

进而, 由式 (5.3.74) 和 (5.3.77) 可得

$$
\begin{aligned}
q_{m,m-1} &= \frac{c_1^{(m,m+1)} - \pi_{m+1}q_{m+1,m+2}}{\pi_m}, \\
q_{m,m+1} &= q_m - q_{m,m-1}, \\
q_{m+1,m} &= q_{m+1} - q_{m+1,m+2}.
\end{aligned}
\tag{5.3.87}
$$

定理得证.

定理 5.3.1 的证明给出了计算 R 和 $\pi_m, \pi_{m+1}, q_{m+1,m+2}, q_{m,m-1}, q_{m,m+1},$ $q_{m+1,m}$ 的算法.

注意: 在计算过程中, 只有形如 (5.3.88) 式的方程组是非线性的, 例如, 方程组 (5.3.74)-(5.3.75), 但它一定有实根.

说明 5.3.1 对于以下非线性方程组

$$
\begin{cases}
a = x * y, \\
b = (x * y \pm R) * y.
\end{cases}
\tag{5.3.88}
$$

不难证明它有如下实根

$$
\begin{cases}
x = \dfrac{a(a \pm R)}{b}, \\
y = \dfrac{b}{a \pm R}.
\end{cases}
\tag{5.3.89}
$$

最后, 给出环形链的主要结果.

定理 5.3.2 对于双向环形 $\mathcal{D}$-马尔可夫链, 若初始分布是其平稳分布, 则**两个相邻状态**的观测是确认其生成元的充分必要条件.

证明　不失一般性, 观测两相邻状态 m 和 $m+1$ $(1 \leqslant m, m+1 \leqslant N)$.

首先, 计算环流并打开环. 根据定理 5.3.1, 环流 R 和 $\pi_m, \pi_{m+1}, q_{m+1,m+2}$, $q_{m,m-1}, q_{m,m+1}, q_{m+1,m}$ 可表示成 $c_s^{(m)}, c_s^{(m+1)}$ $(s=0,1)$ 和 $c_t^{(m,m+1)}$ $(t=1,2)$ 的实函数.

其次, 当 $i=m$ 和 $i=m+1$ 时, $\pi_{m-1}, q_{m-1,m}$ 和 $\pi_{m+2}, q_{m+2,m+1}$ 分别是方程组 (5.3.68)-(5.3.69) 的实根. 再分别对 $i=m, m+1$ 运用式 (5.3.70), 可得

$$q_{m-1} = \frac{c_3^{(m)} - \pi_{m+1} q_{m+1,m}^2 q_{m+1}}{\pi_{m-1} q_{m-1,m}^2}, \quad q_{m+2} = \frac{c_3^{(m+1)} - \pi_m q_{m,m+1}^2 q_m}{\pi_{m+2} q_{m+2,m+1}^2}, \tag{5.3.90}$$

$$q_{m-1,m-2} = q_{m-1} - q_{m-1,m}, \quad q_{m+2,m+3} = q_{m+2} - q_{m+2,m+1}.$$

进一步, 分别对 $i=m, m+1$ 运用式 (5.3.71), 可知

$$q_{m-2,m-1} = \frac{c_4^{(m)} - \pi_{m+1} q_{m+1,m}^2 (q_{m+1}^2 + q_{m+1,m+2} q_{m+2,m+1}) - \pi_{m-1} q_{m-1,m}^2 q_{m-1}^2}{\pi_{m-1} q_{m-1,m}^2 q_{m-1,m-2}},$$

$$q_{m+3,m+2} = \frac{c_4^{(m+1)} - \pi_m q_{m,m+1}^2 (q_m^2 + q_{m,m-1} q_{m-1,m}) - \pi_{m+2} q_{m+2,m+1}^2 q_{m+2}^2}{\pi_{m+2} q_{m+2,m+1}^2 q_{m+2,m+3}},$$

$$\pi_{m-2} = \frac{\pi_{m-1} q_{m-1,m-2} - R}{q_{m-2,m-1}}, \quad \pi_{m+3} = \frac{\pi_{m+2} q_{m+2,m+3} + R}{q_{m+3,m+2}}. \tag{5.3.91}$$

这意味着当 $i=m$ (或 $i=m+1$) 时, 根据式 (5.3.72) 可以沿逆时针方向 (或沿顺时针方向) 移动得到 q_{m-s} 和 $q_{m-s,m-s-1} = q_{m-s} - q_{m-s,m-s+1}$ (或 q_{m+s+1} 和 $q_{m+s+1,m+s+2} = q_{m+s+1} - q_{m+s+1,m+s}$), 于是, 当 $i=m$ (或 $i=m+1$) 时, 也可以根据式 (5.3.73) 沿逆时针方向 (或沿顺时针方向) 移动得到 $q_{m-s-1,m-s}$ (或 $q_{m+s+2,m+s+1}$). 事实上, 从状态 m (或 $i=m+1$) 出发沿逆时针方向 (或沿顺时针方向) 走 n 步的可能转移速率是 $c_s^{(m)}, c_s^{(m+1)}$ $(s \leqslant 2n+1)$ 和 $c_t^{(m,m+1)}$ $(t=1,2)$ 的实函数.

最后, 可用数学归纳法来证明该推论, 这里省略繁琐的证明细节.

说明 5.3.2　定理 5.3.2 证明的主要过程与可逆环形链是一致的, 故相应的算法也相似于 3.6 节可逆环形链的算法 6.1.15, 主要差别是需要先根据式 (5.3.85)-(5.3.86) 计算得出环流 R, 以及类似于 (5.3.91) 式最后一行两个算式中多出的 $\pm R$.

5.3.2　双环链的统计计算

对于含有两个环及以上有环链, 目前无法确定它在什么条件下是 $\mathcal{D}$-马尔可夫链, 该问题极其复杂. 即使是双向连接的双环链, 也不能保证是 $\mathcal{D}$-马尔可夫链. 但对于双向连接的有环链, 考虑到许多情形属于 $\mathcal{D}$-马尔可夫链, 或者说许多情形下

相对容易在每个子环中找到两个相邻状态使得对其观测正常进行 (即相应的不观测状态分块矩阵 Q_{cc} 可对角化), 因此有必要对其进行研究, 故本小节所说的不可逆平稳马尔可夫链均是指 $\mathcal{D}$-马尔可夫链.

不失一般性, 通过有两个环的 $\mathcal{D}$-马尔可夫链的研究来展示有多个环的 $\mathcal{D}$-马尔可夫链的统计计算结果. 根据此前的研究, 仅需考虑无叶子状态的双环链的拓扑结构.

1) 哑铃型和 "8" 字型

首先, 考虑如图 3.7.18 所示的哑铃型双环链.

根据可逆哑铃型双环链的讨论, 分别观测左侧环中两相邻状态和右侧环中两相邻状态是打开两个子环的必要条件, 故此处仍观测左侧环中两相邻状态和右侧环中两相邻状态.

可以证明: 只有左侧环和右侧环中可能存在非零的环流, 不访记为 R_1 和 R_2, 且环流 R_1 和 R_2 可由左侧环中两相邻状态和右侧环中两相邻状态的观测统计计算确认. 并记 R_0 是线形子链 $\{N, C_1, \cdots, C_L, 1'\}$ 部分的环流, 可得如下定理.

定理 5.3.3 对于如图 3.7.18 所示的哑铃型双环链,

$$R_0 = 0, \quad |R_1| \geqslant 0, \quad |R_2| \geqslant 0.$$

证明 记 $S_1 = \{1, 2, \cdots, N\}$, $S_2 = \{C_1, \cdots, C_L\}$, $S_3 = \{1, 2, \cdots, N\}$. 为了表达方便, 将状态空间 $S = S_1 \bigcup S_2 \bigcup S_3$ 重记为

$$S = \{1, \cdots, N, N+1, \cdots, N+L, N+L+1, \cdots, N+L+M\}.$$

那么可将速率矩阵 Q 按状态集 S_1, S_2 和 S_3 划分为

$$Q = \begin{pmatrix} Q_{11} & Q_{12} & \mathbf{0} \\ Q_{21} & Q_{22} & Q_{23} \\ \mathbf{0} & Q_{32} & Q_{33} \end{pmatrix}, \tag{5.3.92}$$

这里, Q_{11} 和 Q_{33} 与环形链的速率矩阵具有相同的结构; Q_{22} 生灭链的速率矩阵具有相同的结构; Q_{12}, Q_{21}, Q_{23} 和 Q_{32} 是稀疏矩阵, 其中非零的非对角元素只有 $q_{N,N+1} \in Q_{12}$, $q_{N+1,N} \in Q_{21}$, $q_{N+L,N+L+1} \in Q_{23}$ 和 $q_{N+L+1,N+L} \in Q_{32}$.

按上述划分, 其平稳分布 $\widetilde{\pi}$ 表示成

$$\widetilde{\pi} = (\pi_1, \cdots, \pi_N, \pi_{N+1}, \cdots, \pi_{N+L}, \pi_{N+L+1}, \cdots, \pi_{N+L+M}).$$

首先, 对所有的 $i = N+1, N+2, \cdots, N+L$, $\widetilde{\pi} Q_i = 0$ 意味着

$$R_{N,N+1} = R_{N+1,N+2} = \cdots = R_{N+L-1,N+L} = R_{N+L,N+L+1}. \tag{5.3.93}$$

其次, 对所有的 $i = 1, 2, \cdots, N-1$, $\tilde{\pi}Q_i = 0$ 意味着

$$R_1 = R_{N1} = R_{12} = R_{23} = \cdots = R_{N-1,N}.$$

由 $\tilde{\pi}Q_N = 0$ 和式 (5.3.93), 可得

$$
\begin{aligned}
0 &= \pi_1 q_{1N} + \pi_{N-1} q_{N-1,N} + \pi_N q_{NN} + \pi_{N+1} q_{N+1,N} \\
&= \pi_1 q_{1N} + \pi_{N-1} q_{N-1,N} - \pi_N (q_{N1} + q_{N,N-1} + q_{N,N+1}) + \pi_{N+1} q_{N+1,N} \\
&= R_{N-1,N} - R_{N1} - R_{N,N+1} \\
&= -R_{N,N+1},
\end{aligned}
$$

这表明

$$R_0 = R_{N,N+1} = R_{N+1,N+2} = \cdots = R_{N+L-1,N+L} = R_{N+L,N+L+1} = 0.$$

同理, 由 $\tilde{\pi}Q_i = 0$ $(\forall i = N+L+1, N+L+2, \cdots, N+L+M)$ 可知

$$R_2 = R_{N+L+M,N+L+1} = R_{N+L+1,N+L+2} = \cdots = R_{N+L+M-1,N+L+M}.$$

故 $R_0 = 0$, $|R_1| \geqslant 0$, $|R_2| \geqslant 0$.

通常, 对于不可逆平稳哑铃型双环链, $|R_1| \neq |R_2|$. 当且仅当 $R_1 = R_2 = 0$ 时, 平稳哑铃型双环链是可逆的.

根据定理 5.3.1 的证明, 环流 R_1 (或 R_2) 可通过左侧 (或右侧) 环中任意两相邻状态的观测统计计算唯一确认. 故可得到定理 3.7.21 相同的结论.

定理 5.3.4　对于图 3.7.18 所示的哑铃型双环链, 若初始分布是其平稳分布, 则其生成元可通过**左环中任何两相邻状态和右环中任何两相邻状态**的观测统计计算唯一确认.

实际上, 可逆哑铃型双环链的其他观测结论也成立.

接着, 对于图 3.7.19 所示的 "8" 字型双环链, 它是图 3.7.18 所示哑铃型双环链的特殊情形, 分支点状态 1 是两个环的公共节点.

故不难得出定理 3.7.22 相同的结论.

定理 5.3.5　对于如图 3.7.19 所示的 "8" 字型双环链, 若初始分布是其平稳分布, 则其生成元可通过**每个环中任意两个相邻状态** (即 2 对两相邻状态) 的观测统计计算唯一确认.

可逆 "8" 字型双环链的其他观测结论也成立.

2) "日" 字型

最后, 考虑如图 3.7.20 所示的具有公共边的双环链 ("日" 字型).

有公共边的双环形链比没有公共边时的环流要复杂很多. 不难验证: 在上面的子环和下面的子环中均存在非零的环流, 且公共边上的环流可能会被叠加. 令 $S_1 = \{A_1, A_2, \cdots, A_m\}$, $S_2 = \{B_1, B_2, \cdots, B_n\}$, $S_3 = \{C_1, C_2, \cdots, C_s\}$. 假设 R_1, R_2 和 R_3 分别表示三条边 S_1, S_2 和 S_3 上的环流.

定理 5.3.6　对于如图 3.7.20 所示的有公共边的双环形链, 公共边的环流是可加的, 即满足 $R_1 + R_3 = R_2$.

证明　为表达方便, 将状态空间 $S = S_1 \bigcup S_2 \bigcup S_3$ 重新写成

$$S = \{1, \cdots, m, m+1, \cdots, m+n, m+n+1, \cdots, m+n+s\}.$$

那么速率矩阵可按式 (5.3.92) 进行划分, 其中, Q_{ii} $(i = 1, 2, 3)$ 与生灭链的速率矩阵具有相同的结构; Q_{12}, Q_{21}, Q_{23} 和 Q_{32} 是稀疏矩阵, 其非零的非对角元素只有 $q_{1,m+n}, q_{m,m+1} \in Q_{12}$, $q_{m+1,m}, q_{m+n,1} \in Q_{21}$, $q_{m+1,m+n+s}, q_{m+n,m+n+1} \in Q_{23}$ 和 $q_{m+n+s,m+1}, q_{m+n+1,m+n} \in Q_{32}$.

按上述划分, 其平稳分布可写成

$$\widetilde{\pi} = (\pi_1, \cdots, \pi_m, \pi_{m+1}, \cdots, \pi_{m+n}, \pi_{m+n+1}, \cdots, \pi_{m+n+s}).$$

首先, 对所有的 $i = 1, 2, \cdots, m$, $\widetilde{\pi}Q_i = 0$ 意味着

$$R_1 = R_{m+n,1} = R_{12} = R_{23} = \cdots = R_{m,m+1}. \tag{5.3.94}$$

同理, 由 $\widetilde{\pi}Q_i = 0$ $(\forall i = m+n+1, m+n+2, \cdots, m+n+s)$ 知

$$R_3 = R_{m+n,m+n+1} = R_{m+n+1,m+n+2} = \cdots = R_{m+n+s-1,m+n+s} = R_{m+n+s,m+1}. \tag{5.3.95}$$

再由 $\widetilde{\pi}Q_i = 0$ $(\forall i = m+2, m+3, \cdots, m+n-1)$ 可得

$$R_2 = R_{m+1,m+2} = R_{m+2,m+3} = \cdots = R_{m+n-1,m+n}. \tag{5.3.96}$$

其次, 由 $\widetilde{\pi}Q_{m+1} = 0$ 和式 (5.3.94)—(5.3.96), 可知

$$0 = \pi_m q_{m,m+1} + \pi_{m+1} q_{m+1,m+1} + \pi_{m+2} q_{m+2,m+1} + \pi_{m+n+s} q_{m+n+s,m+1}$$

$$= \pi_m q_{m,m+1} + \pi_{m+2} q_{m+2,m+1} + \pi_{m+n+s} q_{m+n+s,m+1}$$

$$\quad - \pi_{m+1}(q_{m+1,m} + q_{m+1,m+2} + q_{m+1,m+n+s})$$

$$= R_{m,m+1} - R_{m+1,m+2} + R_{m+n+s,m+1}$$

$$= R_1 - R_2 + R_3,$$

这表明

$$R_1 + R_3 = R_2. \tag{5.3.97}$$

定理得证.

根据定理 5.3.1 证明, 环流 R_1 (或 R_3) 可由边 $\{A_1, \cdots, A_m\}$ (或 $\{C_1, \cdots, C_s\}$) 中任意两相邻状态的观测统计计算确认, 环流 R_2 可由边 $\{B_2, \cdots, B_{n-1}\}$ 中任意两相邻状态的观测统计计算确认. 由式 (5.3.97), 三个环流中的任意一个可由其他两个确定. 故不难得到与定理 3.7.23 相同的结果.

定理 5.3.7   对于图 3.7.20 所示有公共边的双环链, 若初始分布是其平稳分布, 则其生成元可通过**上面子环中任意两相邻状态和下面子环中任意两相邻状态** (即从 3 对两相邻状态中任选 2 对: 边 $\{A_1, \cdots, A_m\}$ 中任意两相邻状态, 边 $\{B_2, \cdots, B_{n-1}\}$ 中任意两相邻状态, 边 $\{C_1, \cdots, C_s\}$ 中任意两相邻状态) 的观测统计计算唯一确认.

进一步可得出另一个结论, 所需观测的状态数最少.

定理 5.3.8   对于图 3.7.20 所示有公共边的双环链, 若初始分布是其平稳分布, 则它可以通过**任何一个分支点状态和另外两个与之相邻的状态**的观测统计计算唯一确认.

此外, 可逆有公共边双环链的其他观测结论也成立.

5.3.3   一般性通用结论

同样将本节各种模型的结果归纳总结为如下的一般性通用结论:

定理 5.3.9   对于连续时间不可逆平稳的有环 $\mathcal{D}$-马尔可夫链, 若初始分布是其平稳分布, 则如下结论成立.

(a) 观测所有叶子状态是确认无环子链的充分条件, 也是首选方法.

(b) 观测两相邻状态是确认一个环或子环的必要条件, 也是打开环或子环的关键方法; 如果它有 k 个子环, 那么观测来自每个子环的 k 对两相邻状态是确认其生成元的必要条件.

定理 5.3.10 (充分条件)   对于连续时间不可逆平稳的有环 $\mathcal{D}$-马尔可夫链, 若初始分布是其平稳分布, 则其生成元可通过**所有叶子状态和每个环中的任何两相邻状态**的观测统计计算唯一确认.

定理 5.3.11 (充分必要条件)   对于连续时间不可逆平稳双向环形 $\mathcal{D}$-马尔可夫链, 若初始分布是其平稳分布, 则观测**两个相邻状态**是确认其生成元的充分必要条件.

综上所述, 不可逆平稳马尔可夫链的统计计算问题基本能够用马尔可夫链反演法执行解决, 只是有一个问题值得再深入研究, 即马尔可夫链在满足什么条件是 $\mathcal{D}$-马尔可夫链. 此问题一旦得以解决, 就标志着不可逆平稳马尔可夫链的统计计算也形成较为系统的理论和较为成熟的算法.

第 6 章　统计算法、数值例子和应用

　　为了便于读者应用, 本章集中给出各种典型的马尔可夫链模型和子模型的统计计算算法, 其中, 一部分模型给出了非常详细的统计计算算法; 还有一部分模型只给出了统计计算的大致步骤, 具体的步骤可能需要根据已给定的典型模型的详细统计计算算法进行; 也有一部分模型给出了根据不同状态的观测进行统计确认的多种统计计算算法.

　　为了证明相应结论和统计算法的正确性, 本章也给出各种马尔可夫链模型的统计计算数值例子, 同时也展示具体的统计计算过程. 不失一般性, 主要以连续时间马尔可夫链为例进行展示. 因此, 本章统计算法和数值例子中所说的马尔可夫链均是指连续时间马尔可夫链.

　　马尔可夫链的统计计算问题来源于真实的应用, 具有非常强的实际应用背景. 故本章还将介绍马尔可夫链统计计算在神经科学 (离子通道门控动力)、经济学等领域的应用, 从而展示该方法的统计意义.

6.1　统　计　算　法

6.1.1　生灭链统计算法

　　本节给出生灭链由单个状态观测的统计算法.

　　算法 6.1.1 (生灭链通用迭代算法)　假设已经由叶子状态 0 的观测统计得到其逗留时 $\sigma^{(0)}$ 和击中时 $\tau^{(0)}$ 的 PDF, 并求出了相应的 $E\sigma^{(0)}, c_1^{(0)}, c_2^{(0)}, \cdots, c_{2N+1}^{(0)}$.

　　第一步: 按式 (3.1.3), (3.1.9)—(3.1.12) 和 (3.1.15) 计算出 $\pi_0, q_{10}, \pi_1, q_{11}, q_{12}$,

$$q_0 = \frac{1}{E\sigma^{(0)}}, \quad q_{01} = q_0, \quad \pi_0 = c_1^{(0)} E\sigma^{(0)},$$

$$q_{10} = \frac{c_2^{(0)}}{c_1^{(0)}}, \quad \pi_1 = \frac{(c_1^{(0)})^2}{c_2^{(0)}}, \quad q_1 = \frac{c_3^{(0)}}{c_2^{(0)}} - \frac{c_2^{(0)}}{c_1^{(0)}}, \quad q_{12} = q_1 - q_{10},$$

且

$$g_1(A) = \frac{c_1^{(0)}}{c_2^{(0)}} I.$$

第二步: 对 $n = 1, 2, \cdots, N - 1$, 执行以下迭代计算:

$$q_{n+1,n} = \beta^\top A h(A) A \beta,$$

其中

$$h(A) = \frac{1}{\pi_n q_{n,n+1}} = [(A^2 - q_n A) g_n^2(A) + q_{n-1,n} g_{n-1}(A) A\, g_n(A)],$$

且 $g_0(A) = 0$,

$$g_{n+1}(A) = \frac{1}{q_{n+1,n}} [(q_n I - A) g_n(A) - q_{n-1,n} g_{n-1}(A)],$$

$$\pi_{n+1} = \frac{\pi_n q_{n,n+1}}{q_{n+1,n}},$$

$$q_{n+1,n+1} = -\frac{1}{\pi_{n+1}} \beta^\top g_{n+1}(A) A^3 g_{n+1}(A) \beta,$$

$$q_{n+1,n+2} = -q_{n+1,n+1} - q_{n+1,n}.$$

最后: 当 $n = N$ 时, $q_{NN} = -q_{N,N-1}$.

值得说明的是, 虽然本算法中含有未知的 β, 它只是一个符号, 起迭代计算之作用, 无需知道它具体的取值.

在实际的应用中, 线形部分的状态数一般不会很多, 为此, 这里给出不超过 5 个状态 $(N \leqslant 4)$ 的具体算法, 以便于实际应用中的计算. 当然, 编制相应的算法程序甚至制作成现成的软件将更方便.

算法 6.1.2 (生灭链具体 $(N \leqslant 4)$ 统计算法)　同样假设已经由状态 0 的观测统计得到其逗留时 $\sigma^{(0)}$ 和击中时 $\tau^{(0)}$ 的 PDF, 并求出了相应的 $E\sigma^{(0)}, c_1^{(0)}, c_2^{(0)},$ $\cdots, c_7^{(0)}$.

第一步: $q_0 = \dfrac{1}{E\sigma^{(0)}}$, $\pi_0 = c_1^{(0)} E\sigma^{(0)}$, $q_{01} = q_0$.

特别: $N = 1$ 时, $\pi_1 = 1 - \pi_0, q_{10} = \dfrac{\pi_0 q_{01}}{\pi_1}, q_1 = q_{10}$.

第二步: 在第一步基础上,

$$q_{10} = \frac{c_2^{(0)}}{c_1^{(0)}}, \quad \pi_1 = \frac{(c_1^{(0)})^2}{c_2^{(0)}}, \quad q_1 = \frac{c_3^{(0)}}{c_2^{(0)}} - \frac{c_2^{(0)}}{c_1^{(0)}}, \quad q_{12} = q_1 - q_{10}.$$

特别: $N = 2$ 时, $\pi_2 = 1 - \pi_0 - \pi_1, q_{21} = \dfrac{\pi_1 q_{12}}{\pi_2}, q_2 = q_{21}$.

第三步: 在第一步和第二步基础上,

$$q_{21} = \frac{c_1^{(0)}(c_4^{(0)} - q_1 c_3^{(0)})}{c_1^{(0)} c_3^{(0)} - (c_2^{(0)})^2}, \quad \pi_2 = \frac{\pi_1 q_{12}}{q_{21}},$$

$$q_2 = \frac{c_5^{(0)} - 2q_1 c_4^{(0)} + q_1^2 c_3^{(0)}}{c_4^{(0)} - q_1 c_3^{(0)}}, \quad q_{23} = q_2 - q_{21}.$$

特别: $N = 3$ 时, $\pi_3 = 1 - \pi_0 - \pi_1 - \pi_2, q_{32} = \dfrac{\pi_2 q_{23}}{\pi_3}, q_3 = q_{32}.$

第四步: 在前三步基础上,

$$q_{32} = \frac{c_6^{(0)} - (2q_1 + q_2)c_5^{(0)} + (q_1^2 + 2q_1 q_2 - q_{12}q_{21})c_4^{(0)} - (q_1^2 q_2 - q_1 q_{12}q_{21})c_3}{q_{12}(c_4^{(0)} - q_1 c_3^{(0)})},$$

$$q_3 = \frac{c_7^{(0)} - 2(q_1 + q_2)c_6^{(0)} + (q_1^2 + q_2^2 + 4q_1 q_2 - 2q_{12})c_5^{(0)}}{q_{23}q_{32}(c_4^{(0)} - q_1 c_3^{(0)})}$$
$$+ \frac{-2(q_1 + q_2)(q_1 q_2 - q_{12})c_4^{(0)} + (q_1 q_2 - q_{12})^2 c_3^{(0)}}{q_{23}q_{32}(c_4^{(0)} - q_1 c_3^{(0)})},$$

$$\pi_3 = \frac{\pi_2 q_{23}}{q_{32}},$$

$$q_{34} = q_3 - q_{32}.$$

特别: $N = 4$ 时, $\pi_4 = 1 - \pi_0 - \pi_1 - \pi_2 - \pi_3$, $q_{43} = \dfrac{\pi_3 q_{34}}{\pi_4}$, $q_4 = q_{43}$.

当叶子状态无法观测时, 则借鉴环形链统计算法按下列算法进行.

算法 6.1.3 (两相邻状态观测统计算法) 假设已经由状态 0 和 N (以 3.1.3 节中重新编号为准) 的观测统计得到其逗留时 $\sigma^{(0)}, \sigma^{(N)}, \sigma^{(0,N)}$ 和击中时 $\tau^{(0)}, \tau^{(N)}$ 的 PDF, 并求出了相应的 $E\sigma^{(0)}, E\sigma^{(N)}, c_1^{(0,N)}, c_2^{(0,N)}$ 及 $c_1^{(0)}, \cdots, c_{2M}^{(0)}, c_1^{(N)}, \cdots, c_{2M_0-2}^{(N)}$.

第一步: 按 3.6 节环形链相应的算法 6.1.15 求出式 (3.1.38) 中的转移速率.

第二步: $q_{M+1} = q_{M+1,M+2}$ (或由 $c_{2M_0-1}^{(N)} = c_{2(M_0-1)+1}^{(N)}$ 求出 $q_{N-M_0+1,N-M_0+2} = q_{M+1}$), $q_{M+1,M} = 0$.

第三步: 对 $M_0 - 1 \leqslant s \leqslant M - 1$, 执行如下循环算法:

(i) 由 $c_{2s+1}^{(0)}$ 求出 q_s, 则 $q_{s,s+1} = q_s - q_{s,s-1}$;

(ii) 由 $c_{2s+2}^{(0)}$ 求出 $q_{s+1,s}$, 则 $\pi_{s+1} = \dfrac{\pi_s q_{s,s+1}}{q_{s+1,s}}$.

最后: $q_M = q_{M,M-1}$ (或由 $c_{2M+1}^{(0)}$ 求出), $q_{M,M+1} = 0$.

6.1.2   星形分枝链统计算法

本节给出星形分枝链 (图 3.2.2) 由各叶子状态观测的统计算法.

算法 6.1.4 (计算 H_1 和 A_1 的算法) 按星形分枝链中记号, $0 = E_0^{(1)}, M = N_1$. 假设已经状态 $E_0^{(1)}$ 的观测统计得到其逗留时 $\sigma^{(E_0^{(1)})}$ 和击中时 $\tau^{(E_0^{(1)})}$ 的 PDF, 并求出了相应的 $E\sigma^{(E_0^{(1)})}, c_1^{(E_0^{(1)})}, c_2^{(E_0^{(1)})}, \cdots, c_{2M+1}^{(E_0^{(1)})}$.

第一步: 按式 (3.2.41) 和 (3.2.43)—(3.2.47) 计算出 $\pi_0, q_0 = q_{01}, q_{10}, \pi_1, q_{11}, q_{12}$

$$q_0 = \frac{1}{E\sigma^{(E_0^{(1)})}},$$

$$\pi_0 = \frac{d_1}{q_0 + d_1} = c_1^{(E_0^{(1)})} E\sigma^{(E_0^{(1)})},$$

$$q_{10} = \frac{\pi_1 q_{10}^2}{\pi_1 q_{10}} = \frac{c_2^{(E_0^{(1)})}}{c_1^{(E_0^{(1)})}},$$

$$\pi_1 = \frac{(\pi_1 q_{10})^2}{\pi_1 q_{10}^2} = \frac{(c_1^{(E_0^{(1)})})^2}{c_2^{(E_0^{(1)})}},$$

$$W_1 = \frac{c_1^{(E_0^{(1)})}}{c_2^{(E_0^{(1)})}} A\beta \equiv g_1(A)A\beta,$$

$$q_1 = \frac{c_3^{(E_0^{(1)})}}{\pi_1 q_{10}^2} = \frac{c_3^{(E_0^{(1)})}}{c_2^{(E_0^{(1)})}},$$

$$q_{12} = q_1 - q_{10} = \frac{c_3^{(E_0^{(1)})}}{c_2^{(E_0^{(1)})}} - \frac{c_2^{(E_0^{(1)})}}{c_1^{(E_0^{(1)})}},$$

且

$$g_1(A) = \frac{c_1^{(E_0^{(1)})}}{c_2^{(E_0^{(1)})}} I.$$

第二步: 对 $n = 1, 2, \cdots, M - 1$, 执行以下迭代计算:

$$q_{n+1,n} = \beta^\top A h(A) A\beta,$$

其中

$$h(A) = \frac{1}{\pi_n q_{n,n+1}} = [(A^2 - q_n A)g_n^2(A) + q_{n-1,n}g_{n-1}(A)A\, g_n(A)]$$

且 $g_0(A) = 0$,

$$g_{n+1}(A) = \frac{1}{q_{n+1,n}}[(q_n I - A)g_n(A) - q_{n-1,n}g_{n-1}(A)],$$

$$\pi_{n+1} = \frac{\pi_n q_{n,n+1}}{q_{n+1,n}},$$

$$q_{n+1,n+1} = -\frac{1}{\pi_{n+1}}\beta^\top g_{n+1}(A)A^3 g_{n+1}(A)\beta,$$

$$q_{n+1,n+2} = -q_{n+1,n+1} - q_{n+1,n}.$$

最后: 当 $n = M$ 时, $q_{M,M+1} = 0, a_1 = -q_{MM} - q_{M,M-1}$.

即求得了 $H_1 = (q_{ij})_{M \times M}$ 和 $A_1 = [0, 0, \cdots, a_1]$.

算法 6.1.5 (星形分枝链通用统计算法) 首先按算法 6.1.4 计算出分块矩阵 H_k, A_k 和 $\pi_i^{(k)}(k = 1, 2, \cdots, m)$, 接着

第一步: $\pi = 1 - \sum\limits_{k=1}^{m} \sum\limits_{i=0}^{N_k} \pi_i^{(k)}$.

第二步: $\forall 1 \leqslant k \leqslant m$, 有

$$b_k = \frac{\pi_{N_k}^{(k)} a_k}{\pi},$$

即求得了所有的 $B_k = (0, 0, \cdots, b_k)$.

最后: $q = \sum\limits_{k=1}^{m} b_k$. 从而求得了全部转移速率.

6.1.3 星形链统计算法

本节给出星形链 (图 3.3.4) 由中心状态观测的统计算法.

算法 6.1.6 (星形链通用统计算法) 假设已经由状态 0 的观测统计得到逗留时 $\sigma^{(0)}$ 和击中时 $\tau^{(0)}$ 的 PDF, 则可得相应的 $E\sigma^{(0)}, \gamma_i^{(0)}, \alpha_i^{(0)}, (i = 1, 2, \cdots, N)$.

第一步: 计算出 q_0, π_0 如下

$$q_0 = \frac{1}{E\sigma^{(0)}}, \quad q_{01} = q_0, \quad \pi_0 = c_1^{(0)} E\sigma^{(0)}.$$

第二步: 对 $1 \leqslant i \leqslant N$, 余下的转移速率计算如下

$$q_{i0} = \alpha_i^{(0)}, \quad q_{0i} = \frac{q_0}{d_1^{(0)}}\gamma_i^{(0)}.$$

6.1.4   层次模型链统计算法

本节给出层次模型马尔可夫链 (图 3.4.5) 的统计算法, 设其状态空间为

$$S = \{E_0^{(1)}, E_1^{(1)}, \cdots, E_{N_1}^{(1)}, E_0^{(2)}, E_1^{(2)}, \cdots, E_{N_2}^{(2)}, \cdots\cdots, E_0^{(m)}, E_1^{(m)}, \cdots, E_{N_m}^{(m)}, O\}.$$

算法 6.1.7 (计算 H_1 和 A_1 算法)   假设已经通过状态 $E_0^{(1)}, E_2^{(1)}, \cdots, E_{N_1}^{(1)}$ 的观测统计得到各自的逗留时和击中时 PDF.

第一步: 按照引理 3.4.1 的证明过程, 计算出 $\lambda_1^{(1)}, \mu_1^{(1)}, \pi_0^{(1)}, \pi_1^{(1)}, \sum_{i=1}^{N_1} \lambda_i^{(1)} + a_1$.

第二步: 同理, 计算出 $\lambda_k^{(1)}, \mu_k^{(1)}, \pi_k^{(1)}$ $(\forall 2 \leqslant k \leqslant N_1)$.

第三步: $a_1 = \left(\sum_{i=1}^{N_1} \lambda_i^{(1)} + a_1 \right) - \sum_{i=1}^{N_1} \lambda_i^{(1)}$.

算法 6.1.8 (层次模型链统计算法)   首先按算法 6.1.7 计算分块矩阵 H_k, A_k 和 $\pi_i^{(k)}(k = 1, 2, \cdots, m)$, 接下来

第一步: 由 (2.1.1) 式得 $\pi = 1 - \sum_{k=1}^{m} \sum_{i=0}^{N_k} \pi_i^{(k)}$.

第二步: $\forall 1 \leqslant k \leqslant m, B_k$ 中的

$$b_k = \frac{\pi_{N_k}^{(k)} a_k}{\pi}.$$

最后: $q = \sum_{k=1}^{m} b_k$.

6.1.5   树形链统计算法

首先, 给出深度为 2 的满二叉树 (图 3.5.8) 通过叶子状态观测确认的统计算法.

算法 6.1.9 (深度为 2 的满二叉树统计算法)   假设已经通过观测叶子状态 $1, 2, 3, 4$ 得到各自的逗留时和击中时 PDF.

第一步: 计算出 $q_i, \pi_i (i = 1, 2, 3, 4)$ 如下

$$q_i = \frac{1}{E\sigma^{(i)}}, \quad \pi_i = c_1^{(i)} E\sigma^{(i)}.$$

第二步: 由引理 3.5.1 中的 (i) 可以求出 $q_5, q_6, q_{51}, q_{52}, q_{63}, q_{64}$.

$$q_{51} = \frac{c_2^{(1)}}{c_1^{(1)}}, \quad q_{52} = \frac{c_2^{(2)}}{c_1^{(2)}}, \tag{6.1.1}$$

$$q_{63} = \frac{c_2^{(3)}}{c_1^{(3)}}, \quad q_{64} = \frac{c_2^{(4)}}{c_1^{(4)}}, \tag{6.1.2}$$

$$q_5 = \frac{c_3^{(1)}}{c_2^{(1)}}, \quad q_6 = \frac{c_3^{(3)}}{c_2^{(3)}}. \tag{6.1.3}$$

进一步可以得到 $q_{57} = q_5 - q_{51} - q_{52}, q_{67} = q_6 - q_{63} - q_{64}$.

第三步: 由式 (6.1.1)—(6.1.3) 可求得

$$q_{75} = \frac{c_4^{(1)} - \pi_5 q_{51}^2 (q_5^2 + q_{52}q_{25})}{\pi_5 q_{51}^2 q_{57}}, \tag{6.1.4}$$

$$q_{76} = \frac{c_4^{(3)} \pi_6 q_{63}^2 (q_6^2 + q_{64}q_{46})}{\pi_6 q_{63}^2 q_{67}}, \tag{6.1.5}$$

$$q_7 = \frac{c_5^{(1)} - \pi_5 q_{51}^2 (q_{52}q_2 q_{25} + 2q_{52}q_{25}q_5 + 2q_{57}q_{75}q_5)}{\pi_5 q_{51}^2 q_{57}q_{75}}. \tag{6.1.6}$$

其次, 给出满二叉树由叶子状态观测的统计算法.

算法 6.1.10 (满二叉树统计算法) 假设已经通过观测所有叶子状态得到各自的逗留时和击中时 PDF.

第一步: 按算法 6.1.9, 统计计算出每一个深度为 2 的满二叉树的转移速率.

第二步: 求出深度 3 的转移速率, 以此类推, 直到树根的转移速率: 由 (3.5.114) 式计算 q_k; 然后, $q_{k,k+1} = q_k - q_{k,k-1} - q_{k,s}$ (这里 s 表示 k 的右孩子); 再由 (3.5.114) 式计算 $q_{k+1,k}$.

然后, 树形子链 (图 3.5.6) 通过叶子状态观测确认的统计算法.

算法 6.1.11 (树形子链统计算法) 假设已经得到状态 i 的击中时和逗留时 PDF, 以及 j 和它的孩子 $i_1, i_2, \cdots, i_n$ 之间的转移, 即对任意的 $s \in \{i_1, i_2, \cdots, i_n\}$, $q_{s,j}$ 和 $q_{j,s}$ 是已经得到确认的.

为了符号简洁, 设常数 $X = \sum_{s=i_1}^{i_n} q_{js}, Y = \sum_{s=i_1}^{i_n} q_{js}q_{sj}, Z = \sum_{s=i_1}^{i_n} q_{js}q_s q_{sj}$, 这是因为 $q_s = q_{s,j}, q_{j,s}$ 对任意的 $s \in \{i_1, i_2, \cdots, i_n\}$ 都是已知的.

第一步: 由式 (3.5.102) 计算

$$q_{ji} = \frac{c_2}{c_1},$$
$$\pi_j = \frac{c_1}{q_{ji}} = \frac{c_1^2}{c_2}, \tag{6.1.7}$$
$$q_j = \frac{c_3}{c_2}.$$

第二步: 由式 (3.5.104) 计算

$$q_{jk} = \frac{c_3}{c_2} - \frac{c_2}{c_1} - X. \tag{6.1.8}$$

第三步: 由式 (3.5.106)—(3.5.107) 计算

$$q_{kj} = \frac{\dfrac{c_4}{c_2} - \dfrac{c_3^2}{c_2^2} - \displaystyle\sum_{s=i_1}^{i_n} q_{js}q_{sj}}{\dfrac{c_3}{c_2} - \dfrac{c_2}{c_1} - X}, \tag{6.1.9}$$

$$q_k = \frac{\dfrac{c_5}{c_2} - \dfrac{c_3^3}{c_2^3} - \left(2\dfrac{c_3}{c_2}Y + Z\right)}{\dfrac{c_4}{c_2} - \dfrac{c_3^2}{c_2^2} - Y} - 2\frac{c_3}{c_2}. \tag{6.1.10}$$

最后, 由可逆性易得

$$\pi_k = \frac{\pi_j q_{jk}}{q_{kj}} = \frac{\dfrac{c_1^2}{c_2}\left(\dfrac{c_3}{c_2} - \dfrac{c_2}{c_1} - X\right)^2}{\dfrac{c_4}{c_2} - \dfrac{c_3^2}{c_2^2}}. \tag{6.1.11}$$

接下来, 给出双星形马尔可夫链 (图 3.5.9) 由两中心状态观测的统计计算算法.

为方便起见, 记 $i = C_i$ $(i = 1, \cdots, M-1), j = C_j$ $(j = M+1, \cdots, N)$, $0 = O_1, M = O_2$, 因此状态空间为 $S = \{0, 1, \cdots, M-1, M, M+1, \cdots, N\}$

算法 6.1.12 (双星形链统计算法)   假设已经通过观测两个中心状态 $0 = O_1$ 和 $M = O_2$ 得到各自的逗留时 PDF, 以及 $\{0, M\}$ 的击中时分布, 该击中时分布应为

$$f_\tau(t) = \sum_{i=1}^{M-1} \gamma_i e^{-\alpha_i t} + \sum_{j=M+1}^{N} \gamma_j e^{-\alpha_j t}. \tag{6.1.12}$$

第一步: 由 0 和 M 各自的逗留时分布计算

$$q_0 = \frac{1}{E\sigma^{(0)}}, \quad q_M = \frac{1}{E\sigma^{(M)}}, \tag{6.1.13}$$
$$\pi_0 = c_1^{(0)}E\sigma^{(0)}, \quad \pi_M = c_1^{(0)}E\sigma^{(M)}.$$

第二步: 由 $\{0, M\}$ 的击中时分布可求得

$$q_i = q_{i0} = \alpha_i, \quad 1 \leqslant i \leqslant M-1, \tag{6.1.14}$$

$$q_j = q_{jM} = \alpha_j, \quad M+1 \leqslant j \leqslant N, \tag{6.1.15}$$

且

$$\gamma_i = \frac{\pi_0}{1 - (\pi_0 + \pi_M)} q_{0i}, \quad 1 \leqslant i \leqslant M - 1,$$

$$\gamma_j = \frac{\pi_M}{1 - (\pi_0 + \pi_M)} q_{Mj}, \quad M + 1 \leqslant j \leqslant N.$$

(6.1.16)

第三步: 由式 (6.1.16) 计算

$$q_{0i} = \frac{\gamma_i[1 - (\pi_0 + \pi_M)]}{\pi_0}, \quad 1 \leqslant i \leqslant M - 1,$$

$$q_{Mj} = \frac{\gamma_j[1 - (\pi_0 + \pi_M)]}{\pi_M}, \quad M + 1 \leqslant j \leqslant N.$$

(6.1.17)

下一步, 给出香蕉树马尔可夫链 (图 3.5.10) 由叶子状态或非叶子状态观测的统计算法.

算法 6.1.13 (香蕉树统计算法) 假设已经得到所有叶子状态或者非叶子状态 (含全体非叶子状态集) 各自的击中时和逗留时 PDF.

如果 $k < 4$, 且 $n = 2$, 则按情形一计算.

如果 $k < 4$, 且 $n > 2$, 则按情形二计算.

如果 $k = 4$, 则按情形三计算.

如果 $k > 4$, 则尽量按情形四计算; 当然, 若所有叶子状态都可观测, 也可按情形三计算.

情形一 按线形马尔可夫链算法 6.1.1 计算.

情形二 按星形分枝马尔可夫链算法 6.1.5 计算.

情形三 按树形马尔可夫链算法 6.1.11 计算.

情形四 按以下步骤计算. 为便于表达, 假设 r 为这个树形的根节点; 在每个 k-星形图中, o 为中心状态, l 是叶子, s 是其他状态.

第一步: 由每个非叶子状态逗留时分布计算 $q_r, \pi_r, q_o, \pi_o, q_s$ 和 π_s.

第二步: 通过所有非叶子节点状态的击中时分布, 参照双星形马尔可夫链算法 6.1.12 中第二步和第三步计算所有的 $q_l = q_{lo}, q_{ol}$.

第三步: 对于每个 k-星形图, 计算

$$q_{os} = q_o - \sum_l q_{ol}, \quad q_{so} = \frac{\pi_o q_{os}}{\pi_s},$$

$$q_{sr} = q_s - q_{so}, \quad q_{rs} = \frac{\pi_s q_{sr}}{\pi_r}.$$

最后, 给出爆竹图马尔可夫链 (图 3.5.11) 由叶子状态或非叶子状态观测的统计算法.

算法 6.1.14 (爆竹图统计算法)　　假设已经得到所有叶子状态或者非叶子状态 (含全体非叶子状态集) 各自的击中时和逗留时 PDF.

如果 $n = 2$, 且 $k < 4$, 则按情形一计算.

如果 $n = 3$, 且 $k < 4$, 则按情形二计算.

如果 $k = 3$, 且 $n > 3$, 则按情形三计算.

如果 $k = 4$, 则按情形四计算.

如果 $k > 4$, 则尽量按情形四计算; 当然, 若所有叶子状态都可观测, 也可按情形三计算.

情形一　　按线形马尔可夫链算法 6.1.1 计算.

情形二　　按星形分枝马尔可夫链算法 6.1.5 计算.

情形三　　参照星形分枝马尔可夫链算法 6.1.5 计算. 为便于表达, 假设图中最底端一条线上的 n 个状态从左到右依次为 $s_1, \cdots, s_n$; 对应的叶子状态分别记为 $l_1, \cdots, l_n$.

第一步: 由每个叶子状态逗留时分布计算 q_{l_i} 和 π_{l_i}, 对 $i = 1, \cdots, n$.

第二步: 按线形马尔可夫链算法 6.1.1 计算每个分枝上的转移速率, 直到交叉点状态.

第三步: 计算最底端一条边上 $n - 2$ 个状态之间的转移速率, 即通过 $l_2, \cdots, l_{n-1}$ 的击中时分布计算 $s_2, \cdots, s_{n-1}$ 之间的转移速率.

情形四　　按树形马尔可夫链算法 6.1.11 计算.

情形五　　按以下步骤计算. 为便于表达, 假设图中最底端一条边上的 n 个状态从左到右依次为 $s_1, \cdots, s_n$; 在第 n 个 k-星形图中, o_n 为中心状态, l 是叶子.

第一步: 由每个非叶子状态逗留时分布计算 $q_{o_i}, \pi_{o_i}, q_{s_i}$ 和 π_{s_i}, 对 $i = 1, \cdots, n$.

第二步: 通过所有非叶子节点状态的击中时分布, 参照双星形马尔可夫链算法 6.1.12 中第二步和第三步计算所有的 $q_l = q_{l,o_i}, q_{o_i,l}$ $(i = 1, \cdots, n)$.

第三步: 对于第 i 个 k-星形图, 计算

$$q_{o_i, s_i} = q_{o_i} - \sum_l q_{o_i, l}, \quad q_{s_i, o_i} = \frac{\pi_{o_i} q_{o_i, s_i}}{\pi_{s_i}}.$$

直到求出每个 k-星形图全部转移速率.

第四步: 分别对 $i = 1, \cdots, n - 1$, 依次计算余下的 (最底端一条边上的) 转移速率:

$$q_{s_i, s_{i+1}} = q_{s_i} - q_{s_i, o_i}, \quad q_{s_{i+1}, s_i} = \frac{\pi_{s_i} q_{s_i, s_{i+1}}}{\pi_{s_{i+1}}}.$$

6.1.6 环形链统计算法

本小节给出环形马尔可夫链 (图 3.6.12) 通过两相邻状态观测确认的统计算法. 其状态空间为 $S = \{0, 1, \cdots, N\}$.

算法 6.1.15 (环形链通用统计算法) 假设已经通过环中状态 m 和 $m+1$ 观测得到各自的击中时和逗留时 PDF 及状态集 $\{m, m+1\}$ 逗留时 PDF.

第一步: 打开环: 根据定理 3.6.1 证明中的第一部分可以计算出 $q_m, q_{m+1}, \pi_m,$ $\pi_{m+1}, q_{m,m-1}$ 和 $q_{m+1,m+2}, q_{m,m+1}$ 和 $q_{m+1,m}.$

第二步: 根据式 (3.6.137) 和 (3.6.138), 沿逆时针方向计算出 $\pi_{m-1}, q_{m-1,m},$ 沿顺时针方向计算出 $\pi_{m+2}, q_{m+2,m+1}.$

第三步: 根据式 (3.6.144), 沿逆时针方向计算出 $q_{m-1}, q_{m-1,m-2},$ 沿顺时针方向计算出 $q_{m+2}, q_{m+2,m+3}.$

第四步: 根据式 (3.6.145), 沿逆时针方向计算出 $q_{m-2,m-1}, \pi_{m-2},$ 沿顺时针方向计算出 $q_{m+3,m+2}, \pi_{m+3}.$

最后: 重复第三步和第四步: 对于 $s = 2, 3, \cdots,$ 根据式 (3.6.137) 和 (3.6.138) 分别沿逆时针方向和沿顺时针方向可以计算出剩余的转移速率.

算法 6.1.16 (环形链具体 ($2 \leqslant N \leqslant 8$) 统计算法) 假设已经通过观测状态 0 和 N 得到各自的逗留时和击中时 PDF 及状态集 $\{0, N\}$ 的逗留时 PDF.

第一步: 先计算

$$q_0 = \frac{1}{E\sigma^{(0)}}, \quad q_N = \frac{1}{E\sigma^{(N)}},$$
$$\pi_0 = c_1^{(0)} E\sigma^{(0)}, \quad \pi_N = c_1^{(N)} E\sigma^{(N)}.$$

然后, q_{01} 和 $q_{N,N-1}$ 是方程组 (3.6.160)—(3.6.161) 的唯一实解, 且

$$q_{0N} = q_0 - q_{01},$$
$$q_{N0} = q_N - q_{N,N-1}.$$

特别: $N = 2$ 时, 已求出 $\pi_0, q_0, q_{01}, q_{02}, \pi_2, q_2, q_{20}, q_{21},$ 然后

$$\pi_1 = 1 - \pi_0 - \pi_2,$$
$$q_{10} = \frac{\pi_0 q_{01}}{\pi_1},$$
$$q_{12} = \frac{\pi_2 q_{21}}{\pi_1},$$
$$q_1 = q_{10} + q_{12}.$$

第二步: 在第一步基础上, 由方程组 (3.6.147)-(3.6.148) 可求得 π_1 和 q_{10}, 由方程组 (3.6.154)-(3.6.155) 可求得 π_{N-1} 和 $q_{N-1,N}$, 即

$$q_{10} = \frac{c_2^{(0)} - \pi_N q_{N0}^2}{c_1^{(0)} - \pi_N q_{N0}},$$

$$q_{N-1,N} = \frac{c_2^{(N)} - \pi_0 q_{0N}^2}{c_1^{(N)} - \pi_0 q_{0N}},$$

$$\pi_1 = \frac{c_1^{(0)} - \pi_N q_{N0}}{q_{10}},$$

$$\pi_{N-1} = \frac{c_1^{(N)} - \pi_0 q_{0N}}{q_{N-1,N}}.$$

然后,

$$q_1 = \frac{c_3^{(0)} - \pi_N q_{N0}^2 q_N}{\pi_1 q_{10}^2},$$

$$q_{N-1} = \frac{c_3^{(N)} - \pi_0 q_{0N}^2 q_0}{\pi_{N-1} q_{N-1,N}^2},$$

$$q_{12} = q_1 - q_{10},$$

$$q_{N-1,N-2} = q_{N-1} - q_{N-1,N}.$$

特别: $N = 3$ 时, 已求出 $\pi_0, q_0, q_{01}, q_{03}, \pi_1, q_1, q_{10}, q_{12}, \pi_2, q_2, q_{21}, q_{23}, \pi_3, q_3, q_{30}, q_{32}$, 即转移速率已全部求出.

特别: $N = 4$ 时, 已求出 $\pi_0, q_0, q_{01}, q_{04}, \pi_1, q_1, q_{10}, q_{12}, \pi_3, q_3, q_{32}, q_{34}, \pi_4, q_4, q_{40}, q_{43}$, 然后

$$\pi_2 = 1 - \pi_0 - \pi_1 - \pi_3 - \pi_4,$$

$$q_{21} = \frac{\pi_1 q_{12}}{\pi_2},$$

$$q_{23} = \frac{\pi_3 q_{32}}{\pi_2},$$

$$q_2 = q_{21} + q_{23}.$$

第三步: 在前两步基础上,

$$q_{21} = \frac{c_4^{(0)} - \pi_N q_{N0}^2 (q_N^2 + q_{N,N-1} q_{N-1,N}) - \pi_1 q_{10}^2 q_1^2}{\pi_1 q_{10}^2 q_{12}},$$

$$q_{N-2,N-1} = \frac{c_4^{(N)} - \pi_0 q_{0N}^2(q_0^2 + q_{01}q_{10}) - \pi_{N-1}q_{N-1,N}^2 q_{N-1}^2}{\pi_{N-1}q_{N-1,N}^2 q_{N-1,N-2}}.$$

$$\pi_2 = \frac{\pi_1 q_{12}}{q_{21}},$$

$$\pi_{N-2} = \frac{\pi_{N-1}q_{N-1,N-2}}{q_{N-2,N-1}}.$$

$$q_2 = \frac{c_5^{(0)} - \pi_N q_{N0}^2(q_N^3 + 2q_N q_{N,N-1}q_{N-1,N} + q_{N,N-1}q_{N-1}q_{N-1,N})}{\pi_1 q_{10}^2 q_{12}q_{21}}$$

$$- \frac{\pi_1 q_{10}^2(q_1^3 + 2q_1 q_{12}q_{21})}{\pi_1 q_{10}^2 q_{12}q_{21}},$$

$$q_{N-2} = \frac{c_5^{(N)} - \pi_0 q_{0N}^2(q_0^3 + 2q_0 q_{01}q_{10} + q_{01}q_1 q_{10})}{\pi_{N-1}q_{N-1,N}^2 q_{N-1,N-2}q_{N-2,N-1}}$$

$$- \frac{\pi_{N-1}q_{N-1,N}^2(q_{N-1}^3 + 2q_{N-1}q_{N-1,N-2}q_{N-2,N-1})}{\pi_{N-1}q_{N-1,N}^2 q_{N-1,N-2}q_{N-2,N-1}}.$$

特别: $N = 5$ 时, 已求出 $\pi_0, q_0, q_{01}, q_{05}, \pi_1, q_1, q_{10}, q_{12}, \pi_2, q_2, q_{21}, q_{23}, \pi_3, q_3, q_{30},$
$q_{32}, \pi_4, q_4, q_{43}, q_{45}, \pi_5, q_5, q_{50}, q_{54},$ 即转移速率已全部求出.

特别: $N = 6$ 时, 已求出 $\pi_0, q_0, q_{01}, q_{06}, \pi_1, q_1, q_{10}, q_{12}, \pi_2, q_2, q_{21}, q_{23}, \pi_4, q_4, q_{43},$
$q_{45}, \pi_5, q_5, q_{54}, q_{56}, \pi_6, q_6, q_{60}, q_{65},$ 然后

$$\pi_3 = 1 - \pi_0 - \pi_1 - \pi_2 - \pi_4 - \pi_5 - \pi_6,$$

$$q_{32} = \frac{\pi_2 q_{23}}{\pi_3},$$

$$q_{34} = \frac{\pi_4 q_{43}}{\pi_3},$$

$$q_3 = q_{32} + q_{34}.$$

第四步: 在前三步基础上,

$$q_{32} = \frac{c_6^{(0)} - \pi_N q_{N0}^2[q_N^4 + (3q_N^2 + 2q_N q_{N-1} + q_{N-1}^2)q_{N,N-1}q_{N-1,N}]}{\pi_1 q_{10}^2 q_{12}q_{23}q_{21}}$$

$$- \frac{\pi_N q_{N0}^2[q_{N-1,N-2}q_{N,N-1}q_{N-2,N-1}q_{N-1,N}]}{\pi_1 q_{10}^2 q_{12}q_{23}q_{21}}$$

$$- \frac{\pi_1 q_{10}^2[q_1^4 + (3q_1^2 + 2q_1 q_2 + q_2^2)q_{12}q_{21}]}{\pi_1 q_{10}^2 q_{12}q_{23}q_{21}},$$

$$q_{N-3,N-2} = \frac{c_6^{(N)} - \pi_0 q_{0N}^2[q_0^4 + (3q_0^2 + 2q_0 q_1 + q_1^2)q_{01}q_{10} + q_{01}q_{12}q_{21}q_{10}]}{\pi_{N-1}q_{N-1,N}^2 q_{N-1,N-2}q_{N-2,N-3}q_{N-2,N-1}}$$

$$-\frac{\pi_{N-1}q_{N-1,N}^2[q_{N-1}^4+2q_{N-1}q_{N-2}q_{N-1,N-2}q_{N-2,N-1}]}{\pi_{N-1}q_{N-1,N}^2q_{N-1,N-2}q_{N-2,N-3}q_{N-2,N-1}}$$

$$-\frac{\pi_{N-1}q_{N-1,N}^2[(3q_{N-1}^2+q_{N-2}^2)q_{N-1,N-2}q_{N-2,N-1}]}{\pi_{N-1}q_{N-1,N}^2q_{N-1,N-2}q_{N-2,N-3}q_{N-2,N-1}},$$

$$\pi_3=\frac{\pi_2q_{23}}{q_{32}},$$

$$\pi_{N-3}=\frac{\pi_{N-2}q_{N-2,N-3}}{q_{N-3,N-2}}.$$

$$q_3=\frac{c_7^{(0)}-\pi_Nq_{N0}^2[q_N^5+(4q_N^3+3q_N^2q_{N-1}+2q_Nq_{N-1}^2)q_{N,N-1}q_{N-1,N}]}{\pi_1q_{10}^2q_{12}q_{23}q_{32}q_{21}}$$

$$-\frac{\pi_Nq_{N0}^2[(q_{N-1}^3+3q_{N-1}q_{N-1,N-2}q_{N-2,N-1})q_{N,N-1}q_{N-1,N}]}{\pi_1q_{10}^2q_{12}q_{23}q_{32}q_{21}}$$

$$-\frac{\pi_1q_{10}^2[q_1^5+(4q_1^3+3q_1^2q_2+2q_1q_2^2+q_2^3+3q_2q_{23}q_{32})q_{12}q_{21}]}{\pi_1q_{10}^2q_{12}q_{23}q_{32}q_{21}},$$

$$q_{N-3}=\frac{c_7^{(N)}-\pi_0q_{0N}^2[q_0^5+(4q_0^3+3q_0^2q_1+2q_0q_1^2+q_1^3+3q_1q_{12}q_{21})q_{01}q_{10}]}{\pi_{N-1}q_{N-1,N}^2q_{N-1,N-2}q_{N-2,N-3}q_{N-3,N-2}q_{N-2,N-1}}$$

$$-\frac{\pi_0q_{0N}^2q_{01}q_{12}q_2q_{21}q_{10}+\pi_{N-1}q_{N-1,N}^2[q_{N-1}^5+4q_{N-1}^3q_{N-1,N-2}q_{N-2,N-1}]}{\pi_{N-1}q_{N-1,N}^2q_{N-1,N-2}q_{N-2,N-3}q_{N-3,N-2}q_{N-2,N-1}}$$

$$-\frac{\pi_{N-1}q_{N-1,N}^2(3q_{N-1}^2q_{N-2}+2q_{N-1}q_{N-2}^2+q_{N-2}^3)q_{N-1,N-2}q_{N-2,N-1}}{\pi_{N-1}q_{N-1,N}^2q_{N-1,N-2}q_{N-2,N-3}q_{N-3,N-2}q_{N-2,N-1}}$$

$$-\frac{\pi_{N-1}q_{N-1,N}^2(3q_{N-2}q_{N-2,N-3}q_{N-3,N-2})q_{N-1,N-2}q_{N-2,N-1}}{\pi_{N-1}q_{N-1,N}^2q_{N-1,N-2}q_{N-2,N-3}q_{N-3,N-2}q_{N-2,N-1}}.$$

特别: $N=7$ 时, 已求出 $\pi_0,q_0,q_{01},q_{07},\pi_1,q_1,q_{10},q_{12},\pi_2,q_2,q_{21},q_{23},\pi_3,q_3,q_{30},$ $q_{32},\pi_4,q_4,q_{43},q_{45},\pi_5,q_5,q_{54},q_{56},\pi_6,q_6,q_{65},q_{67},\pi_7,q_7,q_{70},q_{76},$ 即全部的转移速率.

特别: $N=8$ 时, 已求出 $\pi_0,q_0,q_{01},q_{08},\pi_1,q_1,q_{10},q_{12},\pi_2,q_2,q_{21},q_{23},\pi_3,q_3,q_{32},$ $q_{34},\pi_5,q_5,q_{54},q_{56},\pi_6,q_6,q_{65},q_{67},\pi_7,q_7,q_{76},q_{78},\pi_8,q_8,q_{80},q_{87},$ 然后

$$\pi_4=1-\pi_0-\pi_1-\pi_2-\pi_3-\pi_5-\pi_6-\pi_7-\pi_8,$$

$$q_{43}=\frac{\pi_3q_{34}}{\pi_4},$$

$$q_{45}=\frac{\pi_5q_{54}}{\pi_4},$$

$$q_4=q_{43}+q_{45}.$$

总之: 当 $N = 2M - 1$ 时, 由 $c_1^{(0,N)}, c_2^{(0,N)}, E\sigma^{(0)}, E\sigma^{(N)}$ 以及 $c_n^{(0)}, c_n^{(N)}$ ($n = 1, 2, \cdots, 2M - 1$), 按定理 3.6.2 可直接求出全部转移速率.

当 $N = 2M$ 时, 由 $c_1^{(0,N)}, c_2^{(0,N)}, E\sigma^{(0)}, E\sigma^{(N)}$ 以及 $c_n^{(0)}, c_n^{(N)}$ ($n = 1, \cdots, 2M - 1$), 按定理 3.6.2 可求出除 $\pi_M, q_M, q_{M,M-1}, q_{M,M+1}$ 以外的转移速率, 最后

$$\pi_M = 1 - \sum_{i \neq M} \pi_i,$$

$$q_{M,M-1} = \frac{\pi_{M-1} q_{M-1,M}}{\pi_M},$$

$$q_{M,M+1} = \frac{\pi_{M+1} q_{M+1,M}}{\pi_M},$$

$$q_M = q_{M,M-1} + q_{M,M+1}.$$

6.1.7 单环链统计算法

首先, 给出潘图形 (一个环和一个叶子组成) 单环链 (图 3.7.13 右) 通过叶子和环中两相邻状态观测确认的通用统计算法和具体统计算法.

算法 6.1.17 (潘图形单环链通用统计算法) 假设已经由叶子状态和环中两相邻状态的观测统计得到其逗留时和击中时 PDF.

第一步: 由生灭链的确认算法 6.1.1, 通过观测叶子状态统计计算出叶子与分支点状态之间的转移速率.

第二步: 根据环形链确认算法 6.1.15, 通过观测环中任意两相邻状态就可以统计计算出环中的转移速率.

算法 6.1.18 (潘图形单环链具体 ($3 \leqslant N \leqslant 9$) 统计算法) 假设已经通过状态 $0, 1, N$ 的观测统计得到其各自逗留时和击中时 PDF 及 $\{0, 1, N\}$ 的逗留时 PDF, 并求出了相应的 $E\sigma^{(0)}, E\sigma^{(1)}, E\sigma^{(N)}, c_1^{(0)}, c_2^{(0)}, c_1^{(i)}, c_2^{(i)}, \cdots, c_7^{(i)}$ ($i = 1, N$), $c_1^{(0,1,N)}, c_2^{(0,1,N)}$.

第一步: 先计算

$$q_0 = \frac{1}{E\sigma^{(0)}}, \quad q_1 = \frac{1}{E\sigma^{(1)}}, \quad q_N = \frac{1}{E\sigma^{(N)}},$$

$$\pi_0 = c_1^{(0)} E\sigma^{(0)}, \quad \pi_1 = c_1^{(1)} E\sigma^{(1)}, \quad \pi_N = c_1^{(N)} E\sigma^{(N)},$$

$$q_{10} = \frac{\pi_0 q_{01}}{\pi_1},$$

然后, q_{12} 和 $q_{N,N-1}$ 是方程组 (3.7.200)-(3.7.201) 的唯一实解, 且

$$q_{1N} = q_1 - q_{10} - q_{12},$$

$$q_{N1} = q_N - q_{N,N-1}.$$

特别: $N = 3$ 时, 已求出 $\pi_0, q_0, q_{01}, \pi_1, q_1, q_{10}, q_{12}, q_{13}, \pi_3, q_3, q_{32}, q_{31}$, 然后

$$\pi_2 = 1 - \pi_0 - \pi_1 - \pi_3,$$
$$q_{21} = \frac{\pi_1 q_{12}}{\pi_2},$$
$$q_{23} = \frac{\pi_3 q_{32}}{\pi_2},$$
$$q_2 = q_{21} + q_{23}.$$

第二步: 在第一步基础上, 由方程组 (3.7.194)-(3.7.195) 可求得 π_2 和 q_{21}, 由方程组 (3.7.188)-(3.7.189) 可求得 π_{N-1} 和 $q_{N-1,N}$, 即

$$q_{21} = \frac{c_2^{(1)} - \pi_N q_{N1}^2 - \pi_0 q_{01}^2}{c_1^{(1)} - \pi_N q_{N1} - \pi_0 q_{01}},$$
$$q_{N-1,N} = \frac{c_2^{(N)} - \pi_1 q_{1N}^2}{c_1^{(N)} - \pi_1 q_{1N}},$$
$$\pi_2 = \frac{c_1^{(1)} - \pi_N q_{N1} - \pi_0 q_{01}}{q_{21}},$$
$$\pi_{N-1} = \frac{c_1^{(N)} - \pi_1 q_{1N}}{q_{N-1,N}}.$$

然后

$$q_2 = \frac{c_3^{(1)} - \pi_N q_{N1}^2 q_N - \pi_0 q_{01}^2 q_0}{\pi_2 q_{21}^2},$$
$$q_{N-1} = \frac{c_3^{(N)} - \pi_1 q_{1N}^2 q_1}{\pi_{N-1} q_{N-1,N}^2},$$
$$q_{23} = q_2 - q_{21},$$
$$q_{N-1,N-2} = q_{N-1} - q_{N-1,N}.$$

特别: $N = 4$ 时, 已求出 $\pi_0, q_0, q_{01}, \pi_1, q_1, q_{10}, q_{12}, q_{14}, \pi_2, q_2, q_{21}, q_{23}, \pi_3, q_3, q_{32},$ $q_{34}, \pi_4, q_4, q_{43}, q_{41}$, 即转移速率已全部求出.

特别: $N = 5$ 时, 已求出 $\pi_0, q_0, q_{01}, \pi_1, q_1, q_{10}, q_{12}, q_{15}, \pi_2, q_2, q_{21}, q_{23}, \pi_4, q_4, q_{43},$ $q_{45}, \pi_5, q_5, q_{54}, q_{51}$, 然后

$$\pi_3 = 1 - \pi_0 - \pi_1 - \pi_2 - \pi_4 - \pi_5,$$
$$q_{32} = \frac{\pi_2 q_{23}}{\pi_3},$$

$$q_{34} = \frac{\pi_4 q_{43}}{\pi_3},$$

$$q_3 = q_{32} + q_{34}.$$

第三步: 在前两步基础上,

$$q_{32} = \frac{c_4^{(1)} - \pi_N q_{N1}^2 (q_N^2 + q_{N,N-1} q_{N-1,N}) - \pi_2 q_{21}^2 q_2^2 - \pi_0 q_{01}^2 q_0^2}{\pi_2 q_{21}^2 q_{23}},$$

$$q_{N-2,N-1} = \frac{c_4^{(N)} - \pi_1 q_{1N}^2 (q_1^2 + q_{12} q_{21} + q_{10} q_{01}) - \pi_{N-1} q_{N-1,N}^2 q_{N-1}^2}{\pi_{N-1} q_{N-1,N}^2 q_{N-1,N-2}}.$$

$$\pi_3 = \frac{\pi_2 q_{23}}{q_{32}},$$

$$\pi_{N-2} = \frac{\pi_{N-1} q_{N-1,N-2}}{q_{N-2,N-1}}.$$

$$q_3 = \frac{c_5^{(1)} - \pi_N q_{N1}^2 (q_N^3 + 2 q_N q_{N,N-1} q_{N-1,N} + q_{N,N-1} q_{N-1} q_{N-1,N})}{\pi_2 q_{21}^2 q_{23} q_{32}}$$
$$- \frac{\pi_2 q_{21}^2 (q_2^3 + 2 q_2 q_{23} q_{32}) - \pi_0 q_{01}^2 q_0^3}{\pi_2 q_{21}^2 q_{23} q_{32}},$$

$$q_{N-2} = \frac{c_5^{(N)} - \pi_1 q_{1N}^2 (q_1^3 + 2 q_1 q_{12} q_{21} + q_{12} q_2 q_{21} + 2 q_1 q_{10} q_{01} + q_{10} q_0 q_{01})}{\pi_{N-1} q_{N-1,N}^2 q_{N-1,N-2} q_{N-2,N-1}}$$
$$- \frac{\pi_{N-1} q_{N-1,N}^2 (q_{N-1}^3 + 2 q_{N-1} q_{N-1,N-2} q_{N-2,N-1})}{\pi_{N-1} q_{N-1,N}^2 q_{N-1,N-2} q_{N-2,N-1}}.$$

特别: $N = 6$ 时, 已求出 $\pi_0, q_0, q_{01}, \pi_1, q_1, q_{10}, q_{12}, q_{16}, \pi_2, q_2, q_{21}, q_{23}, \pi_3, q_3, q_{32}, q_{34}, \pi_4, q_4, q_{43}, q_{45}, \pi_5, q_5, q_{54}, q_{56} \pi_6, q_6, q_{65}, q_{61}$, 即转移速率已全部求出.

特别: $N = 7$ 时, 已求出 $\pi_0, q_0, q_{01}, \pi_1, q_1, q_{10}, q_{12}, q_{17}, \pi_2, q_2, q_{21}, q_{23}, \pi_3, q_3, q_{32}, q_{34}, \pi_5, q_5, q_{54}, q_{56}, \pi_6, q_6, q_{65}, q_{61}, \pi_7, q_7, q_{76}, q_{71}$, 然后

$$\pi_4 = 1 - \pi_0 - \pi_1 - \pi_2 - \pi_3 - \pi_5 - \pi_6 - \pi_7,$$

$$q_{43} = \frac{\pi_3 q_{34}}{\pi_4},$$

$$q_{45} = \frac{\pi_5 q_{54}}{\pi_5},$$

$$q_4 = q_{43} + q_{45}.$$

第四步: 在前三步基础上,

$$q_{43} = \frac{c_6^{(1)} - \pi_N q_{N1}^2 [q_N^4 + (3 q_N^2 + 2 q_N q_{N-1} + q_{N-1}^2) q_{N,N-1} q_{N-1,N}]}{\pi_2 q_{21}^2 q_{23} q_{34} q_{32}}$$

$$- \frac{\pi_N q_{N1}^2 [q_{N-1,N-2} q_{N,N-1} q_{N-2,N-1} q_{N-1,N}]}{\pi_2 q_{21}^2 q_{23} q_{34} q_{32}}$$

$$- \frac{\pi_2 q_{21}^2 [q_2^4 + (3q_2^2 + 2q_2 q_3 + q_3^2) q_{23} q_{32}] - \pi_0 q_{01}^2 q_0^4}{\pi_2 q_{21}^2 q_{23} q_{34} q_{32}},$$

$$q_{N-3,N-2} = \frac{c_6^{(N)} - \pi_1 q_{1N}^2 [q_1^4 + (3q_1^2 + 2q_1 q_2 + q_2^2) q_{12} q_{21} + q_{12} q_{23} q_{32} q_{21}]}{\pi_{N-1} q_{N-1,N}^2 q_{N-1,N-2} q_{N-2,N-3} q_{N-2,N-1}}$$

$$- \frac{\pi_1 q_{1N}^2 (q_0^2 + 2q_1^2 + 2q_0 q_1 + 2q_{12} q_{21}) q_{10} q_{01} + \pi_{N-1} q_{N-1,N}^2 q_{N-1}^4}{\pi_{N-1} q_{N-1,N}^2 q_{N-1,N-2} q_{N-2,N-3} q_{N-2,N-1}}$$

$$- \frac{\pi_{N-1} q_{N-1,N}^2 (3q_{N-1}^2 + 2q_{N-1} q_{N-2} + q_{N-2}^2) q_{N-1,N-2} q_{N-2,N-1}}{\pi_{N-1} q_{N-1,N}^2 q_{N-1,N-2} q_{N-2,N-3} q_{N-2,N-1}},$$

$$\pi_4 = \frac{\pi_3 q_{34}}{q_{43}},$$

$$\pi_{N-3} = \frac{\pi_{N-2} q_{N-2,N-3}}{q_{N-3,N-2}}.$$

$$q_4 = \frac{c_7^{(1)} - \pi_N q_{N1}^2 [q_N^5 + (4q_N^3 + 3q_N^2 q_{N-1} + 2q_N q_{N-1}^2) q_{N,N-1} q_{N-1,N}]}{\pi_2 q_{21}^2 q_{23} q_{34} q_{43} q_{32}}$$

$$- \frac{\pi_N q_{N1}^2 [(q_{N-1}^3 + 3q_{N-1} q_{N-1,N-2} q_{N-2,N-1}) q_{N,N-1} q_{N-1,N}]}{\pi_2 q_{21}^2 q_{23} q_{34} q_{43} q_{32}}$$

$$- \frac{\pi_2 q_{21}^2 [q_2^5 + (4q_2^3 + 3q_2^2 q_3 + 2q_2 q_3^2 + q_3^3 + 3q_3 q_{34} q_{43}) q_{23} q_{32}]}{\pi_2 q_{21}^2 q_{23} q_{34} q_{43} q_{32}}$$

$$- \frac{\pi_0 q_{01}^2 q_0^5}{\pi_2 q_{21}^2 q_{23} q_{34} q_{43} q_{32}},$$

$$q_{N-3} = \frac{c_7^{(N)} - \pi_1 q_{1N}^2 [q_1^5 + (4q_1^3 + 3q_1^2 q_2 + 2q_1 q_2^2 + q_2^3 + 3q_2 q_{23} q_{32}) q_{12} q_{21}]}{\pi_{N-1} q_{N-1,N}^2 q_{N-1,N-2} q_{N-2,N-3} q_{N-3,N-2} q_{N-2,N-1}}$$

$$- \frac{\pi_1 q_{1N}^2 [q_{12} q_{23} q_3 q_{32} q_{21} + (q_0^3 + 2q_1^3 + 2q_0^2 q_1 + 2q_0 q_1^2) q_{10} q_{01}]}{\pi_{N-1} q_{N-1,N}^2 q_{N-1,N-2} q_{N-2,N-3} q_{N-3,N-2} q_{N-2,N-1}}$$

$$- \frac{\pi_1 q_{1N}^2 [(3q_1 q_{10} q_{01}) q_{10} q_{01} + 2(q_0 + 3q_1 + q_2) q_{12} q_{21} q_{10} q_{01}]}{\pi_{N-1} q_{N-1,N}^2 q_{N-1,N-2} q_{N-2,N-3} q_{N-3,N-2} q_{N-2,N-1}}$$

$$- \frac{\pi_{N-1} q_{N-1,N}^2 [q_{N-1}^5 + 4q_{N-1}^3 q_{N-1,N-2} q_{N-2,N-1} + 3q_{N-1}^2 q_{N-2}]}{\pi_{N-1} q_{N-1,N}^2 q_{N-1,N-2} q_{N-2,N-3} q_{N-3,N-2} q_{N-2,N-1}}$$

$$- \frac{\pi_{N-1} q_{N-1,N}^2 (2q_{N-1} q_{N-2}^2 + q_{N-2}^3) q_{N-1,N-2} q_{N-2,N-1}}{\pi_{N-1} q_{N-1,N}^2 q_{N-1,N-2} q_{N-2,N-3} q_{N-3,N-2} q_{N-2,N-1}}$$

$$- \frac{\pi_{N-1}q_{N-1,N}^2(3q_{N-2}q_{N-2,N-3}q_{N-3,N-2})q_{N-1,N-2}q_{N-2,N-1}}{\pi_{N-1}q_{N-1,N}^2 q_{N-1,N-2}q_{N-2,N-3}q_{N-3,N-2}q_{N-2,N-1}}.$$

特别: $N = 8$ 时, 已求出 $\pi_0, q_0, q_{01}, \pi_1, q_1, q_{10}, q_{12}, q_{18}, \pi_2, q_2, q_{21}, q_{23}, \pi_3, q_3, q_{32},$ $q_{34}, \pi_4, q_4, q_{43}, q_{45}, \pi_5, q_5, q_{54}, q_{56}, \pi_6, q_6, q_{65}, q_{67}, \pi_7, q_7, q_{76}, q_{78}, \pi_8, q_8, q_{87}, q_{81}$, 即转移速率已全部求出.

特别: $N = 9$ 时, 已求出 $\pi_0, q_0, q_{01}, \pi_1, q_1, q_{10}, q_{12}, q_{19}, \pi_2, q_2, q_{21}, q_{23}, \pi_3, q_3, q_{32},$ $q_{34}, \pi_4, q_4, q_{43}, q_{45}, \pi_6, q_6, q_{65}, q_{67}, \pi_7, q_7, q_{76}, q_{78}, \pi_8, q_8, q_{87}, q_{89}, \pi_9, q_9, q_{98}, q_{91}$, 然后

$$\pi_5 = 1 - \pi_0 - \pi_1 - \pi_2 - \pi_3 - \pi_4 - \pi_6 - \pi_7 - \pi_8 - \pi_9,$$
$$q_{54} = \frac{\pi_4 q_{45}}{\pi_5},$$
$$q_{56} = \frac{\pi_6 q_{65}}{\pi_5},$$
$$q_5 = q_{54} + q_{56}.$$

总之, 当 $N = 2M$ 时, 由 $c_1^{(0,1,N)}, c_2^{(0,1,N)}, E\sigma^{(0)}, E\sigma^{(1)}, E\sigma^{(N)}$ 及 $c_1^{(0)}, c_2^{(0)}, c_3^{(0)},$ $c_n^{(1)}, c_n^{(N)}(n = 1, 2, \cdots, 2M-1)$, 按定理 3.7.1 可直接求出全部转移速率.

当 $N = 2M+1$ 时, 由 $c_1^{(0,1,N)}, c_2^{(0,1,N)}, E\sigma^{(0)}, E\sigma^{(1)}, E\sigma^{(N)}$ 及 $c_1^{(0)}, c_2^{(0)}, c_3^{(0)}, c_n^{(1)},$ $c_n^{(N)}(n = 1, 2, \cdots, 2M-1)$, 按定理 3.7.1 可求出除 $\pi_{M+1}, q_{M+1}, q_{M+1,M}, q_{M+1,M+2}$ 以外的转移速率, 最后

$$\pi_{M+1} = 1 - \sum_{i \neq M+1} \pi_i,$$
$$q_{M+1,M} = \frac{\pi_M q_{M,M+1}}{\pi_{M+1}},$$
$$q_{M+1,M+2} = \frac{\pi_{M+2}q_{M+2,M+1}}{\pi_{M+1}},$$
$$q_{M+1} = q_{M+1,M} + q_{M+1,M+2}.$$

其次, 给出 (由一个环和一条边组成的) 蝌蚪图形单环链 (图 3.7.15) 通过叶子和环中两相邻状态观测确认的通用统计算法.

算法 6.1.19 (蝌蚪图形单环链通用统计算法 1: 观测 3 个状态) 假设已经通过叶子状态和环中两相邻状态的观测统计得到其逗留时和击中时 PDF.

第一步: 由生灭链统计计算算法 6.1.1, 通过观测唯一的叶子状态统计计算出整个线形部分转移速率.

第二步: 根据环形链统计计算算法 6.1.15, 通过观测环中任何两相邻状态就可以统计计算出环中的转移速率 (更具体的统计计算算法参见算法 6.1.15).

　　然后, 给出蝌蚪图形单环链 (图 3.7.15) 通过环中两相邻状态观测确认的通用统计算法.

算法 6.1.20 (蝌蚪图形单环链通用统计算法 2: 观测 2 个状态)　假设已经通过观测统计分别得到环中两相邻状态 m 和 $m+1$ 各自的逗留时和击中时 PDF 及该两状态集的逗留时 PDF.

第一步: 根据算法 6.1.15, 打开环并计算得到状态 1 到 $2m$ 之间转移速率, 直到 $s=m-2$, 即 $\pi_j, q_j, q_{j,j+1}, q_{j+1,j}$ $j=1,\cdots,2m$.

第二步: 对于 $s=m-1$ 来说, 通过把 (3.7.240) 式中 A_j^{m-1} ($j=1,2$) 代入到 (3.7.242) 式, 沿顺时针方向计算出 q_{2m+1}; 于是有 $q_{2m+1,2m+2}=q_{2m+1}-q_{2m+1,2m}$.

第三步: 对于 $s=m-1$ 来说, 通过把 (3.7.241) 式中 A_j^{m-1} ($j=5,6$) 代入到 (3.7.243) 式, 沿顺时针方向计算出 $q_{2m+2,2m+1}$; 于是有

$$\pi_{2m+2}=\frac{\pi_{2m+1}q_{2m+1,2m+2}}{q_{m+2,m+1}}.$$

第四步: 重复第二步和第三步: 计算状态 $2m+2$ 和 N 之间转移速率, 即 $\pi_j, q_j, q_{j,j+1}, q_{j+1,j}$ ($j=2m+2,\cdots,N$, 且 $q_{N+1,N}=q_{1N}, q_{N,N+1}=q_{N1}$).

第五步: 对于 $s=m-1$, 由 (3.7.240) 式和 (3.7.241) 式计算出 $q_{1'}$ 与 $q_{1',1}$; 于是 $q_{1,1'}=q_1-q_{1N}-q_{12}, \pi_{1'}=\pi_1 q_{1,1'}/q_{1',1}, q_{1',2'}=q_{1'}-q_{1',1}-q_{1',N}$.

最后: 重复第五步: 在 $s=m,m+1,\cdots$ 的情况下, 通过 (3.7.240) 和 (3.7.241), 沿着直线的部分, 计算出从 $1'$ 到 0 的所有转移速率.

　　最后, 给出由树和环组成的一般单环链 (图 3.7.17) 通过所有叶子状态和环中两相邻状态观测确认的通用统计算法.

算法 6.1.21 (一般单环链通用统计算法)　假设已经通过树中所有叶子状态和环中两相邻状态观测统计得到各自的逗留时和击中时 PDF 及两状态集的逗留时 PDF.

第一步: 参照树形子链统计计算算法 6.1.11, 通过观测所有叶子状态统计计算出整个树形部分转移速率;

第二步: 类似于蝌蚪图形单环链情形 (算法 6.1.19), 根据环形链通用统计计算算法 6.1.15, 通过环中任意两相邻状态的观测统计计算环中转移速率.

6.1.8　双环链统计算法

　　首先, 给出哑铃型双环链 (图 3.7.18) 通过两个环中各两相邻状态观测确认的通用统计算法.

算法 6.1.22 (哑铃型双环链通用统计算法)　假设已经通过左环中两相邻状态和右环中两相邻状态的观测统计得到各自的逗留时和击中时 PDF 及两对相邻状态集的逗留时 PDF.

计算之前, 判断两个环中状态数的大小, 如果二者状态数相差较大, 则执行第一步和第二步; 否则, 执行第三步和第四步.

第一步: 由蝌蚪图形单环链统计算法 6.1.20, 通过小环中两相邻状态的观测统计计算出小环和线形部分转移速率.

第二步: 类似于蝌蚪图形单环链算法 6.1.20 (当大环中状态数超过小环和线形部分状态数时, 要比蝌蚪图形单环链计算稍复杂), 通过大环中的两相邻状态观测统计计算大环中的所有转移速率.

第三步: 由蝌蚪图形单环链统计算法 6.1.20, 先通过其中一个环中两相邻状态 (二者距离所在环的分支点状态的距离相当的) 的观测统计计算出该环和线形部分转移速率.

第四步: 由蝌蚪图形单环链统计算法 6.1.20, 通过另一个环中两相邻状态的观测统计计算出该子环和线形部分转移速率.

其次, 给出 "8" 字型双环链 (图 3.7.19) 通过两个环中各两相邻状态观测确认的通用统计算法.

算法 6.1.23 ("8" 字型双环链通用统计算法) 假设已经由左环中两相邻状态和右环中两相邻状态各自的观测统计得到其逗留时和击中时的 PDF 及两个状态集的逗留时 PDF.

第一步: 由蝌蚪图形单环链统计算法 6.1.20, 先通过其中一个环中两相邻状态 (二者距离所在环的分支点状态的距离相当的) 的观测统计计算出该环和线形部分转移速率.

第二步: 由蝌蚪图形单环链统计算法 6.1.20, 通过另一个环中两相邻状态的观测统计计算出该子环和线形部分转移速率.

最后, 给出有公共边的 "日" 字型双环链 (如图 3.7.20) 通过任意两条边中各两相邻状态观测确认的通用统计算法.

算法 6.1.24 ("日" 字型双环链通用统计算法) 假设已经通过任意两条边中两相邻状态的观测统计得到各自的逗留时和击中时 PDF 及两对相邻状态集的逗留时 PDF.

第一步: 类似于蝌蚪图形单环链统计算法 6.1.20, 先通过其中一条边中两相邻状态的观测统计计算出该条边上的转移速率.

第二步: 类似于蝌蚪图形单环链统计算法 6.1.20, 再通过另一条边中两相邻状态的观测统计计算出该条边上的转移速率.

第三步: 类似于蝌蚪图形单环链统计算法 6.1.20, 最后通过上述任意一条边中两相邻状态的观测统计计算出第三条边上的转移速率.

6.1.9　不可逆平稳双向环形链统计算法

对于不可逆平稳马尔可夫链, 主要考虑双向环形的 $\mathcal{D}$-马尔可夫链.

算法 6.1.25 (不可逆平稳双向环形链统计算法)　假设已经通过任意两相邻状态的观测统计得到各自的逗留时和击中时 PDF 及状态集的逗留时 PDF.

第一步: 根据式 (5.3.85)-(5.3.86) 计算环流 R:

首先, $q_{m+1,m+2}$ 是方程 (5.3.85) 的实根; 然后由 (5.3.86) 式计算

$$R = 2\pi_{m+1}q_{m+1,m+2} + c_1^{(m)} - c_1^{(m+1)} - c_1^{(m,m+1)}. \tag{6.1.18}$$

第二步: 打开环: 根据定理 5.3.1 的证明计算 $q_m, q_{m+1}, \pi_m, \pi_{m+1}, q_{m,m-1}$ 和 $q_{m+1,m+2}, q_{m,m+1}, q_{m+1,m}$.

第三步: 根据式 (5.3.68) 和 (5.3.69), 沿逆时针方向计算 $\pi_{m-1}, q_{m-1,m}$, 沿顺时针方向计算 $\pi_{m+2}, q_{m+2,m+1}$.

第四步: 根据式 (5.3.90), 沿逆时针方向计算 $q_{m-1}, q_{m-1,m-2}$, 沿顺时针方向计算 $q_{m+2}, q_{m+2,m+3}$.

第五步: 根据式 (5.3.91), 沿逆时针方向计算 $q_{m-2,m-1}, \pi_{m-2}$, 沿顺时针方向计算 $q_{m+3,m+2}, \pi_{m+3}$.

最后: 迭代第四步和第五步: 对 $s = 2, 3, \cdots$, 根据式 (5.3.68) 和 (5.3.69), 沿逆时针方向和沿顺时针方向交替计算余下的转移速率.

鉴于不可逆平稳双向环形的 $\mathcal{D}$-马尔可夫链与可逆环形的马尔可夫链在统计计算的思想上是一致的, 只是需要先求出每个子环中的环流, 所以, 不再逐一给出以上各种模型的不可逆平稳双向环形的 $\mathcal{D}$-马尔可夫链的统计计算算法, 相应地, 在统计计算每个子环的转移速率之前, 增加求解该子环中环流的计算步骤且原来利用可逆性计算的量改由利用环流公式 ($\pi_i q_{ij} - \pi_j q_{ji} = R$) 计算. 特别, 对于具有公共边的情形, 必要时增加子环之间的环流分解或叠加计算.

6.2　数　值　例　子

本节从线形马尔可夫链 (生灭链) 着手 (6.2.1 节中例 6.2.1), 通过模拟给定的含有 3 个状态的线形马尔可夫链活动, 观测其中一个状态的逗留时序列和击中时序列, 统计得到其逗留时和击中时 (准确的) PDF, 再按相应的算法计算出所有的转移速率, 并与给定的转移速率进行比较, 证明了该统计计算理论的正确性.

对于其他类型的马尔可夫链模型, 主要是为证明本书的结论和算法的正确性, 不再给出模拟和拟合要求的各状态的逗留时和击中时 PDF 的过程. 为此, 通过多种模型的数值例子证明其生成元能够由所观测状态 (集) 的逗留时和击中时的

PDF 唯一确认, 并以此演示相应的计算过程. 可为离子通道、经济预测与控制等各种实际应用提供直接的计算程序.

6.2.1 生灭链数值例子

例 6.2.1 设 $\{X_t, t \geqslant 0\}$ 是一个生灭链 (线形马尔可夫链), 其状态空间为 $S = \{0, 1, 2\}$, 速率矩阵为

$$Q = \begin{pmatrix} -1 & 1 & 0 \\ 0.5 & -1 & 0.5 \\ 0 & 1 & -1 \end{pmatrix}. \tag{6.2.19}$$

下面, 首先用马尔可夫链蒙特卡罗 (MCMC) 方法模拟此过程的样本轨道, 记录状态 0 的逗留时序列和击中时序列, 然后统计得出状态 0 的逗留时 σ 和击中时 τ 的 PDF, 并再按算法 6.1.2 计算所有的转移速率.

计算准备: 逗留时和击中时 PDF 的估计

分别对 10000 样本和 100000 样本两种情形估计出 σ 和 τ 的 PDF ($t > 0$ 时).

10000 样本 σ 和 τ 的 PDF 为 (图 6.2.1)

$$f_\sigma(t) = 1.000970 e^{-1.000970t},$$
$$f_\tau(t) = 0.279642 e^{-0.293548t} + 0.045883 e^{-1.654449t}.$$

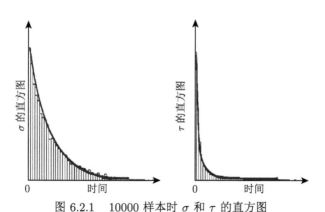

图 6.2.1　10000 样本时 σ 和 τ 的直方图

100000 样本 σ 和 τ 的 PDF 为 (图 6.2.2)

$$f_\sigma(t) = 1.000802 e^{-1.000802t},$$
$$f_\tau(t) = 0.291679 e^{-0.292942t} + 0.047183 e^{-1.711099t}.$$

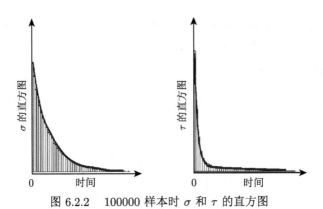

图 6.2.2　100000 样本时 σ 和 τ 的直方图

事实上, 可以计算出其平稳分布为

$$(\pi_0, \pi_1, \pi_2) = (0.25, 0.5, 0.25),$$

且 σ 和 τ 的 PDF 为 $(t > 0$ 时)

$$f_\sigma(t) = e^{-t},$$

$$f_\tau(t) = \frac{2+\sqrt{2}}{12} e^{-\frac{2-\sqrt{2}}{2}t} + \frac{2-\sqrt{2}}{12} e^{-\frac{2+\sqrt{2}}{2}t}$$

$$= 0.284518 e^{-0.292893t} + 0.048816 e^{-1.707107t}.$$

可以看出, 上述两种情形下估计得到的 σ 和 τ 的 PDF 是较准确的.

转移速率计算

根据两种情形估计得到的 σ 和 τ 的 PDF, 分别按算法 6.1.2 计算如下.

对于 10000 样本,

$$\alpha_1 = 0.293548, \quad \alpha_2 = 1.654449, \tag{6.2.20}$$

$$\gamma_1 = 0.279642, \quad \gamma_2 = 0.045883. \tag{6.2.21}$$

从而, 由 $d_n = \gamma_1 \alpha_1^{n-1} + \gamma_2 \alpha_2^{n-1}$ $(n = 1, 2, 3, 4)$ 知

$$d_1 = 0.325525, \quad d_2 = 0.157999, \quad d_3 = 0.149688, \quad d_4 = 0.214858.$$

对于 100000 样本,

$$\alpha_1 = 0.292942, \quad \alpha_2 = 1.711099, \tag{6.2.22}$$

$$\gamma_1 = 0.291679, \quad \gamma_2 = 0.041783. \tag{6.2.23}$$

类似地,

$$d_1 = 0.338862, \quad d_2 = 0.166180, \quad d_3 = 0.163176, \quad d_4 = 0.243713.$$

第一步: 由 σ 的 PDF 可得 (左式为 10000 样本, 右式为 100000 样本, 下同)

$$q_0 = q_{01} = 1.000970, \qquad q_0 = q_{01} = 1.000802, \tag{6.2.24}$$

$$\pi_0 = \frac{d_1}{q_0 + d_1} = 0.245402, \quad \pi_0 = 0.252946. \tag{6.2.25}$$

第二步: 由 $c_n = (1 - \pi_0)d_n$ 可得

$$c_1 = 0.245640, \quad c_1 = 0.253148, \tag{6.2.26}$$

$$c_2 = 0.119226, \quad c_2 = 0.124145, \tag{6.2.27}$$

$$c_3 = 0.112954, \quad c_3 = 0.121901, \tag{6.2.28}$$

$$c_4 = 0.162131, \quad c_4 = 0.182067. \tag{6.2.29}$$

于是

$$q_{10} = \frac{c_2}{c_1} = 0.485369, \qquad q_{10} = 0.490405,$$

$$q_{12} = \frac{c_3}{c_2} - \frac{c_2}{c_1} = 0.462027, \quad q_{12} = 0.491517, \tag{6.2.30}$$

$$q_1 = q_{10} + q_{12} = 0.947396, \quad q_1 = 0.981922.$$

第三步: 计算

$$q_{21} = \frac{c_1(c_4 - q_1 c_3)}{c_1 c_3 - c_2^2} = 1.000602, \quad q_{21} = 1.022119. \tag{6.2.31}$$

综上所述, 分别得到两种情形下的转移速率矩阵为

$$Q = \begin{pmatrix} -1.000970 & 1.000970 & 0 \\ 0.485369 & -0.947396 & 0.462027 \\ 0 & 1.000602 & -1.000602 \end{pmatrix} \tag{6.2.32}$$

和

$$Q = \begin{pmatrix} -1.000802 & 1.000802 & 0 \\ 0.490405 & -0.981922 & 0.491517 \\ 0 & 1.022119 & -1.022119 \end{pmatrix}. \tag{6.2.33}$$

将矩阵 (6.2.32) 和 (6.2.33) 与原矩阵 (6.2.19) 比较, 不难看出, 该统计计算算法是非常正确的, 该统计方法也是非常有效的.

6.2.2   环形链数值例子

例 6.2.2   设 $\{X_t, t \geqslant 0\}$ 是一个可逆环形马尔可夫链, 其状态空间为 $S = \{0, 1, 2, 3, 4, 5\}$, 速率矩阵为

$$Q = (q_{ij})_{S \times S} = \begin{pmatrix} -160 & 10 & 0 & 0 & 0 & 50 \\ 25 & -75 & 50 & 0 & 0 & 0 \\ 0 & 20 & -50 & 30 & 0 & 0 \\ 0 & 0 & 15 & -40 & 25 & 0 \\ 0 & 0 & 0 & 80 & -160 & 80 \\ 25 & 0 & 0 & 0 & 25 & -50 \end{pmatrix}. \tag{6.2.34}$$

计算准备: 逗留时和击中时 PDF 的估计

假设经观测统计已得到状态 0 逗留时 $\sigma^{(0)}$ 和击中时 $\tau^{(0)}$, 状态 5 逗留时 $\sigma^{(5)}$ 和击中时 $\tau^{(5)}$ 及状态 0 和 5 的逗留时 $\sigma^{(0,5)}$ 各自的 PDF 为 ($t > 0$ 时)

$$f_{\sigma^{(0)}}(t) = 60e^{-60t},$$

$$\begin{aligned} f_{\tau^{(0)}}(t) &= 0.099615e^{-188.276008t} + 0.176121e^{-98.439925t} + 5.520989e^{-6.163932t} \\ &= 2.503906e^{-50.464156t} + 1.657876e^{-31.655980t}, \end{aligned}$$

$$f_{\sigma^{(5)}}(t) = 50e^{-50t},$$

$$\begin{aligned} f_{\tau^{(5)}}(t) &= 7.298093e^{-8.747554t} + 0.213020e^{-38.737451t} + 8.153618e^{-60.236738t} \\ &= 0.163175e^{-102.048080t} + 4.072592e^{-175.230177t}, \end{aligned}$$

$$f_{\sigma^{(0,5)}}(t) = 19.101821e^{-19.292858t} + 0.898179e^{-90.707142t}.$$

转移速率计算

根据以上击中时分布可得

$$d_1^{(0)} = 0.099615 + 0.176121 + 5.520989 + 2.503906 + 1.657876 = 9.958507,$$
$$d_1^{(5)} = 7.298093 + 0.213020 + 8.153618 + 0.163175 + 4.072592 = 19.900498,$$
$$d_1^{(0,5)} = 19.101821 + 0.898179 = 20.$$

第一步: 先计算

$$q_0 = 60, \quad \pi_0 = \frac{d_1^{(0)}}{q_0 + d_1^{(0)}} = 0.142349,$$

$$q_5 = 50, \quad \pi_5 = \frac{d_1^{(5)}}{q_5 + d_1^{(5)}} = 0.284698.$$

于是

$$c_1^{(0)} = 8.540923, \qquad c_1^{(5)} = 14.234866,$$

$$c_2^{(0)} = 213.523062, \qquad c_2^{(5)} = 925.266297,$$

$$c_3^{(0)} = 11565.829559, \qquad c_3^{(5)} = 112455.440839,$$

$$c_4^{(0)} = 1036475.970726, \qquad c_4^{(5)} = 17085397.673614,$$

$$c_5^{(0)} = 136899326.453523, \quad c_5^{(5)} = 2836421550.920823,$$

$$c_1^{(0,5)} = 8.540925, \qquad c_2^{(0,5)} = 192.170806.$$

然后, q_{01} 和 q_{54} 是方程组 (3.6.160)-(3.6.161) 的唯一实解, 故

$$q_{01} = 9.999905, \quad q_{05} = q_0 - q_{01} = 50.000095,$$

$$q_{54} = 24.999995, \quad q_{50} = q_5 - q_{54} = 25.000005.$$

第二步: 由方程组 (3.6.147)-(3.6.148) 可求得 π_1 和 q_{10}, 由方程组 (3.6.154)-(3.6.155) 可求得 π_{N-1} 和 $q_{N-1,N}$, 即

$$q_{10} = \frac{c_2^{(0)} - \pi_N q_{N0}^2}{c_1^{(0)} - \pi_N q_{N0}} = 24.999966,$$

$$q_{45} = \frac{c_2^{(N)} - \pi_0 q_{0N}^2}{c_1^{(N)} - \pi_0 q_{0N}} = 80.000035,$$

$$\pi_1 = \frac{c_1^{(0)} - \pi_N q_{N0}}{q_{10}} = 0.056939,$$

$$\pi_4 = \frac{c_1^{(N)} - c_1^{(N)} - \pi_0 q_{0N}}{q_{N-1,N}} = 0.088967.$$

然后,

$$q_1 = \frac{c_3^{(0)} - \pi_5 q_{50}^2 q_5}{\pi_1 q_{10}^2} = 75.000144,$$

$$q_4 = \frac{c_3^{(5)} - \pi_0 q_{05}^2 q_0}{\pi_4 q_{45}^2} = 160.000383,$$

$$q_{12} = q_1 - q_{10} = 50.000417,$$

$$q_{43} = q_4 - q_{45} = 80.000348.$$

第三步: 在前两步基础上,

$$q_{21} = \frac{c_4^{(0)} - \pi_5 q_{50}^2 (q_5^2 + q_{54} q_{45}) - \pi_1 q_{10}^2 q_1^2}{\pi_1 q_{10}^2 q_{12}} = 19.998704,$$

$$q_{34} = \frac{c_4^{(5)} - \pi_0 q_{05}^2 (q_0^2 + q_{01} q_{10}) - \pi_4 q_{45}^2 q_4^2}{\pi_4 q_{45}^2 q_{43}} = 24.999518,$$

$$q_2 = \frac{c_5^{(0)} - \pi_5 q_{50}^2 (q_5^3 + 2 q_5 q_{54} q_{45} + q_{54} q_4 q_{45}) - \pi_1 q_{10}^2 (q_1^3 + 2 q_1 q_{12} q_{21})}{\pi_1 q_{10}^2 q_{12} q_{21}} = 49.996007,$$

$$q_3 = \frac{c_5^{(5)} - \pi_0 q_{05}^2 (q_0^3 + 2 q_0 q_{01} q_{10} + q_{01} q_1 q_{10}) - \pi_4 q_{45}^2 (q_4^3 + 2 q_4 q_{43} q_{34})}{\pi_4 q_{45}^2 q_{43} q_{34}} = 39.998750.$$

最后

$$q_{23} = q_2 - q_{21} = 29.997303,$$

$$q_{32} = q_3 - q_{34} = 14.999232.$$

综合上述计算得速率矩阵为

$$Q = \begin{pmatrix} -160 & 9.999905 & 0 & 0 & 0 & 50.000095 \\ 24.999967 & -75.000144 & 50.000417 & 0 & 0 & 0 \\ 0 & 19.998704 & -49.996007 & 29.997303 & 0 & 0 \\ 0 & 0 & 14.999232 & -39.998750 & 24.999518 & 0 \\ 0 & 0 & 0 & 80.000348 & -160.000383 & 80.000035 \\ 25.000005 & 0 & 0 & 0 & 24.999995 & -50 \end{pmatrix}.$$

$$(6.2.35)$$

比较 (6.2.34) 和 (6.2.35) 可以看出, 该统计方法是非常有效的.

6.2.3　星形分枝链数值例子

例 6.2.3　设 $\{X_t, t \geqslant 0\}$ 是一个星形分枝马尔可夫链 (图 6.2.3), 其状态空间为 $S = \{0, 1, 2, 3, 4, 5, 6, 7, 8, 9\}$, 速率矩阵为

$$Q = \begin{pmatrix}
-10 & 10 & 0 & 0 & 0 & 0 & 0 & 0 & 0 & 0 \\
20 & -70 & 50 & 0 & 0 & 0 & 0 & 0 & 0 & 0 \\
0 & 25 & -75 & 0 & 0 & 0 & 0 & 0 & 0 & 50 \\
0 & 0 & 0 & -100 & 100 & 0 & 0 & 0 & 0 & 0 \\
0 & 0 & 0 & 200 & -350 & 200 & 0 & 0 & 0 & 0 \\
0 & 0 & 0 & 0 & 300 & -450 & 0 & 0 & 0 & 150 \\
0 & 0 & 0 & 0 & 0 & 0 & -25 & 25 & 0 & 0 \\
0 & 0 & 0 & 0 & 0 & 0 & 50 & -250 & 200 & 0 \\
0 & 0 & 0 & 0 & 0 & 0 & 0 & 100 & -300 & 200 \\
0 & 0 & 100 & 0 & 0 & 50 & 0 & 0 & 50 & -200
\end{pmatrix}.$$

$$(6.2.36)$$

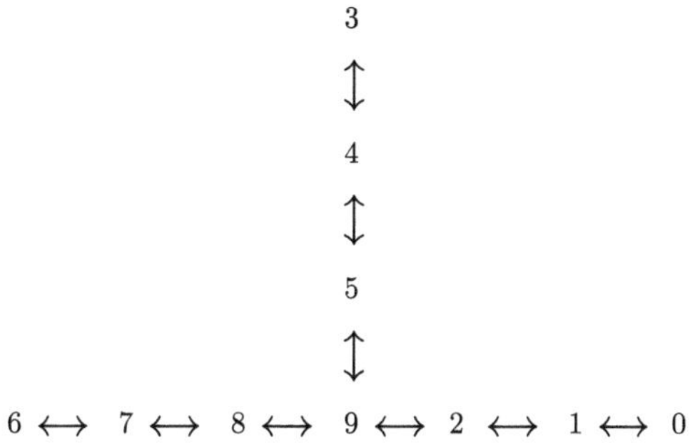

$$3$$
$$\updownarrow$$
$$4$$
$$\updownarrow$$
$$5$$
$$\updownarrow$$

$$6 \leftrightarrow 7 \leftrightarrow 8 \leftrightarrow 9 \leftrightarrow 2 \leftrightarrow 1 \leftrightarrow 0$$

图 6.2.3 3 个分枝, 共 10 个状态的星形分枝马尔可夫链示意图

计算准备: 逗留时和击中时 PDF 的估计

观测状态 $0,3,6$. 假设已根据其逗留时 $\sigma^{(0)}, \sigma^{(3)}, \sigma^{(6)}$ 和击中时 $\tau^{(0)}, \tau^{(3)}, \tau^{(6)}$ 直方图估计出相应的 PDF 为 ($t > 0$ 时)

$$f_{\tau^{(0)}}(t) = 0.0000001e^{-643.796756t} + 0.000004e^{-445.713365t} + 0.000149e^{-285.848968t}$$
$$+ 0.001718e^{-205.873825t} + 0.068305e^{-121.755971t} + 0.464591e^{-76.342605t}$$
$$+ 1.901507e^{-1.953757t} + 0.416733e^{-22.161497t} + 0.021244e^{-16.553257t},$$

$$f_{\sigma^{(0)}}(t) = 10e^{-10t}.$$

$$f_{\tau^{(3)}}(t) = 1.949789e^{-630.123531t} + 0.120315e^{-444.791002t} + 2.895117e^{-255.440780t}$$
$$+ 8.128486e^{-167.600852t} + 0.310173e^{-121.094790t} + 0.706960e^{-75.276457t}$$
$$+ 0.333774e^{-20.585844t} + 2.274442e^{-2.686048t} + 0.767283e^{-12.400696t},$$

$$f_{\sigma^{(3)}}(t) = 100e^{-100t}.$$

$$f_{\tau^{(6)}}(t) = 0.000022e^{-643.796957t} + 0.024344e^{-444.809621t} + 0.013629e^{-285.322792t}$$

$$+ 0.040708e^{-204.266920t} + 0.078292e^{-118.785191t} + 0.038611e^{-76.566327t}$$

$$+ 0.011004e^{-22.910254t} + 0.501357e^{-0.502944t} + 0.009738e^{-8.039996t},$$

$$f_{\sigma^{(6)}}(t) = 25e^{-25t}.$$

转移速率计算

首先, 令

$$\alpha_1 = 643.796756, \quad \alpha_2 = 445.713365, \quad \alpha_3 = 285.848968,$$
$$\alpha_4 = 205.873825, \quad \alpha_5 = 121.755971, \quad \alpha_6 = 76.342605,$$
$$\alpha_7 = 1.953757, \quad \alpha_8 = 22.161497, \quad \alpha_9 = 16.553257;$$
$$\gamma_1 = 0.0000001, \quad \gamma_2 = 0.000004, \quad \gamma_3 = 0.000149,$$
$$\gamma_4 = 0.001718, \quad \gamma_5 = 0.068305, \quad \gamma_6 = 0.464591,$$
$$\gamma_7 = 1.901507, \quad \gamma_8 = 0.416733, \quad \gamma_9 = 0.021244.$$

按算法 6.1.4 得

$$q_0 = -q_{00} = q_{01} = 10.$$

又 $d_1 = \sum\limits_{i=1}^{9} \gamma_i = 2.874251$, 因此 $\pi_0 = \dfrac{d_1}{q_0 + d_1} = 0.223256$, $1 - \pi_0 = 0.776744$. 所以

$$d_n = \sum_{i=1}^{9} \gamma_i \alpha_i^{n-1}, \quad c_n = (1 - \pi_0)d_n = 0.776744d_n,$$

故

$$c_1 = 2.232558, \quad c_2 = 44.651163, \quad c_3 = 3125.581395,$$
$$c_4 = 274604.651163, \quad c_5 = 27315348.837209.$$

从而得

$$q_{10} = \frac{c_2}{c_1} = 20.000001,$$

$$q_1 = \frac{c_3}{c_2} = 70.000000,$$

$$\pi_1 = \frac{c_1^2}{c_2} = 0.111628,$$

$$q_{12} = q_1 - q_{10} = 49.999999,$$

$$q_{21} = \frac{c_1(c_4 - q_1 c_3)}{(c_1 c_3 - c_2^2)} = 25.000001,$$

$$\pi_2 = \frac{\pi_1 q_{12}}{q_{21}} = 0.223256,$$

$$q_2 = \frac{c_5 - 2q_1 c_4 + q_1^2 c_3}{c_4 - q_1 c_3} = 74.999999,$$

$$q_{29} = q_2 - q_{21} = 49.999998.$$

故

$$H_1 = \begin{pmatrix} -10 & 10 & 0 \\ 20.000001 & -70 & 49.999999 \\ 0 & 25.000001 & -74.999999 \end{pmatrix}, \quad A_1 = \begin{pmatrix} 0 \\ 0 \\ 49.999998 \end{pmatrix}.$$

$$(6.2.37)$$

其次, 按以上计算方法, 经计算得

$$H_2 = \begin{pmatrix} -100 & 100 & 0 \\ 199.999999 & -350.000000 & 150.000001 \\ 0 & 299.999998 & -450.000000 \end{pmatrix}, \quad A_2 = \begin{pmatrix} 0 \\ 0 \\ 150.000002 \end{pmatrix}.$$

$$(6.2.38)$$

$$H_3 = \begin{pmatrix} -25 & 25 & 0 \\ 50.000030 & -249.999999 & 199.999969 \\ 0 & 100.000016 & -299.999999 \end{pmatrix}, \quad A_3 = \begin{pmatrix} 0 \\ 0 \\ 199.999983 \end{pmatrix}.$$

$$(6.2.39)$$

最后, 按算法 6.1.5 得

$$\pi_9 = 1 - \sum_{i=0}^{8} \pi_i = 0.111626,$$

$$q_{92} = \frac{\pi_2 q_{29}}{\pi_9} = \frac{0.223256 \times 49.999998}{0.111626} = 100.001788,$$

$$q_{95} = \frac{\pi_5 q_{59}}{\pi_9} = \frac{0.037209 \times 150.000002}{0.111626} = 50.000449,$$

$$q_{98} = \frac{\pi_8 q_{89}}{\pi_9} = \frac{0.027907 \times 199.999983}{0.111626} = 50.000892,$$

$$q_9 = q_{92} + q_{95} + q_{98} = 200.003129.$$

因此

$$B_1 = (0 \quad 0 \quad 100.001788), \quad B_2 = (0 \quad 0 \quad 50.000449), \quad B_3 = (0 \quad 0 \quad 50.000892).$$

$$(6.2.40)$$

从而 $\{X_t, t \geqslant 0\}$ 的速率矩阵为

$$Q = \begin{pmatrix} H_1 & \mathbf{0} & \mathbf{0} & A_1 \\ \mathbf{0} & H_2 & \mathbf{0} & A_2 \\ \mathbf{0} & \mathbf{0} & H_3 & A_3 \\ B_1 & B_2 & B_3 & -200.003129 \end{pmatrix}. \tag{6.2.41}$$

其中, H_k, A_k 和 $B_k(k = 1, 2, 3)$ 由式 (6.2.37)—(6.2.40) 给出.

比较矩阵 (6.2.41) 和原矩阵 (6.2.36), 不难看出, 只要能够正确地得到星形分枝马尔可夫链每个分枝末端状态逗留时和击中时 PDF, 该算法是非常有效的.

6.2.4　层次模型链数值例子

例 6.2.4　设 $\{X_t, t \geqslant 0\}$ 是一个层次模型马尔可夫链 (图 6.2.4), 状态空间为 $S = \{0, 1, 2, 3, 4, 5, 6\}$, 速率矩阵为

$$Q = (q_{ij})_{S \times S} = \begin{pmatrix} -20 & 20 & 0 & 0 & 0 & 0 & 0 \\ 50 & -150 & 50 & 0 & 0 & 0 & 50 \\ 0 & 80 & -80 & 0 & 0 & 0 & 0 \\ 0 & 0 & 0 & -100 & 100 & 0 & 0 \\ 0 & 0 & 0 & 150 & -225 & 25 & 50 \\ 0 & 0 & 0 & 0 & 125 & -125 & 0 \\ 0 & 50 & 0 & 0 & 100 & 0 & -150 \end{pmatrix}. \tag{6.2.42}$$

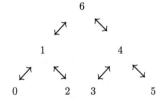

图 6.2.4　一个层次模型马尔可夫链示意图

下面将通过状态 $0, 2, 3, 5$ 的观测与统计求解其全部转移速率.

计算准备: 逗留时和击中时 PDF 的估计

假设已正确地得到了状态 $0, 2, 3, 5$ 的逗留时 $\sigma^{(0)}, \sigma^{(2)}, \sigma^{(3)}, \sigma^{(5)}$ 和击中时 $\tau^{(0)}$, $\tau^{(2)}, \tau^{(3)}, \tau^{(5)}$ 的 PDF 为 ($t > 0$ 时)

$$f_{\tau^{(0)}}(t) = 0.009427e^{-333.750088t} + 0.873735e^{-209.790944t} + 2.901290e^{-3.096900t}$$

$$+ 2.189939e^{-38.488957t} + 0.189436e^{-126.057442t} + 0.066703e^{-118.815696t},$$

$$f_{\sigma^{(0)}}(t) = 20e^{-20t}.$$

$$f_{\tau^{(2)}}(t) = 0.006574e^{-333.632270t} + 0.724185e^{-194.050894t} + 2.690345e^{-2.891937t}$$
$$+ 0.755907e^{-13.108557t} + 0.833224e^{-104.672356t} + 0.040270e^{-121.643987t},$$

$$f_{\sigma^{(2)}}(t) = 80e^{-80t}.$$

$$f_{\tau^{(3)}}(t) = 13.238579e^{-287.474418t} + 3.181343e^{-205.181822t} + 3.755321e^{-5.614695t}$$
$$+ 2.577433e^{-44.198387t} + 17.096411e^{-80.968787t} + 0.018022e^{-126.561891t},$$

$$f_{\sigma^{(3)}}(t) = 100e^{-100t}.$$

$$f_{\tau^{(5)}}(t) = 0.250222e^{-323.770247t} + 0.021940e^{-211.727060t} + 0.005275e^{-123.630453t}$$
$$+ 2.885757e^{-3.265709t} + 1.755542e^{-15.263684t} + 0.019537e^{-47.342846t},$$

$$f_{\sigma^{(5)}}(t) = 125e^{-125t}.$$

转移速率计算

首先, 按算法 6.1.7 计算得

$$q_{01} = 20, \quad q_{10} = 50.000007, \quad \pi_0 = 0.237530, \quad \pi_1 = 0.095012;$$
$$q_{21} = 80, \quad q_1 = 150.000024, \quad q_{12} = 50.000014, \quad \pi_2 = 0.059382.$$

于是

$$q_{16} = q_1 - q_{10} - q_{12} = 150.000024 - 50.000007 - 50.000014 = 50.000003.$$

因此

$$H_1 = \begin{pmatrix} -20 & 20 & 0 \\ 50.000007 & 150.000024 & 50.000014 \\ 0 & 80 & -80 \end{pmatrix}, \quad A_1 = \begin{pmatrix} 0 \\ 50.000003 \\ 0 \end{pmatrix}.$$

$$(6.2.43)$$

同理

$$q_{34} = 100, \quad q_{43} = 150.000002, \quad \pi_3 = 0.285036, \quad \pi_4 = 0.190024;$$
$$q_{54} = 125, \quad q_4 = 225.000001, \quad q_{45} = 25.000015, \quad \pi_5 = 0.038005.$$

于是

$$q_{46} = q_4 - q_{43} - q_{45} = 225.000001 - 150.000002 - 25.000015 = 49.999984.$$

因此

$$H_2 = \begin{pmatrix} -100 & 100 & 0 \\ 150.000002 & -225.000001 & 25.000015 \\ 0 & 125 & -125 \end{pmatrix}, \quad A_2 = \begin{pmatrix} 0 \\ 49.999984 \\ 0 \end{pmatrix}.$$

(6.2.44)

最后, 按算法 6.1.8 得

$$\pi_6 = 1 - \sum_{i=0}^{5} \pi_i = 0.095011,$$

$$q_{61} = \frac{\pi_1 q_{16}}{\pi_6} = \frac{0.095012 \times 50.000003}{0.095011} = 50.000529,$$

$$q_{64} = \frac{\pi_4 q_{46}}{\pi_6} = \frac{0.190024 \times 49.999984}{0.095011} = 100.001021,$$

$$q_6 = q_{61} + q_{64} = 50.000529 + 100.001021 = 150.001550.$$

因此

$$B_1 = (0 \quad 50.000529 \quad 0), \quad B_2 = (0 \quad 100.001021 \quad 0).$$

(6.2.45)

故

$$Q = \begin{pmatrix} H_1 & \mathbf{0} & A_1 \\ \mathbf{0} & H_2 & A_2 \\ B_1 & B_2 & -150.001550 \end{pmatrix}.$$

(6.2.46)

其中, $H_i, A_i, B_i (i = 1, 2)$ 由 (6.2.43)—(6.2.45) 式给出.

比较矩阵 (6.2.46) 和原矩阵 (6.2.42), 不难看出, 只要能够正确地得到层次模型马尔可夫链最底层状态各自的逗留时和击中时 PDF, 该算法是非常有效的.

6.2.5   潘图形单环链数值例子

设 $\{X_t, t \geqslant 0\}$ 是潘图形单环链 (如图 3.7.13 右所示, $N = 4$), 状态空间为 $S = \{0, 1, 2, 3, 4\}$, 速率矩阵为

$$Q = (q_{ij})_{S \times S} = \begin{pmatrix} -10 & 10 & 0 & 0 & 0 \\ 20 & -100 & 50 & 0 & 30 \\ 0 & 100 & -120 & 20 & 0 \\ 0 & 0 & 40 & -100 & 60 \\ 0 & 60 & 0 & 30 & -90 \end{pmatrix}.$$

下面通过三个状态 $(0, 1, 4)$ 各自的逗留时和击中时 PDF 来确认其速率矩阵.

计算准备: 逗留时和击中时 PDF 的估计

假设已经通过状态 $0, 1, 4$ 的观测得到其逗留时和击中时以及状态集 $\{0, 1, 4\}$ 的 PDF 为 $(t > 0$ 时$)$

$$f_{\sigma^{(0)}}(t) = 10.000000 e^{-10.000000t},$$

$$f_{\tau^{(0)}}(t) = 8.013281 e^{-8.078100t} + 0.316655 e^{-200.743392t}$$
$$+ 0.459695 e^{-81.875104t} + 0.099257 e^{-119.303405t}.$$

$$f_{\sigma^{(4)}}(t) = 90.000000 e^{-90.000000t},$$

$$f_{\tau^{(4)}}(t) = 0.942766 e^{-187.236805t} + 4.809420 e^{-5.743238t}$$
$$+ 5.516859 e^{-36.712496t} + 0.730955 e^{-100.307461t}.$$

$$f_{\sigma^{(1)}}(t) = 100.000000 e^{-100.000000t},$$

$$f_{\tau^{(1)}}(t) = 14.779935 e^{-47.084974t} + 2.507123 e^{-110.000000t}$$
$$+ 7.328327 e^{-152.915026t} + 6.153846 e^{-10.000000t}.$$

$$f_{\sigma^{(0,1,4)}}(t) = 1.151376 e^{-138.595630t} + 5.553740 e^{-7.186201t} + 11.866343 e^{-54.218168t}.$$

转移速率计算

首先,

$$d_1^{(0)} = 8.013281 + 0.316655 + 0.459695 + 0.099257 = 8.888888,$$

$$d_1^{(4)} = 0.942766 + 4.809420 + 5.516859 + 0.730955 = 12.000000,$$

$$d_1^{(1)} = 14.779935 + 2.507123 + 7.328327 + 6.153846 = 30.769231,$$

$$d_1^{(0,1,4)} = 1.151376 + 5.553740 + 11.866343 = 18.571459.$$

$$q_0 = 10.000000, \qquad \pi_0 = \frac{d_1^{(0)}}{q_0 + d_1^{(0)}} = 0.470588,$$

$$q_4 = 90.000000, \qquad \pi_4 = \frac{d_1^{(4)}}{q_4 + d_1^{(4)}} = 0.117647,$$

$$q_1 = 100.000000, \qquad \pi_1 = \frac{d_1^{(1)}}{q_1 + d_1^{(1)}} = 0.235294.$$

于是

$$c_1^{(0)} = 4.705884, \quad c_2^{(0)} = 94.117878, \quad c_3^{(0)} = 9411.771184,$$

$$c_1^{(4)} = 10.588235, \quad c_2^{(4)} = 423.529412, \quad c_3^{(4)} = 42352.941176,$$

$$c_1^{(1)} = 23.529417, \quad c_2^{(1)} = 1647.058824, \quad c^{(1)} = 179764.7058823,$$

$$c_1^{(0,1,4)} = 15.294118, \quad c_2^{(0,1,4)} = 694.117647.$$

然后, 按引理 3.7.1, 求得 $q_{01} = q_0 = 10.000000, q_{10} = \dfrac{c_2^{(0)}}{c_1^{(0)}} = 20.$

由式 (3.7.200) 和 (3.7.201) 可求得 $q_{12} = 49.999826$ 和 $q_{43} = 30.001690$. 进而 $q_{14} = q_1 - q_{10} - q_{12} = 30.000174$, 从而 $q_{41} = \dfrac{\pi_1 q_{14}}{\pi_4} = 60.000348.$

由式 (3.7.195) 和 (3.7.196) 得 $q_2 = 119.998315$, 又由式 (3.7.188) 和式 (3.7.189) 解得 $q_{21} = 100.000919$ 和 $\pi_2 = 0.117652$, 从而 $q_{23} = q_2 - q_{21} = 19.997396.$

最后: 计算

$$\pi_3 = 1 - \pi_0 - \pi_1 - \pi_2 - \pi_4 = 0.058822,$$
$$q_{34} = \frac{\pi_4 q_{43}}{\pi_3} = 60.004646,$$
$$q_{32} = \frac{\pi_2 q_{23}}{\pi_3} = 39.997167.$$

故该马尔可夫链的全部转移速率为

$$q_{01} = 10.000000, \quad q_{12} = 49.999826, \quad q_{23} = 19.997396, \quad q_{34} = 60.004646,$$

$$q_{10} = 20.000000, \quad q_{21} = 100.000919, \quad q_{32} = 39.997167, \quad q_{43} = 30.001690,$$

$$q_{14} = 30.000174, \quad q_{41} = 60.000348.$$

与原转移速率比较, 不难发现, 只要能够正确地得到要求的逗留时和击中时 PDF, 该算法是非常有效的.

6.2.6　树形链数值例子

例 6.2.5　设 $\{X_t, t \geqslant 0\}$ 是一个深度为 2 的二叉树形马尔可夫链 (图 3.5.8), 其状态空间为 $S = \{1, 2, \cdots, 7\}$, 速率矩阵为

$$Q = \begin{pmatrix} -10 & 0 & 0 & 0 & 10 & 0 & 0 \\ 0 & -25 & 0 & 0 & 25 & 0 & 0 \\ 0 & 0 & -30 & 0 & 0 & 30 & 0 \\ 0 & 0 & 0 & -15 & 0 & 15 & 0 \\ 5 & 15 & 0 & 0 & -50 & 0 & 30 \\ 0 & 0 & 30 & 50 & 0 & -100 & 20 \\ 0 & 0 & 0 & 0 & 90 & 60 & -150 \end{pmatrix}. \tag{6.2.47}$$

下面通过叶子状态 $1, 2, 3, 4$ 各自的逗留时和击中时 PDF 求出该链的全部转移速率.

计算准备: 逗留时和击中时 PDF 的估计

假设已正确地得到了状态 $1, 2, 3, 4$ 的逗留时 $\sigma^{(1)}, \sigma^{(2)}, \sigma^{(3)}, \sigma^{(4)}$ 和击中时 $\tau^{(1)}$, $\tau^{(2)}, \tau^{(3)}, \tau^{(4)}$ 的 PDF 为 $(t > 0$ 时)

$$f_{\tau^{(1)}}(t) = 0.002032e^{-186.015025t} + 0.002801e^{-107.093861t} + 0.031748e^{-43.239654t}$$
$$+ 0.530183e^{-0.537764t} + 0.121303e^{-9.103660t} + 0.000006e^{-24.010036t},$$

$$f_{\sigma^{(1)}}(t) = 10e^{-10t}.$$

$$f_{\tau^{(2)}}(t) = 0.018133e^{-185.792813t} + 0.023965e^{-106.751426t} + 1.024495e^{-1.089438t}$$
$$+ 0.265559e^{-8.032879t} + 0.669767e^{-30.000000t} + 0.091104e^{-23.333445t},$$

$$f_{\sigma^{(2)}}(t) = 25e^{-25t}.$$

$$f_{\tau^{(3)}}(t) = 0.098146e^{-185.213916t} + 1.004750e^{-98.503674t} + 0.063878e^{-43.082231t}$$
$$+ 2.304378e^{-2.701274t} + 0.960962e^{-7.138694t} + 0.001383e^{-13.360211t},$$

$$f_{\sigma^{(3)}}(t) = 30e^{-30t}.$$

$$f_{\tau^{(4)}}(t) = 0.45895e^{-185.406369t} + 3.90700e^{-101.419933t} + 0.117730e^{-43.639996t}$$
$$+ 2.473349e^{-3.548045t} + 3.456848e^{-18.354848t} + 0.897366e^{-12.630809t},$$

$$f_{\sigma^{(4)}}(t) = 15e^{-15t}.$$

转移速率计算

第一步: 按树形算法 6.1.9 计算得

$$q_1 = q_{15} = 10,$$

$$q_2 = q_{25} = 25,$$

$$q_3 = q_{36} = 30,$$

$$q_4 = q_{46} = 15.$$

对于状态 1, 有

$$\begin{aligned}
&\alpha_1 = 186.015025, \quad \gamma_1 = 0.002032,\\
&\alpha_2 = 107.093861, \quad \gamma_2 = 0.002801,\\
&\alpha_3 = 43.239654, \quad\ \ \gamma_3 = 0.031748,\\
&\alpha_4 = 0.537764, \quad\ \ \ \ \gamma_4 = 0.530183,\\
&\alpha_5 = 9.103660, \quad\ \ \ \ \gamma_5 = 0.121303,\\
&\alpha_6 = 24.010036, \quad\ \ \gamma_6 = 0.000006.
\end{aligned} \tag{6.2.48}$$

因为

$$d_1^{(n)} = \sum_{i=1}^{6} \gamma_i \alpha_i^{n-1}, \tag{6.2.49}$$

$$c_1^{(n)} = (1 - \pi_1) d_1^{(n)} = 0.935622 d_n.$$

故 $d_1^{(1)} = 0.688073$, 于是 $\pi_1 = \dfrac{d_1^{(1)}}{q_1 + d_1^{(1)}} = 0.064378, 1 - \pi_1 = 0.935622$. 进一步有

$$\begin{aligned}
c_1^{(1)} &= 0.643777,\\
c_2^{(1)} &= 3.218884,\\
c_3^{(1)} &= 160.944206,\\
c_4^{(1)} &= 17945.278970.
\end{aligned}$$

同理, 对状态 $2, 3, 4$ 进行观测时, 分别有

$$\pi_2 = 0.077253, \quad \pi_3 = 0.128755, \quad \pi_4 = 0.429185,$$

$$\begin{aligned}
c_1^{(2)} &= 1.931330, & c_1^{(3)} &= 3.862661, & c_1^{(4)} &= 6.437768,\\
c_2^{(2)} &= 28.969957, & c_2^{(3)} &= 115.879828, & c_2^{(4)} &= 321.888412,\\
c_3^{(2)} &= 1448.497854, & c_3^{(3)} &= 11587.982833, & c_3^{(4)} &= 32188.841202,\\
c_4^{(2)} &= 152092.274678, & c_4^{(3)} &= 1384763.948498, & c_4^{(4)} &= 3894849.785408.
\end{aligned}$$

第二步: 由算法 6.1.9 计算

$$q_{51} = \frac{c_2^{(1)}}{c_1^{(1)}} = 5.000000, \quad q_{52} = \frac{c_2^{(2)}}{c_1^{(2)}} = 15.000000,$$

$$q_{63} = \frac{c_2^{(3)}}{c_1^{(3)}} = 29.999999, \quad q_{64} = \frac{c_2^{(4)}}{c_1^{(4)}} = 50.000000,$$

$$q_5 = \frac{c_3^{(1)}}{c_2^{(1)}} = 50.000000, \quad q_6 = \frac{c_3^{(3)}}{c_2^{(3)}} = 100.000000,$$

$$\pi_5 = \frac{(c_1^{(1)})^2}{c_2^{(1)}} = 0.128755, \quad \pi_6 = \frac{(c_1^{(3)})^2}{c_2^{(3)}} = 0.128755,$$

$$q_{57} = q_5 - q_{51} - q_{52} = 30.000000, \quad q_{67} = q_6 - q_{63} - q_{64} = 20.000001,$$

第三步: 由算法 6.1.9 计算

$$q_{75} = \frac{\dfrac{c_4^{(1)}}{c_2^{(1)}} - q_{52}q_{25} - q_5^2}{\dfrac{c_3^{(1)}}{c_2^{(1)}} - \dfrac{c_2^{(1)}}{c_1^{(1)}} - q_{52}} = 90.000007,$$

$$q_{76} = \frac{\dfrac{c_4^{(3)}}{c_2^{(3)}} - q_{64}q_{46} - q_6^2}{\dfrac{c_3^{(3)}}{c_2^{(3)}} - \dfrac{c_2^{(3)}}{c_1^{(3)}} - q_{64}} = 59.999999,$$

$$\pi_7 = 1 - \sum_{i=1}^{6} \pi_i = 0.042919.$$

因此, 统计得到 $\{X_t, t \geqslant 0\}$ 的速率矩阵如下:

$$Q = \begin{pmatrix} -10 & 0 & 0 & 0 & 10 & 0 & 0 \\ 0 & -25 & 0 & 0 & 25 & 0 & 0 \\ 0 & 0 & -30 & 0 & 0 & 30 & 0 \\ 0 & 0 & 0 & -15 & 0 & 15 & 0 \\ 5 & 15 & 0 & 0 & -50 & 0 & 30 \\ 0 & 0 & 29.999999 & 50 & 0 & -99.999999 & 20 \\ 0 & 0 & 0 & 0 & 90.000007 & 59.999999 & -150.000006 \end{pmatrix}.$$

$$(6.2.50)$$

比较矩阵 (6.2.50) 和原矩阵 (6.2.47), 不难看出, 只要能够正确地得到树形链各叶子状态各自的逗留时和击中时 PDF, 该算法是非常有效的.

6.2.7　一般单环链数值例子

例 6.2.6　设 $\{X_t, t \geqslant 0\}$ 是一个由树和环组成的一般单环链 (图 6.2.5), 状态空间为 $S = \{1, 2, \cdots, 12\}$, 速率矩阵为

$$Q =$$

$$\begin{pmatrix}
-10 & 0 & 0 & 0 & 10 & 0 & 0 & 0 & 0 & 0 & 0 & 0 \\
0 & -25 & 0 & 0 & 25 & 0 & 0 & 0 & 0 & 0 & 0 & 0 \\
0 & 0 & -30 & 0 & 0 & 30 & 0 & 0 & 0 & 0 & 0 & 0 \\
0 & 0 & 0 & -15 & 0 & 15 & 0 & 0 & 0 & 0 & 0 & 0 \\
5 & 15 & 0 & 0 & -50 & 0 & 30 & 0 & 0 & 0 & 0 & 0 \\
0 & 0 & 10 & 15 & 0 & -40 & 15 & 0 & 0 & 0 & 0 & 0 \\
0 & 0 & 0 & 0 & 5 & 10 & -75 & 10 & 0 & 0 & 0 & 50 \\
0 & 0 & 0 & 0 & 0 & 0 & 25 & -75 & 50 & 0 & 0 & 0 \\
0 & 0 & 0 & 0 & 0 & 0 & 0 & 20 & -50 & 30 & 0 & 0 \\
0 & 0 & 0 & 0 & 0 & 0 & 0 & 0 & 15 & -40 & 25 & 0 \\
0 & 0 & 0 & 0 & 0 & 0 & 0 & 0 & 0 & 80 & -160 & 80 \\
0 & 0 & 0 & 0 & 0 & 0 & 25 & 0 & 0 & 0 & 25 & -50
\end{pmatrix}$$

$$(6.2.51)$$

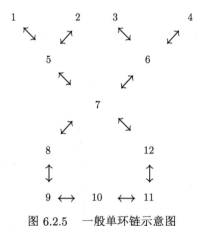

图 6.2.5　一般单环链示意图

下面将证明该速率矩阵可以由环形部分的任意两相邻状态以及树形部分的叶子状态的击中时和逗留时 PDF 所决定. 按照算法 6.1.21, 它们可由状态 1, 2, 3, 4 和 8 到 12 之间任何两个状态的观测确认. 根据等价性, 可观测 1, 2, 3, 4, 9, 10 来确认. 按照说明 3.7.4 之技巧, 现通过更少的状态 1, 2, 3, 9, 10 来确认.

计算准备: 逗留时和击中时 PDF 的估计

假设已经正确地得到了状态 $1, 2, 3, 9, 10$ 的逗留时和击中时 PDF 及 $\{9, 10\}$ 的逗留时 PDF 为 ($t > 0$ 时)

$$
\begin{aligned}
f_{\tau^{(1)}}(t) = {} & 0.00000021e^{-189.37838565t} + 0.00009113e^{-108.45479896t} \\
& + 0.00014215e^{-91.78053259t} + 0.00537954e^{-59.73507715t} \\
& + 0.00013266e^{-55.99822858t} + 0.00010301e^{-39.66651216t} \\
& + 0.00000054e^{-24.29496004t} + 0.00004125e^{-21.57666097t} \\
& + 0.00785062e^{-13.71521618t} + 0.08043627e^{-0.08049055t} \\
& + 0.00001416e^{-5.31913718t},
\end{aligned}
$$

$$
f_{\sigma^{(1)}}(t) = 10e^{-10t}.
$$

$$
\begin{aligned}
f_{\tau^{(2)}}(t) = {} & 0.00000185e^{-189.37821823t} + 0.00071269e^{-108.37688735t} \\
& + 0.00102532e^{-91.65647517t} + 0.00101747e^{-56.16471411t} \\
& + 0.06817947e^{-51.09498952t} + 0.00717064e^{-39.08127520t} \\
& + 0.00110381e^{-24.06628495t} + 0.00310872e^{-20.92430873t} \\
& + 0.18617071e^{-0.18681037t} + 0.01454410e^{-8.74988614t} \\
& + 0.00007311e^{-5.32015022t},
\end{aligned}
$$

$$
f_{\sigma^{(2)}}(t) = 25e^{-25t}.
$$

$$
\begin{aligned}
f_{\tau^{(3)}}(t) = {} & 0.00000294e^{-189.37827073t} + 0.00098855e^{-108.40870184t} \\
& + 0.00128934e^{-91.71529823t} + 0.00065995e^{-60.29365637t} \\
& + 0.10727326e^{-47.58125358t} + 0.01755296e^{-38.87586562t} \\
& + 0.00298440e^{-22.41230291t} + 0.46661281e^{-0.47829261t} \\
& + 0.00000504e^{-15.52130085t} + 0.15101470e^{-7.84293417t} \\
& + 0.01716630e^{-7.49212307t},
\end{aligned}
$$

$$
f_{\sigma^{(3)}}(t) = 30e^{-30t}.
$$

$$
f_{\tau^{(9)}}(t) = 0.02558792e^{-189.07864744t} + 0.12615960e^{-104.92292812t}
$$

$$+ 1.61471742e^{-70.91405293t} + 0.06585215e^{-60.03943403t}$$

$$+ 0.08932625e^{-55.42843933t} + 1.97705291e^{-2.62086438t}$$

$$+ 0.33508407e^{-6.94015144t} + 1.31806843e^{-9.23540817t}$$

$$+ 0.11641497e^{-16.10623245t} + 0.59151062e^{-31.71899902t}$$

$$+ 0.04495422e^{-22.99484270t},$$

$$f_{\sigma^{(9)}}(t) = 50e^{-50t}.$$

$$f_{\tau^{(10)}}(t) = 2.78780162e^{-177.44813523t} + 0.00919876e^{-108.41843468t}$$

$$+ 1.06726326e^{-86.89157241t} + 0.06860255e^{-59.96113379t}$$

$$+ 0.19590093e^{-54.90717670t} + 1.98544770e^{-3.23151759t}$$

$$+ 0.20367955e^{-7.15512599t} + 2.62478798e^{-12.46205704t}$$

$$+ 0.95047513e^{-17.14585532t} + 1.48157151e^{-28.95267143t}$$

$$+ 0.16835717e^{-23.40631981t},$$

$$f_{\sigma^{(10)}}(t) = 40e^{-40t}.$$

$$f_{\sigma^{(9,10)}}(t) = 0.19587997e^{-66.79449472t} + 23.13745336e^{-23.20550528t},$$

其中, 对于 $i = 1, 2, 3, 9, 10$ 而言, $f_{\tau^{(i)}}(t)$ (或 $f_{\sigma^{(i)}}(t)$) 是状态 i 的击中时 (或逗留时)PDF (因计算过程中表达需要, 将计算精度提高到小数点后 8 位).

转移速率计算

首先, 由 $f_{\sigma^{(i)}}(t)$ 和 $q_i = 1/E\sigma$ 得

$$\begin{aligned}
&q_1 = q_{15} = 10, \quad \pi_1 = 0.00933126, \\
&q_2 = q_{25} = 25. \quad \pi_2 = 0.01119751, \\
&q_3 = q_{36} = 30, \quad \pi_3 = 0.02488336, \\
&q_9 = q_{98} + q_{9,10} = 50, \quad \pi_9 = 0.11197512, \\
&q_{10} = q_{10,9} + q_{10,11} = 40, \quad \pi_{10} = 0.22395023.
\end{aligned} \tag{6.2.52}$$

从而可计算出关于状态 1 的 $c_n^{(1)}$

$$c_1^{(1)} = 0.09331260, \quad c_2^{(1)} = 0.46656299,$$

$$c_3^{(1)} = 23.32814930, \quad c_4^{(1)} = 1411.35303266,$$

$$c_5^{(1)} = 92437.79160185.$$

同理可得其他状态的

$$c_1^{(2)} = 0.27993779, \qquad c_1^{(3)} = 0.74650078,$$

$$c_2^{(2)} = 4.19906687, \qquad c_2^{(3)} = 7.46500778,$$

$$c_3^{(2)} = 209.95334370, \qquad c_3^{(3)} = 298.60031104,$$

$$c_4^{(2)} = 11337.48055988, \qquad c_4^{(3)} = 14743.39035770,$$

$$c_5^{(2)} = 658203.73250389, \qquad c_5^{(3)} = 810886.46967340,$$

$$c_1^{(9)} = 5.59875583, \qquad c_1^{(10)} = 8.95800933,$$

$$c_2^{(9)} = 162.36391913, \qquad c_2^{(10)} = 548.67807154,$$

$$c_3^{(9)} = 10413.68584759, \qquad c_3^{(10)} = 76702.95489891,$$

$$c_4^{(9)} = 839253.49922239, \qquad c_4^{(10)} = 12714774.49455674,$$

$$c_5^{(9)} = 80949611.19751182, \qquad c_5^{(10)} = 2196279937.79159550,$$

$$c_1^{(9,10)} = 7.83825816, \qquad c_2^{(9,10)} = 184.75894246.$$

因此, 由算法 6.1.21, 可得

$$q_{51} = \frac{c_2^{(1)}}{c_1^{(1)}} = 4.99999989, \quad q_{52} = \frac{c_2^{(2)}}{c_1^{(2)}} = 15.00000007,$$

$$q_{63} = \frac{c_2^{(3)}}{c_1^{(3)}} = 9.99999997, \quad q_6 = \frac{c_3^{(3)}}{c_2^{(3)}} = 39.99999998,$$

$$q_5 = \frac{c_3^{(1)}}{c_2^{(1)}} = 49.99999957, \quad q_{57} = q_5 - q_{51} - q_{52} = 29.99999961,$$

$$\pi_5 = \frac{(c_1^{(1)})^2}{c_2^{(1)}} = 0.01866252, \quad \pi_6 = \frac{(c_1^{(3)})^2}{c_2^{(3)}} = 0.07465008,$$

$$q_{75} = \frac{\dfrac{c_4^{(1)}}{c_2^{(1)}} - q_{52}q_{25} - q_5^2}{q_{57}} = 4.99999876, \quad \pi_7 = \frac{\pi_5 q_{57}}{q_{75}} = 0.11197514,$$

于是有

$$q_7 = \frac{\dfrac{c_5^{(1)}}{c_2^{(1)}} - q_{52}q_2q_{25} - q_5^3 - 2q_5(q_{52}q_{25} + q_{57}q_{75})}{q_{57}q_{75}} = 75.00002725.$$

接下来, 由 $c_1^{(9,10)}, c_2^{(9,10)}$, 可得 $q_{98} = 20.00000000, q_{10,11} = 25.00000000$, 于是

$$q_{9,10} = q_9 - q_{98} = 30.00000000, \quad q_{10,9} = q_{10} - q_{10,11} = 15.00000000.$$

相似地, 由 $c_1^{(9)}$ 和 $c_2^{(9)}$, 可得

$$\pi_8 = 0.04479005, \quad q_{89} = 50.00000000,$$

再由 $c_3^{(9)}$, 可得

$$q_8 = \frac{c_3^{(9)} - \pi_{10}q_{10,9}^2q_{10}}{\pi_8 q_{89}^2} = 74.99999454,$$

$$q_{87} = q_8 - q_{89} = 24.99999454,$$

$$q_{78} = \frac{\pi_8 q_{87}}{\pi_7} = 9.99999684.$$

最后, 由 $c_1^{(10)}$ 和 $c_2^{(10)}$, 可得

$$\pi_{11} = 0.06998445, \quad q_{11,10} = 80.00000000,$$

再由 $c_3^{(10)}, c_4^{(10)}, c_5^{(10)}$ 获得

$$q_{11} = \frac{c_3^{(10)} - \pi_9 q_{9,10}^2 q_9}{\pi_{11}q_{11,10}^2} = 159.99999486, \quad q_{11,12} = q_{11} - q_{11,10} = 79.99999486,$$

$$q_{12,11} = \frac{c_4^{(10)} - \pi_9 q_{9,10}^2(q_9^2 + q_{98}q_{89}) - \pi_{11}q_{11,10}^2q_{11}}{\pi_{11}q_{11,10}^2q_{11,12}} = 25.00002217,$$

$$q_{12} = \frac{c_5^{(10)} - \pi_9 q_{9,10}^2(q_9^3 + 2q_9q_{98}q_{89} + q_{98}q_8q_{89}) - \pi_{11}q_{11,10}^2(q_{11}^3 + 2q_{11}q_{11,12}q_{12,11})}{\pi_{11}q_{11,10}^2q_{11,12}q_{12,11}}$$

$$= 50.00018770,$$

$$\pi_{12} = \frac{\pi_{11}q_{11,12}}{q_{12,11}} = 0.22395002, \quad q_{12,7} = q_{12} - q_{12,11} = 25.00016553,$$

$$q_{7,12} = \frac{\pi_{12}q_{12,7}}{\pi_7} = 50.00027301, \quad q_{76} = q_7 - q_{75} - q_{78} - q_{7,12} = 9.99976980,$$

$$\pi_{67} = \frac{\pi_7 q_{76}}{\pi_6} = 14.99951271, \quad q_{64} = q_6 - q_{63} - q_{67} = 15.0004873,$$

$$\pi_4 = 1 - \sum_{i \neq 4} = 0.07465008, \quad q_{46} = \frac{\pi_6 q_{64}}{\pi_4} = 15.00063198.$$

故, 由上可得 $q_4 = q_{46} = 15.00063198$.

至此, 所有转移速率都求出来了. 与原转移速率比较, 不难发现, 只要能够正确地得到所有叶子状态 (可少一个叶子的) 和环中两相邻状态各自的逗留时和击中时 PDF 及两相邻状态集的逗留时 PDF, 该方法是正确的, 而且是非常有效的.

6.2.8 不可逆平稳双环链数值例子

如前所述, 有环的拓扑结构是最复杂的类型, 本节以双环链为例展示其统计计算过程. 具体而言, 通过下面两个例子 (哑铃型和有公共边的双环链) 详细地证明算法的正确性, 并展示其主要统计计算过程. 同样地, 仍重点关注其最后的反演计算过程, 在假设获得了所要求的相应状态击中时和逗留时 PDF 的基础上.

本节只给出了不可逆平稳双环形 $\mathcal{D}$-马尔可夫链的例子, 对于相应的可逆情形, 计算过程基本相同且稍显简便, 因为减少了每个 (子) 环中环流的计算.

例 6.2.7 哑铃型双环链.

设 $\{X_t, t \geqslant 0\}$ 是连续时间不可逆平稳哑铃型双环形 $\mathcal{D}$-马尔可夫链 (图 6.2.6), 其状态空间为 $S = \{1, 2, \cdots, 9\}$, 速率矩阵为

$$Q = \begin{pmatrix} -25 & 12 & 0 & 13 & 0 & 0 & 0 & 0 & 0 \\ 11 & -26 & 15 & 0 & 0 & 0 & 0 & 0 & 0 \\ 0 & 5 & -27 & 22 & 0 & 0 & 0 & 0 & 0 \\ 10 & 0 & 23 & -133 & 100 & 0 & 0 & 0 & 0 \\ 0 & 0 & 0 & 11 & -29 & 18 & 0 & 0 & 0 \\ 0 & 0 & 0 & 0 & 17 & -60 & 30 & 0 & 13 \\ 0 & 0 & 0 & 0 & 0 & 18 & -118 & 100 & 0 \\ 0 & 0 & 0 & 0 & 0 & 0 & 115 & -130 & 15 \\ 0 & 0 & 0 & 0 & 0 & 150 & 0 & 33 & -183 \end{pmatrix}.$$

$$(6.2.53)$$

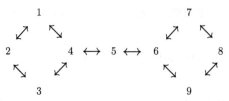

图 6.2.6　一个具有 9 个状态的哑铃型双环链示意图

考虑到等价性, 下面展示如何通过状态 $1, 2$ 和 $7, 8$ 的观测来确认上述 Q.

第一步: 计算左边环中的转移速率.

假设已经通过预处理两相邻状态 1 和 2 的击中时序列和逗留时序列拟合得到了相应的击中时和逗留时 PDF, 对 $t > 0$,

$$
\begin{aligned}
f_{\tau^{(1)}}(t) = {} & 0.243471241e^{-0.245144452t} + 0.066567029e^{-12.772735705t} \\
& + 0.017708595e^{-20.512918932t} + 0.022379145e^{-33.862462185t} \\
& + 0.000581015e^{-62.907732916t} + 0.011791294e^{-146.784665319t} \\
& + 0.000003457e^{-186.399422957t} + 0.000000199e^{-242.514917534t},
\end{aligned}
$$

$$
f_{\sigma^{(1)}}(t) = 25e^{-25t}.
$$

$$
\begin{aligned}
f_{\tau^{(2)}}(t) = {} & 0.00000185e^{-189.37821823t} + 0.00071269e^{-108.37688735t} \\
& + 0.00102532e^{-91.65647517t} + 0.00000021e^{-189.37838565t} \\
& + 0.00009113e^{-108.45479896t} + 0.00014215e^{-91.78053259t} \\
& + 0.01454410e^{-8.74988614t} + 0.00007311e^{-5.32015022t},
\end{aligned}
$$

$$
f_{\sigma^{(2)}}(t) = 26e^{-26t}.
$$

$$
f_{\sigma^{(1,2)}}(t) = -0.39979701e^{-37t} + 14.15127454e^{-14t}.
$$

其中, $f_{\tau^{(i)}}(t)$ (相应地, $f_{\sigma^{(i)}}(t)$) 是状态 i $(i = 1, 2)$ 的击中时 (相应地, 逗留时)PDF, $f_{\sigma^{(1,2)}}(t)$ 是状态集 $\{1, 2\}$ 的逗留时 PDF (因计算过程中表达需要, 又将计算精度提高到小数点后 9 位).

下面开始计算各转移速率.

首先, 由 $f_{\sigma^{(i)}}(t)$ 和 $q_i = 1/E\sigma^{(i)}$ $(i = 1, 2)$, 可知

$$
q_1 = q_{12} + q_{14} = 25, \quad q_2 = q_{21} + q_{23} = 26. \tag{6.2.54}
$$

对状态 1, 由式 (2.1.9)—(2.1.15), 可得

$$d_1^{(1)} = \sum_{i=1}^{8} \gamma_i = 0.362501975,$$

$$\pi_1 = \frac{d_1^{(1)}}{q_1 + d_1^{(1)}} = 0.014292832, \quad 1 - \pi_1 = 0.985707168,$$

且

$$c_1^{(1)} = 0.357320795, \quad c_2^{(1)} = 3.744721975,$$
$$c_3^{(1)} = 296.176063601, \quad c_4^{(1)} = 38069.343054208.$$

相似地, 可得对应于状态 2 的部分转移速率, 即 $\pi_2 = 0.011599292$ 和

$$c_1^{(2)} = 0.301581597, \quad c_2^{(2)} = 2.401053444,$$
$$c_3^{(2)} = 61.766223971, \quad c_4^{(2)} = 2880.451204707,$$
$$c_1^{(1,2)} = 0.359796196, \quad c_2^{(1,2)} = 4.937485781.$$

根据定理 5.3.1 的相应算法 6.1.22 (第一步), 可计算得

$$q_{23} = 15.000000038, \quad R_1 = 0.043921763,$$

$$q_{14} = \frac{c_1^{(1,2)} - \pi_2 q_{23}}{\pi_1} = 12.999999969, \quad q_{12} = q_1 - q_{14} = 12.000000031, \quad (6.2.55)$$

$$q_{21} = q_2 - q_{23} = 10.999999962.$$

根据式 (5.3.89), 分别对 $i = 1$ 和 $i = 2$ 解方程组 (5.3.68)-(5.3.69), 可得其实根

$$q_{41} = 10.000000307, \quad \pi_4 = 0.022972858,$$
$$q_{32} = 4.999999454, \quad \pi_3 = 0.026013525, \quad (6.2.56)$$

分别由 $i = 1$ 和 $i = 2$ 对应的式 (5.3.70)-(5.3.71) 可得

$$q_4 = \frac{c_3^{(1)} - \pi_1 q_{12} q_2 q_{21}}{\pi_1 q_{14} q_{41}} = 132.999991104, \quad q_3 = \frac{c_3^{(2)} - \pi_2 q_{21} q_1 q_{12}}{\pi_2 q_{23} q_{32}} = 26.999993726,$$

$$q_{34} = q_3 - q_{32} = 21.999994272, \quad q_{43} = \frac{\pi_3 q_{34} - R_1}{\pi_4} = 22.999995821,$$

$$q_{45} = q_4 - q_{41} - q_{43} = 99.999994976, \quad (6.2.57)$$

第二步: 计算右边环的转移速率.

同理, 可计算右边环对应的转移速率.

$$q_7 = q_{76} + q_{78} = 118, \quad q_8 = q_{87} + q_{89} = 130,$$

$$d_1^{(7)} = 40.7684575020, \quad \pi_7 = \frac{d_1^{(7)}}{q_7 + d_1^{(7)}} = 0.256779326, \tag{6.2.58}$$

$$d_1^{(8)} = 33.685092506, \quad \pi_8 = \frac{d_1^{(8)}}{q_8 + d_1^{(8)}} = 0.205792061.$$

$$c_1^{(7)} = 30.299960463, \quad c_2^{(7)} = 3091.623084478,$$

$$c_3^{(7)} = 392204.7424638749, \quad c_4^{(7)} = 54140064.363654658,$$

$$c_1^{(8)} = 26.752967894, \quad c_2^{(8)} = 2468.475768442,$$

$$c_3^{(8)} = 297901.500233264, \quad c_4^{(8)} = 39412541.243582360,$$

$$c_1^{(7,8)} = 7.708908779, \quad c_2^{(7,8)} = 135.535252089.$$

根据定理 5.3.1 的相应算法 6.1.22 (第一步), 可计算得

$$q_{89} = 14.999999984, \quad R_2 = 2.011845613$$

$$q_{76} = \frac{c_1^{(7,8)} - \pi_8 q_{89}}{\pi_1} = 17.999999997, \quad q_{78} = q_7 - q_{76} = 100.000000003, \tag{6.2.59}$$

$$q_{87} = q_8 - q_{89} = 115.000000016.$$

根据式 (5.3.89), 分别对 $i = 1$ 和 $i = 2$ 解方程组 (5.3.68)- (5.3.69), 可得其对应实根为

$$q_{67} = 29.999999249, \quad \pi_6 = 0.221121920,$$

$$q_{98} = 32.999999897, \quad \pi_9 = 0.032576827. \tag{6.2.60}$$

然后分别由 $i = 1$ 和 $i = 2$ 对应的式 (5.3.70)-(5.3.71) 可得

$$q_6 = \frac{c_3^{(7)} - \pi_7 q_{78} q_8 q_{87}}{\pi_7 q_{76} q_{67}} = 59.999997860, \quad q_9 = \frac{c_3^{(8)} - \pi_8 q_{87} q_7 q_{78}}{\pi_8 q_{89} q_{98}} = 183.000000671,$$

$$q_{96} = q_9 - q_{98} = 150.000000774, \quad q_{69} = \frac{\pi_9 q_{96} - R_2}{\pi_6} = 12.999999558,$$

$$q_{65} = q_6 - q_{67} - q_{69} = 16.999999053. \tag{6.2.61}$$

第三步: 计算中间的线形子链的转移速率.

显然,

$$\pi_5 = 1 - \sum_{i \neq 5} \pi_i = 0.208851359, \quad q_{54} = \frac{\pi_4 q_{45}}{\pi_5} = 10.999620475$$

$$q_{56} = \frac{\pi_6 q_{65}}{\pi_5} = 17.999379313, \quad q_5 = q_{54} + q_{56} = 28.99899979. \tag{6.2.62}$$

至此, 已经完成了所有转移速率的计算.

与原转移速率比较, 不难发现, 只要能够正确地得到两个环中两相邻状态各自的逗留时和击中时 PDF 及两相邻状态集逗留时 PDF, 该方法是正确的, 而且是非常有效的.

例 6.2.8　有公共边的双环链.

设 $\{X_t, t \geqslant 0\}$ 是一个有公共边的不可逆平稳双环链 (图 6.2.7), 其状态空间为 $S = \{1, 2, \cdots, 9\}$. 为了更好地与例 6.2.7 进行比较, 这里采用与其极其相似的速率矩阵

$$Q = \begin{pmatrix}
-25 & 12 & 0 & 0 & 0 & 13 & 0 & 0 & 0 \\
11 & -26 & 15 & 0 & 0 & 0 & 0 & 0 & 0 \\
0 & 5 & -27 & 22 & 0 & 0 & 0 & 0 & 0 \\
0 & 0 & 23 & -133 & 100 & 0 & 0 & 0 & 10 \\
0 & 0 & 0 & 11 & -29 & 18 & 0 & 0 & 0 \\
13 & 0 & 0 & 0 & 17 & -60 & 30 & 0 & 0 \\
0 & 0 & 0 & 0 & 0 & 18 & -118 & 100 & 0 \\
0 & 0 & 0 & 0 & 0 & 0 & 115 & -130 & 15 \\
0 & 0 & 0 & 150 & 0 & 0 & 0 & 33 & -183
\end{pmatrix}. \tag{6.2.63}$$

$$
\begin{array}{ccccc}
1 & \longleftrightarrow & 2 & \longleftrightarrow & 3 \\
\updownarrow & & & & \updownarrow \\
6 & \longleftrightarrow & 5 & \longleftrightarrow & 4 \\
\updownarrow & & & & \updownarrow \\
7 & \longleftrightarrow & 8 & \longleftrightarrow & 9
\end{array}
$$

图 6.2.7　一个具有 9 个状态的有公共边的双环链示意图

考虑到等价性, 下面展示如何通过状态 $1, 2$ 和 $8, 9$ 的观测来计算确认其 Q.

第一步: 计算上面一条边的转移速率.

为了简便, 省略了相应的 PDF, 直接给出了相应的计算量.

$$q_1 = 25, \quad q_2 = 26,$$

$$\pi_1 = 0.104610622, \quad \pi_2 = 0.062964452,$$

(6.2.64)

以及

$$c_1^{(1)} = 2.615265554, \qquad c_1^{(2)} = 1.637075739,$$

$$c_2^{(1)} = 31.487797282, \qquad c_2^{(2)} = 13.033641405,$$

$$c_3^{(1)} = 1419.775369890, \qquad c_3^{(2)} = 335.285699519,$$

$$c_4^{(1)} = 88971.963693099, \quad c_4^{(2)} = 12431.260288266,$$

$$c_1^{(1,2)} = 0.359796196, \qquad c_2^{(1,2)} = 4.937485781.$$

根据定理 5.3.1 的相应算法 6.1.22 (第一步), 可计算得

$$q_{23} = 14.999999885, \quad R_1 = 0.562718499,$$

$$q_{16} = \frac{c_1^{(1,2)} - \pi_2 q_{23}}{\pi_1} = 13.000000024, \quad q_{12} = q_1 - q_{16} = 11.999999976, \quad (6.2.65)$$

$$q_{21} = q_2 - q_{23} = 11.000000115.$$

根据式 (5.3.89), 分别对 $i = 1$ 和 $i = 2$ 解方程组 (5.3.68)-(5.3.69), 可得其实根

$$q_{61} = 12.999999992, \quad \pi_6 = 0.147896661,$$

$$q_{32} = 4.999999988, \quad \pi_3 = 0.076349656.$$

(6.2.66)

然后分别由状态 $i = 1$ 和 $i = 2$ 对应的式 (5.3.70)-(5.3.71), 可得

$$q_6 = \frac{c_3^{(1)} - (\pi_2 q_{21} + R_1) q_{21} q_2}{(\pi_6 q_{61} - R_1) q_{61}} = 60.000000554,$$

$$q_3 = \frac{c_3^{(2)} - (\pi_1 q_{12} - R_1) q_{12} q_1}{(\pi_3 q_{32} + R_1) q_{32}} = 26.999999249,$$

$$q_{34} = q_3 - q_{32} = 21.999999261,$$

$$q_{43} = \frac{c_4^{(2)} - (\pi_1 q_{12} - R_1) q_{12} (q_1^2 + q_{16} q_{61}) - (\pi_3 q_{32} + R_1) q_{32} q_3^2}{(\pi_3 q_{32} + R_1) q_{32} q_{34}} = 23.000000424,$$

$$\pi_4 = \frac{\pi_3 q_{34} - R_1}{q_{43}} = 0.048564081.$$

第二步: 计算最下面一条边的转移速率.

同理, 对应的最下面一条边上的转移速率可计算如下

$$q_9 = 183, \quad q_8 = 130,$$

$$\pi_9 = 0.013223775, \quad \pi_8 = 0.128954000,$$

$$q_{87} = 149.999999995, \quad R_3 = 1.497925429,$$

$$q_{94} = \frac{c_1^{(8,9)} - \pi_8 q_{87}}{\pi_9} = 150.000004435, \quad q_{98} = q_9 - q_{94} = 32.999995565, \tag{6.2.67}$$

$$q_{89} = q_8 - q_{87} = 15.000000005, \quad q_{49} = 10.000000269,$$

$$q_{78} = 100.000000787, \quad \pi_7 = 0.163276354,$$

且

$$q_4 = \frac{c_3^{(9)} - (\pi_8 q_{89} + R_3) q_{89} q_8}{(\pi_4 q_{49} - R_3) q_{49}} = 132.999999692,$$

$$q_7 = \frac{c_3^{(8)} - (\pi_9 q_{98} - R_3) q_{98} q_9}{(\pi_7 q_{78} + R_3) q_{78}} = 118.000000462,$$

$$q_{76} = q_7 - q_{78} = 17.999999675, \tag{6.2.68}$$

$$q_{67} = \frac{c_4^{(8)} - (\pi_9 q_{98} - R_3) q_{98} (q_9^2 + q_{94} q_{49}) - (\pi_7 q_{78} + R_3) q_{78} q_7^2}{(\pi_7 q_{78} + R_3) q_{78} q_{76}}$$

$$= 30.000000763.$$

第三步: 计算中间公共边的转移速率.

首先, 公共边的环流为

$$R_2 = R_1 + R_3 = 2.060643928.$$

然后, 易得

$$q_{45} = q_4 - q_{43} - q_{49} = 100.000012372, \quad q_{65} = q_6 - q_{61} - q_{67} = 16.999999871. \tag{6.2.69}$$

故其余的转移速率可计算如下

$$\pi_5 = 1 - \sum_{i \neq 5} \pi_i = 0.254160399, \quad q_{54} = \frac{\pi_4 q_{45} - R_2}{\pi_5} = 11.000001510,$$

$$q_{56} = \frac{\pi_6 q_{65} + R_2}{\pi_5} = 17.999999858, \quad q_5 = q_{54} + q_{56} = 29.000001368.$$

$$(6.2.70)$$

与原转移速率比较, 不难发现, 只要能够正确地得到每个子环中两相邻状态各自的逗留时和击中时 PDF 及两相邻状态集的逗留时 PDF, 该方法是正确的, 而且是非常有效的.

通过以上各种数值例子易知, 本书建议的统计计算算法是正确的, 而且是非常有效的, 只要拟合得到了需要观测的各状态要求的较精确的概率密度函数.

6.2.9　最小环形链数值例子

例 6.2.9　设 $\{X_t, t \geq 0\}$ 是一个仅有三状态的可逆双向环形马尔可夫链 (如图 6.2.8, 参见 [112]), 其状态空间为 $S = \{C, O_1, O_2\}$, 速率矩阵为

$$Q = (q_{ij})_{S \times S} = \begin{pmatrix} -200 & 100 & 100 \\ 98 & -100 & 2 \\ 2450 & 50 & -2500 \end{pmatrix}. \qquad (6.2.71)$$

记 $O_1 = 0, C = 1, O_2 = 2$, 则其状态空间重记为 $S = \{0, 1, 2\}$.

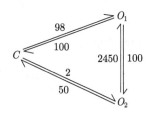

图 6.2.8　三个状态的可逆环形马尔可夫链示意图 (来自 [112])

计算准备: 逗留时和击中时 PDF 的估计

假设经观测统计已得到状态 0 逗留时 $\sigma^{(0)}$ 和击中时 $\tau^{(0)}$, 状态 2 逗留时 $\sigma^{(2)}$ 和击中时 $\tau^{(2)}$ 及状态 0 和 2 的逗留时 $\sigma^{(0,2)}$ 各自的 PDF 为 ($t > 0$ 时)

$$f_{\sigma^{(0)}}(t) = 200 e^{-200t},$$

$$f_{\tau^{(0)}}(t) = 96.272365 e^{-99.958334t} + 92.189173 e^{-2500.041666t},$$

$$f_{\sigma^{(2)}}(t) = 2500 e^{-2500t},$$

$$f_{\tau^{(2)}}(t) = 13.421527e^{-260.905365t} + 37.083524e^{-39.094635t},$$

$$f_{\sigma^{(0,2)}}(t) = 98.000125e^{-98.001597t} + 0.039091e^{-2601.998403t}.$$

转移速率计算

按可逆环形链统计计算算法 6.1.16 计算得速率矩阵为

$$Q = (q_{ij})_{S \times S} = \begin{pmatrix} -200 & 100.000014 & 99.999986 \\ 97.985048 & -99.981589 & 1.996541 \\ 2450.005292 & 49.994708 & -2500 \end{pmatrix}. \tag{6.2.72}$$

比较 (6.2.71) 和 (6.2.72) 可以看出, 该统计方法是非常有效的.

例 6.2.10 设 $\{X_t, t \geqslant 0\}$ 是一个如图 6.2.9 所示的三状态 (不可逆平稳) 环形马尔可夫链 (参见 [112]), 状态空间为 $S = \{O_1, O_2, C\} \equiv \{0, 1, 2\}$, 速率矩阵为

$$Q = (q_{ij})_{S \times S} = \begin{pmatrix} -200 & 100 & 100 \\ 0 & -50 & 50 \\ 98 & 2 & -100 \end{pmatrix}. \tag{6.2.73}$$

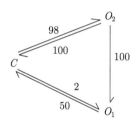

图 6.2.9 三个状态的环形马尔可夫链示意图 (来自 [112])

计算准备: 逗留时和击中时 PDF 的估计

假设经观测统计已得到状态 0 逗留时 $\sigma^{(0)}$ 和击中时 $\tau^{(0)}$, 状态 1 逗留时 $\sigma^{(1)}$ 和击中时 $\tau^{(1)}$ 及状态 0 和 1 的逗留时 $\sigma^{(0,1)}$ 各自的 PDF 为 ($t > 0$ 时)

$$f_{\sigma^{(0)}}(t) = 200e^{-200t},$$

$$f_{\tau^{(0)}}(t) = 0.834073e^{-101.925824t} + 47.680778e^{-48.074176t},$$

$$f_{\sigma^{(1)}}(t) = 50e^{-50t},$$

$$f_{\tau^{(1)}}(t) = -5.724169e^{-260.905365t} + 39.952357e^{-39.094635t},$$

$$f_{\sigma^{(0,1)}}(t) = 21.633554e^{-2500t} + 44.591611e^{-50t}.$$

转移速率计算

首先, $q_0 = 200, q_1 = 50$, 计算得 $\pi_0 = 0.195219, \pi_1 = 0.406375$, 并计算得

$$c_1^{(0)} = 39.043830, \quad c_2^{(0)} = 1913.147679,$$

$$c_1^{(1)} = 20.318708, \quad c_2^{(1)} = 40.637438,$$

$$c_1^{(0,1)} = 39.840662, \quad c_2^{(0,1)} = 3944.225538.$$

然后, 求解方程 (5.3.85) 的实根得 $q_{12} = 49.999996$, 从而 $q_{10} = q_1 - q_{12} = 0.000004$, 并由 (5.3.85) 式可得 $R = 19.521982$. 进一步参照不可逆平稳双向环形链算法 6.1.25 计算得

$$q_{02} = 99.999942, \quad q_{01} = 100.000048,$$

$$q_{20} = 98.000341, \quad q_{21} = 2.000342.$$

综上所得速率矩阵为

$$Q = (q_{ij})_{S \times S} = \begin{pmatrix} -200 & 100.000048 & 99.999942 \\ 0.000004 & -50 & 49.999996 \\ 98.000341 & 2.000342 & -100.000683 \end{pmatrix}. \tag{6.2.74}$$

比较 (6.2.73) 和 (6.2.74) 可以看出, 该统计方法是非常有效的.

例 6.2.11　设 $\{X_t, t \geqslant 0\}$ 是一个如图 6.2.10 所示的三状态 (不可逆平稳) 单向环形马尔可夫链 (参见 [112]), 状态空间为 $S = \{O_1, O_2, C\} \equiv \{0, 1, 2\}$, 速率矩阵为

$$Q = (q_{ij})_{S \times S} = \begin{pmatrix} -102 & 102 & 0 \\ 0 & -2500 & 2500 \\ 100 & 0 & -100 \end{pmatrix}. \tag{6.2.75}$$

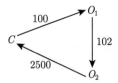

图 6.2.10　三个状态的环形马尔可夫链示意图 (来自 [112])

计算准备: 逗留时和击中时 PDF 的估计

假设经观测统计已得到状态 0 逗留时 $\sigma^{(0)}$ 和击中时 $\tau^{(0)}$, 状态 1 逗留时 $\sigma^{(1)}$ 各自的 PDF 为 ($t > 0$ 时)

$$f_{\sigma^{(0)}}(t) = 102e^{-102t},$$

$$f_{\sigma^{(1)}}(t) = 2500e^{-2500t},$$

$$f_{\tau^{(0)}}(t) = -4.006410e^{-2500t} + 100.160256e^{-100t}.$$

转移速率计算

首先, $q_0 = q_{01} = 102, q_1 = q_{12} = 2500$, 计算得 $\pi_0 = 0.485248, \pi_1 = 0.019798$. 然后, 根据式 (5.3.85)-(5.3.86) 计算得环流 $R = 49.495342$, 并相应地得到

$$c_1^{(0)} = 49.495385, \quad c_2^{(0)} = 0, \quad c_3^{(0)} = -12373845.331035.$$

于是, 可求得

$$q_{20} = \frac{c_3^{(0)}}{\pi_0 q_{01} q_{12}} = 100.000172.$$

综上可得其生成元为

$$Q = (q_{ij})_{S \times S} = \begin{pmatrix} -102 & 102 & 0 \\ 0 & -2500 & 2500 \\ 100.000172 & 0 & -100.000172 \end{pmatrix}. \tag{6.2.76}$$

比较 (6.2.75) 式和 (6.2.76) 式可以看出, 该统计方法是非常有效的.

上述数值例子说明: 只要通过观测统计正确地得到相应的逗留时和击中时 PDF, 就能够计算出潜在马尔可夫链的生成元.

6.3 神经科学领域的应用

6.3.1 应用背景

6.3.1.1 神秘人脑与计算神经科学

人之所以被誉为 "万物之灵", 是因为人具有高度发达的大脑. 为什么能看到五彩斑斓的世界? 为什么能听到清脆悦耳的鸟鸣声和悠扬婉转的音乐旋律? 为什么有智慧、会思考? 为什么又有喜怒哀乐? 这既是科学家们一直魂牵梦萦的重大问题, 又是普通人万分关注的自然之谜.

探索和揭示脑的奥秘是当代自然科学面临的最重大的挑战之一. 人脑具有 10^{11} 的神经元, 相当于银河系的星球数, 加上彼此之间的连接触, 总数达到 10^{14}. 弄清如此庞大、复杂的系统, 确实是一场无与伦比的挑战![145]

对大脑的探索, 最初是在神经解剖学和神经生理学这两个传统分支领域中展开的, 也即通常所说的神经系统的结构和功能的研究. 随着学科的交叉和融合. 20 世纪 70 年代初**神经科学**诞生了, 它是一门新型的交叉学科. 现代神经科学综合了细胞生物学、分子生物学、组织学、解剖学、生理学、发育生物学、生物物理学、生物化学、药理学、遗传学、病理学、免疫学、精神病学、神经病学、认知科学、心理学、物理学、影像学、控制论、数学、计算科学、信息科学等多门学科, 从分子、细胞到神经网络、行为等多个水平, 对神经系统的形成、正常功能和异常病变进行研究, 在分子、突触、神经元、神经网络、投射区、系统、中枢神经系统等不同组织层次上了解大脑的结构、功能、工作原理以及大脑如何影响人体的发育、健康和行为. 近 40 多年来, 神经科学呈现爆炸性发展. 新发现、新成果、新技术不断涌现, 令人目不暇接. 近百年来的诺贝尔奖中有 20 项左右颁授给了在神经科学方面取得重要成就的科学家[65]. 特别是近 20 多年来, 神经科学的发展更是日新月异, 例如, 已发现一系列神经元和神经系统发育、发展与死亡的相关基因; 已能在单个蛋白质分子水平, 了解离子通道、受体, 以及神经元膜信号转导的活动机制; 已发现了 50 多种神经系统遗传性疾病的病变基因及其在染色体上的定位, 神经系统诸多疾病的基因论断已广泛应用, 基因治疗作为一种新的治疗手段已引起广泛关注; 已具有自适应、自学习和自组织的智能计算[91].

国际社会对神经科学非常重视. 例如, 美国的 "脑的十年", 欧洲的 "欧洲脑十年", 日本的 "脑科学时代" 计划, 我国的 "脑计划" 等, 都是为了推动神经科学. 这些投入一方面是为人的健康, 一方面也期望通过对大脑的研究揭示大脑新的奥秘, 能推动药物工业和生物技术产业, 甚至有助于将来改进人造机器[108], 逐步实现人工智能. 全世界对神经科学的研究将更加重视, 21 世纪更是神经科学迅猛发展的世纪.

神经科学研究对人类健康、社会发展和科学发展具有非常重要的意义[108]. 现代神经科学综合了多门学科, 推动神经科学发展可以带动多门相关学科的发展.

要刻画神经系统在做什么、确定它们如何发挥作用、了解它们为什么这样做, 并建立一套理论, 必须经过这样一个过程: 首先对真实的大脑实验进行数据测量, 确认大脑在 "干什么", 然后猜测大脑 "怎么做", 再将猜想发展成假说, 再用模型实现, 然后进行分析或数值的评价, 最后又用实验数据进行检验. 这就要从神经系统研究对象中抽象出一些变量, 并研究这些变量之间的定量关系, 也就是说要建立数学模型或进行计算机仿真, 这种模型和仿真能概括已知的实验事实, 而且还能把大量的实验知识组织在一个理论框架之中, 预测新的实验事实, 引导实验神经科学家去进行新的实验, 导致新的发现; 利用模型和仿真还能检验假设, 特别是否定不正确的假设. 因此, 理论分析和计算模型是重要的工具, 这就是神经科学研究的一个专门领域, 称为**理论神经科学**, 或**计算神经科学**. 计算神经科学促进了神经科学各亚学科之间的交叉和整合.

计算神经科学的最终目的就是要阐明大脑如何利用化学信号和电信号来表达和处理信息; 了解神经系统所执行的处理任务或者说计算的本质, 执行这些任务时表达信息的编码, 以及执行计算算法的神经结构.

6.3.1.2　离子通道及单通道记录

神经元能迅速地传递各类信号 (或者称为信息), 在整个神经系统中占据着非常重要的地位. 神经元被定义为在化学物质或其他的输入作用下, 能够产生电信号并传递给其他细胞的一种特殊的细胞. 它是神经系统的结构和功能单位. 由于在大小、形状或生物性质上的不同, 神经元分为不同的类型, 如图 6.3.11.

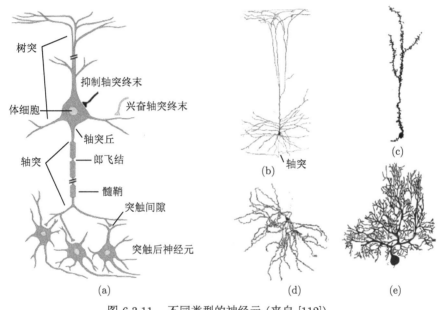

图 6.3.11　不同类型的神经元 (来自 [112])

细胞膜由双层脂质膜所构成, 膜的两侧即膜的细胞外与细胞内两侧均为疏水性. 因此亲水性离子不能自由通过细胞膜而进入细胞. 细胞膜上有蛋白质性质的物质嵌在膜上, 或贯穿细胞膜, 而在蛋白质三维结构内部形成一个亲水性通道即**离子通道**. 离子通道是神经元、肌细胞等可兴奋细胞组织上的特殊大分子蛋白质, 是神经、肌肉和其他组织细胞膜兴奋性的基础, 是生物电活动的基础. 在某些构象中这些大分子形成具有选择性的孔洞 (图 6.3.12), 在一定条件下处于开放状态, 在细胞膜内外小的电压差的影响下允许一种或数种离子通过孔洞, 离子沿着电化学梯度流过通道, 形成离子电流, 使可兴奋膜产生特殊的电位变化, 成为神经和肌肉活动的基础; 当构象状态不形成孔洞时通道处于关闭状态.

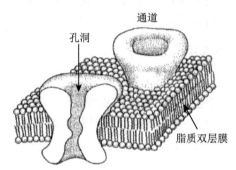

图 6.3.12 离子通道与细胞膜示意图 (来自 [112])

神经元内在电势的变化能力对于神经元发送信号是非常重要的, 也就是所谓的膜势能 (membrane potential) 的变化. 膜势能被定义为细胞内和细胞外的电势差, 这种电势差是由细胞内和细胞外离子的不同浓度引起的. 例如, 一个细胞膜外的 Na^+ 浓度要比它在细胞膜内的浓度大得多; 而相比之下, 在细胞膜内, K^+ 浓度就要比它在细胞膜外高得多.

神经元最显著的一个特征就是在细胞膜上有大量不同类型的离子通道, 其中主要有钠离子 (Na^+) 通道、钾离子 (K^+) 通道、钙离子 (Ca^+) 通道、氯离子 (Cl^-) 通道等等, 分别允许不同的离子通过. 随着细胞膜内外电势的变化和内外信号的差异, 离子通道通过开或关控制着离子的进出. 但相对于整个神经系统而言, 电信号与神经元内外之间的电势是有区别的. 在休息状态下, 相对于一个神经元细胞膜的外部区域的电势 (通常情况下认为该电势为 0mV, 称为位势能, resting potential) 而言, 它的膜内部电压大约是 −70mV, 这时称细胞被极化. 离子通道用来控制和调节离子浓度以便产生膜势能的差异, 通过电势和浓度差异, 离子就能够进出神经元. 大家知道, 电流就其形式上来说, 就是带正电的离子流出细胞体 (或者是带负电的离子流进细胞体), 而这种电流一旦通过开着的通道流出的话, 就会使膜势能负的更多, 这个过程称为超极化. 而电流通过通道流进神经元, 会使膜势能负的要少一些, 这个过程称为去极化.

离子通道的开放和关闭称为门控 (gating). 由于离子通道的开放和关闭状态是由跨膜电位或神经递质控制的, 据此可将离子通道分为电压门控性通道和化学门控性通道. 图 6.3.13 中是一些不同类型的离子通道门控示意图: (a) 漏通道 (leakage channels), 总是处于开放状态; (b) 神经递质门控 (neurotransmitter-gated) 离子通道, 当神经递质分子结合 (binds to) 通道蛋白时开放, 反过来又改变通道蛋白的构象以便让特定的离子能够通过; (c) 电压门控离子通道, 其开放依赖膜势能的变化, 好比神经元里面有电线而外面有地线; (d) 离子泵 (ion pumps), 它沿离子浓度梯度相反方向传输离子; (e) 第二信使离子通道, 某些结合受体分子的神经递质触发神经元中一系列化学反应, 由此产生的辅助信息反过来影响离子通道.

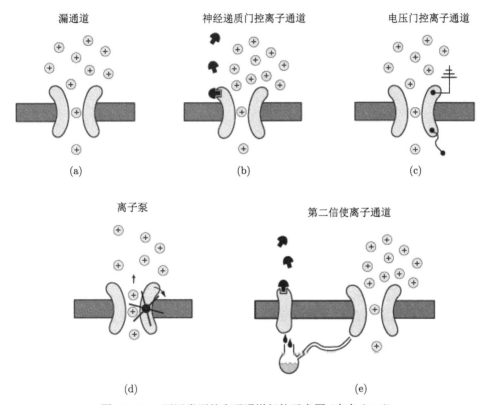

图 6.3.13　不同类型的离子通道门控示意图 (来自 [112])

离子通道的开放和关闭状态之间能量差很小, 存在足够的热能致使通道蛋白质在这两个状态之间自发地起伏. 当通道关闭时, 不存在电流; 当通道开放时, 有电流经过. 但流经单个通道的电流是很小的, 一般连 10pA 都不到, 用传统测定电流的方法, 会产生至少 100pA 的噪声 (电干扰), 因此, 过去要测定单个通道的电流几乎是不可能的. Neher 和 Sakmann 首先引入了膜片钳实验[98], 测量技巧显著提高, 这样, 流经细胞膜中的一个单通道的几微微安 (10^{-12}A) 电流的测量变成了可能; [112] 给出了关于如何取得这一引人注目的成绩的大量信息. 膜片钳技术是用经热磨光的微小玻璃电极, 将电极末端紧贴在细胞膜上, 以有效地分离出一小片细胞膜, 当细胞膜片足够小 (一般在 1μm^2—2μm^2) 且噪声足够小时, 流经单个通道的电流就可以直接测量并记录下来, 经模数转换器转为数据, 这样, 人们就能够观察和分析单个蛋白质分子的开放和关闭状态之间的电流起伏, 该技术与其他生物化学和生物物理技术相比提供了更详细的信息.

通常, 测量单通道电流时的采样区间长度为 100μs 级, 开放或关闭持续的时间为 ms 级, 一个成功的膜片钳实验能持续数分钟, 从而可获得大量数据, 为通道门控动力学的数理分析研究奠定基础. 习惯上, 称通过采样得到的数据为**单通道记录**.

除了通道记录中噪声和一些惯性外, 还必须观测分子中形成通道的孔的开放和关闭. 当通道开放时, 电流具有接近常数的振幅; 当通道关闭时, 电流停止; 图 6.3.14 给出了一个例子. [36] 讨论了从噪声提取理想的开放和关闭时间间隔的方法.

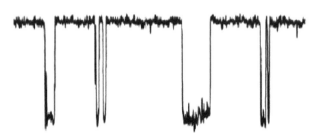

图 6.3.14　　一个单通道记录的例子 (来自 [112])

典型的单通道电流有一种两范畴的特征. 它是振幅恒定, 而持续时间不定的脉冲变化结果, 看上去在两个导电水平 0 (通道关闭) 和 1 (通道开放) 之间随机交替变化, 如果片膜中包含不止一个通道, 或者通道不止两个导电水平, 电流就在几个导电水平间交替变化, 但许多通道只有两个导电水平, 即导通和非导通.

单通道记录中的信息被包含在通道开放的振幅、开放和关闭持续的时间长度和它们之间的相关性. 人们试图通过这些信息弄清离子通道门控动力机制的本来面目, 试图估计控制这一机制中不同状态之间转移的速率参数. 为此, 人们需要建立一个能够描述任何假设机制运行的数学模型, 然后使用数学技巧去预测这些机制将要表现出的可观测的行为. 这样, 人们就能将理论机制与观测数据联系起来.

6.3.1.3　马尔可夫链门控动力模型

神经科学发展的一个主要趋势是把对神经活动的研究推向细胞和分子水平, 阐明神经活动的基本过程[145]. 神经信号的基本形成是神经冲动 (即所谓动作电位), 它是受刺激时神经细胞膜发生瞬时的离子通透性变化的综合结果. 离子在膜内外的交换是通过 "离子通道" 进行的. 离子通道 (见 6.3.1.2 节) 在细胞内和细胞间信号传递中起着重要作用; 它是神经系统中信号传导的基本元件, 在神经系统信号传递中起关键作用; 它在生物体内起着至关重要的作用. 细胞膜上各种神奇的通道控制着人体各种物质的平衡, 通道功能的异常会引起离子通道病 (channelopathy)[44,84,99,149], 如编码心肌细胞上各主要离子通道亚单位的基因突变导致相应通道功能异常引起心脏离子通道病. 解开这些通道的结构和特性就好像打开了通向诺贝尔奖的大门, 1991 年诺贝尔生理学奖或医学奖授予了德国科学家 Erwin Neher 和 Bert Sakmann, 他们使用膜片钳 (patch clamp) 技术发现了细胞膜上单离子通道及其功能. 2003 年诺贝尔化学奖就授予了在离子通道方面取得突出贡献 (发现细胞膜水通道, 以及对离子通道结构和机理研究作出的开创性贡献) 的美国科学家 Peter Agre 和 Roderick MacKinnon.

对离子通道的研究可以归纳为两个方面: 一方面是关于通道对离子的选择性和渗透性 (permeability), 另一方面是关于控制通道开或关的所谓门控 (gating) 机制. 细胞膜离子通道门控机制的研究是最近三十年来发展起来的一个活跃领域. 建立反映离子通道门控机制的动力学模型以及相关问题的研究是这个领域的核心课题. 它们有两个显著的特点: 一是多学科性; 二是现代数学、统计工具在此领域的广泛应用. 因此, 三十年来, 吸引了许多学者投身到离子通道门控机制的研究, 而且用定量的方法刻画通道开与关的门控行为具有重要的理论与实际意义, 是深刻理解其运行机制的必经途径.

经反复实验观察, 人们发现通道的活动具有下述随机性:

- 在相同的实验条件下重复实验, 得到的实验结果不同;
- 当膜电位或作用于通道的物质保持在一定水平时, 通道的活动也不稳定. 时而开放, 时而关闭, 并且持续时间也不同.

据此认为, 通道的活动是一个随机过程. 为了从数量上刻画通道蛋白质的门控特性以及为实验数据的概括分析提供一个理论框架, 从 20 世纪 70 年代后期起, 在全球范围内开始了离子通道门控动力学的随机建模研究. 当用随机过程理论来分析单通道记录时, 首先考虑的问题是离子通道门控动力行为是否遵循马尔可夫性.

大多数研究者认为, 可以用马尔可夫链 (实际上是有限状态空间上的连续时间齐次马尔可夫链) 来描述离子通道门控动力行为. Colquhoun 等[31,33,34] 在离子通道的随机过程理论方面贡献卓著, 建立了通道活动的马尔可夫模型, 认为通道活动表现为少数种关闭状态和少数种开放状态之间的转移①, 状态间的转移强度仅仅依赖于当前的状态. 不依赖处于该状态的时间长短, 即先前状态的历史. 而

---

① 离子通道动力模型中的开 (放) 状态表示可观测到的转移状况, 关 (闭) 状态则表示不能被观测到的那些状态之间的转移; 相应地, 离子通道活动中所说的生存时间对应马尔可夫链理论中的逗留时, 也称为开时间或停留时间; 死亡时间对应击中时, 也称为关时间.

且, 通常认为它满足**细致平衡条件**, 即可逆性, 见 1.6.2 节.

然而, 刻画离子通道模型潜在的马尔可夫链是不能直接观测到的, 单通道记录只能显示在记录过程中通道何时开放, 何时关闭, 而不能显示实际所经历的潜在的马尔可夫过程的关闭和开放状态. 如: 为了使乙酰胆碱受体通道开放, 激动剂需与通道结合, 可以用下列具有三种状态的马尔可夫模型来刻画

$$C_1 \rightleftharpoons_{k_{21}}^{k_{12}} \ C_2 \rightleftharpoons_{k_{32}}^{k_{23}} \ O,$$

其中, C_1 表示未与激动剂结合时通道的关闭状态, C_2 表示与激动剂结合后的通道仍然关闭的状态, O 表示与激动剂结合后通道开放的状态, k_{ij} 是指从状态 i 到状态 j 的转移强度. 实验中由于穿过膜的电流的变化, 人们仅仅只能观察到 $C_2 \rightleftharpoons O$ 的转移, 而 $C_1 \rightleftharpoons C_2$ 的转移很难观察到. 如果模型 $C_1 \rightleftharpoons C_2 \rightleftharpoons O$ 与实验数据相符合, 则认为该模型可以用来刻画乙酰胆碱受体通道的门控动力学过程.

因此, 离子通道的门控动力研究主要致力于通过少数开状态的观测 (即单通道记录) 来确认其潜在 (underlying) 马尔可夫链的全部转移速率 (速率矩阵), 因为对于有限状态马尔可夫链来说, 其速率矩阵完全决定其转移概率矩阵[102].

当用马尔可夫过程来研究通道活动规律时, 一般模型都有若干种关闭状态, 往往也不止一种开放状态, 但从单通道记录只能看到通道是处于开放状态 (当通道电流呈现多种电导水平时, 存在多种开放状态) 或关闭状态, 这种部分可观察性使得模型确认问题复杂化. 在这一过程中遇到大量需要用深入的统计分析来解决的问题, 如后面提到的状态数目的确定与模型的参数估计等.

在离子通道门控动力机制的研究进程中, 由于考虑问题的角度不同, 方法各异, 加之实验条件不同以及实验数据获取产生差异等原因, 研究者提出了通道门控动力学的许多模型. 除了占绝对主流的马尔可夫模型外, 还有 Liebovitch 等[88,89] 提出的 Fractal(分形) 模型为代表的非马尔可夫模型, 包括 Easten 提出的双指数模型、Oswald[100] 提出的扩散模型、方等[53,54] 提出的混合正态模型. 这些模型从不同的角度对细胞膜离子通道的门控机制作了适当的解释, 虽然存在一些缺陷, 但新思想、新方法可以激发人们更深入地探讨其门控机制, 也促进了对马尔可夫模型深层次的研究与思考.

6.3.1.4 离子通道马尔可夫链模型的相关研究

在离子通道门控动力的马尔可夫链模型研究过程中经常将所有开状态看作一类, 所有关状态看作一类, 此时称为聚合马尔可夫过程 (aggregated Markov process, AMP). 早在 1977 年, Colquhoun 和 Hawkes[31] 就用 AMP 描述单离子通道的门控动力, 随后, Colquhoun 和 Hawkes[33,34], Colquhoun 和 Sigworth[36], Fredkin[57] 等证实了 AMP 是描述单离子通道门控动力的一种合适模型. AMP 模型

也经常用于有一个或多个环的离子通道, 如文献 [11], [127] 等.

马尔可夫链模型刻画离子通道门控动力活动时, 还需要考虑以下几个问题:

状态数目的确定 在实际建模时, 所依据的单通道记录不能识别通道中的所有状态, 也就无法直接确定通道中的状态数目.

状态数目的确定可以借助实验观测和适当的理论分析 (主要利用离子通道电压变化) 确定或部分确定, 也可结合单通道记录估计得到的开放 (关闭) 持续时间的分布密度来确定, 详见 7.1 节相关讨论. 另外, 如果使用极大似然估计方法 (maximum likelihood estimate, MLE) 直接估计转移速率, 可以先不确定状态数目, 而是从所有可能的状态数目中找到 "最佳拟合", 即能在模型参数 MLE 的基础上, 对模型的阶数和相应的参数同时给出一种最佳估计, 参见 7.1 节和 7.2 节.

模型参数的估计问题 如何从单通道记录来估计模型参数 (即通道的转移速率) 是一个非常重要的问题. 目前, 通常针对具体的离子通道机制采用 Horn 等[68] 提出的 MLE 直接估计转移速率.

当用 AMP 描述离子通道门控动力时, 通常采用 MLE 估计参数: 1983 年, Horn 和 Lange[68] 首次将 MLE 用于估计单离子通道的转移速率, 对于 6 个状态以内的线形离子通道的门控动力行为进行分析, 证实了该方法是可行的; 当用 MLE 确认通道潜在的马尔可夫链时, 需要根据似然函数估计其参数, 即速率矩阵. 由于不同的速率矩阵可能产生相同的似然函数, 所以由 MLE 不能估计出所有类型马尔可夫链的转移速率, 只有其潜在 AMP 满足一定的条件时才能唯一确定. 那么, 什么条件下可以由其观测数据 (单通道记录) 唯一确认 (或识别) 其潜在马尔可夫链呢, 通常称此问题为可确认性 (identification). 1985 年, Fredkin[57] 指出 AMP 离子通道可确认的条件是其参数个数, 不超过 $2N_oN_c$; 随后, Fredkin[58] 又将此界限进一步缩小到 $2R(N_o + N_c - R)$ 个, 其中: N_o, N_c 分别是开状态和关状态个数, R 是相互导电性的秩 (interconductance rank); 1989 年, Kienker[80] 对离子通道门控 AMP 的等价性做了进一步探讨, 当模型中转移速率依赖于实验的可变参数如膜势能、配合基浓度等时, 模型的等价类可以进一步限制, 此时电压实验产生的不稳定数据可用于区分模型; 1992 年, Fredkin 和 Rice[59] 给出了一种处理来自通道膜片钳的噪声数据的分析方法, 表明: 即使在不知道离子通道潜在的具体模型情况下, 其导电水平和平均停留时间也能估计出来; 1996 年, Colquhoun 和 Hawkes[37] 提出用 MLE 区分可能的门控机制时, 考虑二维分布, 包括邻近的开时间和关时间的联合分布和条件分布, 其区分能力会得到很大改善, 若将二维分布推广到多维分布, 会获得更有效的估计; Qin 等[106,107] 对 AMP 的 MLE 做了进一步的探讨, 用观测的停留 (dwell) 时间序列作为似然, 优化了联合概率密度, 给出了其似然函数及其微分的有效计算方法: 向前向后递归算法. 基于此算法, 得出了似然函数微分的分析表达式. 该方法优化了似然空间中变量的距离, 具有收敛速度快、稳定的特点; 1998 年, Larget[83] 对 AMP 进行了深刻的分析, 给出了一种标准表示. 既给出了连续时间 AMP 等价的充分必要条件, 又证明了: 任何离散或连续的满足一定的正则条件的 AMP 都能直接转换成唯一 (在等价类意义上) 的标准形式, 而且其参数个数是所有 (参数) 可确认的潜在马尔可夫过程中最少的, 这对一般 AMP 离子通道转移速率的 MLE 起重要作用. 最近, 许多学者对一些特殊情形下的 AMP 离子通道转移速率的估计进行了探讨, 如 Wagner 等[128] 用 MLE 估计 AMP 离子通道的转移速率做了进一步探讨, 证明了开时间相等的带环离子通道的转移速率是不可确认的, 而停留时间几乎相等的带环离子通道的转移速率是可确认的: 当样本数据趋于无穷时所得 MLE 收敛到参数真值, 且 MLE 渐近服从正态分布; 随后, [129] 讨论了 AMP 离子通道中不可确认性对细致平衡检验的影响, 证明了对停留时间几乎相等的某些离子通道模型, 细致平衡检验受模型速率不可确认性的影响; [38] 用标准的 Nicotinic 受体进行了模拟, 对离子通道转移速率的估计的质量进行了探讨, 如估计的方差, 相关性等; 类似的研究一直在进行, 如 [24,123] 等.

时间间隔疏漏及相关性问题   实际作单通道记录时, 测量以两种方式受到限制, 使得一些短促的开放或关闭检测不出来. 首先, 为了将电流数字化, 若选用的采样速率较低 (采样间隔较大), 会将一些振幅大而持续时间短的信号漏掉; 其次, 有些信号的持续时间相对于采样速率虽不是太短, 但由于检测时低通滤波的作用, 使其峰值水平降低到阈值以下而不能被正确地检测出来. 这两种限制都会影响数据的分布形式. 例如, 许多短的关闭没有检测到, 开放时间的分布会受到严重的影响, 因为两个或多个开放会被累计为一个单一的开放. 为了获知单通道电流数据的真实特性, 应该对根据单通道记录所得的分析结果进行修正, 进而提出较合适的理论框架. 在文献中通常称上述现象为时间间隔疏漏 (time interval omission, TIO). TIO 及开、关持续时间相关性的研究, 是马尔可夫门控模型中又一引人注目的课题.

为了解决 TIO 这个特殊问题, 许多学者提出了半幅最小时间间隔标准, 即在半幅或小于某个预先确定的值的时间间隔被忽略, 如 [17,52,92,95,111,113], 等等. 关于 TIO 有关问题, 还有一些研究, 本书不多陈述.

6.3.1.5 极大似然及相关方法

对于离子通道的门控动力学研究, 大多采用马尔可夫模型. 已有的方法认为单通道生存 (或死亡) 时间分布一般是混合指数分布 ([25,115] 对其进行了质与量的刻画), 并给出了一些很好的拟合方法和相应的计算机程序. 遗憾的是, 虽然能拟合出这些生存时间分布, 却无法根据它们确定潜在模型中的转移速率. 因为, 从模型给出相应的生存时间分布是很直接的, 但反过来根据生存时间参数确定潜在模型及转移速率却是非常困难的. 这个逆问题实际上相当重要, 因为大多数离子通道研究的主要目标就是通过确定最优的潜在马尔可夫链模型及其转移速率, 即通过极少数开状态的观测 (统计得到的逗留时和击中时分布) 来确认其潜在马尔可夫链的转移速率矩阵 (速率矩阵).

也就是说, 由给定速率矩阵推导出在某一状态或几个状态集合的击中时 PDF 是相对容易的. 但是, 要利用这些 PDF 反过来确认潜在的速率矩阵 (即反演过程, 是一个逆过程) 是非常困难的, 这是由其 PDF 的复杂性造成的 (它是由相关转移速率经过复杂的运算而产生的). 因此, 能否顺利执行此反演过程取决于对击中时分布性质的深度挖掘. 然而, 当前对击中时分布性质的研究还非常有限, [151] 给出了单生过程首次击中时分布的各阶矩, [62] 给出了可数生灭过程的击中时分布, [152] 证明了自由跳 (skip-free) 马尔可夫链的击中时分布是混合指数分布或混合几何分布, [67] 研究了有限状态马尔可夫链的首次通过时分布. 直到本书及相关前期研究成果的出现, 特别是利用禁忌速率深入刻画击中时分布的微分性质[138], 才使得执行该逆向的反演过程成为可能.

另外, 也存在一些执行上述逆过程的探索. [39] 给出了一种由观测数据确定马尔可夫链速率矩阵的方法, 即找出偏差矩阵的 Drazin 逆, 但它要求知道马尔可夫链中每个状态的平均击中时. [126] 通过对支配 PDF 的偏微分方程的逆来计算马尔可夫模型的速率, 尽管它是基于由偏微分方程确定性系统产生的数据. [83] 从理论上 (也使用了极大似然) 给出了 AMP 的一个标准表达, 它是关于潜在马尔可夫过程的所有可被确认的最小参数化. 值得注意的是, 不管是所有状态的击中时还是最小参数化, 可能都无法从真实系统的观测数据获得, 而且没有状态聚合的马尔可夫过程的所谓标准表达将不是标准的, 人们也就可能不知道如何通过最小参数化的逆来确认潜在的马尔可夫过程. 此外, [47] 对这种逆问题进行了类似的探索, 利用整数格点上简单马尔可夫链与两个子集的首次击中时和首次击中位置的联合分布来确定 D-perturbation 马尔可夫链的转移概率.

正是因为执行上述逆过程非常困难, 文献大多采用 MLE 估计转移速率, 并围绕有关问题进行了诸多探讨 (参见 [34,36,38,68,128] 等). 该方法并不直接构造逗留时和击中时分布, 而是采用各种形式的似然比统计检验, 它是强有力的, 但仍存在不足:

- 仅用逗留时分布 f_O 和击中时分布 f_C 无法充分参数化给定的马尔可夫链, 通常还需要二者构成的二元分布 f_{OC} 和 f_{CO};

- 由于相似矩阵具有相同的似然函数, 因此用 MLE 得到的速率矩阵可能不唯一, 且可确认性受其潜在马尔可夫链的状态数目的限制, 即不超过马尔可夫链中开状态数与关状态数乘积的 2 倍[128], 即使状态数目在此限制范围内, 也仍不一

定能确认[①];

- 计算量大、计算时间长、估计精度不高;
- 大多数使用者难以掌握和采用其搜索似然曲面的变量度量法.

6.3.1.6　马尔可夫链反演法特点

鉴于 MLE 及其他方法存在的不足, 有必要建立一套新的统计计算方法, 以解决或部分弥补其不足之处. 当然, 新的统计计算方法最好能充分利用马尔可夫链的一些本质特性和先验信息, 例如由生成元决定的逗留时和击中时分布的特性等, 特别是一些基本的、常见的马尔可夫链模型的拓扑结构特点; 最好能提高转移速率的估计精度, 至少在满足一定条件下能够使估计的精度得以提高, 如获得了准确的逗留时和击中时 PDF 情况下, 最好能确认那些用 MLE 不能确认的马尔可夫链, 或至少能够解决其中的一些马尔可夫链; 等等.

马尔可夫链反演法正是为解决上述问题而提出的, 而且已经证明了它在离子通道门控动机制研究中的可行性, 充分展现了其优点:

- 只需逗留时分布 f_O 和击中时分布 f_C, 无需用到二者构成的二元分布 f_{OC} 或 f_{CO}.
- 利用了潜在马尔可夫链的拓扑结构这一先验信息, 关键是利用禁忌速率深入刻画了击中时分布的微分性质, 挖掘了击中时分布的内在编码信息, 当状态数不是很多时能够快速明确地写出相应的 c_n; 计算出的转移速率在唯一性[②] 和模型的状态数目限制上均优于 MLE.
- 许多 MLE 不能确认的模型可由该反演方法得到统计确认, 如 [128] 中所述的最简单的带环离子通道机制都是可确认的.
- 计算量小, 计算时间短, (只要相应的击中时 PDF 精确) 计算精度高;
- 算法具体, 可计算机程序化, 易采用.

6.3.2　离子通道实例

本节将马尔可夫链反演法应用到真实的单离子通道研究, 从而显示出该方法的统计意义.

例 6.3.1 (单离子通道门控动力模型的估计)　考虑从新生老鼠的脑神经膜 (brain neurilemma of newborn mouse) 的单离子通道实验记录[90] 来确认其潜在的马尔可夫链. 根据实验判断其潜在马尔可夫链是线形的生灭链, 且仅有一个叶

---

① 例如, [128] 中所述的最简单的带环离子通道 (通道由 2 个开状态和 2 个关状态组成, 其中 3 个状态组成一个环) 只有一种情形才可确认. 事实上, 如果 2 个开状态所在的位置不同, 那么其可确认性也是不同的. 从等价意义上说, 可分成 4 种情形, 利用马尔可夫链反演法均可得到确认, 详见 3.7 节.

② 星形链通过中心状态的观测统计确认时, 与各叶子状态之间的转移可能无法一一对应, 除类似情形外, 基本是唯一; 状态数可以超过 MLE 的限制, 例如星形分枝链的状态数就超过了其开状态数与关状态数乘积的 2 倍, 详见 3.2.1 节.

子状态是开状态. 并由实验记录数据估计出该叶子状态的逗留时 σ 和击中时 τ 的 PDF 为

$$f_\sigma(t) = 0.196000e^{-0.196000t},$$

$$f_\tau(t) = 0.006150e^{-0.050400t} + 0.007250e^{-0.021900t} + 0.209000e^{-0.384000t}.$$

这表明该单离子通道系统动力学上的关状态数目为 3, 即生灭链中 $N = 3$ 的情形, 下面按生灭链的统计算法进行计算.

令

$$\alpha_1 = 0.050400, \quad \alpha_2 = 0.021900, \quad \alpha_3 = 0.384000,$$

$$\gamma_1 = 0.006150, \quad \gamma_2 = 0.007250, \quad \gamma_3 = 0.209000.$$

则 $d_1 = \gamma_1 + \gamma_2 + \gamma_3 = 0.222400$, $\quad d_n = \gamma_1\alpha_1^{n-1} + \gamma_2\alpha_2^{n-1} + \gamma_3\alpha_3^{n-1}$.

按算法 6.1.2 计算如下.

第一步: 计算

$$q_0 = q_{01} = 0.196000.$$

$$\pi_0 = \frac{d_1}{q_0 + d_1} = 0.531549.$$

因此 $c_n = (1 - \pi_0)d_n = 0.468451d_n$.

第二步: 计算

$$q_{10} = \frac{c_2}{c_1} = 0.362971,$$

$$q_{12} = \frac{c_3}{c_2} - \frac{c_2}{c_1} = 0.019036, \tag{6.3.77}$$

$$q_1 = q_{10} + q_{12} = 0.382007,$$

第三步: 计算

$$q_{21} = \frac{c_1(c_4 - q_1c_3)}{c_1c_3 - c_2^2} = 0.035693,$$

$$q_2 = \frac{c_5 - 2q_1c_4 + q_1^2c_3}{c_4 - q_1c_3} = 0.040073, \tag{6.3.78}$$

$$q_{23} = q_2 - q_{21} = 0.004380,$$

且

$$q_{32} = \frac{c_6 - (2q_1 + q_2)c_5 + (q_1^2 + 2q_1q_2 - q_{12}q_{21})c_4 - (q_1^2q_2 - q_1q_{12}q_{21})c_3}{q_{23}(c_4 - q_1c_3)}$$

$$= 0.031720. \tag{6.3.79}$$

最后, 由式 (6.3.77)—(6.3.79) 得

$$Q = (q_{ij}) = \begin{pmatrix} -0.196000 & 0.196000 & 0 & 0 \\ 0.362971 & -0.382007 & 0.019036 & 0 \\ 0 & 0.035693 & -0.040073 & 0.004380 \\ 0 & 0 & 0.031720 & -0.031720 \end{pmatrix}.$$

若用 O 表示开状态 0, 用 C_1, C_2, C_3 表示相应的关状态 $1, 2, 3$, 那么所有状态之间的转移速率能表示成

$$O \underset{0.362971}{\overset{0.196000}{\rightleftharpoons}} C_1 \underset{0.035693}{\overset{0.019036}{\rightleftharpoons}} C_2 \underset{0.031720}{\overset{0.004380}{\rightleftharpoons}} C_3.$$

根据以上结果可以知道: 通常在第二个和第三个关状态 (即 C_2, C_3) 停留的时间要长一些, 因此其指数/转移速率要小一些, 这是因为在任意一个状态停留的时间 (即逗留时) 服从指数分布. 并且, 如果离子通道处于第一个关状态 C_1, 那么很可能会进入开状态 O, 而很少会进入第二个以及第三个关状态. 因此该离子通道的观测记录往往呈现出一种簇状开放现象 (cluster phenomena)[55, 112].

不难发现, 此处计算的结果与实验结果和生物直观是一致的, 见文献 [90], 这也就证明了马尔可夫链反演方法应用于单离子通道门控动力学研究的可行性和准确性.

6.4　经济领域的应用

马尔可夫链在经济学中有着广泛应用, 包括资产定价、预测资产和期权价格、信贷风险度量、预测市场趋势等等.

下面以预测市场趋势为例进行介绍.

马尔可夫链及其各自状态之间的转移图可以用来建模某些金融市场气候的概率[96], 从而预测未来市场条件的可能性[150]. 这些情况, 也称为趋势, 是指:

牛市: 由于参与者对未来持乐观的希望, 价格普遍上涨的时期. 熊市: 由于参与者对未来持悲观态度, 价格普遍下跌的时期. 震荡市: 指市场总体价格既不下跌也不上涨的时期.

在公平市场中, 假定市场信息在参与者之间平均分布, 价格随机波动. 这意味着每个参与者都有平等的信息渠道, 没有参与者因为内部信息而占上风. 通过对历史数据的技术分析, 可以发现某些模式以及它们的估计概率.

例如, 考虑一个具有马尔可夫性的假设市场, 历史数据给了我们以下模式 (传统上用序言中所述方法, 通过统计频数得到): 在经历了一周的牛市趋势之后, 有 90% 的可能性下一周将还是牛市. 此外, 牛市之后有 7.5% 的机会出现熊市, 或者有 2.5% 的机会出现震荡市. 一周看跌之后, 下周看跌的概率为 80%, 以此类推. 可以将这些概率汇编成一张表 (表 6.4.1).

表 6.4.1　市场转移概率表

	牛市	熊市	震荡市
牛市	0.9	0.075	0.025
熊市	0.15	0.8	0.05
震荡市	0.25	0.25	0.5

将牛市、熊市、震荡市分别用 1, 2, 3 表示, 记 $S = \{1, 2, 3\}$, 根据表 6.4.1, 我们得到如下的转移矩阵 P.

$$P = (p_{ij})_{S \times S} = \begin{pmatrix} 0.9 & 0.075 & 0.025 \\ 0.15 & 0.8 & 0.05 \\ 0.25 & 0.25 & 0.5 \end{pmatrix}.$$

然后我们创建一个 1×3 的向量 C, 它包含了当前任何一周所处的三种不同状态的信息, 其中第 1 列表示一周牛市, 第 2 列表示一周熊市, 第 3 列表示一周停滞不前. 在本例中, 若我们选择将当前周设置为看跌, 从而得到向量

$$C = (0, 1, 0).$$

给定当前周的状态, 我们就可以计算出未来 n 周内的任何数周内出现牛市、熊市或震荡市的可能性. 这是通过将向量 C 与矩阵 P 相乘来完成的, 得到如下结果:

一周后: $C * P^1 = (0.15, 0.8, 0.05)$.

5 周后: $C * P^5 = (0.48, 0.45, 0.07)$.

52 周后: $C * P^{52} = (0.63, 0.32, 0.05)$.

99 周后: $C * P^{99} = (0.63, 0.32, 0.05)$.

由此我们可以得出结论, 当 $n \to \infty$ 时, 概率将收敛到一个稳定状态, 这意味着所有周中 63% 的时间是看涨的, 32% 是看跌的, 5% 是停滞的.

我们还可以看出这个马尔可夫链的稳态概率 $\pi = (\pi_1, \pi_2, \pi_3)$ 不依赖于初始状态, 实际上, 它是以下方程的非零解.

$$\pi P = \pi.$$

这些结果可以以各种方式使用, 例如计算熊市结束所需的平均时间, 或牛市转为熊市或停滞的风险, 等等.

马尔可夫链模型亦可应用于股票市场的股价变动及预测[29].

在将马尔可夫链应用于信用风险度量时, 转移矩阵表示评级未来演化的可能性. 转移矩阵将描述某公司、国家等保持当前状态或转移到新状态的概率.

在将马尔可夫链应用于信用风险度量方面, 最主要的问题是确定转移矩阵. 当然, 这些可能性可以通过分析标准普尔 (Standard & Poor)、穆迪 (Moody's) 和惠誉 (Fitch) 等可靠信用评级机构的历史数据来估计. 通过分析市场的历史数据, 有可能区分其过去运动的某些模式. 根据这些模式, 可以形成马尔可夫转移图, 并用于预测未来的市场趋势以及与之相关的风险. 当然, 这也有可能会导致不可靠的数字, 以防未来不像过去那样顺利发展. 因此, 将经验数据和更主观的定性数据 (如专家意见) 结合起来进行估计会更可靠. 这是因为市场观点是由历史评级和更极端的评级观点共同决定的. 以这种方式组合不同的信息来源, 可以使用可信度理论. 精算可信度理论为如何组合信息、如何权衡不同的数据来源提供了一种一致而方便的方法[96].

不幸的是, **在许多情形下**, 当事的参与者 (某企业或某国家等) **可能无法获得市场的全部历史数据**, 例如, 产品生产者之间出于竞争关系, 相关数据对互相竞争激烈的对手保密. 于是, **只能获得部分的历史数据**, 也就是之前所说的部分观测数据, 此时, 就**只能通过部分观测数据来确认支配市场运行的潜在的马尔可夫链的转移矩阵**.

例 6.4.1　在研究期间对 NEPSE(尼泊尔证券交易有限公司) 指数的密切观察表明[20], 它涉及每个交易日结束时的三种不同的转移状态之一. NEPSE 指数可能的这三种运动状态是增加或减少或保持不变. 为了建立转移概率矩阵, 将这三种不同的运动视为马尔可夫链中的三种不同状态. 转移概率提供了关于马尔可夫链转移行为的信息. 转移概率矩阵的元素表示从一个特定状态到另一个状态的转移概率. 这种转移概率有助于了解未来状态发生的可能性, 并据此做出决策.

NEPSE 指数为 2741 个交易日, 上涨 1075 天, 持平 477 天, 下跌 1190 天. 最后一个交易日记录的 NEPSE 指数处于下降状态, 第二天没有关于 NEPSE 指数过渡状态的进一步信息. 由于这个原因, 递减状态的总数被认为是 1189.

用 1 表示上涨, 2 表示持平, 3 表示下跌, 则可用以状态空间为 $S = \{1, 2, 3\}$、转移矩阵为 $P = (p_{ij})$ 的离散时间平稳马尔可夫链描述上述指数行为. 假设其平

稳分布是 (π_1, π_2, π_3). 下面通过马尔可夫链反演法确认该潜在马尔可夫链的转移矩阵.

观测上涨状态 1, 可得其 2-混合几何分布的参数为

$$
\gamma_1^{(1)} = 0.0071, \quad b_1^{(1)} = 0.0951,
$$
$$
\gamma_2^{(1)} = 0.3163, \quad b_2^{(1)} = 0.6816.
$$

由此得到相应的 $\pi_1 = 0.3856$ 和

$$
c_1^{(1)} = 0.1987, \quad c_2^{(1)} = 0.0667.
$$

观测持平状态 2, 可得其 2-混合几何分布的参数为

$$
\gamma_1^{(2)} = 0.0009, \quad b_1^{(2)} = 0.2046,
$$
$$
\gamma_2^{(2)} = 0.1944, \quad b_2^{(2)} = 0.8058.
$$

由此得到相应的 $\pi_2 = 0.3856$ 和

$$
c_1^{(2)} = 0.1605, \quad c_2^{(2)} = 0.0307.
$$

观测上涨和持平状态 $\{1,2\}$, 可得其 2-混合几何分布的参数为

$$
\gamma_1^{(1,2)} = 0.3655, \quad b_1^{(1,2)} = 0.6302,
$$
$$
\gamma_2^{(1,2)} = 0.0127, \quad b_2^{(1,2)} = 0.0847.
$$

由此得到相应的

$$
c_1^{(1,2)} = 0.2104, \quad c_2^{(1,2)} = 0.0829.
$$

模仿连续时间平稳不可逆马尔可夫链算法, 可得其环流 $R = 0.0166$, 其转移矩阵为

$$
P = (p_{ij})_{S \times S} = \begin{pmatrix} 0.4847 & 0.2143 & 0.3010 \\ 0.3869 & 0.0608 & 0.5523 \\ 0.2993 & 0.1751 & 0.5256 \end{pmatrix}.
$$

例 6.4.2 本例考虑的转移矩阵只涉及三种状态, 因为股票 (银行业务) 基本上假设有三种状态: 股票价格下跌、保持不变和股票价格上涨三种可能性, 并用如下符号表示.

D: 股票价格下跌.

U: 股票价格不变.

I: 股票价格上涨.

这项研究涵盖了在尼日利亚证券交易所 (Cashcraft Asset Management Limited) 上市的两家顶级银行: 尼日利亚第一银行 (FBN) 和担保信托银行 (GTB), 其股价数据来自该交易所 2005—2020 年公布的每日清单[29].

用 1 表示价格上涨, 2 表示价格不变, 3 表示价格下跌, 则可用以状态空间为 $S = \{1, 2, 3\}$、转移矩阵为 $P = (p_{ij})$ 的离散时间平稳马尔可夫链描述上述指数行为. 假设其平稳分布是 (π_1, π_2, π_3). 下面通过马尔可夫链反演法确认该潜在马尔可夫链的转移矩阵.

观测上涨状态 1, 可得其 2-混合几何分布的参数为

$$\gamma_1^{(1)} = 0.0970, \quad b_1^{(1)} = 0.8390,$$
$$\gamma_2^{(1)} = 0.1857, \quad b_2^{(1)} = 0.5329.$$

由此得到相应的 $\pi_1 = 0.4129$ 和

$$c_1^{(1)} = 0.1660, \quad c_2^{(1)} = 0.0601.$$

观测持平状态 2, 可得其 2-混合几何分布的参数为

$$\gamma_1^{(2)} = 0.0469, \quad b_1^{(2)} = 0.9531,$$
$$\gamma_2^{(2)} = 0.0001, \quad b_2^{(2)} = 0.1970.$$

由此得到相应的 $\pi_2 = 0.2069$ 和

$$c_1^{(2)} = 0.0373, \quad c_2^{(2)} = 0.0018.$$

观测上涨和不变状态 $\{1, 2\}$, 可得其 2-混合几何分布的参数为

$$\gamma_1^{(1,2)} = 0.1808, \quad b_1^{(1,2)} = 0.5846,$$
$$\gamma_2^{(1,2)} = 0.0942, \quad b_2^{(1,2)} = 0.8332.$$

由此得到相应的

$$c_1^{(1,2)} = 0.1704, \quad c_2^{(1,2)} = 0.0563.$$

模仿连续时间平稳不可逆马尔可夫链算法, 可得其环流 $R = 0.0011$, 其转移矩阵为

$$P = (p_{ij})_{S \times S} = \begin{pmatrix} 0.4020 & 0.0410 & 0.3609 \\ 0.0769 & 0.8198 & 0.1033 \\ 0.3945 & 0.0533 & 0.5522 \end{pmatrix}.$$

第 7 章　模型选择与误差传播

7.1　模型选择方法

模型选择是科学探究的基本任务之一, 它在统计数据分析中起至关重要的作用. 一般来说, 对于给定的数据, 模型选择的任务就是从一组候选模型中选择一个统计模型. 确定能够解释一系列观测结果的原理, 通常与预测这些观测结果的数学模型直接相关. 一旦模型被确认, 各种形式的推断, 如预测、控制、信息提取、知识发现、验证、风险评估和决策, 都可以在演绎论证的框架下完成[81].

曲线拟合和变量选择是模型选择中的两个热点问题. 给定一组数据点和其他背景知识 (例如, 这些点来自独立同分布的样本), 人们希望选择一条最好的曲线来描述生成这些点的函数, 这样的曲线代表了样本的潜在关系. 变量选择是选择用于模型构建的相关变量的一个子集的过程. 变量选择技术在构建预测模型时提供了三个主要优点: 改进的模型的可解释性、更短的训练时间、通过减少过度拟合增强可推广性.

好的模型选择技术可以平衡拟合的优良性与模型的简洁程度. 给定具有相似预测或解释能力的候选模型, 最简单的模型有利于推广. AIC (akaike information criterion)、BIC (Bayesian information criterion)、MDL (minimum description length)、SRM (structural risk minimization) 等许多有效的准则在数据分析和建模中都很流行, 且各有其优点. 模型残差在模型验证和回归分析中也起着关键作用, 甚至在模型选择中也起着关键作用 [43,97]. 如果数据拟合的模型是正确的, 残差将近似随机误差, 使解释变量和响应变量之间的关系是一个统计关系. 因此, 如果残差表现为随机行为, 则表明该模型很好地拟合了数据.

一种被称为 6 点图的方法用于检测残差是否含有来自这 6 点的模式[97]. 残差信息准则 (RIC) 是一种基于残差对数似然的回归选择准则, 包括经典回归模型、Box-Cox 变换模型、加权回归模型和自回归移动平均误差的回归模型[117]. 以 RIC 作为选择标准, 需要经过几个推导步骤, 自行得到该标准的公式, 这似乎有点复杂. 基于残差方差估计的模型选择准则, 如 AIC、BIC 及其改进版本, 在噪声为二阶矩无界的重尾分布时不再有效, 因为残差的方差估计是不可能的. 最大信息系数 (MIC), 由 D. Reshef 等在 2011 年提出, 被称为 "21 世纪的相关性". 它被广泛应用于许多研究领域, 尤其是生物学[121], 因为它可以捕捉到广泛的关联 (包括功

能性和非功能性关联), 对不同类型的等噪声关系给出相似的评分, 并且对异常值
具有鲁棒性. [121] 将用于衡量残差和解释变量之间的依赖性, 介绍了一种基于残
差与解释变量关联的方法, 该方法利用真实模型中残差的行为, 提高了模型在复
杂噪声干扰下的有效性、准确性和适应性.

偏相关系数也是一种重要的变量选择方法, 广泛应用于时间序列分析和线性
回归分析中, 它能在去除一组控制性随机变量的影响下, 测量两个随机变量之间的
关联程度[119]. 与偏相关系数平行, [121] 引入了偏最大信息系数 (partial maximal
information coefficient, PMIC) 来衡量变量的偏非线性. PMIC 可以帮助人们发
现反应变量和解释变量之间潜在的非线性关系, 即使这种关系被其他强大的关联
所掩盖.

下面简要介绍经典的 AIC 和 BIC.

7.1.1　AIC

AIC (akaike information criterion) 是评估统计模型的复杂度和衡量统计模
型 "拟合" 资料之优良性 (goodness of fit) 的一种标准, 它建立在信息熵的概念基
础上. 由于它是由日本统计学家赤池弘次于 1973 年创立和发展的, 亦称为赤池信
息准则.

在一般的情况下, AIC 可以表示为

$$AIC = 2k - 2\ln L, \tag{7.1.1}$$

其中, k 为模型参数个数, L 为似然函数.

假定模型的误差独立地服从正态分布, 并记 n 为样本容量, RSS 为残差平方
和, 那么 AIC 变为

$$AIC = 2k + n\ln(RSS/n). \tag{7.1.2}$$

在模型中增加自由参数的数目会提高数据拟合的优良性, AIC 鼓励数据拟合
的优良性但尽可能避免出现过度拟合 (overfitting) 现象, 所以 AIC 值最小的那个
模型应该优先被考虑. 也就是说, AIC 的目的是寻找既能最好地解释数据又包含
最少自由参数的模型.

当两个模型之间存在较大差异时, 其差异主要体现在似然函数项; 当似然函
数项差异不显著时, 则上式第一项 (即模型复杂度) 起主导作用, 从而参数个数少
的模型是更好的选择. 一般而言, 当模型复杂度提高 (即 k 增大) 时, 似然函数 L
也会增大, 从而使 AIC 变小, 但是 k 过大时, 似然函数增速减缓, 导致 AIC 增大,
模型过于复杂容易造成过度拟合现象. AIC 不仅要提高模型拟合度 (极大似然),
而且引入了惩罚项, 使模型参数尽可能少, 有助于降低过度拟合的可能性.

7.1.2　BIC

BIC (Bayesian information criterion), 即贝叶斯信息准则, 也是一种模型选择方法, 由 Schwarz 于 1978 年提出. BIC 可以表示为

$$\text{BIC} = k \ln n - 2 \ln L, \tag{7.1.3}$$

其中, k 为模型参数个数, n 为样本容量, L 为似然函数.

惩罚项 $k \ln n$ 在维数过大且训练样本数据相对较少的情况下, 可以有效避免出现维度灾难现象.

与 AIC 相似的是, 训练模型时, 若增加自由参数的数目, 也就是增加模型的复杂度, 会增大似然函数, 同样也会导致过度拟合现象. 针对此问题, BIC 和 AIC 均引入了与模型参数数量相关的惩罚项, 二者的前半部分为该惩罚项, 这也是二者的共性所在, 即在考虑拟合残差的同时, 对模型中自由参数的数目施加 "惩罚".

二者的不同之处在于 BIC 考虑了样本容量. 显然, 当 $n \geqslant 8$ 时, $k \ln n \geqslant 2k$, 故 BIC 的惩罚项通常比 AIC 的惩罚项要大, 也就是说, 当样本容量过大时, 可有效防止模型精度过高造成的模型复杂度过高. 所以, 当数据量很大时, BIC 相比 AIC 对模型自由参数施加的 "惩罚" 要更多, 从而导致 BIC 更倾向于选择自由参数少的简单模型.

7.2　马尔可夫链模型选择

马尔可夫链有许多具体的结构模型, 在实际应用中可能无法事先确定或者说不能完全确定其具体的拓扑结构模型, 因此在实际的马尔可夫链统计计算时需要进行模型选择. 下面以马尔可夫链模型在离子通道中的应用为例加以简要介绍.

对于一个马尔可夫链模型刻画的单离子通道, 其开状态和关状态的组合有多种可能方式, 即呈现多种可能的拓扑结构, 因而需要采用不同的统计算法. 因此, 要统计确认一个离子通道的全部转移速率, 首要问题就是确定离子通道的拓扑结构: 它是有环的还是无环的? 对于无环的结构, 它是线形, 还是星形分枝或其他树形的结构? 这就需要求助于生物实验学家利用实验手段加以识别或部分识别. 在实际的单离子通道活动中, 由于只有少部分开状态的活动是可以被观测到的, 所以离子通道潜在马尔可夫链中的状态总数通常是不知道的, 这就是另一个要确定的实际问题: 怎样确定离子通道潜在马尔可夫链中的状态数目? 其关键是确定离子通道潜在马尔可夫链中的隐状态数目 (即无法通过单通道记录观测到的状态数目), 例如, 离子通道潜在的环形链中共有多少个状态? 状态数目的准确性决定了由马尔可夫链反演法计算出的转移速率的准确性. 正如 6.3.1.4 节所述, 一方面, 离子通道潜在马尔可夫链的状态总数可以和确定拓扑结构一并考虑, 因为通过实

验观测和适当的理论分析 (主要利用离子通道电压变化) 有助于确定离子通道潜在马尔可夫链中的状态数目; 另一方面, 已经证明了离子通道潜在马尔可夫链中被观测状态的击中时服从混合指数分布, 且指数项的项数就是通道中的未被观测的状态数, 从而可由被观测状态的击中时序列拟合得到的击中时分布 (混合指数密度) 来确定其状态数目, 即状态数目的确定也可转化为击中时分布之混合指数密度函数的拟合问题. 混合指数密度函数的拟合问题是马尔可夫链反演法统计确认离子通道转移速率要解决的重要前置问题.

在这一方面普遍采用的方法是: 首先作出击中时序列的频数直方图, 然后用具有不同项数的混合指数函数, 按照项数从少到多的顺序拟合直方图, 以此寻求对实验数据的 "最佳拟合" 项数, 从而就将这个项数作为潜在马尔可夫链中未被观测的状态数目. "最佳拟合" 过程如下: 随着指数项的增加, 可调整的参数 (各个权值及指数) 也就随之增加, 对数据的拟合优度也将因此得到改进. 于是, 为了确定混合指数分布密度中应包括多少项, 或者说确定多少项是吻合实际的, 按照惯例, 要求每增加一个指数项应改进其拟合优度, 达到能证实其增加是有必要的程度. 例如, 对于不同项数的混合指数函数, 计算实验数据和这些候选混合指数模型之间的误差平方和, 如果 F-检验表明, 拟合的改进是由随机因素造成的概率小于某个给定阈值 (显著性水平), 譬如说 $\alpha = 0.05$, 就接受该增加的指数项作为混合指数分布密度函数中的一项.

在使用马尔可夫链反演方法确认转移速率的过程中, 混合指数分布拟合的精度非常重要, 如果拟合精度高, 用该方法计算得到的转移速率将是非常精确的. 关于评价拟合好坏的标准问题, Sakmann 等提出了两种方法, 即最小 χ^2 方法和极大似然方法. 针对极大似然方法, 还给出了估计的两种误差: 标准差和似然区间. 值得指出的是 French 和 Wonderlin, Jackson, Colquhoun 和 Sigworth 等提出了许多最佳拟合函数, 而且给出了许多稳定可靠的计算机程序[36, 60, 71, 72, 78].

实际上, 相似的问题已经在文献中得到广泛的讨论, 例如, 确定一个 ARMA 序列的阶、确定一个神经网络中隐单元的数目. 在时间序列中, AIC 被应用于拟合一个 ARMA 模型数据. 在神经网络中, 使用学习误差或一般误差函数确定隐单元的数目. 当然, 我们能够使用相似的方法拟合观测数据, 使得拟合精度和状态数得以权衡 (trade-off).

因此, 检验是否有必要在混合指数密度中增加一个指数项的另一方法是基于 AIC 准则, 即将不同项数的混合指数函数的拟合用似然比检验作比较, 以确定有意义的指数项的最大项数, 而与不同项数的指数函数的拟合作比较, 即相当于对套模型作出比较. 为了对具有不同指数项数的多指数函数的拟合作比较. 可作如下计算:

$$\ln R_k = \ln L_k - \ln L_{k-1},$$

这里, $\ln R_k$ 就是 k 项的混合指数函数与 $k-1$ 项的混合指数函数的似然比对数. L_k 和 L_{k-1} 分别是数据来自 k 项与 $k-1$ 项混合指数函数所描述的分布的最大似然. 则 $2\ln R_k$ 服从 χ^2-分布, 其自由度等于分别用 k 项与 $k-1$ 项混合指数拟合时所具有的自由参数个数之差.

例如, 当 $2\ln R_k > \chi^2_{0.05}(2) = 5.99$ 时, 所增加的指数项被认为是有实际意义的. 否则, 就认为不需要增加新的指数项, 随之确定了状态个数.

另外, 关于混合指数密度的拟合问题, Keatinge[78] 给出了一种能够自动地精确拟合混合指数密度的方法, 即找到最适合的项数, 并提供了相应的计算机程序.

但是, 对于一些比较复杂的离子通道, 还需要知道其中的子模型的状态数. 例如, 要确认星形分枝链的全部转移速率, 还需要确认每个分枝中的状态数, 又例如, 要确认双环链离子通道的全部转移速率, 还需要确定两个环中的状态数. 自然, 这可以求助于实验学家和相关文献方法; 当然, 这不保证能够完全确定, 在缺乏这些知识或者利用这些知识也还不能完全确定的情况下, 就需要找到其他的解决途径.

本节提出一种**子模型最优选择方法**, 即在结合实验和 AIC 等手段拟合得到最优的击中时分布情况下, 在所有可能的子模型结构中寻找误差平方和最小的那个. 下面, 以星形分枝马尔可夫链离子通道为例进行探讨.

以 3.2 节的星形分枝马尔可夫链离子通道为例, 按 3.2.1 节讨论, 由各个分枝叶子状态的观测可以确认其转移速率, 对于每一个分枝, 需要按算法 6.1.4 计算该分枝的转移速率, 因此, 在已经确定某离子通道是星形分枝马尔可夫链结构后, 还需要知道每个分枝中究竟有多少个状态? 也就是要知道 3.2.1 节中的 $N_1, \cdots, N_m$. 下面, 在假设 PDF 估计精度较好的情况下, 我们给出一种确定各个分枝中的状态数 (即确定离子通道的真实拓扑结构) 的方法.

按 3.2.1 节, $N_1, \cdots, N_m$ 满足

$$N = \sum_{i=1}^{m} (N_i + 1) = \sum_{i=1}^{m} N_i + m. \tag{7.2.4}$$

由于不知道离子通道中各个分枝的真实状态数, 所以我们的目的就是在满足式 (7.2.4) 的所有可能结构①中找到离子通道真实的拓扑结构.

不妨设由第 i 个分枝的叶子状态的观测估计出的击中时 PDF 的参数为

$$\alpha^i = (\alpha_1^i, \cdots, \alpha_N^i), \quad \gamma^i = (\gamma_1^i, \cdots, \gamma_N^i), \quad i = 1, \cdots, m.$$

假设满足式 (7.2.4) 的所有可能结构共有 n 种, 记第 j 种结构为

$$B^j = \{N_1^j, \cdots, N_m^j\}, \quad j = 1, \cdots, n.$$

---

① 一种可能结构就是指满足式 (7.2.4) 的各分枝状态数 $\{N_1, \cdots, N_m\}$ 的一种组合.

对第 j 种可能结构, 可以通过算法 6.1.5 反演计算得到一个速率矩阵, 记为 Q^j. 此时, 可以正向地计算得出以 Q^j 为速率矩阵的马尔可夫链中 m 个分枝叶子状态的 PDF, 记相应的参数为

$$\alpha^{i,j} = (\alpha_1^{i,j}, \cdots, \alpha_N^{i,j}), \quad \gamma^{i,j} = (\gamma_1^{i,j}, \cdots, \gamma_N^{i,j}), \quad j = 1, \cdots, n, i = 1, \cdots, m.$$

记二者的误差平方和为

$$E^j \equiv E(B^j) \equiv \sum_{i=1}^{m} \sum_{l=1}^{N} [(\alpha_l^{i,j} - \alpha_l^j)^2 + (\gamma_l^{i,j} - \gamma_l^j)^2], \quad j = 1, \cdots, n, \quad (7.2.5)$$

或其相对值为

$$E^j \equiv E(B^j) \equiv \sum_{i=1}^{m} \sum_{l=1}^{N} \left[\frac{(\alpha_l^{i,j} - \alpha_l^j)^2}{(\alpha_l^j)^2} + \frac{(\gamma_l^{i,j} - \gamma_l^j)^2}{(\gamma_l^j)^2} \right], \quad j = 1, \cdots, n. \quad (7.2.6)$$

假设系统真实的拓扑结构是 $B^0 = \{N_1^0, \cdots, N_m^0\}$, 那么 $B^0 = \{N_1^0, \cdots, N_m^0\}$ 应该使下面的误差平方和 (或其相对值) 达到最小, 即

$$B^0 = \arg\min_j E(B^j).$$

该方法穷举了所有可能的拓扑结构, 仅仅通过误差平方和指导来找到真实的拓扑结构, 这似乎是一个非常复杂的问题. 实际上并非如此, 一方面, 借助实验观测和相关理论分析, 可以排除一部分可能结构; 另一方面, 只要将以上方程程序化, 借助计算机运算, 并不困难. 下面通过数值例子适当说明该方法的应用.

例 7.2.1 以 6.2.3 节中的星形分枝马尔可夫链为例, 即采用例 6.2.3 中的相关数据.

根据例 6.2.3 节结果, 第 1 个分枝中叶子状态 0 的真实 PDF 参数为

$$\begin{aligned}
\gamma^1 = (&0.0000001, \ 0.000004, \ 0.0001, \ 0.0017, \ 0.0683, \\
&0.4646, \ 1.9015, \ 0.4167, \ 0.0212), \\
\alpha^1 = (&643.7968, \ 445.7134, \ 285.8490, \ 205.8738, \ 121.7560, \\
&76.3426, \ 1.9538, \ 22.1615, \ 16.5533).
\end{aligned} \quad (7.2.7)$$

第 2 个分枝中叶子状态 3 的真实 PDF 参数为

$$\gamma^2 = (1.9498,\ 0.1203,\ 2.8951,\ 8.1285,\ 0.3102,$$
$$0.7070,\ 0.3334,\ 2.2744,\ 0.7673),$$
$$\alpha^2 = (630.1235,\ 444.7910,\ 285.8490,\ 167.6009,\ 121.0948,$$
$$75.2765,\ 20.5858,\ 2.6860,\ 12.4007). \tag{7.2.8}$$

第 3 个分枝中叶子状态 6 的真实 PDF 参数为

$$\gamma^3 = (0.00002,\ 0.0243,\ 0.01362,\ 0.0407,\ 0.0783,$$
$$0.0386,\ 0.0110,\ 0.5014,\ 0.0097),$$
$$\alpha^3 = (643.7970,\ 444.8096,\ 285.3228,\ 204.2669,\ 118.7852,$$
$$76.5663,\ 22.9103,\ 0.5029,\ 8.0400). \tag{7.2.9}$$

在离子通道实验中, 首先借助实验手段确定分枝数为 3, 然后就是确定各分枝中的状态数, 在借助实验手段无法确定时, 利用误差平方和最小方法来实现. 例如, 若猜测其拓扑结构为 4-3-2 结构 (不妨记为第 1 种结构), 即三个分枝中的状态数分别为 4, 3, 2, 下面简单说明其实现过程.

不妨设状态 0, 1, 2, 3 为一个分枝; 状态 4, 5, 6 为一个分枝; 状态 7, 8 为一个分枝; 状态 9 为中心状态. 按照这种结构, 根据算法 6.1.5 计算出其速率矩阵为

$$Q^1 = \begin{pmatrix}
-10 & 10 & 0 & 0 & 0 & 0 & 0 & 0 & 0 & 0 \\
20 & -70 & 50 & 0 & 0 & 0 & 0 & 0 & 0 & 0 \\
0 & 25 & -75 & 50.0000 & 0 & 0 & 0 & 0 & 0 & 0 \\
0 & 0 & 125.0995 & -168.0064 & 0 & 0 & 0 & 0 & 0 & 42.9069 \\
0 & 0 & 0 & 0 & -100 & 100 & 0 & 0 & 0 & 0 \\
0 & 0 & 0 & 0 & 200 & -350 & 0 & 0 & 0 & 150 \\
0 & 0 & 0 & 0 & 0 & 0 & -25 & 25 & 0 & 0 \\
0 & 0 & 0 & 0 & 0 & 0 & 50 & -250 & 200 & 0 \\
0 & 0 & 0 & 0 & 0 & 0 & 0 & 100 & -300 & 200 \\
0 & 0 & 0 & 64.2320 & 0 & 187.2756 & 0 & 0 & 93.6378 & -345.1455
\end{pmatrix} \tag{7.2.10}$$

以 Q^1 为速率矩阵的马尔可夫链中第 1 个分枝叶子状态 0 的击中时分布为

$$f_{\tau^{(0)}}(t) = 0.0001e^{-582.8987t} + 0.0001e^{-417.9618t} + 0.0008e^{-259.6424t}$$
$$+ 0.0046e^{-201.2130t} + 0.0403e^{-102.0817t} + 0.4791e^{-82.0570t}$$
$$+ 1.7506e^{-1.8296t} + 0.4662e^{-15.3794t} + 0.1331e^{-20.0881t} \quad (t \geqslant 0), \tag{7.2.11}$$

即其参数为

$$\gamma^{1,1} = (0.0001,\ 0.0001,\ 0.0008,\ 0.0046,\ 0.0403,$$
$$0.4791,\ 1.7506,\ 0.4662,\ 0.1331),$$
$$\alpha^{1,1} = (582.8987,\ 417.9618,\ 259.6424,\ 201.2130,\ 102.0817,$$
$$82.0570,\ 1.8296,\ 15.3794,\ 20.0881). \tag{7.2.12}$$

比较式 (7.2.7) 与式 (7.2.12), 其误差平方和为 5665. 5123.

同理, 考虑 Q^l 为速率矩阵的马尔可夫链中第 2 个分枝叶子状态 4 的击中时 PDF, 得到其参数为

$$\gamma^{2,1} = (2.1401,\ 1.0656,\ 2.8266,\ 3.0149,\ 1.2560,$$
$$5.0663,\ 2.0770,\ 1.2639,\ 0.0019),$$
$$\alpha^{2,1} = (570.1710,\ 400.1236,\ 234.2929,\ 190.9030,\ 91.6924,$$
$$72.2673,\ 2.4685,\ 13.8374,\ 17.3956). \tag{7.2.13}$$

比较式 (7.2.8) 与式 (7.2.13), 其误差平方和为 10193.

同理, 考虑 Q^l 为速率矩阵的马尔可夫链中第 3 个分枝叶子状态 7 的击中时 PDF, 得到其参数为

$$\gamma^{3,1} = (14.7982,\ 0.3280,\ 0.0324,\ 0.0046,\ 0.0232,$$
$$0.1249,\ 0.0325,\ 0.0555,\ 0.0250),$$
$$\alpha^{3,1} = (582.8317,\ 0.4770,\ 7.6302,\ 20.1594,\ 83.2795,$$
$$97.9908,\ 200.2862,\ 258.4446,\ 417.0525). \tag{7.2.14}$$

比较式 (7.2.9) 与式 (7.2.14), 其误差平方和为 579160.

于是, 第 1 种结构的误差平方和为

$$E^1 = E(B^1) = 5665.5123 + 10193 + 579160 = 595018.5123.$$

因此, 可以认为第 1 种结构不是系统的真实结构.

以此类推, 可排除其他非真实的结构. 当然, 必要时还需进行统计检验, 证明不是由随机因素造成的.

7.3　马尔可夫链反演法的误差传播

离子通道门控动力的马尔可夫链模型应用中会遇到各种各样的复杂问题, 具有足够的实际应用代表性. 故本节以离子通道门控动力模型应用为例, 分析马尔可夫链反演计算可能引起的误差及误差传播问题.

在离子通道门控动力估计的过程中肯定会产生误差, 主要体现在两个方面: 一方面是由于测量仪器引起单通道记录的噪声数据, 如 TIO 问题引起的; 另一方面是由统计分析引起的, 如根据单通道记录拟合逗留时和击中时分布引起的. 因此, 了解这些误差如何传递给 (由马尔可夫链反演方法统计计算过程引起的) 转移速率是非常重要的, 即**误差传播问题**.

大多数的指数拟合软件都给出了一个用于评估误差的量——协方差矩阵 $V = V(x_i, x_j)$, 其中 x_i, x_j 是 $2n - 1$ 个参数中的任意两个, 而 n 是其混合指数分布的项数. 在这些参数的置信限 (区间) 内, 如果转移速率能够表示成这些参数的线性函数 (例如线形链中转移速率可以表示成 c_n 的线性函数), 那么转移速率的方差为[64]

$$V(\theta) = \sum_{i,j}^{2n-1} \frac{\partial\theta\partial\theta}{\partial x_i \partial x_j} V(x_i, x_j), \tag{7.3.15}$$

其中, θ 表示由马尔可夫链反演法求出的任意转移速率.

因此, 衡量马尔可夫链反演计算过程中误差如何传播的关键量是各转移速率对击中时分布 (混合指数) 参数的 (偏) 导数. 这些导数以通过改变输入参数和重复马尔可夫链反演计算过程的方法得到数值解, 其中一些方程 (如推论 2.1.2 中的方程) 可以求导, 并提供导数的解析表达式. (7.3.15) 式对评估来自单通道实验转移速率的误差传播是非常有用的, 见例 7.3.1. 但总的来说, 不管是马尔可夫链反演法、极大似然方法, 还是其他方法, 误差的最终评估应该基于重复实验之间的可变性评估.

$$C_3 \underset{d_1}{\overset{k_1}{\rightleftharpoons}} C_2 \underset{d_2}{\overset{k_2}{\rightleftharpoons}} C_1 \underset{\beta}{\overset{\alpha}{\rightleftharpoons}} O$$

图 7.3.1　由 1 个开状态和 3 个关状态组成的线形链离子通道门控机制示意图

例 7.3.1　Sine 等[118] 用含 1 个开状态和 3 个关状态的线形马尔可夫链模型 (即 3.1 节线形链中 $N = 3$ 的情形, 简称 CCCO 模型, 见图 7.3.1) 解释 Torpedo 烟碱酸的乙酰胆碱受体 (Torpedo nicotinic acetylcholine receptor) 通道数据, 这 3 个关状态被假设为 unligated, monoligated 和 diligated 受体. Sine 等通过此模型拟合击中时 (通道关闭时间) 分布, 使用三次特征方程的显示根计算似然函数, 采用极大似然确认其转移速率. 并且拟合了击中时分布的 3-混合指数分布、画出了衰减常数和权值随乙酰胆碱浓度的变化曲线.

从他们的图 ([118] 中的图 9, 对应到 Ca^{2+} 在 22°C 时浓度为 30μM 的结果) 中读取相关数据, 再按生灭链统计算法 6.1.2, 求解得其转移速率 (单位: s^{-1}) 为

$$k_1 = 1252, \quad k_2 = 3851, \quad d_1 = 161, \quad d_2 = 37210, \quad \alpha = 44741, \quad \beta = 8000.$$

为了评估该方法的误差, 每次约束某一个转移速率为固定值, 然后使均方误差最小. 图 7.3.2 表明: 除了根附近的很窄的范围外, 误差非常大. 因为误差随着与正确解的偏离增加非常剧烈, 所以图 7.3.2 说明: 由该方法得到的转移速率不会比由拟合 O 的击中时分布 (3-混合指数) 引起的误差增加太多.

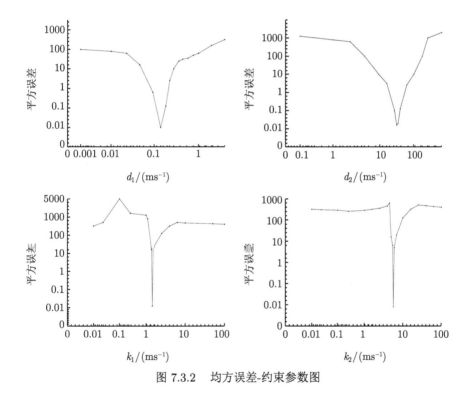

图 7.3.2　　均方误差-约束参数图

为了评估拟合 O 的击中时 PDF 的指数 α_i 和权值 $\lambda_i = \gamma_i/\alpha_i$ $(i = 1, 2, 3)$ 产生的误差如何传播给转移速率 $k_1, k_2, d_1, d_2, \alpha$, 按式 (7.3.15) 计算相应的偏微分, 见表 7.3.1. 为了得到它们改变的比例, 可将这些微分按参数幅度标准化. 不难发现: 表 7.3.1 的 25 个输入-输出关系中只有 2 个明显地扩大了误差, 即 λ_1 对 d_2, λ_2 对 d_1 的影响很大, 但总的来说, 只占总数的 8%. 因此, 由马尔可夫链反演计算转

移速率引起的误差相对很小. 也就是说, 马尔可夫链反演法基本不会扩大由相应的 PDF 拟合引起的误差.

表 7.3.1　误差传播

	$d\ln\alpha$	$d\ln k_1$	$d\ln k_2$	$d\ln d_1$	$d\ln d_2$
$d\ln\alpha_1$	0.99	-0.005	0.025	-0.045	1.08
$d\ln\alpha_2$	0.02	0.13	0.88	0.83	-0.07
$d\ln\alpha_3$	-0.0033	0.78	0.15	-0.69	-0.012
$d\ln\lambda_1$	-0.546	-0.435	-0.548	-1.023	**2.9**
$d\ln\lambda_2$	0.013	-0.35	0.49	**-1.51**	-0.035

注: 粗体表示误差扩大的.

参 考 文 献

[1] Aidley D J, Stanfield P R. Ion Channels: Molecules in Action[M]. Cambridge: Cambridge University Press, 1998

[2] Amann C, Schmiedl T. Communications: Can one identify nonequilibrium in a three-state system by analyzing two-state trajectories?[J]. J. Chem. Phys., 2010, 132: 041102

[3] Anderson W J, McDunnough P. On the Representation of Symmetric Transition Functions[J]. Adv. Appl. Prob., 1990, 22: 548-563

[4] Anderson W J. Continuous-Time Markov Chains[M]. New York: Springer-Verlag, 1991

[5] Averbeck B B, Latham P E, Pouget A. Neural correlations, population coding and computation[J]. Nat. Rev. Neurosci., 2006, 7(5): 358-366

[6] Ball F, Sansom M. Aggregated Markov processes incorporating time interval omission[J]. Adv. Appl. Prob., 1988, 20: 546-572

[7] Ball F. Aggregated Markov processes with negative exponential time interval omission[J]. Adv. Appl. Prob., 1990, 22: 802-830

[8] Ball F, Milne R K, Yeo G F. Aggregated semi-Markov processes incorporating time interval omission[J]. Adv. Appl. Prob., 1991, 23: 772-797

[9] Ball F G, Sansom S M. Single-channel autocorrelation functions: The effects of time interval omission[J]. Biophys. J., 1988, 53: 819-832

[10] Ball F G, Kerry C J, Ramsey R L, et al. The use of dwell time cross-correlation functions to study single-ion channel gating kinetics[J]. Biophys. J., 1988, 54: 309-320

[11] Ball F G, Sansom S M. Ion-channel gating mechanisms: Model identification and parameter estimation from single channel recordings[J]. Pro. Roy. Soc. Lond. B., 1989, 236: 385-416

[12] Ball F G, Rice J A. A note on single-channel autocorrelation functions[J]. Math. Biosci., 1989, 97(1): 17-26

[13] Ball F G, Yeo G F, Miline R K, et al. Single ion channel models incorporating aggregation and time interval omission[J]. Biophys. J., 1993, 64: 357-374

[14] Ball F G, Milne R K, Yeo G F. A unified approach to burst properties of multiconductance single ion channels[J]. Math. Medi. Biol., 2004, 21(3): 205-245

[15] Ball F, Milne R. Marked continuous-time markov chain modelling of burst behaviour for single ion channels[J]. J. Appl. Math. Deci. Sci., 2007, 11: 48138-48151

[16] Bates S E, Sansom M S, Ball F G, et al. Glutamate receptor-channel gating: Maximum likelihood analysis of gigaohm seal recordings from locust muscle[J]. Biophys. J., 1990, 58: 219-229

[17] Bechem M, Glitsch H G, Poot L. Properties of an inward rectifying K^+ channel in the membrane of guinea-pig atrial cardioballs[J]. Pfluegers Arch. Eur. J. Physiol., 1983, 399: 186-193

[18] Berridge M J. Neuronal calcium signaling[J]. Neuron, 1998, 21: 13-26

[19] Bhattacharya R N, Waymire E C. Stochastic Processes with Application[M]. New York: John Wiley, Sons. Inc., 1990

[20] Bhusal M K. Application of Markov chain model in the stock market trend analysis of Nepal[J]. International Journal of Scientific & Engineering Research, 2017, 8(10): 1733-1745

[21] Bichel P J, Doksum K A. Mathematical Statistics: Basic Ideas and Selected Topic[M]. San Francisco: Holden-Day, 1977

[22] Blatz A L, Magleby K L. Correcting single channel data for missed events[J]. Biophys. J., 1986, 49: 967-980

[23] Broomhead D S, Lowe D. Multivariable functional interpolation and adaptive networks[J]. Complex Syst., 1988, 2: 321-355

[24] Bruno W J, Yang J, Pearson J E. Using independent open-to-closed transitions to simplify aggregated Markov models of ion channel gating kinetics[J]. PNAS, 2005, 102: 6326-6331

[25] Chakrapani S, Cordero-Morales J F, Perozo E A. Quantitative description of KcsA gating II: Single channel currents[J]. J. Gen. Physiol., 2007, 130: 479-496

[26] Chen J. Gating Kinetic Analysis of Single Ion Channel in Cell Membrane[R]. Technical Report in National Key Laboratory of Membrane and Membrane Engineering, Department of Biology of Peking University, 1992

[27] Chen M F. From Markov Chains to Non-Equilibrium Particle Systems[M]. Singapore: World Scientific, 2004

[28] Chen W C, Lu H I, Yeh Y N. Operations of interlaced trees and graceful trees[J]. Southeast Asian Bull. Math., 1997, 21: 337-348

[29] Choji D N, Eduno S N, Kassem G T. Markov chain model application on share price movement in stock market[J]. Computer Engineering and Intelligent Systems, 2013, 4(10): 84-95

[30] 陈宜张. 关于神经科学基础研究 [J]. 世界科技研究与发展, 1999, 21(6): 3-4

[31] Colquhoun D, Hawkes A G. Relaxation and fluctuations of membrane currents that flow through drug-operated ion channels[J]. Proc. R. Soc. Lond. B Biol. Sci., 1977, 199: 231-262

[32] Colquhoun D. How fast do drugs work[J]. Trends. Pharmacol. Sci, 1981, 2: 212-217

[33] Colquhoun D, Hawkes A G. On the stochastic properties of single ion channels[J]. Proc. R. Soc. Lond. B Biol. Sci., 1981, 211: 205-235

[34] Colquhoun D, Hawkes A G. On the stochastic properties of bursts of single ion channels opening and of clusters of bursts[J]. Philos. Trans. R. Soc. Lond. B Biol. Sci., 1982, 30: 1-59

[35] Colquhoun D, Hawkes A G. A note on correlations in single ion channel records[J]. Proc. R. Soc. Lond. B Biol. Sci., 1987, 230: 15-52

[36] Colquhoun D, Sigworth F J. Fitting and statistical analysis of single-channel records[J]// Sakamann B, Nehre E, ed. Single-Channel Recording. New York: Plenum Press, 1995, 483-586

[37] Colquhoun D, Hawkes A G, Srodzinski K. Joint distributions of apparent open times and shut times of single ion channels and the maximum likelihood fitting of mechanisms[J]. Philos. Trans. R. Soc. Lond. A Math. Phys. Eng. Sci., 1996, 354: 2555-2590

[38] Colquhoun D, Hatton C J, Hawkes A G. The quality of maximum likelihood estimates of ion channel rate Constants[J]. J. Physiol., 2003, 547(3): 699-728

[39] Coolen-Schrijner P. The deviation matrix of a continuous-time Markov chain[J]. Prob. Eng. Inform. Sci., 2012, 16: 351-366

[40] Cox D R, Miller H D. The Theory of Stochastic Processes[M]. London: Chapman and Hall, 1965

[41] Cox P R, Lewis P A W. The Statistical Analysis of Series of Events[M]. Whitstable: Latimer Trend, Co. Ltd., 1966

[42] Crouzy S C, Sigworth F J. Yet another approach to the dwell-time omission problem of single-channel analysis[J]. Biophys. J., 1990, 58: 731-743

[43] Cucker F, Zhou D. X. Learning Theory: An Approximation Theory Viewpoint[M]. Cambridge: Cambridge University Press, 2007

[44] 戴德哉. 心律失常, 离子通道病及新药发现 [J]. 中国临床药理学与治疗学, 2006, 11(9): 961-965

[45] Daniels H E. Mixtures of geometric distributions[J]. J. R. Sta. Soc. B, 1961, 23(2): 409-413.

[46] Dayan P, Abbott L F. Theoretical Neuroscience: Computational and Mathematical Modeling of Neural Systems[M]. Cambridge MA: MIT Press, 2001

[47] De La Pena V, Gzyl H, Mcdonald P. Hitting time and inverse problems for Markov chains[J]. J. App. Probab., 2008, 45(3): 640-649

[48] 邓迎春. 生灭链与生灭过程的观测与统计 [J]. 数学的实践与认识, 1996, 26(2): 35-43

[49] 邓迎春. Determining a class of Markov chains by hitting time[J]. 数学进展, 2001, 30(5): 471-472

[50] Deng Y C, Peng S L, Qian M P. Identifying transition rates of ionic channel via observation of a single state[J]. J. Phys. A: Math. Gen., 2003, 36: 1195-1212

[51] Deng Y C, Cao C B. Statistics of a class of Markov chains[J]. J. Syst. Sci. Complex., 2004, 17(3): 387-398

[52] Dionne V E, Leibowitz N D. Acetylcholine receptor kinetics-a description from single channel currents at snake neuromuscular junctions[J]. Biophys. J., 1982, 39: 253-261

[53] Fang J Q, Ni T Y, You Z Y, et al. Existence of memory in ion channels[J]. Acta Pharmacol. Sin., 1995, 16(3): 213

[54] Fang J Q , Ni T Y, Fu C Z, et al. Two state stochastic models for memory in ion channels[J]. Acta Pharmacol. Sin., 1996, 17(1): 13

[55] 方积乾, 刘向明, 刘士光, 等. 离子通道门控动力学的随机建模 [J]. 自然杂志, 1997, 19(2): 86-90

[56] Feller W. An Introduction to Probability Theory and its Applications[M]. Vol 2. 3rd ed. New York: Wiley, 1960

[57] Fredkin D R, Montal M, Rice J A. Identification of aggregated Markovian models: Application to the nicotinic acetylcholine Receptor[M]//Le Cam L M, Olshen R A, ed. Proceedings of the Berkeley Conference in Honor of Jerzy Neyman and Jack Keifer, Vol. 1. Belmont CA: Wadsworth Publishing Co., 1985: 269-289

[58] Fredkin D, Rice J A. On aggregated Markov processes[J]. J. Appl. Prob., 1986, 23: 208-214

[59] Fredkin D R, Rice J A. Maximum likelihood estimation and identification directly from single-channel recordings[J]. Proc. R. Soc. Lond. B Biol. Sci., 1992, 249: 125-132

[60] French R J, Wonderlin W F. Software for acquisition and analysis of ion channel data: Choices, tasks, and strategies[J]. Method Enzymol., 1992, 207: 711-728

[61] Goldman M S, Maldonado P, Abbott L F. Redundancy reduction and sustained firing with stochastic depressing synapses[J]. J. Neurosci., 2002, 22: 584-591

[62] Gong Y, Mao Y H, Zhang C. Hitting time distributions for denumerable birth and death processes[J]. J. Theoret. Probab., 2012, 25: 950-980

[63] 郭悉正, 吴承训. 双边生灭过程概率流的环流分解 [J]. 中国科学: 数学, 1981, (3): 271-281

[64] Hald A. Statistical Theory with Engineering Application[M]. New York: John Wiley and Sons, 1952

[65] 韩济生. 20 世纪神经科学发展中 10 项诺贝尔奖成就简介 [J]. 生理科学进展, 2001, 32(2): 187-190

[66] Harris C M. On finite mixtures of geometric and negative binomial distributions[J]. Commun. Statist. Theor. Method, 1983, 12(9): 987-1007

[67] Hong W M, Zhou K. A note on the passage time of finite-state Markov chains[J]. Commun. Statist. Theor. Method, 2017, 46(1): 438-445

[68] Horn R, Lange K. Estimating kinetic constants from single channel data[J]. Biophys. J., 1983, 43: 207-223

[69] Horn R A, Johnson C A. Matrix Analysis[M]. New York: Cambridge University Press, 1985

[70] 侯振挺. Q 过程的唯一性准则 [M]. 长沙: 湖南科学技术出版社, 1982

[71] Jackson M B. Stationary single channel analysis[J]. Method Enzymol., 1992, 207: 729-746

[72] Nicholas P J. Mixtures of exponential distributions[J]. Ann. Statist., 1982, 10: 479-484

[73] Jia C, Chen Y. A second perspective on the Amann-Schmiedl-Seifert criterion for nonequilibrium in a three-state system[J]. J. Phys. A: Math. Theor., 2015, 48: 205001

[74] Jia C, Jiang D Q, Qian M P. Cycle symmetries and circulation fluctuations for discrete-time and continuous-time markov chains[J]. Ann. Appl. Probab., 2016, 26(4): 2454-2493

[75] Karlin S, Taylor H M. A Second Course in Stochastic Processes[M]. New York: Academic Press, 1982

[76] Katz B, Miledi R. Membrane noise produced by acetylcholine[J]. Nature, 1970, 226: 962-963

[77] Katz B, Miledi R. The statistical nature of the acetylcholine potential and its molecular components[J]. Physio., 1972, 224: 665-699

[78] Keatinge C L. Modelling losses with the mixed exponential distribution[J]. Proceeding of the Causality Actuarial Society, 1999, 86: 654-698

[79] Kelly F. Reversibility and Stochastic Network[M]. New York: Wiley, 1979

[80] Kienker P. Equivalence of aggregated Markov models of ion channel gating[J]. Proc. R. Soc. Lond. B Biol. Sci., 1989, 236: 269-309

[81] Konishi S, Kitagawa G. Information Criteria and Statistical Modeling[M]. New York: Springer Verlag, 2008

[82] 兰同汉, 刘向明, 顾正, 等. 离子通道门控机制研究进展 [J]. 生物医学工程学杂志, 2002, 19(2): 344-347

[83] Larget B. A canonical representation for aggregated Markov processes[J]. J. Appl. Probab., 1998, 35: 313-324

[84] 李翠兰, 胡大一. 心脏离子通道病引起的晕厥 [J]. 心血管病学进展, 2006, 27(4): 407-412

[85] 朱利平, 卢一强, 茆诗松. 混合指数分布的参数估计 [J]. 应用概率统计, 2006, (2): 137-150

[86] 李建丽, 李海增, 邢美丽, 李江杰. 混合几何分布的矩估计 [J]. 太原师范学院学报 (自然科学版), 2017, 16(2): 21-23

[87] 李建丽, 邢美丽. 混合几何分布的参数估计 [J]. 数学的实践与认识, 2018, 48(18): 218-222

[88] Liebovitch L S, Sullivan J M. Fractal analysis of a voltage dependent potassium channel from cultured mouse hippocampal neurons[J]. Biophys. J., 1987, 52: 979-988

[89] Liebovitch L S, Fischbary J, Koniarek J P. Ion channel kinetics: A model based on fractal scaling rather than multistete Markov processes[J]. Math. Biosci., 1987, 84: 37-68

[90] Lui K Q. Auto-analysis of single channel in cell membrane[J]. Biophys, 1991, 7: 346-351

[91] 吕国蔚. 21 世纪的神经科学研究 [J]. 世界科技研究与发展, 1999, 21(6): 24-27

[92] Methfessel C, Boheim G. The gating of single calciumdependent potassium channels is described by an activation/blockade mechanism[J]. Biophys. Struct. Mech., 1982, 9: 35-60.

[93] Meyer B J. Inversion of Markov processes to determine rate constants from single-channel data[J]. Biophys. J., 1997, 73: 1382-1394

[94] Milne R K, Yeo G F, Edeson R O, et al. Stochastic modelling of a single ion channel: An alternating renewal approach with application to limited time resolution[J]. Proc. R. Soc. Lond. B Biol. Sci., 1988, 233: 247-292

[95] Moczydlowski E, Latorre R. Gating kinetics of Ca^{2+}- activated K^+ channels from rat muscle incorporated into planar lipid bilayers[J]. Evidence of two voltage-dependent Cabinding reactions. J. Gen. Physiol., 1983, 82: 511-542

[96] Myers D S, Wallin L, Wikström P. An introduction to Markov chains and their applications within finance[J]. MVE220 Financial Risk: Reading Project, 2017

[97] NIST/SEMATECH. e—Handbook of Statistical Methods. http://www.it1.nist.gov/div898/handbook/, 2013

[98] Neher E, Sakmann B. Single-channel currents recorded from membrane of denervated frog muscle fibres[J]. Nature, 1976, 260: 799-802

[99] Ohno K, Wand H, Milone M, et al. Congenital myasthenic syndrome caused by decreased agonist binding affinity due to a mutation in the acetylcholine receptor epsilon subunit[J]. Neuron, 1996, 17: 157-170

[100] Oswald R E, Millhauser G L, Carter A A. Diffusion model in ion channel gating: Extension to agonist-activated ion channels[J]. Biophys. J., 1991, 59: 1136-1142

[101] 钱敏平. 马链的细致平衡 (可逆性) 与环流分解 [J]. 科学通报, 1979, (9): 389-390

[102] 钱敏平, 龚光鲁. 随机过程论 [M]. 北京: 北京大学出版社, 1997

[103] Qian M P, Qian M. Circulation for recurrent Markov chains[J]. Z. F. Wahrsch., 1982, 59: 203-210

[104] 钱敏平, 钱敏, 钱诚. 连续时间参数马氏链的环流与某些行列式的概率意义 [J]. 中国科学: 数学, 1983, (12): 1079-1088

[105] Qian M P, Qian M, Qian C. Circulations of Markov chains with continuous time and the probability interpretation of some determinants[J]. Scientia Sin. Math., 1984, 27(5): 470-481

[106] Qin F, Auerbach A, Sachs F. Estimating single-channel kinetic parameters from idealized patch-clamp data containing missed events[J]. Biophys. J., 1996, 70: 264-280

[107] Qin F, Auerbach A, Sachs F. Maximum likelihood estimation of aggregated Markov processes[J]. Proc. R. Soc. Lond. B Biol. Sci., 1997, 264: 375-383.

[108] 饶毅, 鲁白, 梅林. 神经科学: 脑研究的综合学科 [J]. 生理科学进展, 1998, 29(4): 367-374

[109] Robbins H. Mixture of distributions[J]. Ann. Math. Statist., 1948, 19(3): 360-369

[110] Roux B, Sauve R. A general solution to the time interval omission problem applied to single channel analysis[J]. Biophys. J., 1985, 48: 149-158

[111] Sachs F, Neil J, Barkakati N. The automated analysis of data from single ionic channels[J]. Pfluegers Arch. Eur. J. Physiol., 1982, 395: 331-340

[112] Sakmann B, Neher E. Single-Channel Recording[M]. 2nd ed. New York: Springer, 2009

[113] Sakmann B, Trube G. Voltage-dependent inactivation of inward rectifying single-channel currents in the guinea-pig heart cell membrane[J]. J. Physiol., 1984, 347: 659-683

[114] Salinas E, Sejnowski T J. Correlated neuronal activity and the flow of neural information [J]. Nat. Rev. Neurosci., 2001, 2: 539-550

[115] Shelley C, Magleby K. Linking exponential components to kinetic states in Markov models for single-channel gating[J]. J. Gen. Physiol., 2008, 132: 295-312

[116] Sheridan R E, Lester H A. Relaxation measurements on the acetylcholine receptor[J]. Proc. Nat. Acad. Sci., 1975, 72: 3496-3500

[117] Shi P D, Tsai C L. Regression model selection a residual likelihood approach[J]. J. R. Statist. Soc. B Stat. Meth., 2002, 64(2): 237-252

[118] Sine S M, Claudio T, Sigworth F. Activation of Torpedo acetylcholine receptors expressed in mouse fibroblasts[J]. J. Gen. Physiol., 1990, 96: 395-437

[119] Speed T. A correlation for the 21st century[J]. Science, 2011, 334(6062): 1502-1503

[120] Stevens C F. Inferences about membrane properties from electrical noise measurements[J]. Biophys. J., 1972, 12: 1028-1047

[121] Tan Q H, Jiang H J, Ding Y M. Model selection method based on maximal information coefficient of residuals[J]. Acta Math. Sci., 2014, 34B(2): 579-592

[122] Teicher H. On the mixture of distributions[J]. Ann. Math. Statist., 1960, 31(1): 55-73

[123] The Y K, Fernandez J, Popa M O. Estimating rate constants from single ion channel currents when the initial distribution is known[J]. Eur. Biophys. J., 2005, 34: 306-313

[124] Trappenberg T P. Fundamentals of Computational Neuroscience[M]. Oxford: Oxford University Press, 2002

[125] Tuckwell H C. Introduction to Theoretical Neurobiology [M]. Vol 2. Cambridge: Cambridge University Press, 1988

[126] Tveito A, Lines G T, Edwards A G, McCulloch A. Computing rates of Markov models of voltage-gated ion channels by inverting partial differential equations governing the probability density functions of the conducting and non-conducting states[J]. Math. Biosci., 2016, 277: 126-135

[127] Vandenberg C A, Bezanilla F. A sodium channel gating model based on single channel, macroscopic ionic, and gating currents in the squid giant axon[J]. Biophys. J., 1991, 60: 1511-1533

[128] Wagner M, Michalek S, Timmer J. Estimating transition rates in aggregated Markov models of ion channel gating with loops and with nearly equal dwell times[J]. Proc. R. Soc. Lond. B Biol. Sci., 1999, 266: 1919-1926

[129] Wagner M, Timmer J. The effects of non-identifiability on testing for detailed balance in aggregated Markov models for ion-channel gating[J]. Biophys. J., 2000, 79: 2918-2924

[130] Wang Z K, Yang X Q. Birth and Death Processes and Markov Chains[M]. Springer-Verlag: Science Press, 1992

[131] Weidmann J. Linear Operators in Hilbert Spaces[M]. New York: Springer-Verlag, 1980

[132] 向绪言. 用马氏链的击中时分布刻画一类矩阵的特征值 [J]. 湖南农业大学学报 (自然科学版), 2006, 32(6): 671-673

[133] 向绪言. 离子通道 Markov 模型的 Q 矩阵确定与生物神经网络的学习 [D]. 湖南师范大学博士学位论文, 2007

[134] 向绪言, 邓迎春, 杨向群. 层次模型 Markov 链的观测与统计 [J]. 高校应用数学学报, 2006, 21(3): 301-310

[135] 向绪言, 邓迎春. 由两相邻状态的观测确定一类马氏链 [J]. 湖南师范大学自然科学学报, 2004, 27(3): 12-16

[136] Xiang X Y, Deng Y C, Yang X Q. Markov chain inversion approach to identify the transition rates of ion channels[J]. Acta Math. Sci., 2012, 32B: 1703-1718

[137] 向绪言, 付海琴, 周杰明, 邓迎春, 杨向群. 有环的马尔可夫链的统计确认 [J]. 数学物理学报, 2020, 40A(6): 1682-1698

[138] Xiang X Y, Fu H Q, Zhou J M, Deng Y C, Yang X Q. Taboo rate and hitting time distribution of continuous-time reversible Markov chains[J]. Stat. Probab. Lett., 2021, 169: 108969, 8pages

[139] Xiang X Y, Yang X Q, Deng Y C, Feng J F. Identifying transition rates of ionic channel of star-graph branch type[J]. J. Phys. A: Math. and Gen., 2006, 39: 9477-9491

[140] 向绪言, 杨向群, 邓迎春. 确定一类带环离子通道门控的转移速率 [J]. 高校应用数学学报, 2009, 24(2): 146-154

[141] 向绪言, 杨向群, 邓迎春. 确定星形分枝 Markov 链离子通道的转移速率 [J]. 高校应用数学学报, 2010, 25(1): 13-26

[142] 向绪言, 杨向群, 邓迎春. 确定环形 Markov 链的 Q-矩阵 [J]. 数学学报, 2013, 56(5): 735-749

[143] Xiang X Y, Zhang X, Mo X Y. Statistical identification of Markov chain on trees[J]. Math. Prob. Eng., 2018: 2036248, 14pages.

[144] 严士健, 陈木法. 环流分解的稳定性和自组织现象 [J]. 数学物理学报, 1983, 3(4): 407-418

[145] 杨雄里. 略论神经科学的发展 [J]. 中国科学院院刊, 1998, 1: 24-28

[146] Yang X Q. The Construction Theory of Denumerable Markov Processes[M]. New York: John Wiley & Sons, 1990

[147] 王子坤, 杨向群. 生灭过程与马尔可夫链 [M]. 2 版. 北京: 科学出版社, 2005

[148] Yosida K. Functional Analysis[M]. New York: Springer-Verlag, 1965

[149] 于雷, 康毅, 娄建石. 心肌离子通道的研究进展 [J]. 心血管病学进展, 2006, 27(4): 413-416

[150] Zhang D J, Zhang X M. Study on forecasting the stock market trend based on stochastic analysis method[J]. Int. J. Busi. Manag., 2009, 4(6): 163-164

[151] 张余辉. 单生过程首中时的各阶矩 [J]. 北京师范大学学报 (自然科学版), 2003, 39(4): 430-434

[152] Zhou K. Hitting time distribution for skip-free Markov chains: A simple proof[J]. Stat. Probab. Lett., 2013, 83(7): 1782-1786

索　引